"十二五"职业教育国家规划教材
经全国职业教育教材审定委员会审定
教育部精品教材
吉林省普通高等学校优秀教材一等奖
新编高等职业教育电子信息、机电类规划教材·机电一体化技术专业

电子CAD技术
（第4版）

关　健　刘　爽　主　编
郑宇平　王云鹤　副主编

张晓娟　主　审

电子工业出版社
Publishing House of Electronics Industry
北京·BEIJING

内 容 简 介

本书通过实例介绍了应用最广泛的电子 CAD 软件 Protel 99 SE 的各项功能和使用方法；同时，还简要介绍了该软件的最新版本 Altium Designer 的主要功能和使用方法。全书分为 Protel 99 SE 基础知识、电路原理图设计系统、印制电路板设计系统、电路仿真及信号分析、Altium Designer 简介等几个主要部分。全书结构合理，层次清晰，图文并茂，通俗易懂。本书把 Protel 99 SE 的各项功能与具体的应用实例紧密结合在一起，并插入一些关于印制电路板工程设计的实用知识，只要按照书中精心提炼的实例步骤去操作，即可很容易掌握以 Protel 99 SE 为强大工具的电子 CAD 技术。通过本书的学习，亦可掌握其升级版 Altium Designer 软件的使用方法。

本书可作为高职高专学校电子类、电气类、机电一体化及自动化专业的教材，同时可作为从事相关专业的工程技术人员进行产品计算机辅助设计的参考用书。

未经许可，不得以任何方式复制或抄袭本书之部分或全部内容。
版权所有，侵权必究。

图书在版编目（CIP）数据

电子 CAD 技术／关健，刘爽主编 . —4 版 . —北京：电子工业出版社，2016.8
ISBN 978-7-121-29842-4

Ⅰ. ①电… Ⅱ. ①关… ②刘… Ⅲ. ①印刷电路 - 计算机辅助设计 - 应用软件 - 高等学校 - 教材
Ⅳ. ①TN410.2

中国版本图书馆 CIP 数据核字（2016）第 208302 号

策　　划：陈晓明
责任编辑：郭乃明　　特约编辑：范　丽
印　　刷：北京捷迅佳彩印刷有限公司
装　　订：北京捷迅佳彩印刷有限公司
出版发行：电子工业出版社
　　　　　北京市海淀区万寿路 173 信箱　邮编 100036
开　　本：787×1 092　1/16　印张：17.5　字数：448 千字
版　　次：2004 年 1 月第 1 版
　　　　　2016 年 8 月第 4 版
印　　次：2023 年 12 月第 6 次印刷
定　　价：39.00 元

凡所购买电子工业出版社图书有缺损问题，请向购买书店调换。若书店售缺，请与本社发行部联系，联系及邮购电话：(010)88254888，88258888。
质量投诉请发邮件至 zlts@phei.com.cn，盗版侵权举报请发邮件至 dbqq@phei.com.cn。
本书咨询联系方式：010-88254561。

前 言

本书作为高职规划教材出版以来，深受使用者的好评；自 2004 年 1 月第 1 版问世以来，印刷 20 余次，发行量共 80000 余册。本书第 2 版被评为普通高等教育"十一五"国家级规划教材、教育部精品教材，同时获得吉林省普通高等学校优秀教材一等奖。第 3 版在原来基础上被评为"十二五"职业教育国家规划教材。

为使本教材更好地适合高职教育，在第 4 版的修订过程中，继续本着"先见后知，先会后懂"的人类发展认知规律，对全书进行了一些必要的增减和完善。为了提高操作效率，增加了附录 C：Protel 99 SE 快捷键大全。通过教学实践反馈，对重点内容进行了更加详尽的介绍；对文字编辑做到精益求精，更正了第 3 版中一些文字编辑的错误；引入项目教学法，以实际电路设计为例，大篇幅增加了工程设计内容和实际电路设计实训指导，并在第 1、2 章中增加了实用性较强的 Protel 99 SE 运行环境和原理图设计环境设置的相关基础部分实训指导，更加突出了实践技能的训练。

多年来，从 Protel 到现在的 Altium Designer，本软件进行了多次版本升级，其功能不断扩展。但到目前为止，Protel 99 SE 版本仍以其独有的特点被广泛使用，已成为经典软件。为了兼顾本软件最新版本的使用，本书仍然以 Protel 99 SE 软件为主要内容，在第 9 章中又增加了其最新升级版软件 Altium Designer 的主要功能和使用方法介绍，包括 Protel 99 SE 与 Altium Designer 主要功能区别以及如何使用 Altium Designer 软件进行原理图与 PCB 图的设计开发等。本书的 Altium Designer 软件示例版本选择了 Altium Designer Winter 09。

本书由关健、刘爽担任主编，郑宇平、王云鹤担任副主编，张晓娟主审了本书。本书的第 1、2、4 章、附录 A、附录 B 由关健编写，第 3、5 章、附录 C 由刘爽编写，第 7、8、9 章由郑宇平编写，第 6 章由王云鹤编写。关健对全书进行了组织和统稿。

参加本书文字、图形处理及其他编写工作的还有王侃、刘刚、于秀娜、孙鹏娇、黄博、刘林山、陈静、王赢等老师，在此表示衷心感谢。

由于编者水平有限，书中难免存在缺点和不足之处，敬请广大读者批评指正。

编 者
2016 年 5 月

目 录

第1章 Protel 99 SE 基础 (1)
1.1 Protel 99 SE 概述 (1)
1.1.1 Protel 99 SE 的运行环境、安装及卸载 (1)
1.1.2 Protel 99 SE 的功能模块 (3)
1.1.3 Protel 99 SE 的文件组成 (5)
1.2 Protel 99 SE 的基本操作 (6)
1.2.1 Protel 99 SE 的启动和关闭 (6)
1.2.2 进入 Protel 99 SE 设计环境 (7)
1.2.3 Protel 99 SE 文件管理 (9)
1.3 设计组管理 (12)
1.4 Protel 99 SE 的窗口管理 (15)
1.4.1 Protel 99 SE 窗口界面 (15)
1.4.2 窗口管理 (19)

本章小结 (21)
思考与练习1 (22)
实训指导1 Protel 99 SE 的安装与卸载 (23)
实训指导2 Protel 99 SE 的文件管理 (23)
实训指导3 Protel 99 SE 的设计组管理 (23)
实训指导4 Protel 99 SE 的窗口管理 (24)

第2章 原理图设计环境的设置 (25)
2.1 进入原理图设计系统 (25)
2.2 窗口设置 (26)
2.3 图纸设置 (29)
2.3.1 图纸尺寸 (29)
2.3.2 图纸方向 (30)
2.3.3 图纸颜色 (31)
2.4 网格和光标设置 (32)
2.4.1 网格设置 (32)
2.4.2 光标设置 (34)
2.5 其他设置 (34)
2.5.1 Document Options 中的系统字体设置 (34)
2.5.2 文档组织 (34)
2.5.3 屏幕分辨率设置 (34)

本章小结 (35)
思考与练习2 (36)
实训指导5 原理图设计环境的设置 (36)

· V ·

第3章 原理图设计 (37)

3.1 原理图工程设计方法 (37)
3.1.1 原理图的组成及作用 (37)
3.1.2 原理图的设计 (37)

3.2 元件库的管理 (39)
3.2.1 装入元件库 (39)
3.2.2 管理元件库 (40)
3.2.3 查找元件 (42)

3.3 元件操作 (43)
3.3.1 放置元件 (43)
3.3.2 编辑元件属性 (44)
3.3.3 元件点取 (46)
3.3.4 元件的选取与取消选取 (46)
3.3.5 元件的移动 (48)
3.3.6 元件的复制、剪切与粘贴 (48)
3.3.7 元件的删除 (49)
3.3.8 元件的排列与对齐 (50)
3.3.9 复原与取消复原 (50)

3.4 绘制电路原理图的工具 (51)
3.4.1 导线（Wire） (51)
3.4.2 总线（Bus） (52)
3.4.3 总线进出点（Bus Entry） (52)
3.4.4 网络标号（Net Label） (53)
3.4.5 电源与地线（Power Port） (54)
3.4.6 放置方块电路（Sheet Symbol） (55)
3.4.7 方块电路的进出点（Sheet Entry） (56)
3.4.8 电路的输入/输出点（Port） (57)
3.4.9 节点（Junction） (58)
3.4.10 忽略ERC测试点（No ERC） (58)

3.5 绘图工具栏 (59)
3.5.1 绘制直线 (59)
3.5.2 绘制多边形 (60)
3.5.3 绘制圆弧与椭圆弧 (60)
3.5.4 绘制曲线 (60)
3.5.5 放置注释文字 (61)
3.5.6 放置文本框 (62)
3.5.7 绘制矩形或圆角矩形 (63)
3.5.8 绘制椭圆 (63)
3.5.9 绘制饼图 (63)
3.5.10 插入图片 (64)

3.6 层次电路设计 (65)
3.7 一个完整的电路实例 (69)
3.8 报表 (71)

  3.8.1　网络表 ·· (71)
  3.8.2　元件列表 ·· (73)
  3.8.3　交叉参考表 ·· (74)
  3.8.4　网络比较表 ·· (75)
  3.8.5　ERC 表 ··· (76)
 3.9　原理图输出 ·· (78)
  3.9.1　输出到打印机 ·· (78)
  3.9.2　输出到绘图仪 ·· (80)
 本章小结 ·· (80)
 思考与练习 3 ··· (81)
 实训指导 6　两级阻容耦合三极管放大电路原理图设计 ································· (82)
 实训指导 7　双路直流稳压电源电路原理图设计 ·· (82)
 实训指导 8　三相桥式全控整流主电路原理图设计 ·· (84)
 实训指导 9　晶闸管触发电路原理图设计 ·· (85)
 实训指导 10　8031 单片机存储器扩展小系统电路原理图设计 ···················· (87)

第 4 章　原理图元件库编辑 ·· (89)
 4.1　元件库编辑器概述 ·· (89)
  4.1.1　加载元件库编辑器 ·· (89)
  4.1.2　元件库编辑器界面简介 ·· (90)
 4.2　新建库及添加新元件 ·· (92)
 4.3　元件库管理 ·· (94)
  4.3.1　元件管理器 ·· (94)
  4.3.2　查找元件 ·· (96)
 本章小结 ·· (97)
 思考与练习 4 ··· (97)
 实训指导 11　绘制双列直插式元件 24C16B 芯片 ·· (97)

第 5 章　印制电路板图的设计环境及设置 ·· (98)
 5.1　印制电路板概述 ·· (98)
  5.1.1　印制电路板结构 ·· (98)
  5.1.2　元件封装 ·· (98)
  5.1.3　印制电路板的基本元素 ·· (99)
 5.2　PCB 文件的建立和保存 ··· (101)
  5.2.1　新建 PCB 文件 ··· (101)
  5.2.2　打开已有的 PCB 文件 ·· (101)
  5.2.3　保存 PCB 文件及文件格式转换 ·· (102)
 5.3　PCB 编辑器的工具栏及视图管理 ··· (102)
  5.3.1　PCB 编辑器的工具栏 ··· (102)
  5.3.2　PCB 编辑器的视图管理 ··· (104)
 5.4　PCB 电路参数设置 ··· (104)
 5.5　设置电路板工作层 ·· (110)
  5.5.1　Protel 99 SE 工作层的类型 ··· (110)
  5.5.2　Protel 99 SE 工作层的管理及设置 ··· (112)
  5.5.3　工作层参数的设置 ·· (114)

- 5.6 规划电路板和电气定义 ··· (115)
  - 5.6.1 手动规划电路板 ··· (115)
  - 5.6.2 使用向导生成电路板 ··· (117)
- 5.7 装入元件封装库 ··· (120)
  - 5.7.1 装入元件封装库 ··· (121)
  - 5.7.2 浏览元件封装库 ··· (121)
- 本章小结 ··· (122)
- 思考与练习 5 ··· (123)

第6章 印制电路板图的设计 ··· (124)

- 6.1 印制电路板图设计流程 ·· (124)
- 6.2 元件封装的放置 ··· (125)
  - 6.2.1 放置元件封装 ··· (125)
  - 6.2.2 设置元件封装属性 ··· (126)
- 6.3 PCB 绘图工具 ··· (128)
  - 6.3.1 绘制导线 ··· (129)
  - 6.3.2 放置焊盘 ··· (130)
  - 6.3.3 放置过孔 ··· (132)
  - 6.3.4 放置字符串 ·· (133)
  - 6.3.5 放置位置坐标 ··· (134)
  - 6.3.6 放置尺寸标注 ··· (135)
  - 6.3.7 设置相对原点 ··· (135)
  - 6.3.8 放置房间定义 ··· (136)
  - 6.3.9 绘制圆弧或圆 ··· (136)
  - 6.3.10 放置矩形填充 ·· (138)
  - 6.3.11 放置多边形填充 ··· (139)
  - 6.3.12 放置切分多边形 ··· (141)
  - 6.3.13 补泪滴设置（Teardrops） ·· (141)
  - 6.3.14 放置屏蔽导线 ·· (142)
- 6.4 PCB 浏览管理器 ·· (142)
  - 6.4.1 PCB 浏览管理器概述 ··· (142)
  - 6.4.2 PCB 浏览管理器的使用 ·· (143)
- 6.5 手工布局 ·· (147)
  - 6.5.1 选取元件 ··· (147)
  - 6.5.2 点取实体及编辑 ·· (149)
  - 6.5.3 元件的移动 ·· (150)
  - 6.5.4 旋转元器件 ·· (151)
  - 6.5.5 排列元件 ··· (152)
  - 6.5.6 元件的复制、剪切与粘贴 ··· (153)
  - 6.5.7 编辑技巧 ··· (155)
  - 6.5.8 元件布局工程设计规则 ··· (156)
- 6.6 手工布线 ·· (157)
  - 6.6.1 布导线 ·· (157)
  - 6.6.2 移动导线 ··· (159)

  6.6.3 导线的剪切、复制与粘贴 …………………………………………………… (160)
  6.6.4 导线的删除 …………………………………………………………………… (161)
  6.6.5 导线的属性修改 ……………………………………………………………… (162)
  6.6.6 导线布线工程设计规则 ……………………………………………………… (162)
 6.7 自动布局 ……………………………………………………………………………… (163)
  6.7.1 装入网络表 …………………………………………………………………… (163)
  6.7.2 设置自动布局设计规则 ……………………………………………………… (165)
  6.7.3 自动布局 ……………………………………………………………………… (168)
 6.8 自动布线 ……………………………………………………………………………… (170)
  6.8.1 设置自动布线设计规则 ……………………………………………………… (170)
  6.8.2 自动布线 ……………………………………………………………………… (175)
  6.8.3 手工调整布线 ………………………………………………………………… (177)
  6.8.4 增加引线端 …………………………………………………………………… (181)
  6.8.5 保护预布线 …………………………………………………………………… (182)
 6.9 PCB 的三维效果显示 ………………………………………………………………… (183)
 6.10 设计规则检查 ……………………………………………………………………… (183)
 6.11 生成 PCB 报表 ……………………………………………………………………… (185)
  6.11.1 生成引脚报表 ………………………………………………………………… (185)
  6.11.2 生成电路板信息报表 ………………………………………………………… (187)
  6.11.3 生成元件报表 ………………………………………………………………… (188)
  6.11.4 生成设计层次报表 …………………………………………………………… (190)
  6.11.5 生成网络状态报表 …………………………………………………………… (190)
  6.11.6 生成 NC 钻孔报表 …………………………………………………………… (191)
  6.11.7 生成插置文件 ………………………………………………………………… (191)
  6.11.8 测量两点的距离 ……………………………………………………………… (192)
  6.11.9 测量两个图件的间距 ………………………………………………………… (192)
 6.12 PCB 图的打印输出 ………………………………………………………………… (192)
本章小结 …………………………………………………………………………………… (194)
思考与练习 6 ……………………………………………………………………………… (195)
实训指导 12 两级阻容耦合三极管放大电路 PCB 图设计 …………………………… (195)
实训指导 13 双路直流稳压电源电路 PCB 图设计 …………………………………… (196)
实训指导 14 晶闸管触发电路 PCB 图设计 …………………………………………… (197)
实训指导 15 8031 单片机存储器扩展电路 PCB 图设计 ……………………………… (197)
实训指导 16 设计晶闸管触发电路 PCB 图的自动布局、自动布线 ………………… (198)

第 7 章 制作元件封装 …………………………………………………………………… (199)
 7.1 启动 PCB 元件封装编辑器 ………………………………………………………… (199)
 7.2 PCB 元件封装编辑器概述 ………………………………………………………… (201)
 7.3 创建新的元件封装 ………………………………………………………………… (203)
  7.3.1 元件封装参数设置 …………………………………………………………… (203)
  7.3.2 手工创建新的元件封装 ……………………………………………………… (205)
  7.3.3 利用向导创建元件封装 ……………………………………………………… (208)
 7.4 PCB 元件封装管理 ………………………………………………………………… (211)
  7.4.1 浏览元件封装 ………………………………………………………………… (211)

    7.4.2 添加元件封装 ·· (212)
    7.4.3 删除元件封装 ·· (212)
    7.4.4 放置元件封装 ·· (212)
    7.4.5 编辑元件封装引脚焊盘 ·· (212)
    7.4.6 设置信号层的颜色 ·· (213)
  7.5 创建项目元件封装库 ··· (213)
  本章小结 ·· (214)
  思考与练习 7 ·· (214)
  实训指导 17 创建双列直插式 8 脚元件封装 ·· (214)

第 8 章 电路仿真 ·· (216)

  8.1 概述 ··· (216)
  8.2 SIM 99 仿真库中的主要元件 ·· (216)
    8.2.1 电阻 ·· (216)
    8.2.2 电容 ·· (217)
    8.2.3 电感 ·· (217)
    8.2.4 二极管 ·· (218)
    8.2.5 三极管 ·· (218)
    8.2.6 JFET 结型场效应晶体管 ··· (218)
    8.2.7 MOS 场效应晶体管 ··· (219)
    8.2.8 电压/电流控制开关 ··· (219)
    8.2.9 熔丝 ·· (220)
    8.2.10 继电器（RELAY） ··· (220)
    8.2.11 互感（电感耦合器） ·· (220)
    8.2.12 TTL 和 CMOS 数字电路元器件 ·· (220)
    8.2.13 模块电路 ·· (221)
  8.3 SIM 99 中的激励源 ·· (221)
    8.3.1 直流源 ·· (221)
    8.3.2 正弦仿真源 ·· (222)
    8.3.3 周期脉冲源 ·· (222)
    8.3.4 指数激励源 ·· (223)
    8.3.5 单频调频源 ·· (223)
    8.3.6 线性受控源 ·· (224)
    8.3.7 非线性受控源 ·· (224)
    8.3.8 压控振荡（VCO）仿真源 ·· (225)
  8.4 仿真器设置 ··· (226)
    8.4.1 设置仿真初始状态 ·· (226)
    8.4.2 仿真器设置 ·· (227)
  8.5 运行电路仿真 ··· (232)
    8.5.1 仿真总体设计流程图 ·· (232)
    8.5.2 仿真原理图设计 ·· (232)
    8.5.3 模拟电路仿真实例 ·· (234)
  本章小结 ·· (237)
  思考与练习 8 ·· (237)

第 9 章 Altium Designer 简介 ……………………………………………………………(238)
9.1 Altium Designer 与 Protel 99 SE ……………………………………………………(238)
9.1.1 Altium Designer 与 Protel 99 SE 的主要功能区别 ………………………………(238)
9.1.2 Altium Designe 与 Protel 99 SE 两种文档格式转换 ……………………………(239)
9.2 Altium Designer 系统 ………………………………………………………………(239)
9.2.1 系统平台介绍 ……………………………………………………………………(239)
9.2.2 Altium Designer 操作环境 ……………………………………………………(241)
9.3 用 Altium Designer 设计原理图 …………………………………………………(242)
9.4 用 Altium Designer 设计 PCB ……………………………………………………(246)
本章小结 ………………………………………………………………………………(250)
思考与练习 9 …………………………………………………………………………(250)
附录 A 原理图中的常用元件 …………………………………………………………(251)
附录 B 元件封装图形 …………………………………………………………………(255)
附录 C Protel 99 SE 快捷键大全 ……………………………………………………(262)
参考文献 …………………………………………………………………………………(268)

第1章　Protel 99 SE 基础

内容提要：

本章主要介绍 Protel 99 SE 的运行环境、功能模块、文件管理以及窗口界面等内容；还介绍了 Protel 99 SE 的安装及卸载、启动和关闭等基本操作方法。

Protel 99 SE 是新一代电路原理图辅助设计与绘图软件，其功能模块包括电路原理图设计、印制电路板设计、电路信号仿真、可编程逻辑器件设计等。它集强大的设计能力、复杂工艺的可生产性及设计过程管理于一体，可以完整实现电子产品从电学概念设计到生成物理生产数据的全过程，以及中间的所有分析、仿真和验证，是集成的一体化的电路设计与开发环境。

Protel 99 主要由两大部分组成。原理图设计系统（Schematic），它主要用于电路原理图的设计。印制电路板设计系统（PCB），主要用于印制电路板的设计，产生最终的 PCB 文件，直接用于印制电路板的生产。原理图设计系统和印制电路板设计系统紧密联系，相互影响，设计者的大部分工作将在这两个设计系统中完成。这两部分也是本书将要着重介绍的。

1.1　Protel 99 SE 概述

1.1.1　Protel 99 SE 的运行环境、安装及卸载

1. Protel 99 SE 的运行环境

Protel 99 SE 的运行环境包括软件环境和硬件环境。

（1）软件环境：软件环境主要是针对操作系统的要求。Protel 99 SE 要求运行在 Windows 98/2000/ NT 或者更高版本的操作系统中。

（2）硬件环境：为了充分发挥 Protel 99 SE 的强大功能，要求机器的性能越高越好，至少应具备以下的硬件配置。

① CPU：Pentium 166 以上，或者其他公司的同等级的 CPU。

② 内存 RAM：32MB 以上。

③ 硬盘：剩余空间 400MB 以上。

④ 显示器：15 英寸（38cm）以上，显示分辨率为 800×600 以上。显示分辨率 1 024×768 为 Protel 99 SE 设计窗口的标准显示方式。当显示分辨率为 800×600 时，浏览管理器窗口下半部分将被截去，但设计器窗口中的设计可以正常进行。

⑤ 显示卡：显示卡内存在 1MB 以上。高分辨率的显示器必须要有相应的显示卡与之配合。配有 1MB 显存的显示卡可以支持 1024×768（256 色），对于 Advanced Schematic 来说已经够用了。但如果显示卡配有 2MB 以上的显存，则可支持更高的分辨率及更多的色彩，例如在 1024×768 分辨率下可以显示 65536 种颜色。

2. Protel 99 SE 的安装

安装 Protel 99 SE 的具体步骤如下：

（1）运行安装光盘中 Protel 99 SE 子目录下的 Setup.exe 文件，将显示第一个 Protel 99 SE Setup 对话框。

（2）单击"Next"按钮，将显示第二个 Protel 99 SE Setup 对话框，如图 1.1 所示。在该对话框中的"Name"文本框中输入用户名；在"Company"文本框中输入单位名称；在"Access Code"文本框中输入序列号。序列号可在安装盘的安装说明文件中找到。

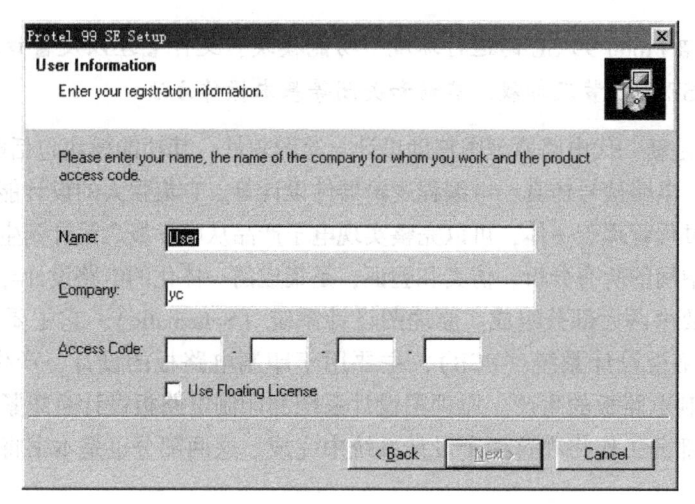

图 1.1 第二个 Protel 99 SE Setup 对话框

（3）单击"Next"按钮，将显示第三个 Protel 99 SE Setup 对话框。该对话框提示安装 Protel 99 SE 的默认路径，如果想更改，单击"Browse"按钮，选择安装路径。

（4）单击"Next"按钮，将显示第四个 Protel 99 SE Setup 对话框。其中，"Typical"单选按钮为典型安装；"Custom"单选按钮为定制安装。

（5）选择后，单击"Next"按钮，将显示第五个 Protel 99 SE Setup 对话框。单击"Back"按钮可以返回到前面的步骤重新选择。

（6）单击"Next"按钮，开始安装，安装过程中显示安装进度界面，若需要终止安装过程，可以单击"Cancel"按钮。

（7）安装后选择重新启动系统，接着显示第六个 Protel 99 SE Setup 对话框，单击"Finish"按钮完成安装。

安装结束后，系统会在"开始/程序"菜单中创建一个 Protel 99 SE 快捷子菜单，同时在桌面上创建一个 Protel 99 SE 快捷图标。

3. Protel 99 SE 的汉化

（1）安装中文菜单：将安装盘中的 client99se.rcs 复制到 windows 根目录中（C:\windows\）。在复制中文菜单前，先启动一次 Protel 99，关闭后将 windows 根目录中的 client99se.rcs 英文菜单保存起来，可以保存在任意位置。

（2）安装 PCB 汉字模块：将附带光盘中 pcb-hz 目录的全部文件复制到 Design Explorer 99 se 根目录中，注意检查一下 hanzi.lgs 和 Font.DDB 文件的属性，将其只读选项去掉。

（3）安装国标码、库：将附带光盘中的 gb4728.ddb（国标库）复制到 Design Explorer 99

se/library/SCH 目录中，并将其属性中的只读选项去掉。将附带光盘中的 Guobiao Template.ddb（国标模板）复制到 Design Explorer 99 se 根目录中，并将其属性中的只读选项去掉。Protel 99 SE 汉化过程完成。

4．Protel 99 SE 的卸载

卸载 Protel 99 SE 的具体步骤如下：

（1）在 Windows 的"开始"菜单中选择"设置/控制面板"，然后在控制面板中选择"添加/删除程序"选项，显示如图 1.2 所示的对话框。

（2）在该对话框中，单击"添加/删除"按钮，将显示"Setup"对话框。其中，选择"Modify"单选按钮，将自动修复被破坏的

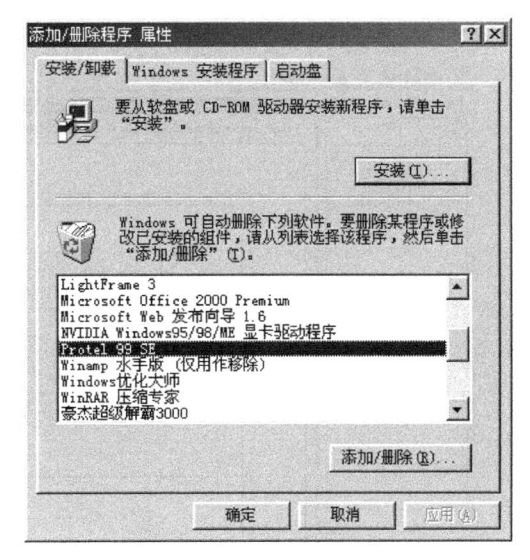

图 1.2　"添加/删除程序属性"对话框

Protel 99 SE 系统的功能；选择"Repair"单选按钮，将重新安装 Protel 99 SE；选择"Remove"单选按钮，将卸载 Protel 99 SE。

（3）选择"Remove"单选按钮后单击"Next"按钮，将显示如图 1.3 所示的对话框。

图 1.3　删除确认对话框

（4）单击"确定"按钮，开始卸载。在卸载过程中，若想终止卸载，可单击"取消"按钮。

（5）卸载完毕后，单击"Finish"按钮即可完成卸载。

1.1.2　Protel 99 SE 的功能模块

Protel 99 SE 主要由电路原理图设计模块、印制电路板设计模块（PCB 设计模块）、电路信号仿真模块和 PLD 逻辑器件设计模块组成。各模块具有强大的功能，可以很好的实现电路设计与分析。

1．原理图设计模块（Schematic 模块）

电路原理图是表示电子电气产品中电路工作原理的重要技术文件，电路原理图主要由代表各种电子电气元件的图形符号、线路、结点和说明文字组成。如图 1.4 所示为一张电路原理图。该原理图是由 Schematic 模块设计完成的。Schematic 模块具有如下功能：丰富而灵活的编辑功能、在线库编辑及完善的库管理功能、强大的设计自动化功能、支持层次化设计功能等。

2．印制电路板设计模块（PCB 设计模块）

印制电路板（PCB）是通过专用的电子工艺把电子电气元件以特定的方式安装固定在电路板上，并且按照原理图用特殊的敷铜层导线连接为具体电路，以构成实际产品的电路单元，而制板图就是制作电路板的设计图纸。PCB 设计模块是完成制板图设计的电子 CAD 工具。

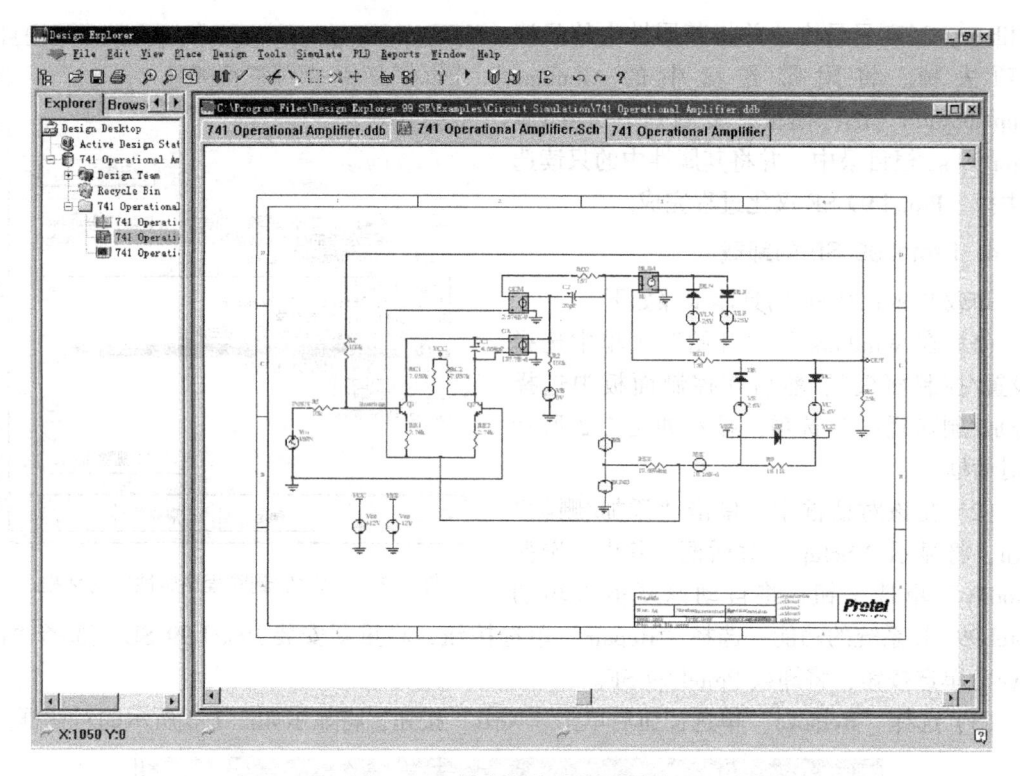

图 1.4 一张完整的电路原理图

设计好电路原理图后，可根据原理图设计印制电路板的制板图，然后再根据制板图制作具体的电路板。图 1.5 所示为一张印制电路板制板图。

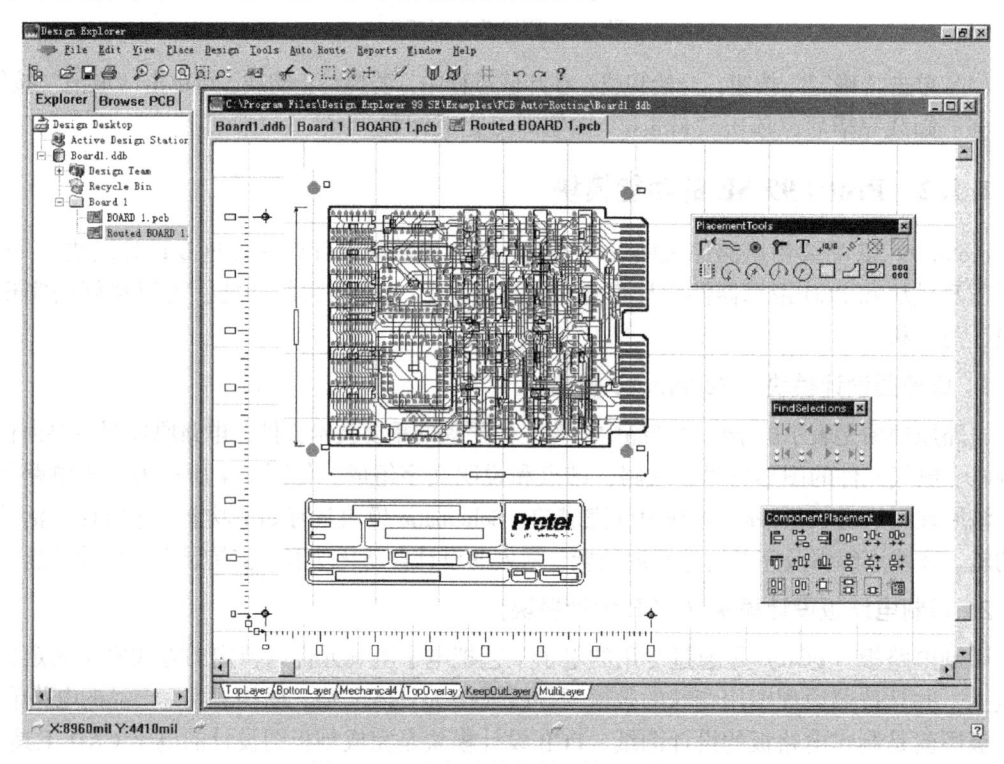

图 1.5 一张标准的印制电路板制板图

PCB设计模块的主要功能和特点是：可完成复杂印制电路板（PCB）的设计；具有方便而灵活的编辑功能；具有强大的设计自动化功能；具有在线式库编辑及完善的库管理；具有完备的输出系统等。

3. 电路信号仿真模块

电路信号仿真模块 SIM 99 是一个功能强大的数字/模拟混合信号电路仿真器，能提供连续的模拟信号和离散的数字信号仿真。它运行在 Protel 的 EDA/Client 集成环境下，与 Protel Advanced Schematic 原理图输入程序协同工作，作为 Advanced Schematic 的扩展，为用户提供了一个完整的从设计到验证仿真设计的环境。

在 Protel 99 SE 中进行仿真，只需从仿真用元器件库中选择所需的元器件，连接好原理图，加上激励源，然后单击仿真按钮即可自动开始仿真。

4. PLD 逻辑器件设计模块

PLD 99 支持所有主要的逻辑器件生产商，它有两个独特的优点：一是仅仅需要学习一种开发环境和语言就能使用不同厂商的器件；二是可将相同的逻辑功能做成物理上不同的元器件，以便根据成本、供货渠道自由选择元件制造商。

由于篇幅所限，本书仅对原理图模块、制板图模块做详细介绍，而对于电路信号仿真模块简要介绍，对于 PLD 逻辑器件设计模块暂不做介绍。

1.1.3 Protel 99 SE 的文件组成

Protel 99 SE 安装完毕后，系统将在用户指定的安装目录下创建几个子文件夹，其中主应用程序文件 client 99.exe 放在安装目录下。表 1.1 为安装目录下其他文件夹的情况。

每一个电子电气工程项目设计的所有原理图文件、PCB图文件、表格等设计资料都存放在一个称为设计数据库的文件中，其扩展名为".ddb"。包含在设计数据库中的文件仍然是一个个独立的文件，文件类型通过文件扩展名加以区分。Protel 99 SE 生成的各种报表都属于文本文件，各种报表常具有不同的扩展名。".ddb"设计数据库文件相当于一个包含这些独立文件的文件夹，这个数据库文件在 Windows 操作系统中独立存在，可方便地进行剪切、复制、粘贴等操作。表 1.2 为 Protel 99 SE 的文件类型说明。

表 1.1 Protel 99 SE 的文件夹结构

文件夹名称	存放文件说明
Backup	存放被修改的文档的备份
Examples	存放 Protel 99 SE 附带的例子
Help	存放 Protel 99 SE 的帮助文件
Library	该文件夹下有 5 个子文件夹：PCB、PLD、SCH、SignalIntegrity 和 SIM，分别存放在 PCB 库文件、PLD 库文件、原理图库文件、信号完整性库文件和仿真库文件中
System	存放 Protel 各服务器程序文件

表 1.2 Protel 99 SE 的文件类型及其说明

文件扩展名	文件类型说明
.abk	自动备份文件
.pcb	印制板图文件
.sch	原理图文件
.lib	元件库文件
.net	网络表文件
.prj	项目文件
.pld	pld 描述文件
.txt	文本文件
.rep	生成的报告文件
.erc	电气法则测试报告文件
.xls	元件列表文件
.xrf	交叉参考元件列表文件

1.2 Protel 99 SE 的基本操作

1.2.1 Protel 99 SE 的启动和关闭

1. Protel 99 SE 的启动

安装 Protel 99 SE 之后，系统会在"开始"菜单和桌面上放置 Protel 99 SE 主应用程序的快捷方式，启动 Protel 99 SE 的方法有以下 3 种。

（1）单击任务栏上的"开始"按钮，在"开始"菜单组中单击"Protel 99 SE"菜单项，如图 1.6 所示。

（2）单击任务栏上的"开始"按钮，在"开始"菜单中将鼠标指针移到"程序（P）"菜单项，停留片刻在调出的"Protel 99 SE"菜单组中单击"Protel 99 SE"菜单项进行启动，如图 1.7 所示。

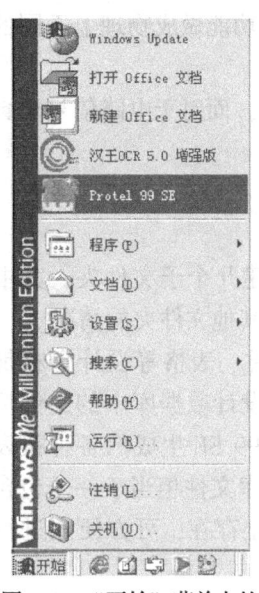

图 1.6　"开始"菜单中的"Protel 99 SE"菜单项

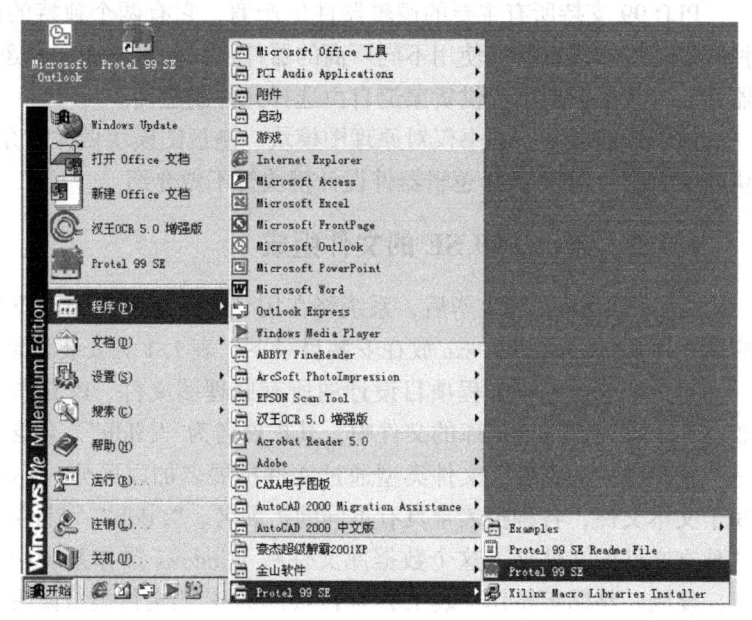

图 1.7　"Protel 99 SE"菜单组中的"Protel 99 SE"菜单项

（3）直接在桌面上双击"Protel 99 SE"图标。启动主应用程序后，系统进入如图 1.8 所示的设计主窗口。

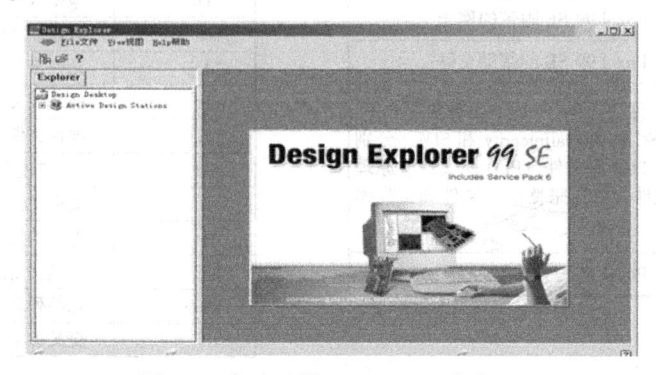

图 1.8　启动后的 Protel 99 SE 主窗口

2. Protel 99 SE 的关闭

关闭 Protel 99 SE 主程序的方法有以下 3 种。

(1) 选择"File"菜单，然后在弹出的下拉菜单组中选择"Exit"菜单项，如图 1.9 所示。

(2) 单击主窗口标题栏中"退出"按钮，或直接双击"系统菜单"按钮，如图 1.10 所示。

(3) 按下 Alt + F4 组合键。在退出 Protel 99 SE 主程序时，如果修改了文档而没有保存，则会出现一个对话框，询问用户是否保存文件，如图 1.11 所示。

如果要保存文件，单击"Yes"按钮；如果不想保存文件，单击"No"按钮；如果想退出操作，单击"Cancel"按钮。

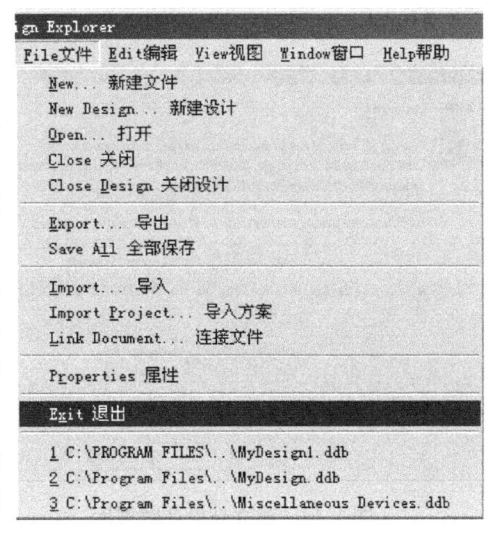

图 1.9 执行菜单命令退出 Protel 99 SE

图 1.10 操作标题栏按钮或系统菜单按钮退出 Protel 99 SE

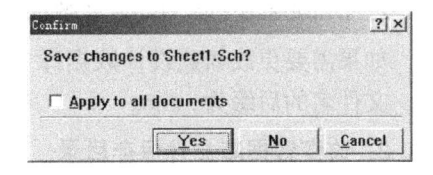

图 1.11 退出时的"询问"对话框

1.2.2 进入 Protel 99 SE 设计环境

启动 Protel 99 SE 后，系统将进入设计环境。此时可以单击"File"菜单中的"New"命令，系统将弹出如图 1.12 所示的 Protel 99 SE 建立新设计数据库的文件路径设置选项卡。下面介绍该选项卡。

1. Design Storage Type（设计保存类型）

在选择卡右侧的下拉按钮中有"MS Access Database"和"Windows File System"选项。

(1) "MS Access Database"选项。设计过程的全部文件都存储在单一的数据库中，即所有的原理图、PCB 文件、网络表、材料清单等都保存在一个后缀为 .ddb 的文件中，在资源管理器中只能看到唯一的后缀为 .ddb 的文件。

(2) "Windows File System"选项。在对话框底部指定的硬盘位置建立一个数据库的文件夹，所有文件都被自动保存在文件夹中。可以直接在资源管理器中对数据库中的设计文件（如原理图、PCB 等）进行复制、粘贴等操作。这种设计数据库的存储类型，可以方便在硬盘上对数据库内部的文件进行操作，但不支持 Design Team 特性。

如果选择"MS Access Datebase"类型，对话框将增加一个"Password"（密码设置）选项卡，如图 1.13 所示。如果选择"Windows File System"类型，则没有该选项卡。

当选择"MS Access Datebase"类型时，如果想设置密码，则可以单击图 1.13 所示的对话框中的 Password，进入文件密码选项卡，然后选择"Yes"单选按钮，并在右边的"Password"和"Confirm Password"（确认密码）编辑框中输入相同的密码，如图 1.13 所示，即可完成设置。

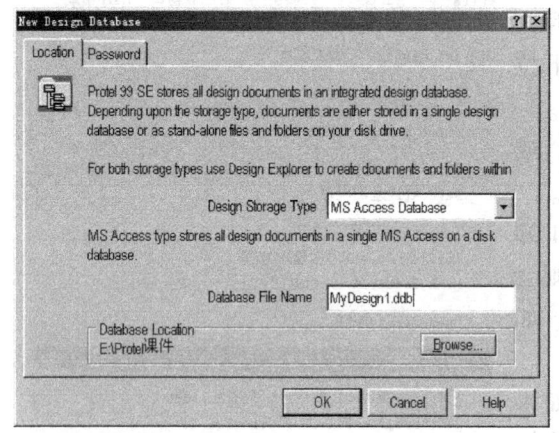

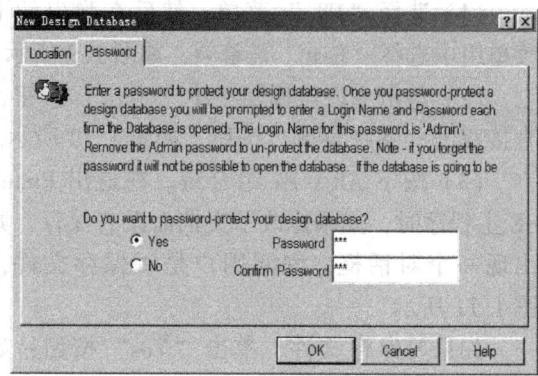

图 1.12　建立新设计数据库　　　　　图 1.13　文件密码设置选项卡

注意：必须记住用户自己设置的密码，否则将打不开所设计的文件数据库。

2. Datebase File Name（数据库文件名）

如果需要更改新建设计数据库文件的名称，在编辑框中输入所设计的电路图的数据库名，文件名的后缀为 .ddb。

3. 改变数据库文件保存目录

如果想改变数据库文件所在的目录，可以单击"Browse"按钮，系统将弹出如图 1.14 所示的文件另存对话框，此时用户可以设定数据库文件要保存的路径。

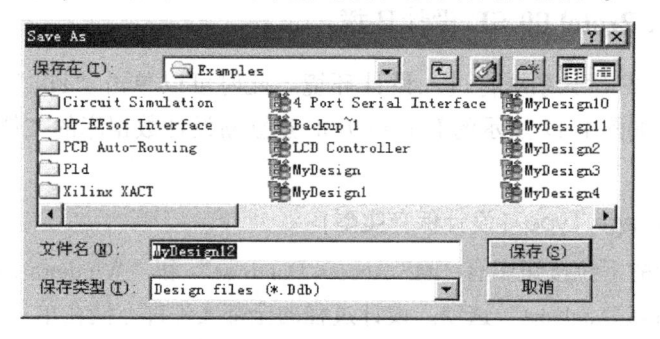

图 1.14　文件另存对话框

完成文件名的输入后，单击"OK"按钮，完成创建设计数据库操作，进入如图 1.15 所示的设计环境。

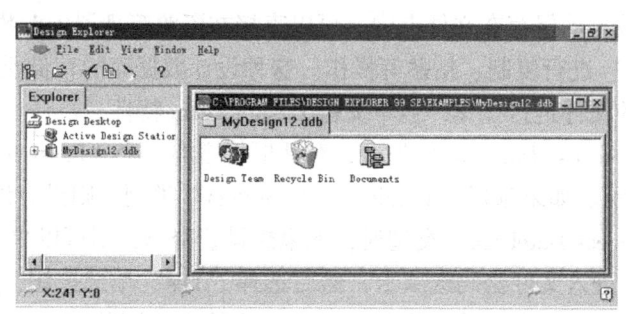

图 1.15　Protel 99 SE 设计环境

新设计数据库在创建之后将处于打开状态，同时被创建的还有一个设计组文件夹、回收站和一个"Documents"文件夹。其中，设计组文件夹用于存放权限数据，包括3个子文件夹："Members"文件夹包含能够访问该设计数据库的成员列表；"Permission"文件包含各成员的权限列表；"Sessions"文件夹包含处于打开状态的属于该设计数据库的文档或者文件夹的窗口名称列表。回收站用于存放临时删除的文档。"Documents"文件夹一般用于存放一些说明性的文档。

1.2.3 Protel 99 SE 文件管理

在建立一个新的设计数据库后，如果用户没有进入具体的设计操作界面，Protel 99 SE 的各菜单主要是进行各种文件命令操作，设置视图的显示方式以及编辑操作。系统包括 File、Edit、View、Window 和 Help 5 个下拉菜单，如图 1.15 所示。

1. 文件管理

文件管理主要通过"File"菜单的各命令来实现，"File"菜单如图 1.16 所示。"File"菜单各选项的功能如下：

（1）New：新建一个空白文件，文件的类型可以是原理图 Sch 文件、印制电路板 PCB 文件、原理图元器件库编辑文件 Schlib、印制电路元件库编辑文件 PCBlib 等。选取此菜单项，在显示的建立新文档对话框中，选择需建立的文档类型，然后单击"OK"按钮即可，如图 1.17 所示，对话框中文件类型图标和功能见表 1.3。

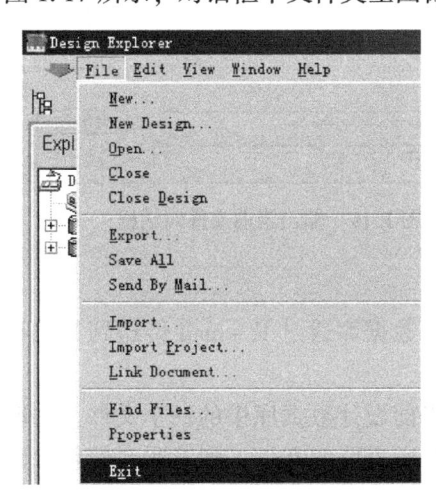

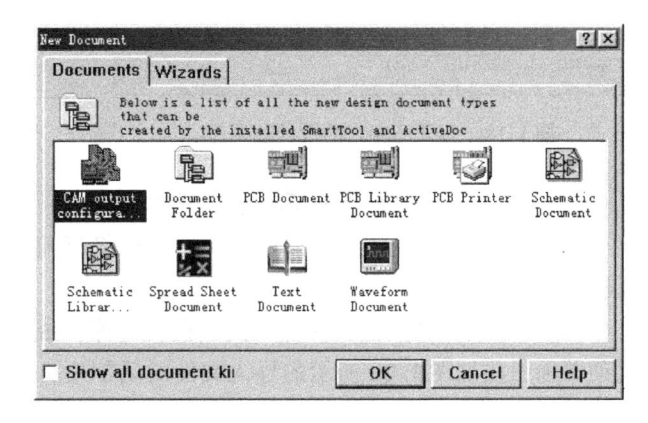

图 1.16　"File"菜单　　　　　　　图 1.17　建立新文档对话框

表 1.3　文件类型图标和功能

文件图标	文件名称	文件功能
	CAM output configuration	生成 CAM 制造输出文件，可以连接电路图和电路板的生产制造各个阶段
	Document Folder	创建新文件夹
	PCB Document	创建印制电路板图设计文件
	PCB Library Document	创建印制电路板元件库文件
	PCB Printer	印制电路板打印编辑器
	Schematic Document	创建原理图设计文件

续表

文件图标	文件名称	文件功能
	Schematic Library Document	创建原理图元件库文件
	Spread Sheet Document	创建表格文件
	Text Document	创建文本文件
	Waveform Document	创建波形文件

（2）New Design：新建立一个设计库。所有的设计文件将在这个设计库中统一进行管理，该命令与用户还没有创建数据库前的"New"命令执行过程一致。

（3）Open：打开已存在的设计数据库。执行该命令后，系统将弹出如图1.18所示的对话框，可以选择需要打开的文件对象或设计数据库。

（4）Close：关闭当前已经打开的设计文件。

（5）Close Design：关闭当前已经打开的设计库。

（6）Export：将当前设计库中的一个文件输出到其他路径，执行该命令后，系统将弹出如图1.19所示的对话框。

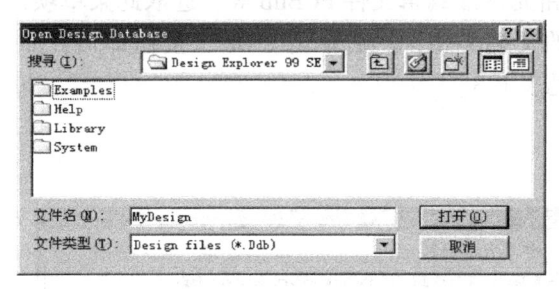

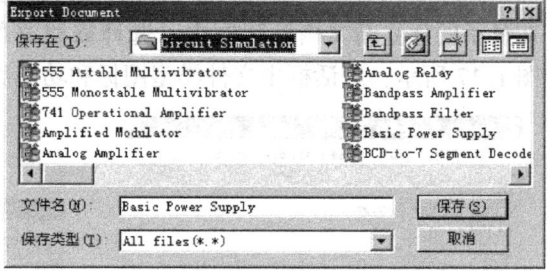

图1.18 打开已存在的设计数据库　　　　图1.19 输出当前文件对话框

（7）Save All：保存当前所有已打开的文件。

（8）Send By Mail：选择该命令后，可以将当前设计数据库通过E-mail传送到其他计算机。

（9）Import：将其他文件导入到当前设计库，成为当前设计数据库中的一个文件，选取此菜单项，在如图1.20所示的导入文件对话框中，选取所需要的文件，则将此文件包含到当前设计库中。

（10）Import Project：执行该命令后，可以导入一个已经存在的设计数据库到当前设计平台中，系统将弹出如图1.21所示的打开设计数据库对话框。

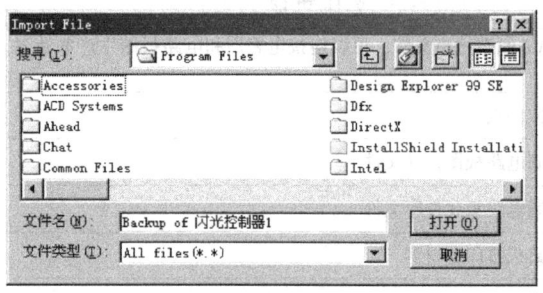

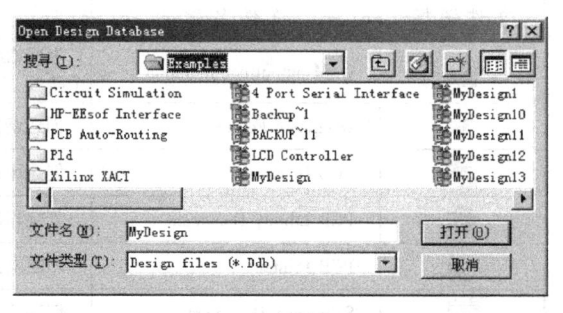

图1.20 导入文件对话框　　　　图1.21 打开设计数据库对话框

(11) Link Document：连接其他类型的文件到当前设计库中。执行该命令后，系统将弹出如图 1.22 所示的对话框，通过该对话框选择将其他文档的快捷方式连接到本地设计平台。

(12) Find Files：选择该命令后，系统将弹出如图 1.23 所示的查找文件对话框，可以查找设计数据库中或硬盘驱动器上的其他文件，用户可以设置各种不同的查找方式。

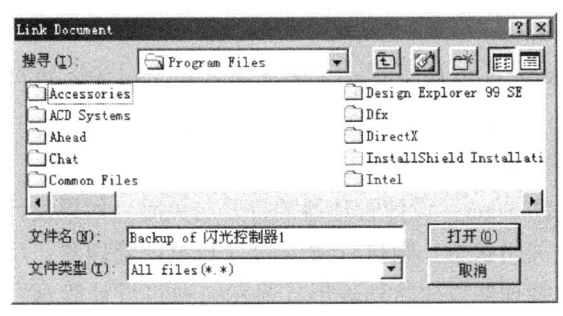

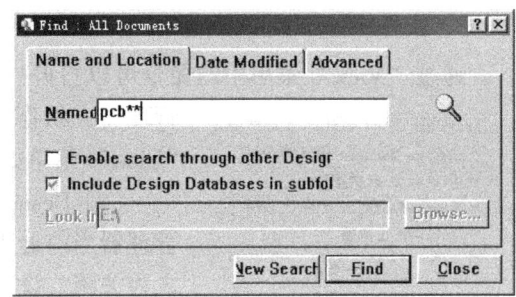

图 1.22　连接其他类型文件到本地设计平台　　　图 1.23　查找文件对话框

(13) Properties：管理当前设计库的属性。如果先选中一个文件夹后，再执行该命令，则系统将弹出如图 1.24 所示的文件属性对话框，可以修改或设置文件属性和说明。

(14) Exit：退出 Protel 99 SE 系统。

2. 文件编辑

文件编辑命令位于"Edit"菜单下，如图 1.25 所示。用该菜单可以对文件对象进行复制、剪切、粘贴、删除等编辑操作。

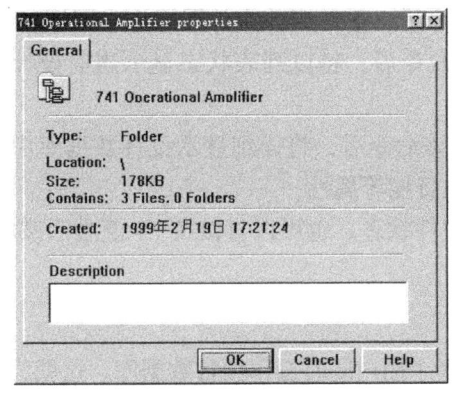

图 1.24　文件属性对话框　　　图 1.25　"Edit"菜单

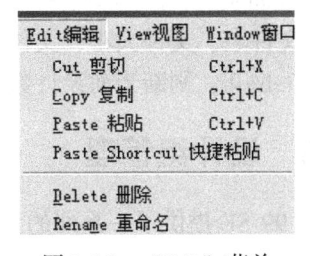

"Edit"菜单中各选项的功能如下。

(1) Cut：对选中的文件执行剪切操作，暂时保存于剪贴板中，然后可以粘贴复制该文件。

(2) Copy：将选中的文件复制到剪贴板中，然后可以粘贴复制该文件。

(3) Paste：将保存在剪贴板中的文档复制到当前位置。

(4) Paste Shortcut：将剪贴板中文档的快捷方式复制到当前位置。

(5) Delete：删除当前选中的文档，如果执行该命令，系统将会打开一个对话框提示用户是否确实需要删除该文件。

(6) Rename：重命名当前选中的文件，执行该命令，选中的文件名将可以被修改，如图 1.26 所示，重新输入文件名即可。

图 1.26　重新给文件命名

3. 文件操作工具

通过"View"菜单中的命令可以打开一些文件操作工具和查看工具，也可以实现设计管理器、状态栏、命令行、工具栏、图标等的打开与关闭。"View"菜单如图 1.27 所示，各选项功能如下。

（1）Design Manager：设计管理器的打开与关闭。如果设计管理器当前处于关闭状态，则执行命令为打开设计管理器；反之为关闭。设计管理器以树状列表形式显示，通过设计管理器可以方便地进行设计管理操作。

打开设计管理器也可以使用鼠标单击主工具栏左边的"![]"按钮来实现。

图 1.27　"View"菜单

（2）Status Bar：状态栏的显示与关闭。执行该命令后，可以在设计界面的下方显示或关闭状态栏。状态栏一般显示设计过程操作点的坐标位置等。

（3）Command Status：命令状态的显示与关闭。执行该命令，可以在设计界面的下方显示或关闭命令状态。命令状态显示当前命令的执行情况。

（4）Large Icons：显示大图标。执行该命令后，显示当前文件图标为大图标。

（5）Small Icons：显示小图标。执行该命令后，显示当前文件图标为小图标。

（6）List：显示文件为列表状态。执行该命令后，将以列表状态显示当前设计数据库中的文档。

（7）Details：详细显示文件的状态。执行该命令后，将详细显示设计数据库中的文件状态，包括文件名、文件大小、文件类型、修改日期等属性。

（8）Refresh：刷新当前设计数据库中的文件状态。也可以直接按 F5 键激活该命令。

1.3　设计组管理

Protel 99 SE 提供了一系列的工具来管理多个用户同时操作项目数据库。这就为多个设计者同时工作在一个项目设计组提供了安全保障。每个数据库在默认时都带有设计工作组（Design Team），其中包括"Members"、"Permissions"和"Sessions"3 个部分，如图 1.28 所示。

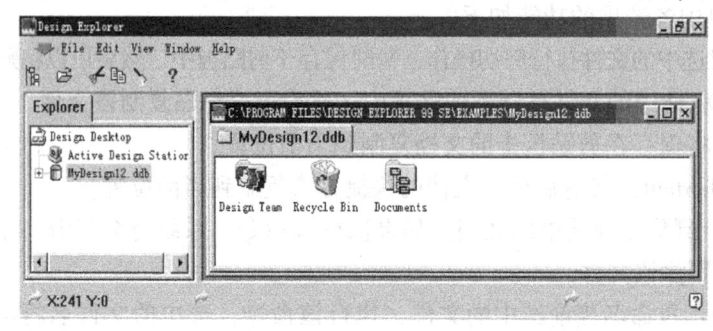

图 1.28　设计工作组

"Members"自带两个成员：系统管理员（Admin）和客户（Guest）。一般建库的用户就是这个项目的主管。该用户可以以系统管理员的身份进入数据库。系统管理员可以进行以下操作。

1. 修改密码

只有具备"Members"文件夹的"Write"（写）权限的成员才能修改成员名称和密码，修改密码的操作步骤如下：

（1）打开"Members"文件夹。

（2）在设计窗口中双击需要修改密码的成员名称，或者在其上面单击鼠标右键，然后在弹出的快捷菜单中选择"Properties"菜单项。

（3）在调出的对话框中根据需要对成员名称、名称描述和密码等进行修改。

（4）修改完毕后，单击"OK"按钮。

2. 增加访问成员

只有具备"Members"文件夹的"Create"（创建）权限的成员才能增加新成员，增加访问成员的操作步骤如下：

（1）双击设计数据库，或者单击其前面的加号（+），展开设计数据库的目录树。

（2）双击设计组文件夹"Design Team"，或者单击其前面的加号（+），展开其目录树。

（3）双击"Members"文件夹，在设计器窗口中打开成员列表。

（4）在右边设计窗口的空白处单击鼠标右键，然后在调出的快捷菜单中选择"New Member"菜单项，如图1.29所示。

图1.29 设计数据库的访问成员列表

增加访问成员还可以通过选择"File"菜单，然后在弹出的下拉菜单中选择"New member"菜单项。

（5）在调出的"User Properties"对话框中输入成员的名称描述（可省略）及密码，如图1.30所示。

（6）单击"OK"按钮。操作完成后，新成员将出现在成员列表中。新增加的访问成员的权限由"Permissions"文件夹中的"[All members]"决定，用户可以进行修改。

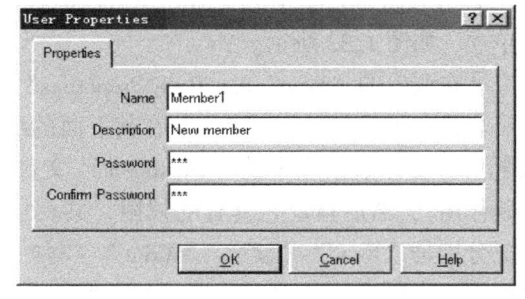

图1.30 增加访问成员"User Properties"对话框

3. 删除设计成员

只有具备"Members"文件夹的"Delete"（删除）权限的成员才能删除成员。删除成员的操作步骤如下：

（1）打开"Members"文件夹。

(2) 在要删除的成员名称上单击鼠标右键，然后在调出的快捷菜单中选择"Delete"菜单项，如图 1.31 所示。或者先选择要删除的成员名称，然后再按 Delete 键。

(3) 在调出的"Confirm"对话框中单击"Yes"按钮，如图 1.32 所示。

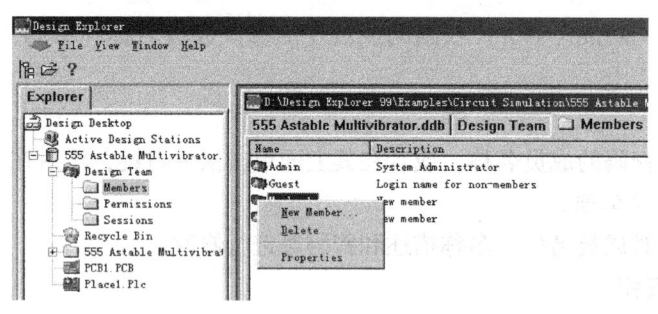

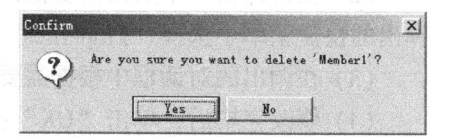

图 1.31　成员快捷菜单　　　　　图 1.32　删除成员的确认对话框

4. 设置和修改权限

(1) 设置新成员的权限。只有具备"Permissions"文件夹的"Create"权限的成员才能设置新成员的权限。对新增加的成员设置权限的操作步骤如下：

① 打开"Permissions"文件夹，如图 1.33 所示。"[All members]"成员组表示所有的成员，它所设置的权限对所有成员都有效，但是如果单独设置了某个成员的权限，则以单独设置的为准。

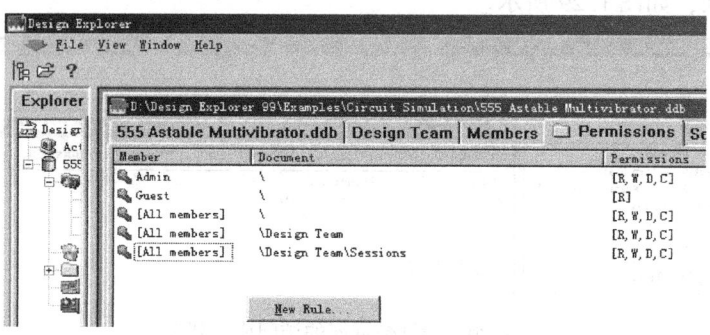

图 1.33　成员权限列表及快捷菜单

② 在设计器窗口中的空白处单击鼠标右键，然后在调出的快捷菜单中选择"New Rule"菜单项，如图 1.33 所示。

③ 在调出的"Permission Rule Properties"对话框中单击下拉按钮，并从中选择新增加的成员名称（如"Member1"），并在其下面的编辑框中输入权限范围（如"\Document"表示权限只对设计数据库中的"Document"文件夹起作用），然后指定它具有的权限，共有 4 种，分别是"Read"（读）、"Write"（写）、"Delete"（删除）和"Create"（创建）。如果它们前面的复选框中有"√"符号（单击时将在两种状态之间转换），表示具有相应权限。图 1.34 所示的情况表示成员"Member"对"Document"具有"Read"、"Write"、

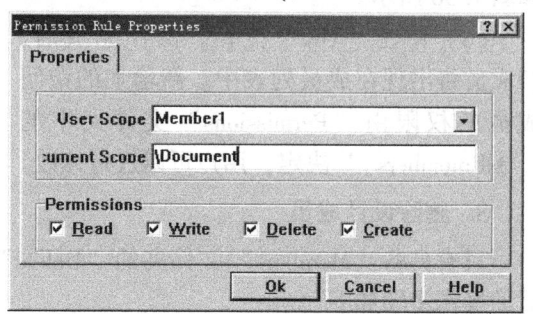

图 1.34　权限管理对话框

"Delete"和"Create"权限。

④ 最后单击"OK"按钮,完成操作。

(2) 修改已有成员的权限。只有具备"Permissions"文件夹的"Write"权限的成员才能修改已有成员的权限。修改已有成员权限的操作步骤如下:

① 打开"Permissions"文件夹。

② 在设计窗口中双击需要修改权限的成员名称。

③ 在权限管理对话框中,如果需要,可以指定新的权限范围,设置新权限。

④ 最后单击"OK"按钮。

1.4 Protel 99 SE 的窗口管理

1.4.1 Protel 99 SE 窗口界面

Protel 99 SE 窗口界面较为复杂,其主窗口主要由以下部分组成:标题栏、菜单栏、主工具栏、设计器窗口、文档管理器、浏览管理器、状态栏以及命令指示栏等,如图1.35所示。

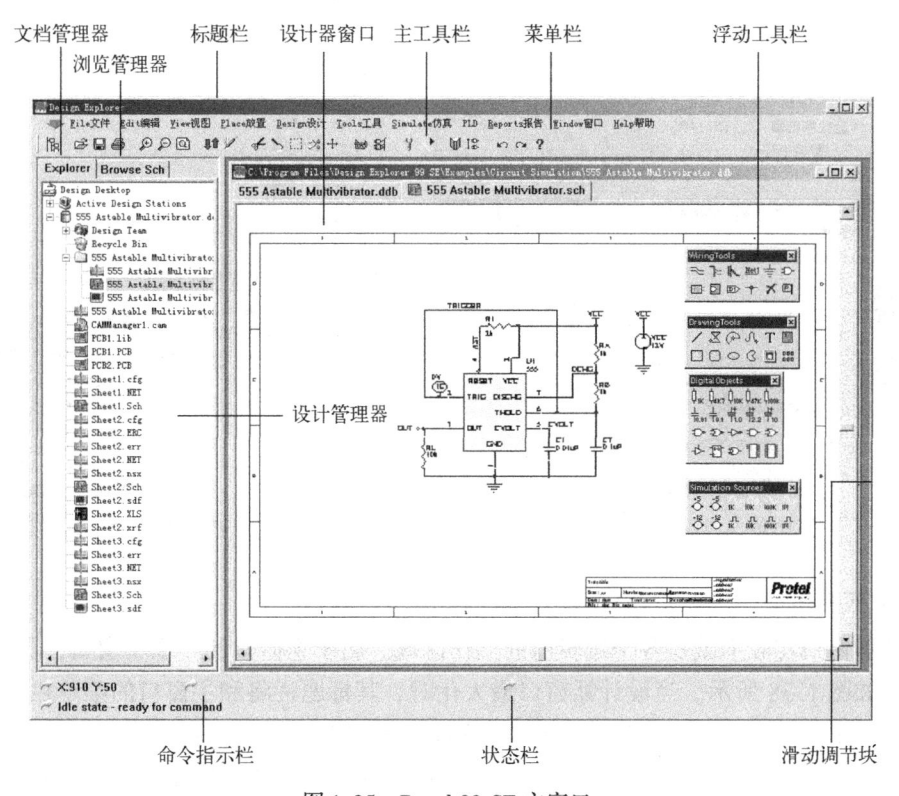

图1.35 Protel 99 SE 主窗口

1. 菜单栏

菜单栏的内容随着不同编辑器的打开而有所不同。单击命令菜单项所在的菜单名称(如"Edit"项),然后在弹出的下拉菜单中选择需要运行的命令菜单项即可执行该命令。

除了使用鼠标执行命令菜单外,也可以使用键盘来实现。从图1.36可以看到,在每一个菜单名称中都有一个带下画线的字母,这个字母就是相应菜单的快捷键,只要同时按下

Alt 和该字母键，就会弹出相应的下拉菜单。另外，菜单中的每一个菜单项名称一般也都有带下画线的字母，这个字母就是该菜单项的快捷键，在弹出所在的下拉菜单后，按下该字母键，即可运行相应的菜单命令。

2. 工具栏

工具栏主要是为了方便用户的操作而设计的，一些菜单项的运行都可以通过工具栏按钮来实现。

Protel 99 SE 为各个命令按钮设置了功能提示，当鼠标指针移动到某个命令按钮上并停留时，屏幕上就会出现该命令按钮的简单提示。一般情况下，Protel 99 SE 的窗口程序只显示一个主工具栏，只有当编辑器打开时才会调出其他的工具栏。调出的工具栏一般处于浮动状态，单击右上角的退出按钮可以关闭该工具栏。关闭之后如果要想再打开，可以执行"View"菜单下的"Toolbars"子菜单中的相应命令，如图 1.37 所示。

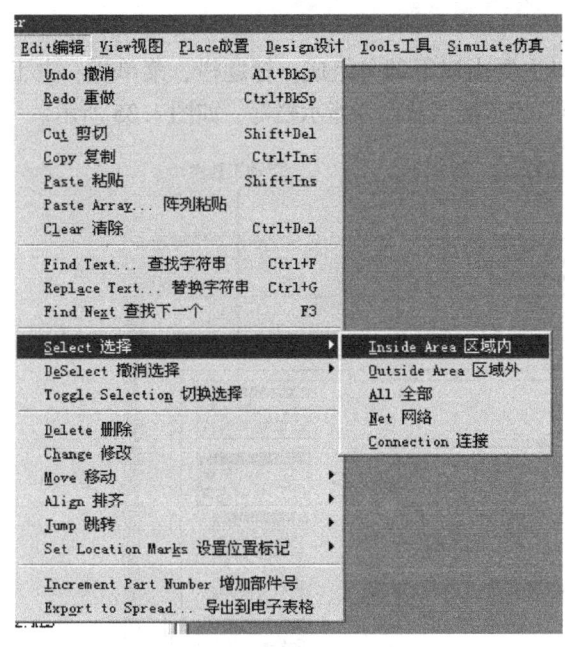

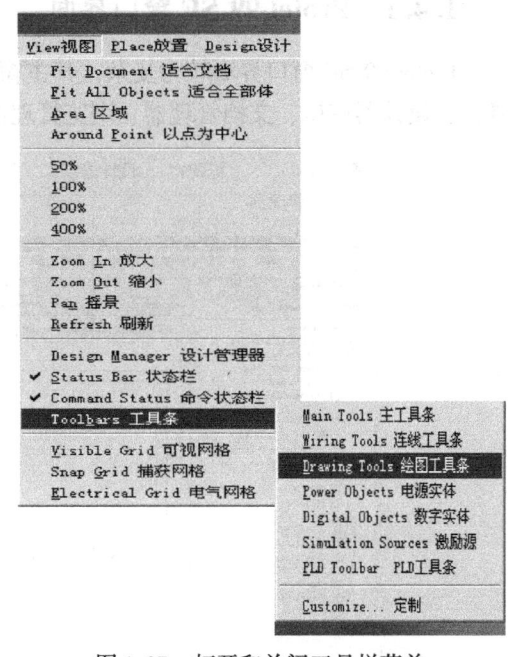

图 1.36 "Edit"菜单　　　　　图 1.37 打开和关闭工具栏菜单

3. 设计器窗口

设计器窗口实际上就是各个编辑器的工作区域，属于主窗口的一个子窗口，具有自己的标题栏，如图 1.38 所示。当设计器窗口最大化时，其标题栏将和主窗口的菜单栏合二为一，设计器窗口中有一个标签栏，当单击某个标签时，相应的文档就显示出来。设计器窗口中底部的工作层标签用于切换当前工作层，只有 PCB 编辑器打开时才会有这个工作层标签。

4. 文档管理器

文档管理器用于管理设计数据库文件，如图 1.39 所示，它与浏览管理器占据同一个窗口区域，都属于设计管理器。文档管理器和设计窗口结合使用，可以方便地对设计数据库进行管理。在文档管理器中，只要双击一个文档，在设计窗口中就会打开相应的编辑器对该文档进行编辑。如果某个文档已经处于打开状态，则只需在文档管理器中单击该文档，就可以直接调出相应的编辑器。

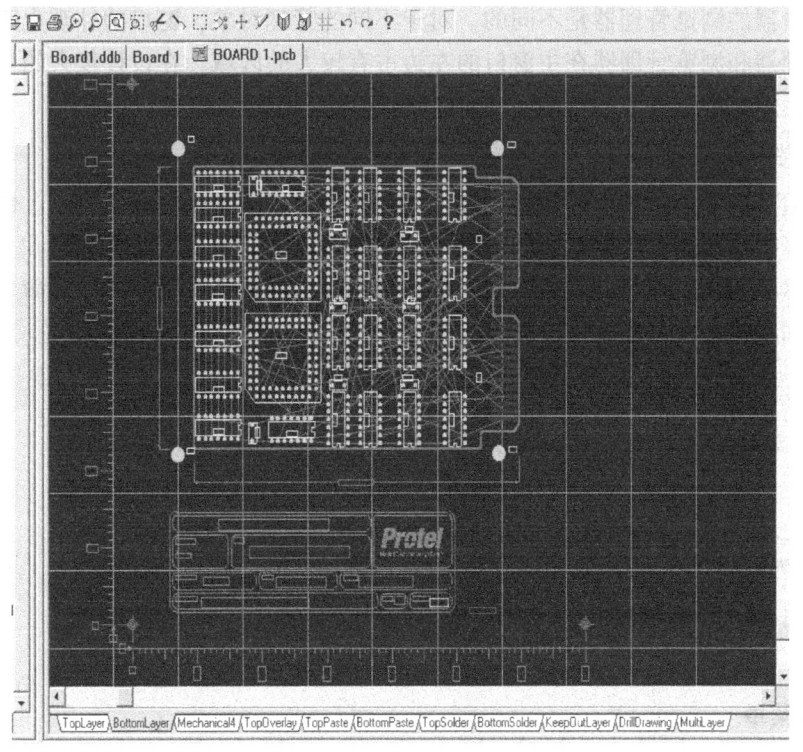

图 1.38　设计器窗口

5. 浏览管理器

浏览管理器与文档管理器占据同一个窗口区域,只要在文档管理器中单击顶部的"Browse Sch"或"Browse PCB"标签,就可以打开浏览管理器,如图 1.40 所示。

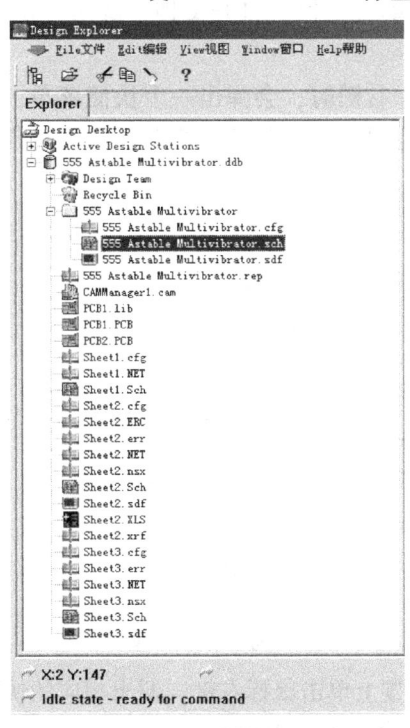

图 1.39　文档管理器　　　　　　　　图 1.40　浏览管理器

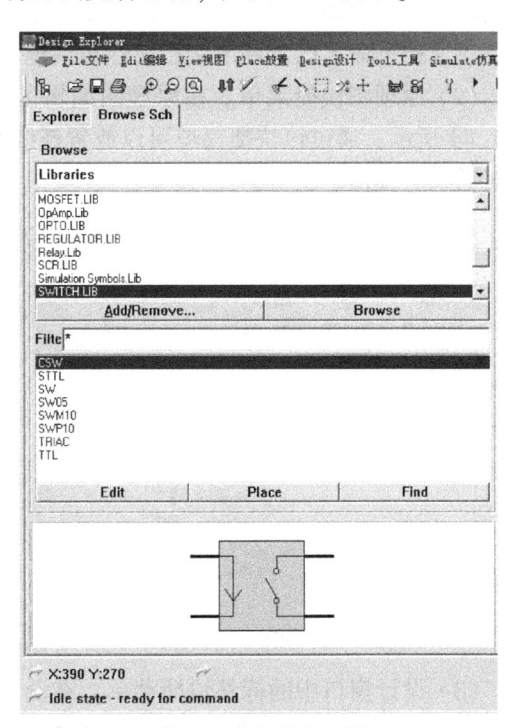

各个编辑器的浏览管理器是不同的。对于不同的管理对象，窗口的外观也不一样。

文档管理器和浏览管理器在主窗口的左边占有较大的区域，在设计较大的电路时，可以单击主工具栏左边的"![]"按钮来关闭或显示这两个管理器。

6. 状态栏和命令指示栏

状态栏主要用于显示进程的执行进度、进程说明、当前命令的操作提示、快捷键的说明以及当前鼠标指针的位置等信息，如图 1.41 所示。

命令指示栏的作用和状态栏的作用相似，只是显示的是当前正在执行的命令操作，如放置对象等，如图 1.42 所示。

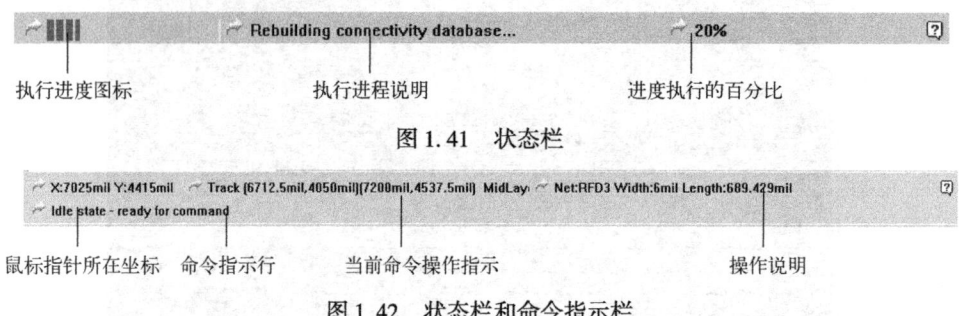

图 1.41　状态栏

图 1.42　状态栏和命令指示栏

7. 快捷菜单

为了方便操作，Protel 99 SE 还设计了众多的快捷菜单。在当前设计数据库的空白地方，单击鼠标右键，系统将弹出快捷菜单，用户可以从中选择相应的操作命令。

常用的快捷菜单有以下几种：

（1）文档对象快捷菜单。在设计窗口或者设计管理器中的文档对象上单击鼠标右键，将弹出相应的快捷菜单，如图 1.43 所示。通过该快捷菜单可以执行打开文档、剪切、复制、粘贴、文档重命名以及调出文档属性对话框等操作。

（2）原理图快捷菜单。在原理图编辑区中单击鼠标右键时，会弹出一个快捷菜单，如图 1.44 所示。通过该快捷菜单可以放置连线和元件，也可以进行创建网络表及调出对象属性对话框等操作。

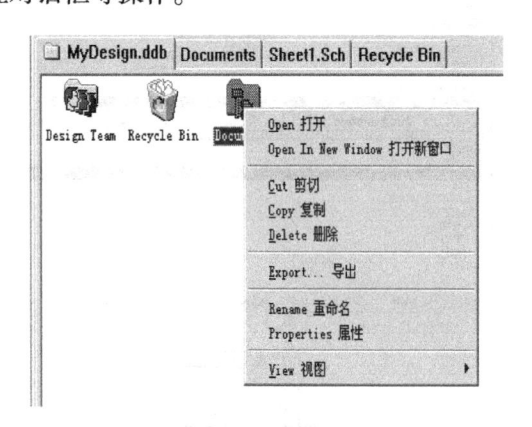

图 1.43　文档对象快捷菜单　　　　　　　　图 1.44　原理图快捷菜单

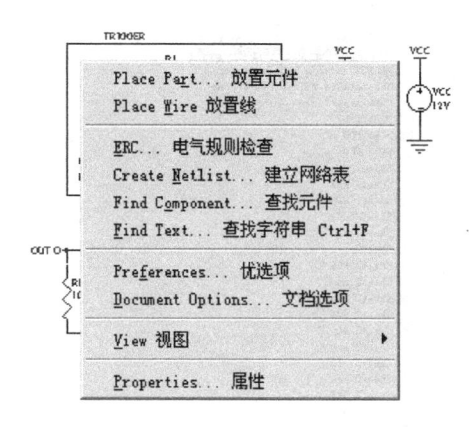

（3）设计窗口中的标签快捷菜单。在设计窗口的标签上单击鼠标右键，调出相应的快捷菜单，如图 1.45 所示。通过该快捷菜单可以执行关闭文档、窗口管理等操作。

(4) 设计窗口中空白处的快捷菜单。在设计窗口的空白处单击鼠标右键，调出相应的快捷菜单，如图1.46所示。通过该快捷菜单可以执行新建文档、导入已有文档等操作。

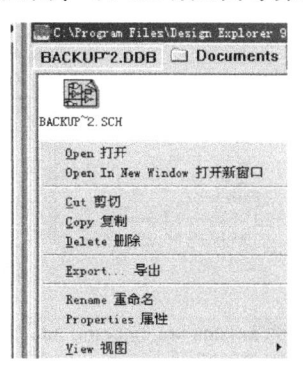

图1.45 标签快捷菜单　　　　　图1.46 设计窗口空白处的快捷菜单

1.4.2 窗口管理

1. 主窗口的管理

一般情况下，主窗口具有3种变化状态：最大化窗口、一般窗口和最小化窗口。

最大化窗口覆盖整个桌面，用户只要单击最大化按钮或者双击标题栏，窗口就会呈现最大化状态，这时最大化按钮将变成一个还原按钮。

最小化窗口在桌面上没有属于自己的区域，而只在任务栏上有一个标题按钮，如图1.47所示。单击最小化按钮时，窗口就变成最小化状态。需要恢复时，只需在菜单栏上单击标题按钮即可。

图1.47 任务栏上的标题按钮

标题按钮实际上是一个双重开关，单击一次时，窗口发生相应变化，再单击一次时窗口又恢复原来的状态。

一般窗口在桌面上具有自己的区域，但不占据整个桌面。一般窗口的大小是可以调整的。当鼠标移动到窗口的边界时，指针将变成双向箭头，这时按住鼠标左键不放，拖动鼠标，就可以改变窗口的宽度或者高度。如果在标题栏上按住鼠标左键不放，并拖动鼠标，就可以移动整个窗口的位置。

2. 子窗口管理

在设计窗口中，当打开的文档较多时，可以对各个子窗口进行管理，包括平铺窗口、层叠窗口、排列图标以及关闭窗口。

(1) 平铺。如果在设计窗口中打开了许多的设计子窗口，而且希望能同时查看不同窗口的内容时，可以利用主窗口提供的窗口平铺功能来使所有的窗口在主窗口中占据不同的区域。

平铺窗口的操作步骤如下：

① 在设计器窗口的某个标签上单击鼠标右键，如图1.48所示。

② 在调出的快捷菜单中选择"Split Vertical"菜单项，设计器窗口将变成如图1.49所示的情况；如果选择"Split Horizontal"菜单项，将变成如图1.50所示的情况；如果选择"Tile All"菜单项，则为所有子窗口分配区域。

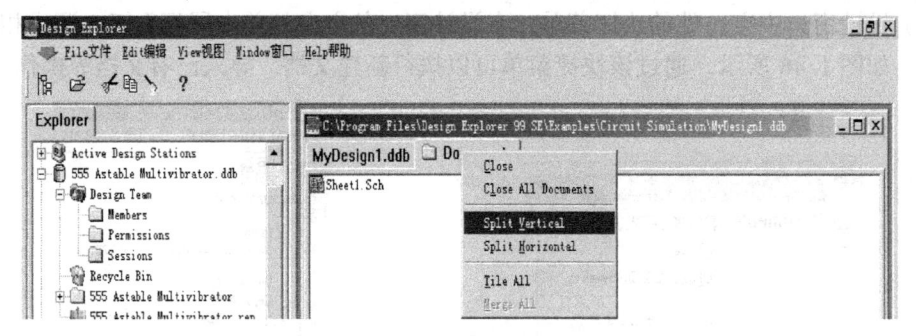

图 1.48　窗口平铺快捷菜单

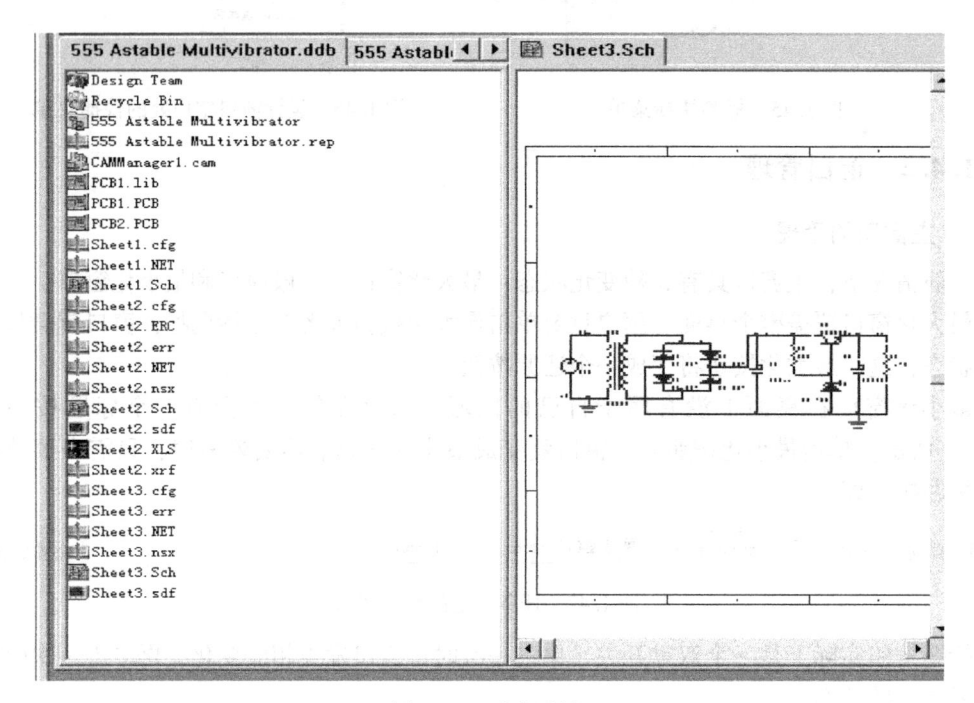

图 1.49　垂直平铺

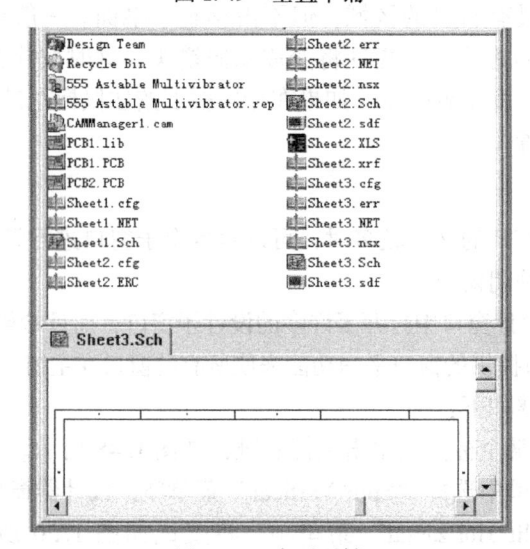

图 1.50　水平平铺

平铺之后,可以在平铺的快捷菜单中选择"Merge All"菜单项,以合并所有的窗口,即关闭平铺。

(2) 层叠。如果同时打开几个设计数据库,由于每一个设计数据库都有各自的设计窗口。当设计窗口处于最大化状态时,要切换到相应的设计数据库的设计窗口。

对窗口进行层叠操作的方法有以下几种:

① 选择"Window"菜单,然后在弹出的下拉菜单中选择"Cascade"菜单项,如图 1.51 所示。

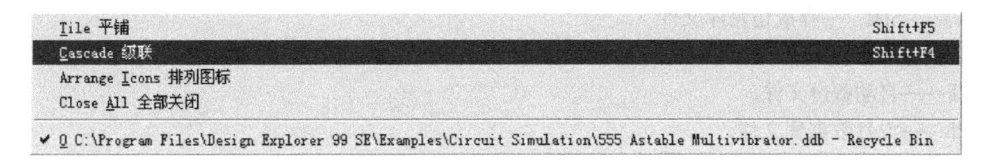

图 1.51 层叠窗口菜单

② 按下 Shift + F4 组合键。

③ 按下 W 键,松开后再按下 C 键。

执行层叠操作之后,主窗口将变成如图 1.52 所示的情况。

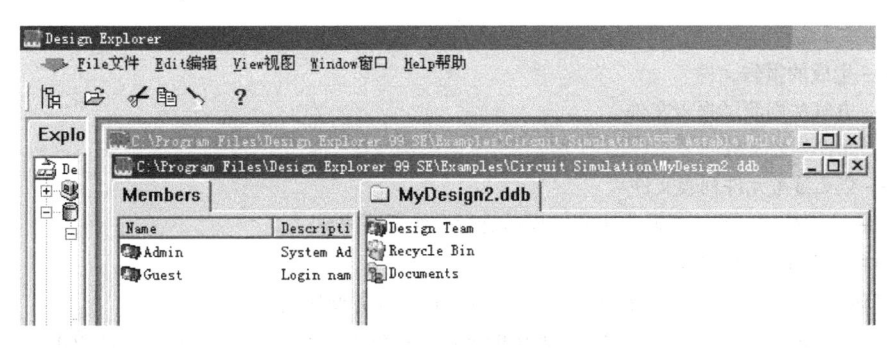

图 1.52 层叠后的窗口

(3) 排列图标。选择"Window"菜单,然后在弹出的下拉菜单中选择"Arrange Icons"菜单项可以重新排列图标。当所有窗口都处于最小化时,可以使用排列图标功能将最小化的图标重新排列,如果有一个窗口不处于最小化状态,则排列图标无效。

(4) 关闭所有窗口。要关闭所有打开的窗口又不希望关闭主程序,以使得主程序在打开的情况下占用最少的系统资源,可选择"Window"菜单,在弹出的下拉菜单中选择"Close All"菜单项。

本 章 小 结

1. Protel 99 SE 概述

(1) 软件环境要求运行在 Windows 98/2000/NT 或者更高版本操作系统下。硬件环境要求 P166 CPU/RAM 32MB/HD 剩余 400MB 以上,显示分辨率为 1 024×768。

(2) Protel 99 SE 主要由原理图设计模块(Schematic 模块)、印制电路板设计模块(PCB 设计模块)、电路信号仿真模块和 PLD 逻辑器件设计模块组成。

(3) Protel 99 SE 的文件组成。Protel 99 SE 安装完成后,主应用程序文件 client99.exe 放在安装目录下。

文件夹的名称和用途如下：
Backup——存放被修改的文档备份
Examples——存放 Protel 99 SE 附带的例子
Help——存放 Protel 99 SE 的帮助文件
Library—SCH——存放原理图库文件
Library—PCB——存放 PCB 库文件
Library—PLD——存放 PLD 库文件
Library—SignalIntegrity——存放信号完整性库文件
Library—SIM——存放仿真库文件

文件类型如下：
.abk——自动备份文件
.ddb——设计数据库文件
.pcb——印制板图文件
.sch——原理图文件
.lib——元件库文件
.net——网络表文件
.prj——项目文件
.pld——描述文件
.txt——文本文件
.rep——生成的报告文件
.erc——电气法则测试报告文件
.xls——元件列表文件
.xrf——交叉参考元件列表文件

（4）安装及卸载。只要按照操作步骤的提示进行操作即可完成。

2．Protel 99 SE 的基本操作

（1）启动。直接在桌面上双击 Protel 99 SE 图标，这是最方便快捷的方法。

（2）关闭。选择"File"菜单，然后在弹出的下拉菜单组中选择"Exit"菜单项。或单击主窗口标题栏上的"退出"按钮。

（3）文件管理。Protel 99 SE 的各菜单主要是进行各种文件命令操作，设置视图的显示方式以及编辑操作。系统包括 File、Edit、View、Window 和 Help 共 5 个下拉菜单。

3．Protel 99 SE 设计组管理

Protel 99 SE 提供了一系列的工具来管理多个用户同时操作项目数据库。每个数据库默认时都带有设计工作组（DesignTeam），其中包括 Members、Permissions、Sessions 3 个部分。Members 自带两个成员：系统管理员（Admin）和客户（Guest）。系统管理员可以进行修改密码、增加访问成员、删除设计成员、修改权限等操作。

4．Protel 99 SE 窗口管理

Protel 99 SE 主窗口主要由标题栏、菜单栏、工具栏、设计器窗口、文档管理器、浏览管理器、状态栏以及命令指示栏等部分组成。

主窗口具有 3 种变化状态：最大化窗口、一般窗口和最小化窗口。

子窗口可以进行平铺窗口、层叠窗口、排列图标以及关闭窗口等管理。

思考与练习 1

1.1　Protel 99 SE 对运行环境有哪些要求？

1.2 Protel 99 SE 包含哪些功能模块？简述其功能。
1.3 请简述 Protel 99 SE 进行文件管理和编辑的过程。
1.4 Protel 99 SE 是怎样进行文档的导出和导入操作的？
1.5 请说明如何对设计文档设置密码和修改密码？
1.6 如何增加访问成员？如何删除设计成员？
1.7 说明 Protel 99 SE 主窗口界面的基本组成部分的含义。
1.8 主窗口是怎样调整的？子窗口是如何平铺的？
1.9 试创建一个自定义名称的设计组（*.ddb）。

实训指导1　Protel 99 SE 的安装与卸载

1. 实训目的
（1）熟悉 Protel 99 SE 的设计环境。
（2）掌握 Protel 99 SE 的安装方法。
（3）熟悉 Protel 99 SE 的各主要设计模块及其组成文件。
（4）掌握 Protel 99 SE 的卸载方法。

2. 实训内容
（1）安装 Protel 99 SE 到默认路径，选择典型安装。
（2）找到默认路径，并打开。熟悉该路径下各文件夹的作用。
（3）卸载 Protel 99 SE。

实训指导2　Protel 99 SE 的文件管理

1. 实训目的
（1）掌握 Protel 99 SE 的启动与关闭。
（2）掌握设计数据库的概念，以及建立、打开和关闭等操作。
（3）熟练掌握对设计数据库中的文件夹及文件的操作。

2. 实训内容
（1）分别用三种方法启动 Protel 99 SE。
（2）启动 Protel 99 SE 后，在 E 盘建立名为 Study1 的文件夹，并在文件夹中建立中 Test1.ddb 设计数据库文件。
（3）在 Test1.ddb 设计数据库文件中建立一个名为"两级阻容耦合三极管放大电路"的原理图文件（Schematic Document）、一个名为"两级阻容耦合三极管放大电路"的印制电路板文件（PCB Document）。再将"两级阻容耦合三极管放大电路.Sch"、"两级阻容耦合三极管放大电路.PCB"导出到桌面上。
（4）在 Study1 的文件夹下建立名为 Test2.ddb 设计数据库文件，文件类型 Windows File System。
（5）在 Study1 的文件夹下建立名为 Test3.ddb 设计数据库文件，文件类型 MS Access Database，并对数据库进行加密，密码为 123456。观察 Windows File System 及 MS Access Database 两种类型的区别。
（6）在 Study1 的文件夹下建立名为 Test4.ddb 设计数据库文件；分别将桌面上的"两级阻容耦合三极管放大电路.Sch"文件、"两级阻容耦合三极管放大电路.PCB"文件导入 Test4.ddb 设计数据库。

实训指导3　Protel 99 SE 的设计组管理

1. 实训目的
（1）熟练掌握为设计工作组增加与删除访问成员的操作。

(2) 掌握新成员权限的设置和修改方法。

2. 实训内容

(1) 在 Study1 的文件夹下建立名为 Test5.ddb 设计数据库文件。

(2) 为 Test5.ddb 设计数据库增加两名新的访问成员 Jack 和 Mary。

(3) 修改新成员的权限，使成员 Jack 对"Document"文件夹具有"Read"、"Write"和"Delete"权限，而 Mary 对"Document"文件夹仅具有"Read"和"Create"权限。

(4) 删除本数据库的访问成员 Mary。

实训指导 4　Protel 99 SE 的窗口管理

1. 实训目的

(1) 熟悉 Protel 99 SE 主窗口的组成部分。

(2) 熟练掌握主窗口的管理操作方法。

2. 实训内容

(1) 在主窗口界面下，练习打开及关闭工具栏。

(2) 在主窗口界面下，练习打开及关闭文档管理器。

(3) 在主窗口界面下，练习打开及关闭状态栏和命令指示栏。

(4) 最大化主窗口。

(5) 在 Study1 的文件夹下，打开 Test4.ddb 以及 Test5.ddb 两个设计数据库，并使它们以平铺、层叠方式显示。

第 2 章　原理图设计环境的设置

内容提要：

本章主要介绍原理图设计环境的设置，包括进入原理图设计系统、窗口设置、图纸设置、网格和光标设置以及其他设置内容。介绍各种设置菜单的功能和使用方法。

2.1 进入原理图设计系统

绘制原理图之前先要进入 Protel 99 SE 的原理图设计系统，即启动原理图编辑器。在该系统中可以进行电路原理图的设计，生成相应的网络表，为之后的印制电路版的设计做准备。进入原理图设计环境的操作过程如下：

（1）执行菜单命令"File\New"，建立新的设计数据库对话框，或打开一个已存在的设计数据库，将出现如图 2.1 所示的界面。

（2）在该界面下执行"File\New"命令，会出现图 2.2 所示的新建文件对话框，在其中选择原理图图标，单击"OK"按钮或双击该图标即可完成新的原理图文件的创建。

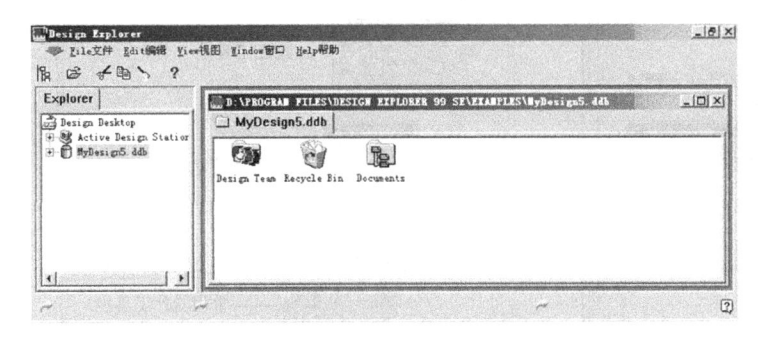

图 2.1　建立新的设计数据库

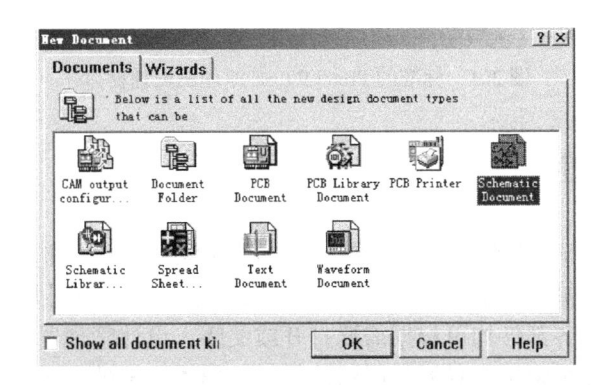

图 2.2　新建文件对话框

（3）新建立的文件包含在当前的设计数据库中，系统默认的文件名为"Sheet1"，如图 2.3 所示，可以更改文件名。

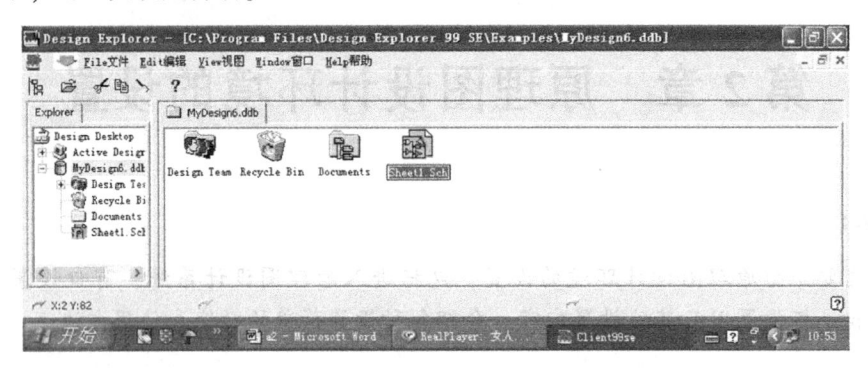

图 2.3　生成新建文件的界面

（4）双击此文件名，系统就进入原理图的设计系统，此时用来实现电路原理图设计和绘制的工具菜单全部显示出来，如图 2.4 所示。

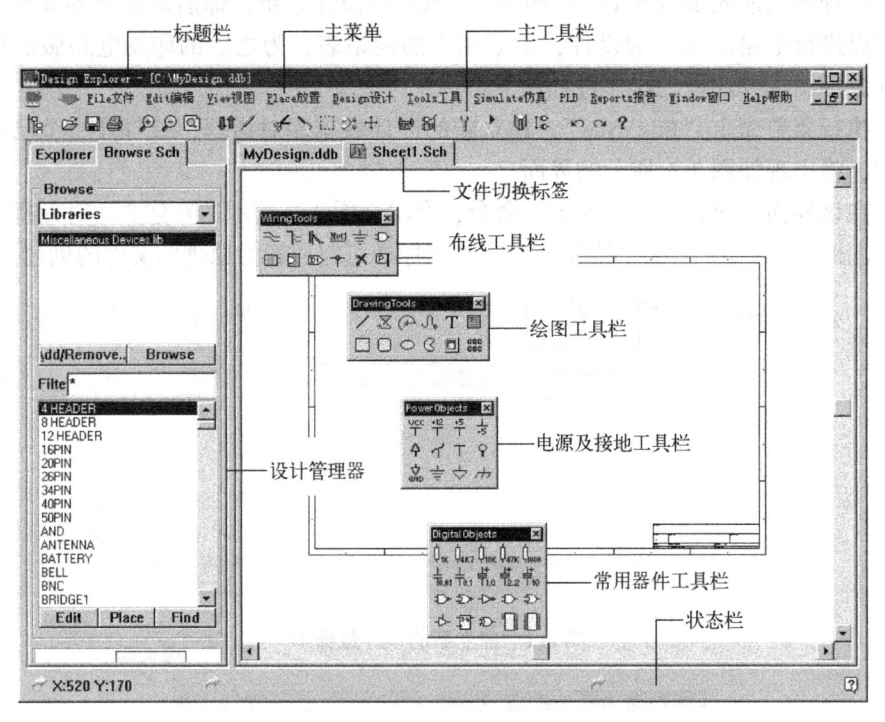

图 2.4　标准的 Protel 99 SE 原理图设计窗口

2.2　窗口设置

图 2.4 是 Protel 99 SE 的原理图设计窗口。窗口顶部为主菜单和主工具栏，左部为设计管理器，右边大部分区域为编辑区，底部为状态栏和命令栏，中间几个浮动窗口为常用工具。除主菜单外，上述各部件均可根据需要打开或关闭。设计管理器与编辑区之间的界线可根据需要左右拖动。几个常用工具栏除以活动窗口的形式出现外，还可将它们分别置于屏幕的上下左右任意一个边上。下面分别介绍各个环境组件的打开和关闭。

1. View 菜单中的环境组件切换命令

窗口中多项环境组件的切换可通过单击"View"菜单中的相应项目来实现。其中,"Design Manager"为设计管理器切换命令;"Status Bar"为状态栏切换命令;"Command Status"为命令栏切换命令;"Toolbars"为常用工具栏切换命令。菜单上的环境组件切换具有开关特性。例如,如果屏幕上有状态栏,当单击一次"Status Bar"时,状态栏从屏幕上消失,当再单击一次"Status Bar"时,状态栏又会显示在屏幕上。

2. 设计管理器的切换

设计管理器包括项目浏览器(Explorer)和当前运行的编辑器的浏览器(BrowseSch)。要打开或关闭设计管理器,可单击主工具栏中相应的图标,或执行菜单命令"View\Design Manager"。

3. 工作窗口的切换

工作窗口又称为设计窗口。Protel 99 的工作窗口除包括项目管理窗口外还可以为多个编辑器所共用。各个工作窗口之间的切换是通过单击工作窗口顶部相应的标签来实现的。当在各个工作窗口之间进行切换时,其左侧的设计管理器窗口也随之相应地改变,同时主窗口中的菜单栏也会发生相应的变化。

4. 元件管理器的切换

元件管理器的切换可通过单击设计管理器中的"Browse Sch"标签实现。

5. 状态栏的切换

要打开或关闭状态栏,可以执行菜单命令"View\Status Bar"。状态栏中包括光标当前的坐标位置、当前所选的操作对象以及依次显示的功能键。

6. 命令栏的切换

要打开或关闭命令栏,可以执行菜单命令"View\Command Status"。命令栏用来显示当前操作下的可用命令。

7. 工具栏的切换

Protel 99 SE 的常用工具栏有主工具栏 Main Tools、布线工具栏 Wiring Tools、绘图工具栏 Drawing Tools、电源及接地工具栏 Power Objects、常用器件工具栏 Digital Objects 等。这些工具栏的打开与关闭可通过执行菜单"View\Toolbars"中子菜单的相关命令来实现。工具栏菜单及子菜单如图 2.5 所示。

图 2.5 工具栏菜单

(1)主工具栏。打开或关闭主工具栏可通过执行菜单命令"View\Toolbars\Main Tools"来实现。该工具栏打开后,结果如图 2.6 中的工具栏所示。

该工具栏为用户提供了缩放、选取对象等命令按钮，表 2.1 给出了主工具栏中各按钮的功能，表中序号为图 2.6 中所指按钮。

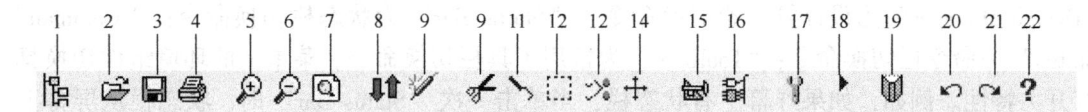

图 2.6 主工具栏

表 2.1 主工具栏中各按钮的功能

序号	功能说明	序号	功能说明
1	控制设计管理器显示切换	12	选取
2	打开文件	13	取消选取
3	保存文件	14	移动
4	打印文件	15	绘图工具栏的打开/关闭
5	放大窗口	16	布线工具栏的打开/关闭
6	缩小窗口	17	仿真设置
7	显示整个文档	18	运行仿真
8	模块电路中的页面切换	19	打开库管理
9	显示选取图件	20	恢复
10	剪切	21	重做
11	粘贴	22	帮助

（2）布线工具栏。打开或关闭布线工具栏可通过执行菜单命令"View\Toolbars\Wiring Tools"来实现。该工具栏打开后，结果如图 2.4 中的工具栏所示。

（3）绘图工具栏。打开或关闭绘图工具栏可通过执行菜单命令"View\Toolbars\Drawing Tools"来实现。该工具栏打开后，结果如图 2.4 中的工具栏所示。

（4）电源及接地工具栏。打开或关闭电源及接地工具栏可通过执行菜单命令"View\Toolbars\Power Objects"来实现。该工具栏打开后，结果如图 2.4 中的工具栏所示。

（5）常用器件工具栏。打开或关闭常用器件工具栏可通过执行菜单命令"View\Toolbars\Digital Objects"来实现。该工具栏打开后，结果如图 2.4 中的工具栏所示。

8. 绘图区域的放大与缩小

在绘图中常常需要查看整张电路原理图或者看某个局部区域直至某个具体的元件，因此经常需要改变显示状态，对绘图区域进行放大或缩小。改变显示状态的方法灵活多样，具体介绍如下。

（1）非命令状态下的放大与缩小。在非命令状态下即没有执行任何命令而处于闲置状态时，可以采用下列方法进行放大和缩小。

① 放大：可单击主工具栏的 按钮或执行菜单命令"View\Zoom In"，如图 2.7 所示。每进行一次操作，工作区域相应放大一次。

② 缩小：可单击工具栏的 按钮或执行菜单命令"View\Zoom Out"，如图 2.7 所示。每进行一次操作，工作区域相应缩小一次。

③ 不同比例显示：View 菜单命令有 50%、100%、200%、400% 四种显示比例可供用户选择，如图 2.7 所示。

④ 绘图区填满工作区：当需要查看整张电路原理图图纸时，可单击主工具栏的 按钮或执行菜单命令 "View\Fit Document"。

⑤ 所有对象显示在工作区：当需要在工作区中查看电路原理图上的所有对象时（不是整张图纸），可执行菜单命令 "View\Fit All Objects"。

⑥ 移动显示位置：将光标移动到目标点，执行 "View\Pan" 命令，则以该目标点为屏幕中心，显示整个屏幕。

⑦ 刷新画面：在滚动画面、移动元件等操作后，有时画面会显示残留的斑点、线段或图形变形等问题，虽然并不影响电路的正确性但不美观。这时，可以通过执行菜单命令 "View\Refresh" 来刷新画面。

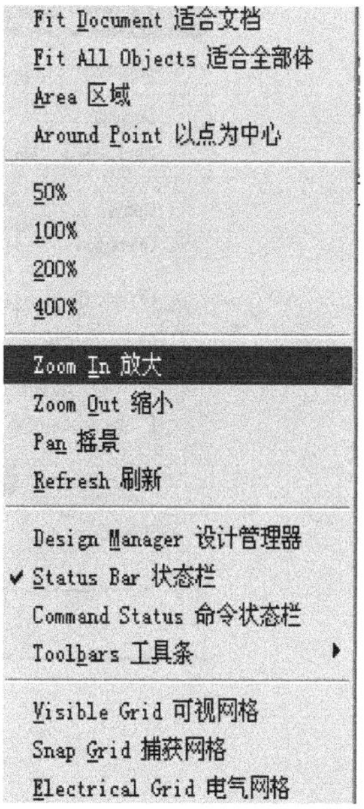

(2) 命令状态下的放大与缩小。当处于命令状态下时，无法用鼠标去执行一般的菜单命令，此时要进行放大和缩小，必须采用功能键来完成上述工作，具体操作如下：

图 2.7 视图 View 下的菜单

① 放大：按 PageUp 键，绘图区域会以光标当前位置为中心进行放大，该操作可连续执行多次。

② 缩小：按 PageDown 键，绘图区域会以光标当前位置为中心进行缩小，该操作可连续执行多次。

③ 居中：按 Home 键后，原来光标下的显示位置会移到工作区的中心位置显示。

④ 更新：按 End 键，对显示画面进行更新，恢复正确的画面。

⑤ 移动当前位置：按↑键可上移当前查看的图纸位置；按↓键可下移当前查看的图纸位置；按←键可左移当前查看的图纸位置；按→键可右移当前查看的图纸位置。

2.3 图纸设置

2.3.1 图纸尺寸

根据电路图的大小及复杂程度选择合适的图纸，可使电路的显示及打印紧凑清晰，且节约磁盘存储空间。

1. 选择标准图纸

设置图纸尺寸可通过执行菜单命令 "Design\Options" 来实现。执行该命令后，系统将弹出 "Document Options" 对话框，选择其中的 "Sheet Options" 选项卡进行设置，如图 2.8 所示。将光标移至图 2.8 中的 Standard Style（标准纸格式）选项，单击 Standard 编辑框的按钮，在下拉菜单中选用标准图纸。

Protel 99 SE 系统提供了 18 种规格的标准图纸，各种规格的图纸尺寸如表 2.2 所示。

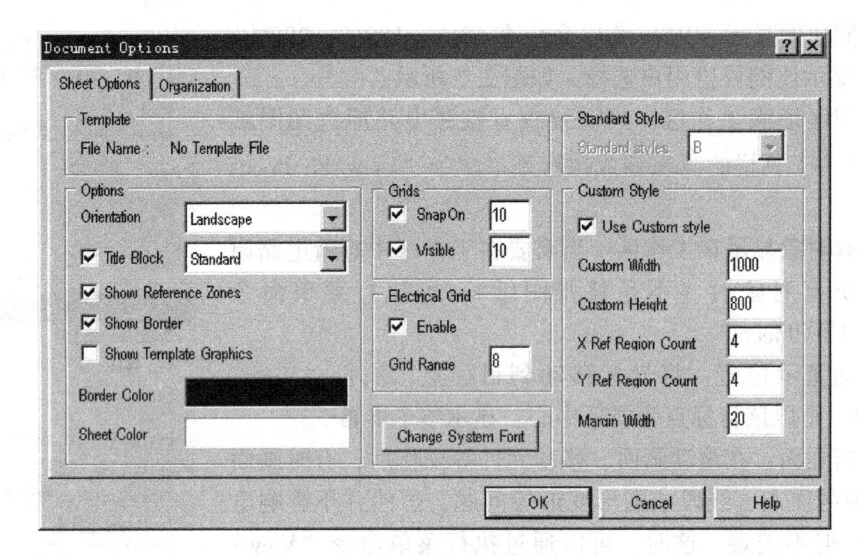

图 2.8 "Sheet Options"选项卡

表 2.2 各种规格的图纸尺寸

代号	尺寸（英寸）	代号	尺寸（英寸）
A4	11.5×7.6	E	42×32
A3	15.5×11.1	Letter	11×8.5
A2	22.3×15.7	Legal	14×8.5
A1	31.5×22.3	Tabloid	17×11
A0	44.6×31.5	OrcadA	9.9×7.9
A	9.5×7.5	OrcadB	15.6×9.9
B	15×9.5	OrcadC	20.6×15.6
C	20×15	OrcadD	32.6×20.6
D	32×20	OrcadE	42.8×32.2

2. 自定义图纸

如果需要自定义图纸尺寸，必须设置图 2.8 中"Custom Style"栏中的各个选项。首先，应选中"Use Custom"复选框，激活自定义图纸功能。

"Custom Style"栏中其他各项设置的含义如下。

（1）Custom Width：设置图纸的宽度，其单位为 1/100 英寸，1000 代表 10 英寸。

（2）Custom Height：设置图纸的高度，其单位为 1/100 英寸，800 代表 8 英寸。

（3）X Ref Region Count：设置 X 轴框参考坐标的刻度数。图 2.8 中设置为 4，也就是将 X 轴 4 等分。

（4）Y Ref Region Count：设置 Y 轴框参考坐标的刻度数。图 2.8 中设置为 4，也就是将 Y 轴 4 等分。

（5）Margin Width：设置图纸边框宽度。图 2.8 中设置为 20，也就是将图纸的边框宽度设置为 0.2 英寸。

2.3.2 图纸方向

1. 设置图纸方向

设置图纸是纵向还是横向，以及设置边框的颜色等，可以用菜单命令"Design\Options"

来实现。执行该命令后，系统将弹出"Document Options"对话框，在其中选择"Sheet Options"选项卡进行设置，如图2.8所示。

原理图编辑器允许电路图图样在显示及打印时选择横向（Landscape）或纵向（Portrait）格式。具体设置可在Options操作框中的方位（Orientation）下拉列表框中选取。通常情况下，在绘图及显示时设为横向，在打印时设为纵向。

2. 设置图样标题栏

Protel提供了两种预先定义好的标题栏，分别是"Standard"（标准）形式和"ANSI"形式，如图2.9所示。具体设置可在"Options"操作框中的"Title Block"（标题块）下拉列表框中选取。

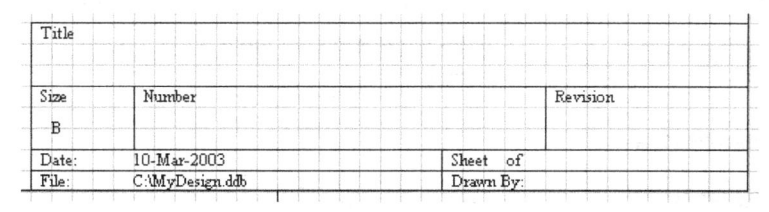

（a）标准形式标题栏

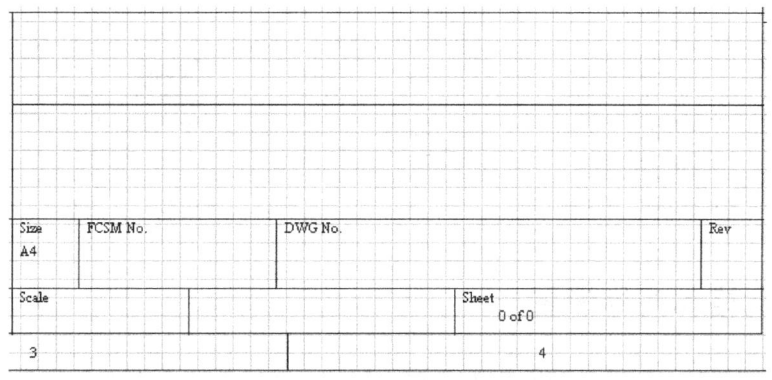

（b）ANSI形式标题栏

图2.9 标题栏的类型

"Show Reference Zones"复选框用来设置边框中的参考坐标。如果选择该选项，则显示参考坐标，否则不显示，一般情况下均应选中此项。

"Show Border"复选框用来设置是否显示图纸边框，如果选中则显示，否则不显示。当显示图纸边框时，可用的绘图工作区将会比较小，所以要使图纸有最大的可用工作区，可考虑将边框隐藏。不过由于某些打印机和绘图仪不能打印到图纸边框的区域，因此在实际工作中需要多次实际测试，才能决定真正的可用工作区。此外，"Schematic"还允许在打印时以一定的比例缩小输出。

"Show Template Graphics"复选框主要设置是否显示画在样板内的图形、文字及专用字串等。通常，选择该项的目的是为了显示自定义的标题区块或是公司商标等。

2.3.3 图纸颜色

图纸颜色设置，包括图纸边框（Border）和图纸底色（Sheet）的设置。

在图2.8中，"Border"选项用来设置边框的颜色，默认值为黑色。单击右边的颜色框，系统将弹出"Choose Color"(选择颜色)对话框,如图 2.10 所示,用户可通过它来选取新的边框颜色。

"Sheet"选项负责设置图纸的底色,默认的设置为浅黄色。改变底色时,双击右边的颜色框,打开"Choose Color"对话框,然后选取新的图纸底色。

"Choose Color"对话框的"Basic color"框列出了当前可用的 239 种颜色,并定位于当前所使用的颜色。如果用户希望改变当前使用的颜色,可直接在"Basic colors"栏或"Custom colors"栏中用鼠标单击选取。

如果用户希望自己定义颜色,可单击"Define Custom Colors"按钮,打开如图 2.11 所示的"颜色"对话框。这是一个 Windows 系统的对话框,用户可以对色调、饱和度、亮度、红、绿、蓝等项进行设置,调出满意的颜色后,单击按钮将它加入到自定义颜色中。

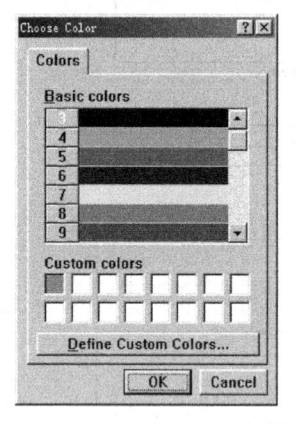

图 2.10 "选择颜色"对话框　　　　图 2.11 "颜色"对话框

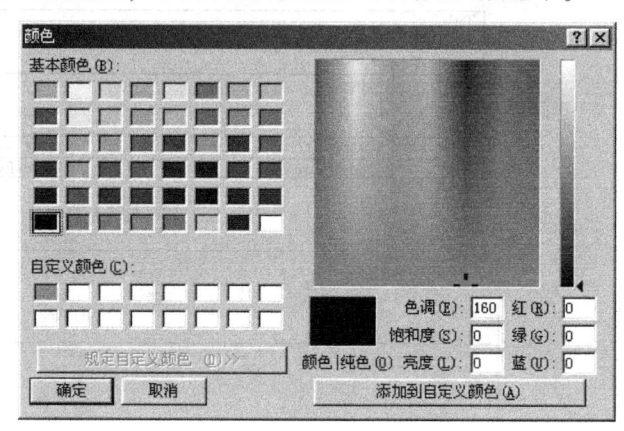

2.4 网格和光标设置

在设计原理图时,图纸上的网格为放置元器件、连接线路等设计工作带来了极大的方便。在进行图纸的显示操作时,可以设置网格的种类以及是否显示网格,也可以对光标的形状进行设置。

2.4.1 网格设置

Protel 99 SE 提供了两种不同形状的网格,它们分别是线状网格(Lines)和点状网格(Dots),如图 2.12 所示。

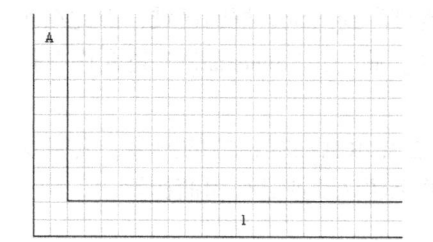

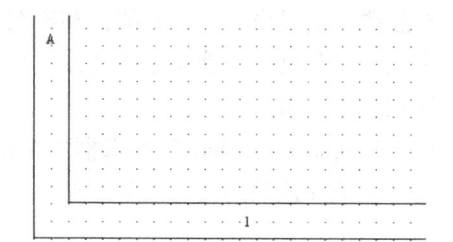

图 2.12 线状网格和点状网格

网格设置可以使用菜单"Tools\Preferences"命令来实现,执行该命令后,系统将会弹出如图 2.13 所示的"Preferences"(参数)对话框。在"Graphical Editing"选项卡中,可以单击"Cursor/Grid Options"操作框的"Visible Grid"选项的下拉式按钮，选择所需的网格种类。

如果想改变网格颜色可以单击"Color Options"区域的"Grid Color"颜色按钮进行颜色设置，如图 2.13 所示。具体的颜色设置方法与图纸颜色设置操作类似。设置网格颜色时，要注意不要设置太深，否则会干扰后面的绘图工作。

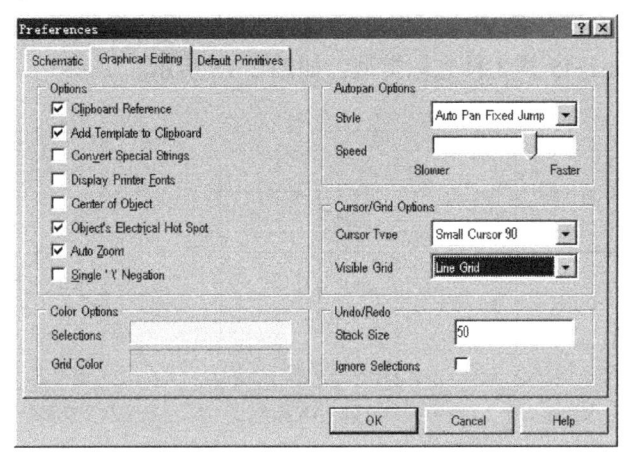

图 2.13 "Preferences"（参数）对话框

如果用户想设置网格是否可见，可以执行菜单命令"Design\Options"，系统将弹出"Document Options"对话框，并选择"Sheet Options"选项卡，在"Grids"操作框中对"Snap On"和"Visible"两个选项进行操作，就可以设置网格的可见性，如图 2.14 所示。

（1）Snap On 复选框：这项设置可以改变光标的移动间距，选中此项表示光标移动时以 Snap On 右边的设置值为基本单位移动，系统默认值为 10；不选此项，则光标移动时以 1 个像素点为基本单位移动。

（2）Visible 复选框：选中此项表示网格可见，可以在其右边的设置框内输入数值来改变图纸网格间的距离，图 2.14 中表示网格间的距离为 10 个像素点；不选此项表示在图纸上不显示网格。

图 2.14 "Document Options（文档）"对话框

如果将 Snap On 和 Visible 设置成相同的值，那么光标每次移动一个网格；如果将 Visible 设置为 20，而将 Snap On 设置为 10，那么光标每次移动半个网格。

· 33 ·

2.4.2 光标设置

光标是指在画图、放置元件和连接线路时的光标形状。设定光标可以选择执行菜单"Tool\Preferences"命令，系统弹出如图 2.13 所示的"Preferences"对话框，选取"Graphical Editing"选项卡。然后单击"Cursor/Grid Options"操作框中的"Cursor Type"操作选项框右边的下拉按钮，在下拉列表中可以选择光标类型。系统提供了 Large Cursor 90、Small Cursor 90 和 Small Cursor45 共 3 种光标类型，如图 2.15 所示。

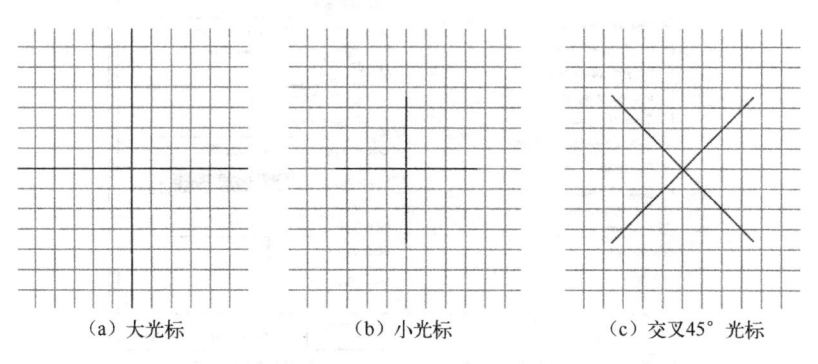

(a) 大光标　　　　　(b) 小光标　　　　　(c) 交叉45°光标

图 2.15　光标类型

2.5　其他设置

2.5.1　Document Options 中的系统字体设置

在图 2.14 所示的"Document Options"对话框中，单击"Change System Font"（更改系统字体）按钮，屏幕上会出现系统"字体"对话框，如图 2.16 所示。选择好字体后，单击"确定"按钮即可完成字体的重新设置。

2.5.2　文档组织

一张电路原理图的文件属性对电路设计来说是很重要的，因为一个系统的功能可能需要多个控制电路来实现，而且某张电路图也可能由几部分组成。同时电路图的设计组织也是文档的重要属性，所以经常需要建立文档的组织。

建立文档组织可以执行菜单命令"Design\Options"，系统将弹出"Document Options"对话框，并选择"Organization"选项卡，如图 2.17 所示。在该选项卡中，可以分别填写设计单位名称、单位地址、图纸编号以及图纸的总数，文件的标题名称以及版本号及日期等内容。

2.5.3　屏幕分辨率设置

EDA 程序对屏幕分辨率的要求一向比其他类型的应用程序要高。例如在原理图设计环境中，如果屏幕分辨率没有达到 1024×768 点，则某些控制面板就会被切掉一部分，此时用户将无法使用被遮挡的那些部分。在这种情形下编辑工作很不方便，所以建议用户尽量将屏幕分辨率调到 1024×768 点以上。

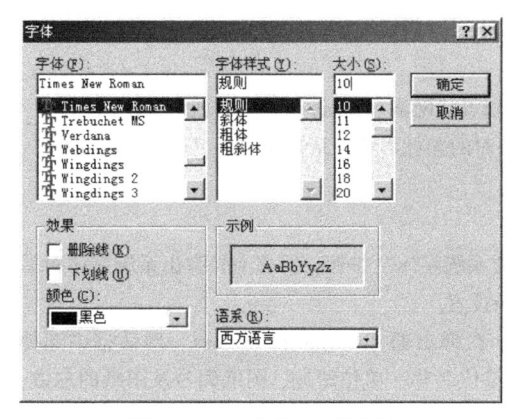

图 2.16　"字体"对话框　　　　　　　图 2.17　"Organization"选项卡

当屏幕尺寸太小时，在高分辨率方式下屏幕上的图形及字体就会变得很小，以至于看起来很吃力，所以配置大尺寸的显示器是非常必要的。好在目前电脑显示器的价格不断下降，17 英寸已是标准配置，此时显示分辨率可调到 1280×1024 点。

用户如何在 Windows 操作系统下设置屏幕分辨率呢？在 Windows 桌面上任何空白的地方单击鼠标右键，从弹出的快捷菜单中选择"属性"命令，即可打开"显示属性"对话框。在此对话框中，单击"设置"选项卡，屏幕上便会出现如图 2.18 所示的设置显示属性的界面。"屏幕区域"栏提供了当前硬件设备所能接受的屏幕分辨率的设置值，用户可以切换到适当的分辨

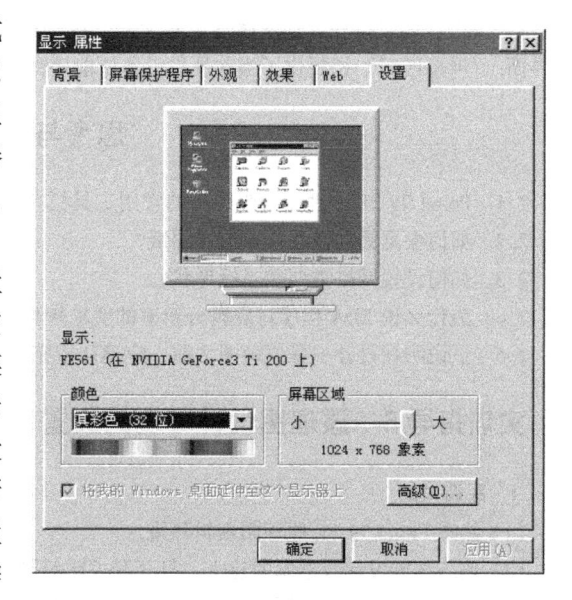

图 2.18　设置显示属性

率（如图 2.18 所示为 1 024×768）。"颜色"栏提供了当前分辨率下可显示的色彩数量，它会根据"屏幕区域"栏的设置自动切换到适当的数量，用户也可以自己设置。

本 章 小 结

1. 窗口设置

原理图设计窗口顶部为主菜单和主工具栏，左部为设计管理器（Design Manager），右边大部分区域为编辑区，底部为状态栏和命令栏，中间几个浮动窗口为常用工具。除主菜单外，上述各部件均可根据需要打开或关闭。

2. 图纸设置

（1）图纸尺寸：可以选择标准图纸，也可以自定义图纸。

（2）图纸方向：设置图纸是纵向还是横向。通常情况下，在绘图及显示时设为横向，在打印时设为纵向。另外还可以设置图样标题栏，Protel 提供了"Standard（标准）"形式和"ANSI"形式两种预先定义好的标题栏。

· 35 ·

(3) 图纸颜色：包括图纸边框（Border）和图纸底色（Sheet）的设置。

3. 网格和光标设置

(1) 网格设置。Protel 99 SE 提供了线状网格（Lines）和点状网格（Dots）两种不同形状的网格。

(2) 光标设置。光标是指在画图、放置元件和连接线路时的光标形状。系统提供了"Large Cursor 90"、"Small Cursor 90"和"Small Cursor45"3 种光标类型。

4. 其他设置

(1) 系统字体设置。在"文档"对话框中，单击"更改系统字体"按钮，屏幕上将弹出系统字体对话框，选择好字体后，单击"确定"按钮即可完成字体的重新设置。

(2) 建立文档组织。执行菜单命令"Design\Options"，在弹出的"Document Options"对话框中选择"Organization"选项卡。在该选项卡中，可以分别填写设计单位名称、单位地址、图纸编号及图纸的总数，文件的标题名称以及版本号或日期等。

(3) 屏幕分辨率设置。在 Windows 桌面上的任何空白地方单击鼠标右键，从弹出的快捷菜单中选择"属性"命令，即可打开"显示属性"对话框。在此对话框中，单击"设置"选项卡，屏幕上便会显示属性界面。"屏幕区域"栏提供了当前硬件设备所能接受的屏幕分辨率设置值。

思考与练习 2

2.1 Protel 99 SE 原理图编辑器中的常用工具栏有哪些？各种工具栏的主要用途是什么？

2.2 如何根据具体设计任务选择图纸？

2.3 如何设置网格类型和光标形状？

2.4 为什么说 EDA 程序对屏幕分辨率的要求较高？

2.5 试说明在设计一张原理图之前，应确认或完成的设置内容有哪些？

实训指导 5　原理图设计环境的设置

1. 实训目的

(1) 熟悉 Protel 99 SE 原理图编辑环境。

(2) 熟练掌握设计数据库的建立、打开和关闭等操作。

(3) 掌握原理图设计图纸的尺寸、方向、颜色等设置方法。

(4) 掌握系统字体的设置方式。

(5) 熟练掌握原理图设计环境中网格、光标的设置方式。

(6) 熟练掌握各常用工具栏的打开与关闭。

2. 实训内容

(1) 启动 Protel 99 SE，在 E 盘建立名为 Study2 的文件夹，并在文件夹中建立 Test1.ddb 及 Test2.ddb 两个设计数据库文件。

(2) 在 Test1.ddb 设计数据库文件中，新建原理图文件，命名为"YLT1.Sch"。设置图纸大小为 A4，水平放置，图纸底色为 215 号色；边框宽度设置为 0.1 英寸，边框颜色为 45 号色；网格为线状网格，网格颜色为 107 号色，光标选择"Small Cursor45"类型。

(3) 在 Test2.ddb 设计数据库文件中，创建名为"YLT2.Sch"原理图文件。自定义图纸大小：宽度为 850，高度为 450，垂直放置，图纸底色为 17 号色。网格设置：SnapOn 为 10mil，Visible 为 10mil。字体设置：系统字体为仿宋体，字号为 8，字形为斜体。可视网格为点状。

(4) 在原理图文件"YLT2.Sch"中，练习打开及关闭 Main Tools（主工具栏）、Wiring Tools（布线工具栏）、Drawing Tools（绘图工具栏）、Power Objects（电源及接地工具栏）、Digital Objects（常用器件工具栏），并分别在非命令状态下利用菜单命令，在命令状态下利用键盘功能键练习对原理图进行放大及缩小。

第3章 原理图设计

内容提要：

本章主要介绍了原理图的工程设计方法、原理图元件库的管理及元件的操作、绘制电路图的工具、层次电路设计方法、报表及原理图输出等技巧和方法。

3.1 原理图工程设计方法

3.1.1 原理图的组成及作用

1. 组成

原理图是由一整套代表各种电子元件、电气元件和机电元件的图形符号所组成，并把这些元件的图形符号用代表导线的线条连接起来的线路图。

2. 作用

（1）表达电路的工作原理。

（2）作为制作印制电路板的设计依据。

（3）作为产品使用维护的技术文件。

3.1.2 原理图的设计

1. 识别原理图（读图）

识别原理图主要应识别以下内容：

（1）识别原理图中所有元器件名称、型号、参数。

（2）识别原理图中所有元器件引脚定义、安装固定方法、外形封装尺寸。

（3）识别原理图中所有元器件之间导线中电流的方向、大小。

（4）确定原理图中电源的输入、输出和信号的输入、输出方式。

2. 原理图绘图设计原则

原理图设计时应遵循以下原则：

（1）无源元件（如电阻、电容、电感）按其功能围绕有源元件（如晶体管、集成电路）绘制。

（2）输入端在左，输出端在右。

（3）电源的高电位在上方，低电位在下方。

（4）信号流通从左至右，从上至下。

（5）电路的整体位置应在整个图纸的中间部位，电路周围与图纸边界应保持一定距离，并注意留出书写说明文字的位置。

3. 元件的位置

（1）元件在原理图上的位置可任意放置，并不表示元件在印制板上的实际位置，也不表示实际大小。

（2）元件在原理图上的位置不论是垂直、平行、倾斜都不影响其功能，也不影响在印制电路板上如何排列。

4. 电源和地的处理方法

在原理图中，相同电压的电源和等电位点可不用导线相连，零电位和接地点也可不连接，但均应以相同的符号和数据标明，而在印制电路板上则必须连在一起，这一点必须注意。

5. 原理图设计基本流程步骤

电路原理图设计是整个电路设计的第一步，也是 PCB 图设计过程的根基，因此电路原理图的设计好坏直接影响到以后每一步的设计工作，电路原理图设计过程的基本步骤如下：

（1）启动 Protel 99 电路原理图编辑器并装入所需元件库。首先建立一个新的 Protel 99 SE 设计数据库文件，然后通过点击原理图图标建立一个新的原理图文件，确定原理图文件名，进入原理图编辑器，进入绘图设计状态。

如果没有所需元件库，则应装入所需的元件库文件。所装入的元件库，在下次启动原理图编辑器时仍将保留，不需再次装入。

（2）设置图纸大小及参数。进入电路原理图编辑器后，首先要根据电路设计的复杂程度，选择电路图纸大小，设置图纸的过程实际上是一个建立工作平面的过程。

参数的设置包括格点大小和类型，鼠标指针类型等。大多数参数采用系统默认设置，也可以根据个人喜好自行设置设计环境参数。合理的环境参数可以大大提高系统的工作效率。

（3）放置原理图元器件。根据电路图设计的需要，将元件从元件库中取出放到设计图纸上，然后再根据前面介绍的原理绘图设计原则及元件之间布线要求对元件在图纸上的位置进行调整、修改，并对元件的编号、封装进行定义和设定等，为下一步工作打好基础。

（4）原理图布局布线。根据前面介绍的原理图绘图设计原则对所放置的元器件进行布局布线，该过程实际上就是一个画图设计过程。利用 Protel 99 SE 提供的各种工具、指令进行布线，将工作平面上的器件用具有电气意义的导线、符号连接起来，构成一个完整的电路原理图。

（5）原理图调整及填写文字说明。对布局布线后的元器件进行调整。在这一阶段，利用 Protel 99 SE 所提供的各种强大功能对所绘制的原理图进行进一步的调整和修改，以保证原理图的美观和正确，符合工程设计需求。这就需要对元器件的位置重新调整，删除、移动导线位置，修改导线宽度，更改图形尺寸、属性及排列。

另外，当需要对制作电路的工艺进行文字说明时，还应通过添加放置文字的方法在合适位置编写文字说明。最后还应填写标题栏中的各项内容。

（6）生成网络表。原理图设计的最终结果是产生用于 PCB 图设计的网络表，在网络表中，主要指定各个元件的连接和元件封装，网络表是连接原理图设计和 PCB 设计的纽带。

通过利用 Protel 99 SE 所提供的各种报表生成工具得到各种报表输出，原理图设计过程中的一些关于元件封装和元件连接的错误可以在引入网络表的过程中检验出来。

（7）原理图文件的保存。这是原理图设计过程中的最后一步，至此，整个原理图设计过程完成。如果一张原理图需要多次绘图设计，则每次中间设计的结果要很好地保存在指定位置，以确保再次打开设计图纸时能够继续进行设计。

3.2 元件库的管理

电路设计的主要任务是对元件进行电气连接和合理布局，Protel 99 SE 系统将常用的元件都做成元件库存储在系统中，设计时只需要添加元件库即可合理、方便地使用元件。

3.2.1 装入元件库

在放置元件之前，必须装入该元件所在的元件库。对初学者来说，针对一个具体的电路或某些具体的元件，如何选择装入正确的元件库，这些都依赖于相关专业知识的不断丰富和对元件库的不断熟悉与了解。表 3.1 列出了一些常用元件库。其中，分立元件库较为重要和常用，附录 A 列出了原理图常用元件，主要是分立元件库中的一些常用元件。

表 3.1　原理图常用元件库

元件库文件名	元件库内容
Protel DOS Schematic Libraries	原 DOS 版元件数据库，内含十几种常用元件库
Miscellaneous Devices	分立元件库，含各种常用分立元件
Intel Databooks	Intel 公司元件库，主要为各种微处理器
TI Databooks	德克萨斯仪器公司元件库

装入元件库的步骤如下：

（1）在 Protel 99 SE 原理图编辑器界面中，单击元件管理器顶部的"Browse Sch"标签，在此标签下的对象浏览框中选择"Libraries"选项，单击"Add/Remove"按钮，屏幕会出现如图 3.1 所示的添加/删除元件库对话框。也可以选取"Design \ Add \ Romove Library"命令来打开此对话框。该对话框用来装入所需的元件库或移出不需要的元件库。

图 3.1　添加/删除元件对话框

（2）在"Design Explorer 99 \ Library \ Sch"目录及其子目录下，选取需要装入的元件库文件，单击"Add"按钮，或直接双击需要装入的元件库文件，文件名将在"Selected Files"

区域罗列出来。

（3）单击"OK"按钮即可将该元件库装入原理图管理器。此时被装入的元件库（*.ddb）以及该元件库所包含的所有元件就会出现在原理图管理器中，如图3.2所示。

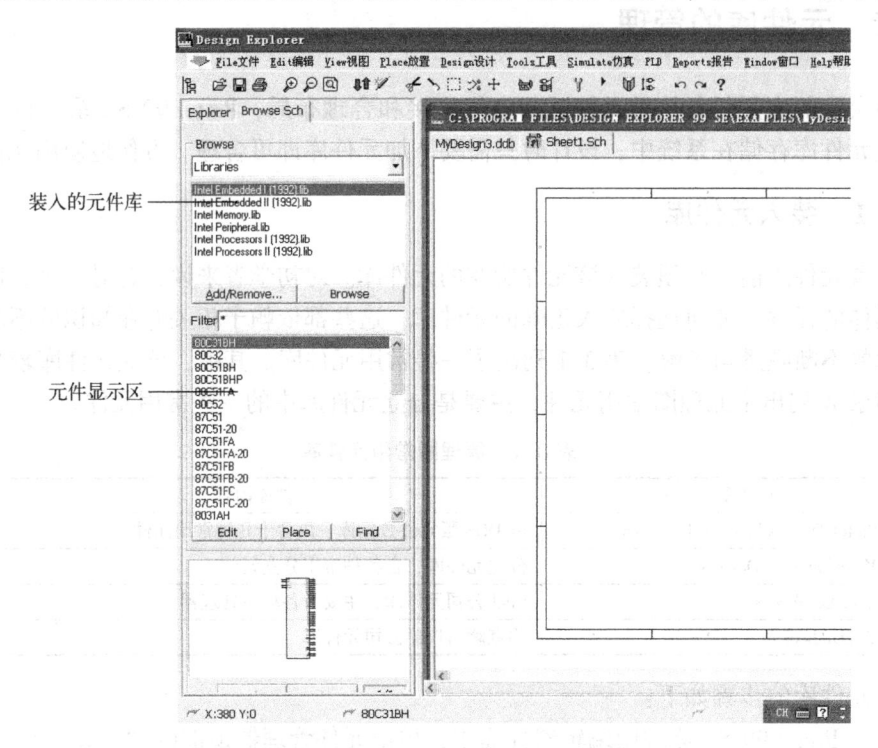

图3.2 装入元件库的原理图管理器

（4）如果想卸载某个已装入的元件库文件，可以在"Selected Files"区域中选择要卸载的元件库文件，单击"Remove"按钮，文件名将在"Selected Files"区域中消失，元件库被卸载。双击该库文件，也可实现元件库的卸载。

3.2.2 管理元件库

元件管理器有两个区域，如图3.3所示，即对象浏览区域和对象详细属性区域，其中上半部分为对象浏览框，下半部分为对象详细属性框。元件管理器可以管理元件库和原理图中的图元。

单击对象浏览框右侧的下拉式按钮，会弹出"Libraries"和"Primitives"两个选项。其中，"Libraries"用来管理元件库，如装入、卸载、浏览元件库，过滤元件，编辑、放置和查找元件等，如图3.3所示；"Primitives"用来管理原理图中的图元，如图3.4所示。

1．"Libraries"选项

"Add \ Remove"按钮可添加/删除元件库，"Browse"按钮浏览元件库。

"Filter"设置栏的功能是筛选元件，"Filter"设置栏支持通配符"*"。

在系统默认情况下，"Filter"设置栏里是一个"*"号，表示罗列选定元件库里的所有元件，如图3.5所示。如果想选取一个开关元件，首先加载"Miscellaneous Devices.ddb"库文件，然后在元件库显示区域中选择"Miscellaneous Devices.lib"元件库，最后将"Filter"

· 40 ·

设置栏改为"SW＊",按回车键,元件显示区显示的是"Miscellaneous Devices.lib"元件库里所有以"SW"开头的元件,这些元件都是开关元件,如图3.6所示。

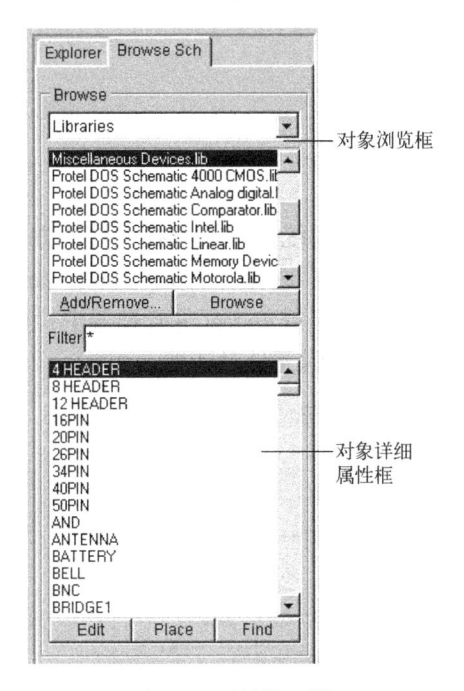

图3.3 元件管理器　　　　　　　　　　图3.4 对象浏览器

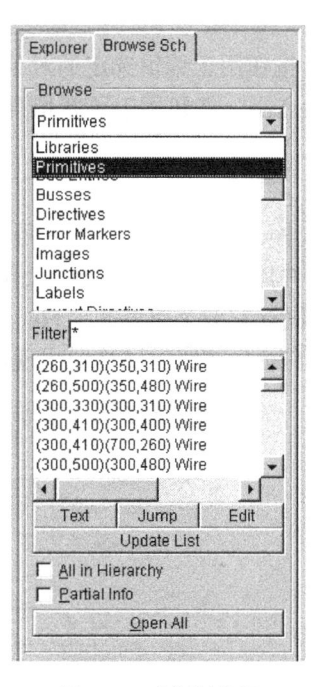

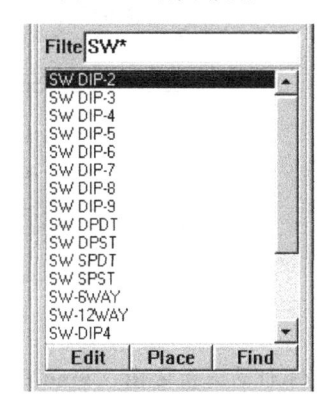

图3.5 选定元件库中所有元件的列表　　图3.6 只显示以"SW"开头的元件

"Edit"按钮用于打开元件库,编辑和修改元件。

"Place"按钮用于放置元件。单击"Place"按钮后,光标变成十字形状,并且光标上带着选择的元件。或者在元件显示区域用鼠标左键双击要放置的元件名称,即可放置元件。

"Find"按钮用于跨元件库寻找元件。它具有很强的元件搜索能力,相当于右键菜单里的"Find Component"命令。将在查找元件中详细介绍。

2. "Primitives"选项

"Primitives"选项用于管理电路中的图元信息,如图3.4所示,包含电路元件,电路中的导线、网络、节点、总线和网络标号等。其中:

"Filter"设置栏的功能是筛选元件。

"Text"按钮用于编辑信息文本框中选定对象的文字内容。

"Jump"按钮用于将光标快速跳转到当前选定的元件对象上,此时对象出现被选中的现象。

"Edit"按钮用于编辑选定的对象属性。

"Update List"按钮用于更新信息显示区的内容。

3.2.3 查找元件

若不熟悉元件所在的元件库,可以用 Protel 99 SE 系统提供的查找元件的方式找到该元件所在的元件库,从而完成添加工作。具体步骤如下:选择"Tools/ Find Component"命令,或使用鼠标右键菜单里的"Find Component"命令,或单击元件管理器中"Browse Sch"标签下的"Find"按钮,屏幕即出现如图 3.7 所示的搜索元件对话框。

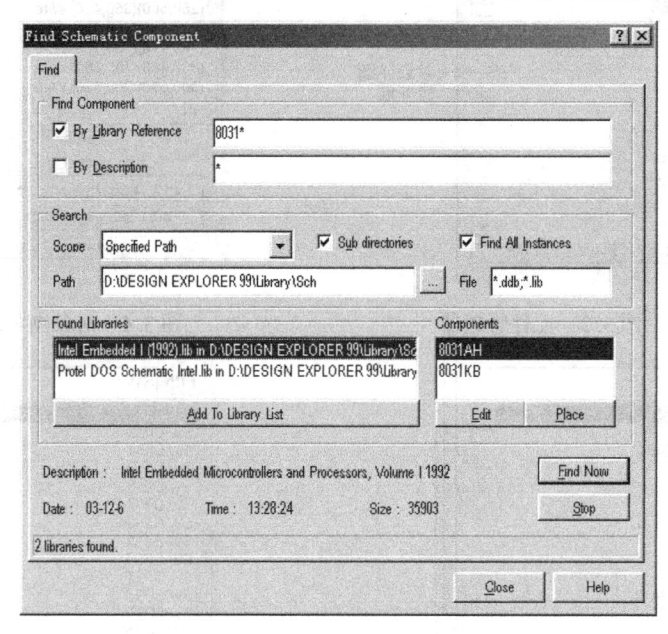

图 3.7 搜索元件对话框

搜索元件对话框主要由"Find Component"区域、"Search"区域、"Found Libraries"区域和"Components"区域组成。

(1)"Find Component"区域。用于设置搜索元件的方式,其中有两个选择设置项:

①"By Library Reference":是按元件名称来搜索元件,在其右边可以指定所要搜索的元件名称;

②"By Description":是按元件描述方式来搜索元件,在其右边可以指定所要搜索的元件描述。

在这两个设置栏里,可以使用通配符。例如,若要查找 Sch 中提供的所有开关元件,可选择"By Library Reference",并在其设置栏中指定"SW*"。

(2)"Search"区域。用于指定搜索元件的范围,其中包括"Scope"选择项、"Sub directories"选择项、"Find All Instances"选择项、"Path"设置项和"File"设置项。

①"Scope"选择项。用于指定搜索的范围,单击选项右边的下拉式按钮,打开下拉式

列表，如图3.8所示，它包括3个选项，即"All Drives"、"Listed Libraries"和"Specified Path"。

图3.8 Scope选项

- "All Drives"选项。指定系统搜索元件的范围为计算机上所有的驱动器。
- "Listed Libraries"选项。指定在系统已加载的元件库里搜索元件。
- "Specified Path"选项。指定在设定的路径下搜索元件，如果选中此项，应该在"Path"设置栏里指定路径；如果在"Path"设置栏里不指定任何路径，系统就搜索计算机上所有的驱动器，等同于在"Scope"选择项里选择"All Drives"选项。

②"Path"文本框。设置查找元件指定的路径，一般默认路径是Protel 99 SE元件库所在的文件路径描述。单击...按钮，可以改变元件查找路径。

(3)"Found Library"区域。显示搜索到的元件所在的元件库。

(4)"Components"区域。用来显示系统搜索到的元件。

以搜索元件"8031*"为例，其搜索结果如图3.7所示。

在"Found Libraries"区域和"Components"区域的下半部分有3个按钮，即"Add To Library List"、"Edit"和"Place"。单击"Add To Library List"按钮，系统将加载"Found Libraries"里选择的元件库；单击"Place"按钮，将在图纸上放置"Components"里选定的元件；单击"Edit"按钮，系统将启动"SchLib"编辑器来编辑"Components"里选定的元件。

在图3.7所示的搜索元件设置对话框中还有两个按钮，即"Find Now"和"Stop"按钮。单击"Find Now"按钮，系统启动搜索程序开始搜索，在搜索过程中，单击"Stop"按钮，系统将停止搜索。

3.3 元件操作

3.3.1 放置元件

元件（Part）是原理图中最为重要的电气元件。元件来自于相应的元件库，取用元件时应该添加元件所在的元件库名，否则就会出现找不到元件的警告对话框。

1. 放置元件的方法

放置元件的方法有以下4种。

(1) 单击鼠标右键菜单内的"Place Part"命令。

(2) 单击画电路图工具栏内的 图标。

(3) 执行菜单命令"Place \ Part"。

(4) 单击元件管理器中的"Place"按钮或在元件管理器中双击所要放置的元件。

2. 放置元件的步骤

(1) 启动放置元件命令后，屏幕上出现如图3.9所示的对话框，要求输入取用的元件

· 43 ·

名。例如，若要用电阻，则在"Lib Ref"选项中输入"RES2"。

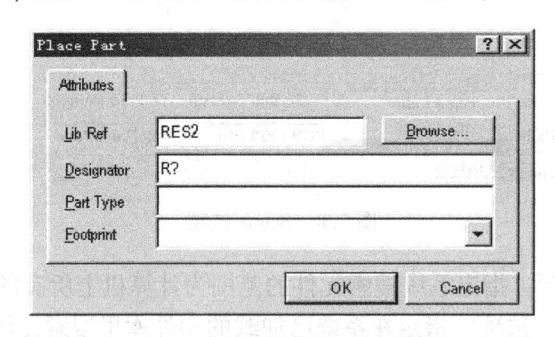

图 3.9 设置放置元件对话框

一般来说，我们还应该同时输入元件序号"Designator"、元件类型"Part Type"、元件的封装方式"Footprint"。

(2) 完成输入后，单击"OK"按钮，屏幕上出现一个十字光标表示系统处于放置元件状态，将光标移动到合适的位置单击鼠标左键，将该元件定位。

(3) 屏幕上又会出现如图 3.9 所示的对话框，其中默认的元件样本名是上次取用的元件样本名，默认的元件序号将自动加 1。指定取用的元件样本名后，单击"OK"按钮。

在绘制电路图的过程中，在输入状态为英文状态下，按空格键可使所放置元件的方向逆时针旋转 90°；按"X"键可使元件左右翻转；按"Y"键可使元件上下翻转。

(4) 元件放置完毕后，单击鼠标右键，系统退出放置元件状态。

3.3.2 编辑元件属性

在已放置的元件上双击鼠标或在元件放置状态下单击"Tab"键，即可打开如图 3.10 所示的元件编辑对话框。元件编辑对话框中有 4 个标签页。

1. Attributes 标签页

该标签页的功能是设置元件的电气属性，包括如下选项：

(1) Lib Ref 选项的功能是选择元件样本，修改此项可以直接替换原有的元件，元件样本名不会显示在元件图上。

(2) Footprint 选项的功能是选择元件的封装方式。对于同一种元件，可以有不同的元件封装方式，如 74LS00，最普遍采用的是 DIP14（双列直插）封装方式，也可以采用 SMD14A（表面黏着式）封装方式。元件的封装方式不会在电路图上显示出来。

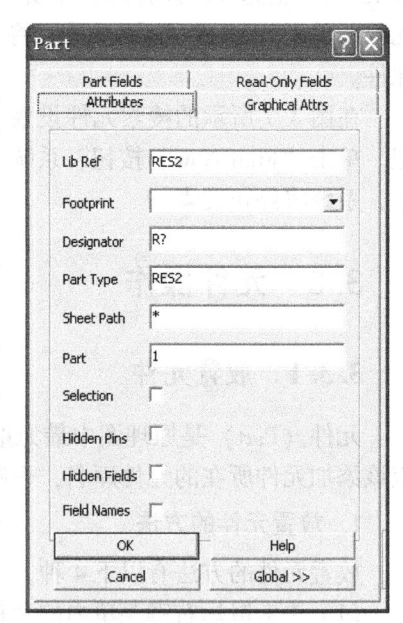

图 3.10 元件编辑对话框

(3) Designator 选项的功能是设置元件序号。

(4) Part Type 选项的功能是设置元件在电路图上显示的元件名称，它与元件样本名、元件序号是不同的。

(5) Sheet Path 选项的功能是指定该元件内部电路图所在的文件，它不会显示在电路图上。

（6）Part 选项是针对复合式封装元件而设定的，它的功能是指定复合式封装元件中的元件。复合式封装元件有逻辑门、运算放大器等，例如，74LS00 是由几个与非门组成的，指定不同的元件其引脚也将随之发生变化。

（7）Selection 选项的功能是在元件放置后，将该元件置于被选状态，元件四周会出现黄色的框。

（8）Hidden Pins 选项的功能是设置是否显示隐藏的引脚，通常隐藏的引脚是不会显示在电路图上的，如果选中本项，隐藏的引脚将在电路图上显示出来。

（9）Hidden Fields 选项的功能是设置是否显示元件标注（共16个标注项），如果元件标注栏没有文字，将显示"*"号。

（10）Field Names 选项的功能是设置是否显示元件标注栏的名称。

前面已经提到，在输入元件时，应将几个主要参数同时输入，如图3.9所示。若当时未能输入其余参数，也可通过元件编辑对话框进行设置，如图3.11所示。

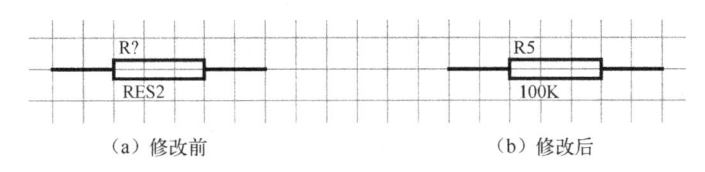

（a）修改前　　　　　　（b）修改后

图 3.11　元件属性的修改

2. Read – Only Fields 标签页

该选项卡描述了有关元件的可读的信息，这些标注文字不能直接在电路图中修改。

3. Graphical Attrs 标签页

该标签页设置元件图形属性，如图3.12所示，共有9项设置。各项意义如下：

（1）Orientation：元件放置方向选择，0 Degrees、90Degrees、180Degrees 和 270Degrees 4 种方向相对于元件水平放置的方位。

（2）Mode：设定元件的模式。列表框中共列出了3种元件模式：Normal（正常））式、DeMorgan（德－摩根）模式和 IEEE（国际电气与电子工程师协会）模式，一般默认为 Normal（正常）模式。

（3）X – Location、Y – Location：元件在原理图中的位置，用 X 轴坐标和 Y 轴坐标来表示。

（4）Fill Color：设置元件内部所要填充的颜色。

（5）Line Color：设置元件外框的线条的颜色。

（6）Pin Color：设置元件引脚的颜色。

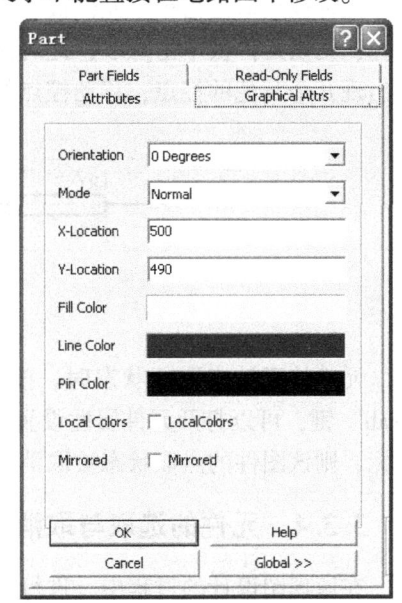

图 3.12　元件图形属性对话框

（7）Local Color：选中该项，表示上面所有的颜色设置应用于该元件。

（8）Mirrored：选中该项，表示使元件做水平的镜像翻转，相当于按 X 键。图形属性设置完成后，单击"OK"按钮，退出元件图形设置状态。单击"Global"按钮，展开元件图形设置的整体编辑对话框，如图3.13所示。

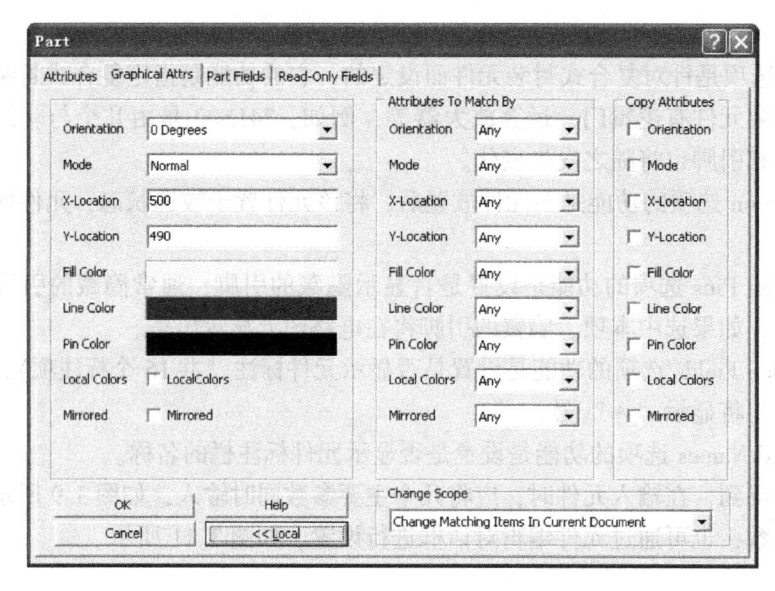

图 3.13　元件图形设置的整体编辑对话框

3. Part Fields 标签页

该标签页用于设置电路仿真模型的参数，如设置仿真元件的类型、元件模型、引脚列表、路径和仿真网络表等内容。

3.3.3　元件点取

元件被点取是指单个元件被单击选中的状态。操作过程如下：鼠标指向某一元件，单击鼠标，则该元件被单击点取，此时元件周围出现黑色的虚线边框，如果是导线等图件，点取后出现几个灰色的控点，移动控点的位置可以改变导线长度和位置，如图 3.14 所示。

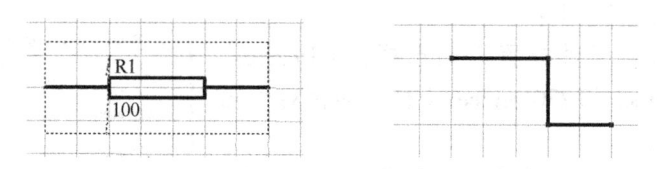

图 3.14　元件点取

元件处于被点取的状态时，按"Delete"键可以直接删除，鼠标按住点取的元件，按"Tab"键，可以打开元件属性设置对话框，更改元件属性。在电路图中任意空白位置点击鼠标，则该图件的点取状态被取消。

3.3.4　元件的选取与取消选取

在原理图设计的过程中，进行元件布局首先要选取元件。选取元件后，再对元件进行移动、剪切、排列和对齐、粘贴和删除等操作。元件的选取方法有 3 种，分别介绍如下。

1. 画框选取元件

元件选取最简单、最常用的办法就是在图纸上直接选取，选取的方法是使用鼠标在电路图画出一个矩形区域，则该区域中的所有元件全部选中。在电路图纸中选定一个位置，按住鼠标左键不放，此时光标变成十字状，拖动鼠标到另外位置，松开鼠标，则在面板上拖出一个以两次鼠标位置为对角的矩形,如图3.15所示。

元件被选中之后,元件周围出现黄色的边框,一些说明性的文字也变成了黄色,而导线和网络标志等图件也变成了黄色。要取消元件选取的状态,单击工具栏中的 ※ 按钮,结束元件被选取的状态。

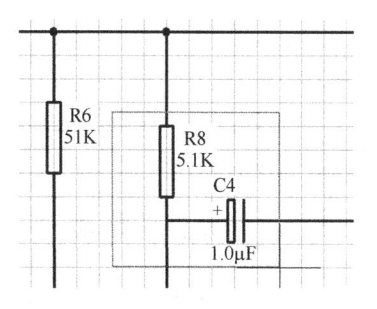

图 3.15 画框选取元件

2. 用菜单命令选取元件

主菜单 Edit 中有关元件选取与取消选取的命令有 3 个,如图 3.16 所示。

选择"Edit/Select"命令,将出现如图 3.17 所示的元件选取的命令菜单。菜单各选项介绍如下:

(1) Inside Area:选取指定区域内的图件。指定区域的办法是先用鼠标在电路图上选定一个位置,拖动鼠标到对角位置,画出的矩形区域为指定区域。

(2) Outside Area:选取指定区域外的图件。

(3) All:选取电路图中的所有元件和基本图件。

(4) Net:选取指定的网络连接。只要属于同一个网络名称的导线,不管在电路图上是否有连接线,都被选取。使用这一命令后,光标变成十字状,在某一导线上单击鼠标,则不仅将该导线和与之相连的所有导线选取,而且和该导线具有同一网络名称的导线和元件也一起被选取。

(5) Connection:选取连线命令。用于选取指定连接的导线。启动该命令后,光标变成十字状,鼠标单击某一导线,则该导线以及与其相连的所有导线都将被选取。

选取"Edit/DeSelect"命令,将出现如图 3.18 所示的元件取消选取的命令菜单,菜单中各选项介绍如下:

(1) Inside Area:取消指定区域内图件的选取状态。

(2) Outside Area:取消指定区域之外的图件的选取状态。

(3) All:取消所有图件的选取状态。

选择"Edit/Toggle Selection"命令,将使图件在被选取和取消选取的状态中切换。

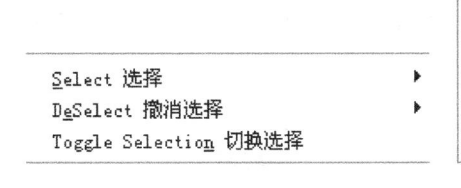

图 3.16 主菜单选取命令　　图 3.17 元件选取菜单　　图 3.18 取消选取菜单

3. 用主工具栏图标选取元件

在主工具栏中有3个工具图标,分别是 ▫ 、※ 、+ ,对应着区域选取、取消选取、移动选中的区域功能。

(1) ▫ 按钮:单击此按钮,光标变成十字状,在电路图中用鼠标拉出一个矩形区域,则该区域中的元件被选中。

(2) ※ 按钮:单击此按钮,则电路图中所有被选中的区域和元件都取消被选取的状态,黄色边框消失,元件恢复自然标志。该按钮相当于菜单命令"Edit/Deselect"的操作结果。

(3) ✢ 按钮:在选取电路图中的区域或元件后,单击该按钮,则所有被选中的区域随着光标的移动而变化位置。

3.3.5 元件的移动

元件的移动分为单个元件的移动和多个元件的移动,要移动元件首先要选中目标,利用各种命令或利用鼠标操作可以调整元件在电路图图纸中的位置。

1. 单个元件的移动

单个元件可利用鼠标移动。鼠标单击元件将元件选中,如图 3.19 所示,以移动为例,则元件周围出现蓝色的虚线框,光标变成十字状,且光标定位在元件的中心引脚上,此时按住鼠标不放,拖动鼠标到目标位置,放开鼠标左键,则完成单个元件的移动。

单个元件也可利用菜单命令移动元件。

"Edit/Move"菜单中提供了元件移动的菜单命令,如图 3.20 所示。

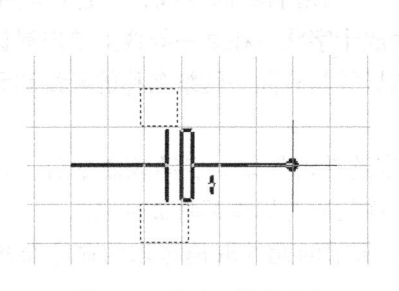

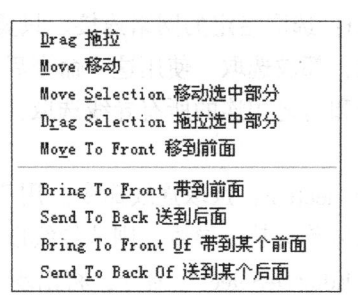

图 3.19 移动元件的选中　　图 3.20 移动元件的菜单命令

(1) Drag 命令:拖动命令。选择 Drag 命令后,单击要移动的元件,则元件也将出现选中状态。移动元件到目标位置,单击鼠标左键放置元件。Drag 命令最重要的特点是移动元件时,与该元件相连的导线也会随着元件一起移动而不断线。结束此次移动后,系统仍处于此命令状态。

(2) Move 命令:移动元件。操作过程与 Drag 命令类似,但是 Move 命令移动元件而与元件相连的导线不移动。

2. 多个元件的移动

Protel 99 SE 原理图设计的过程中有时需要同时移动多个元件,移动多个元件首先要选中多个元件,元件选中的方法可以是鼠标选中、菜单命令选中和工具按钮选中。

多个元件被选中之后,用鼠标单击被选中的元件组中的任意一个元件不放,此时十字光标停留在鼠标单击的元件上,拖动鼠标到目标位置,松开鼠标左键,完成多个元件的移动任务。或者在多个元件被选中之后,单击主工具栏图标 ✢,光标变成十字状,也可移动目标元件。

3.3.6 元件的复制、剪切与粘贴

元件的剪贴功能包括元件的复制、剪切和粘贴的操作。在对元件进行剪贴前,必须先选

·48·

取元件。剪贴的命令集中在主菜单"Edit"中，如图3.21所示。

1. 元件剪切

选择"Edit/Cut"命令，将选取的元件直接放入到系统剪贴板中，同时电路图中的已选取的元件被删除。

2. 元件复制

选择"Edit/Copy"命令，将要选取的元件作为副本，放入到系统剪贴板中。

图3.21 Edit菜单的剪贴命令

3. 元件粘贴

选择"Edit/Paste"命令，将系统剪贴板中的内容作为副本，复制到电路图纸中。从剪贴板复制出来的元件随鼠标指针移动，移动鼠标指针到目标位置，单击鼠标左键，即可将元件定位，完成元件的复制与移动。

4. 阵列式粘贴

阵列式粘贴是一种特殊的粘贴方式，阵列式粘贴一次可以按照指定间距将同一个元件重复地粘贴到电路图纸上。阵列式粘贴的菜单命令在"Edit/Paste Array"中，也可使用画图工具栏中的 图标。

启动阵列式粘贴命令后，系统出现如图3.22所示的阵列式粘贴设置对话框，其中各项设置介绍如下：

（1）Item Count：用于设置所有粘贴的元件的个数，系统默认为8。

（2）Text：用于设置所要粘贴的元件的序号

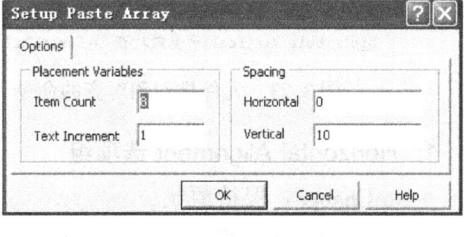

图3.22 阵列式粘贴设置对话框

的增值步长。如果该值设置为1，若首次放置的元件为C1，则重复放置的元件中，序号依次为C2、C3、…，系统默认设置为1。

（3）Horizontal：设置所要粘贴的元件的水平间距。

（4）Vertical：设置所要粘贴的元件的垂直间距。

3.3.7 元件的删除

当图形中的某个元件不再需要时，可以把它删除。删除元件可以使用"Edit"菜单中的两个删除命令，即清除（Clear）和删除（Delete）命令。

1. 清除（Clear）

清除是将选取的元件删除，但并不复制到剪贴板中。执行"Edit \ Clear"命令之前需要选取元件，执行该命令之后，已选取的元件立刻被删除。

2. 删除（Delete）

删除操作与选取无关，在执行"Edit \ Delete"命令之前不需要选取元件，执行删除命令后，光标变成十字形，将光标移到所要删除的元件上并单击鼠标左键，即可删除该元件。删除操作只能一次删除一个元件。如果鼠标单击的位置有多个元件，系统会弹出一个菜单让用户选择。

3.3.8 元件的排列与对齐

Protel 99 SE/Sch 提供了一系列用于元件排列和对齐的命令，集中在"Edit/Align"的下级菜单，如图 3.23 所示。在此菜单中点击 Align 则打开元件对齐设置对话框，如图 3.24 所示。

元件对齐设置对话框中共有 3 个选项组：Horizontal Alignment（水平对齐设置区域）、Vertical Alignment（垂直对齐设置区域）和 Move primitives to Grid（设定元件对齐于格点）。

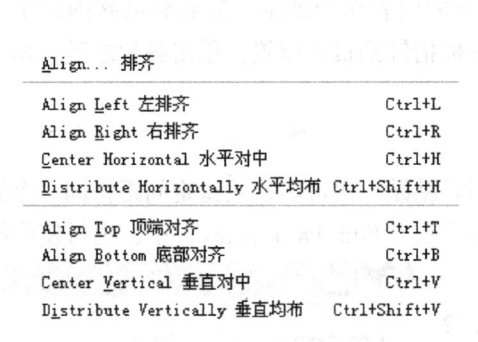

图 3.23 元件排列和对齐的命令　　　　图 3.24 元件对齐设置对话框

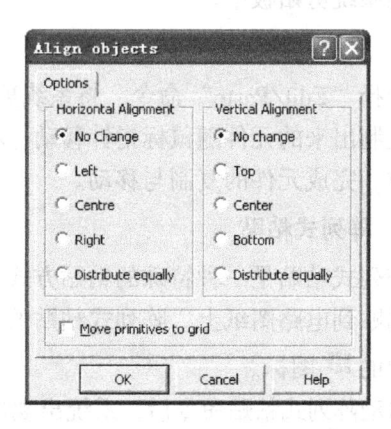

1. Horizontal Alignment 选项组

- No Change：保持原状。
- Left：对齐于选取元件中的最左边元件。
- Center：对齐于选取元件的最左边元件和最右边元件的中间位置。
- Right：对齐于选取元件中的最右边元件。
- Distribute equally：将选取的元件在最左边元件和最右边之间等间距放置。

2. Vertical Alignment 选项组

- No Change：保持原状。
- Top：对齐于选取元件的最上面元件。
- Center：对齐于选取元件的最上面元件和最下面元件的中间位置。
- Bottom：对齐于选取元件的最下面元件。
- Distribute equally：将选取元件在最上面元件和最下面元件之间等间距放置。
- Move Primitives to Grid：元件对齐时，将元件移动到格点上，以便于电路的连接。

3.3.9 复原与取消复原

Protel 99 SE/Sch 系统也提供了复原（Undo）与取消复原（Redo）操作，分别对应于主菜单"Edit"下的菜单命令和相应的快捷键方式，如图 3.25 所示。

图 3.25 复原与取消复原命令

Undo（复原）：取消刚才所做的操作，系统返回刚才操作之前的状态。
Redo（取消复原）：取消刚才所做的复原操作，系统返回复原之前的状态。
Protel 99 SE/Sch 系统默认可以复原和取消复原的次数为 50 次操作过程，还可以手工改变复原和取消复原的次数，在 Preferences 参数的 Graphical Editing 选项组的 Undo/Redo 文本框中，可以设置复原和取消复原的次数。

主工具栏中提供了复原和取消复原的快捷工具按钮，分别对应为 ↶ 和 ↷。

3.4 绘制电路原理图的工具

Protel 99 SE 的原理图编辑器将画电路图工具集合成画电路图工具栏，如图 3.26 所示。其中包括画总线、画总线进出点、放置元件、放置节点、放置电源、画导线、放置网络名称、放置输入/输出点、放置电路方块图，放置电路方块进出点、放置忽略 ERC 测试点等。

画电路图工具栏中的工具大多可以在"Place"下拉式菜单中找到相应的命令，如图 3.27 所示。图 3.26 中各个图标对应的工具如图 3.28 所示。

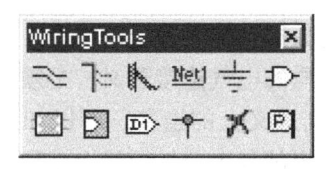

图 3.26　画电路图工具栏

图 3.27　"Place"菜单中画电路图的工具

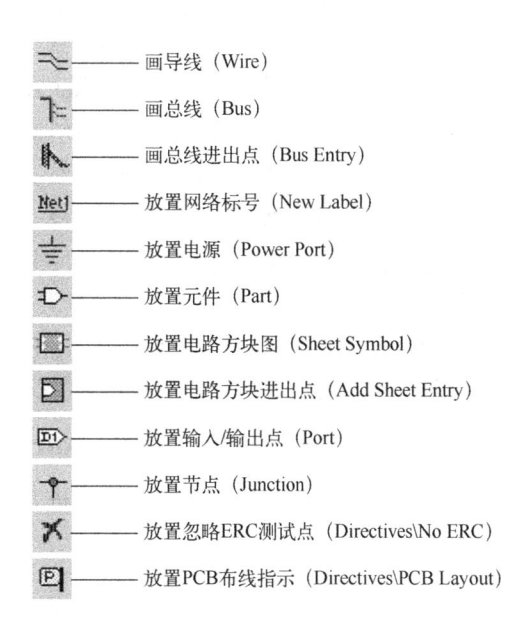

图 3.28　各个图标对应的工具

3.4.1 导线（Wire）

启动画导线（Wire）命令最常用的方法有 3 种：一是单击鼠标右键菜单内的"Place Wire"选项；二是单击画电路图工具栏内的 ≋ 图标；三是执行菜单命令"Place/Wire"。

启动画导线命令后，光标变成十字形，系统处于画导线状态。画导线的操作步骤如下：

(1) 将光标移到所画导线的起点，单击鼠标左键，再将光标移动到下一个折点或导线终点，单击鼠标左键，即可绘制出第一条导线。以该点为新的起点，继续移动光标，绘制第二条导线。

（2）如果要绘制不连续的导线，可以在完成前一条导线后，单击鼠标右键，然后将光标移动到新导线的起点，单击鼠标左键，再按前面的步骤绘制另一条导线。

（3）画完所有导线后，连续单击鼠标右键两次，即可结束画导线状态，光标由十字形变成箭头形。

在绘制电路图的过程中，按空格键可以切换导线绘制模式。原理图编辑器提供3种导线绘制方式，分别是直角走线、45°走线、任意角度走线。

注意：在导线绘制状态下，当光标靠近元件引脚时，在引脚端点处将出现一个圆点，它代表电气连接，也就是说，任何一次在元件引脚之间的连线操作，必须以圆点为起点或终点。

用户还可对导线属性进行设置，以改变其宽度及颜色等属性。方法为用鼠标双击某一导线，在随后出现的导线属性对话框中对相关项目进行设置，如图3.29所示。

图3.29 导线属性对话框

3.4.2 总线（Bus）

总线是由数条性质相同的导线组成的线束，如常说的数据总线、地址总线等。总线比导线粗一点，并且与导线有本质上的区别。总线本身没有实质的电气连接意义，必须由总线接出的各个单一导线上的网络名称（Net Label）来完成电气意义上的连接，所以如果没有单一导线上的网络名称，总线就没有电气意义。而由总线接出的各个单一导线上必须要放置网络名称，具有相同网络名称的导线表示实际电气意义上的连接。

导线上可以放置网络名称，也可以不放。普通导线上一般不放网络名称。

启动总线绘制命令有两种方法：一是单击画电路图工具栏内的 图标；二是执行菜单命令"Place/Bus"。

绘制总线的步骤与绘制导线完全一样，这里不再介绍，请参考导线绘制部分。

总线属性的设置与导线属性的设置方法完全一样。

3.4.3 总线进出点（Bus Entry）

总线绘制完成后，需要用总线进出点将它与导线连接起来。总线及总线进出点如图3.30所示。

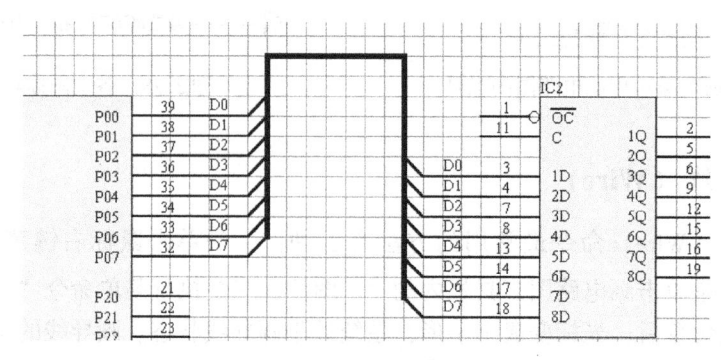

图3.30 总线和总线进出点

总线进出点（Bus Entry）是单一导线进出总线的端点，总线进出点没有任何的电气连接意义，只是让电路图看上去更专业而已。

启动画总线进出点的命令有两种方法：一是单击画电路图工具栏内的 图标；二是执行菜单命令"Place \ Bus Entry"。

启动画总线进出点命令，光标变成十字形，并且上面有一段45°或135°的线，表示系统处于画总线进出点状态。画总线进出点的操作步骤如下：

（1）将光标移到需要放置总线进出点的位置，光标上出现一个圆点，表示移到了合适的放置位置，单击鼠标左键即可完成一个总线进出点的放置。

（2）画完所有总线进出点后，单击鼠标右键，即可结束画总线进出点状态，光标由十字形变为箭头形。

在绘制电路图的过程中，按空格键可使总线进出点的方向逆时针旋转90°；按"X"键可使总线进出点左右翻转；按"Y"键可使总线进出点上下翻转。

3.4.4　网络标号（Net Label）

网络名称具有实际的电气连接意义，具有相同网络名称的导线不管图上是否连接在一起，都被视为同一条导线。

通常在以下场合需使用网络名称：

（1）为了简化电路图，在连接线路比较遥远或线路过于复杂，走线困难时，利用网络名称代替实际走线可使电路图简化。

（2）总线连接时表示各导线间的电气连接关系，通过总线连接的各个导线必须标上相应的网络名称，才能达到电气连接的目的。

（3）层次式电路或多重式电路中各个模块电路之间的电气连接。

启动放置网络名称命令有两种：方法一，单击画电路图工具栏内的 图标；方法二，执行菜单命令"Place \ Net Label"。

放置网络名称的操作步骤如下：

（1）启动放置网络名称命令后，将光标移到放置网络名称的导线或总线上，光标上产生一个小圆点，表示光标已捕捉到该导线，单击鼠标即可放置一个网络名称。

（2）将光标移到其他需要放置网络名称的地方，继续放置网络名称。单击右键结束放置网络名称状态。

在放置过程中，如果网络名称的头和尾为数字，则这些数字会自动增加。若当前放置的网络名称为D0，则下一个网络名称自动变为D1；同样，如果当前放置的网络名称为1A，则下一个网络名称自动变为2A。

用户可通过双击某一网络名称来设置网络名称属性对话框，如图3.31所示。各对话栏的意义如表3.2所示。

表3.2　Net Label 对话框

属 性 名 称	意　　义
Net	网络名称定义
X – Location	插入点的横坐标
Y – Location	插入点的纵坐标
Orientation	网络标号的角度
Color	网络标号的颜色
Font	字形的设置

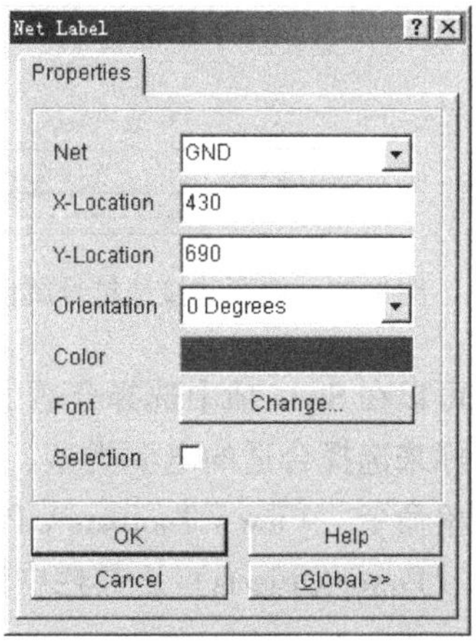

图3.31　设置网络名称属性对话框

3.4.5 电源与地线 (Power Port)

1. 电源与地线的放置

启动放置电源和接地符号有两种方法：

方法一，单击画电路图工具栏内的 ![icon] 图标。

方法二，执行菜单命令"Place \ Power Port"。

放置电源和接地符号的操作步骤如下：

（1）将光标移到所要放置电源和接地符号的位置，单击鼠标即可完成一个电源或接地符号的放置。

（2）放置完所有符号后，单击鼠标右键，即可结束放置电源和接地符号状态，光标由十字变为箭头。

在放置电源和接地符号的过程中，在文字输入法为英文状态下，按空格键可使电源或接地符号的方向逆时针旋转90°，按"X"键左右翻转，按"Y"键上下翻转。

2. 电源和接地符号属性对话框的设置

在放置电源和接地符号的状态下，如果要编辑所要放置的电源和接地符号，双击该符号，即可打开电源和接地符号属性对话框，如图3.32所示。

其中，Net、X–Location、Y–Location、Orientation、Color 和 Selection 项与网络名称属性对话框内的有关设置相同，这里重点讨论 Style 项。

单击 Style 项右边的下拉式按钮，屏幕上会出现如图3.33所示的下拉式列表，其中有7个选项，对应7种不同的电源类型。

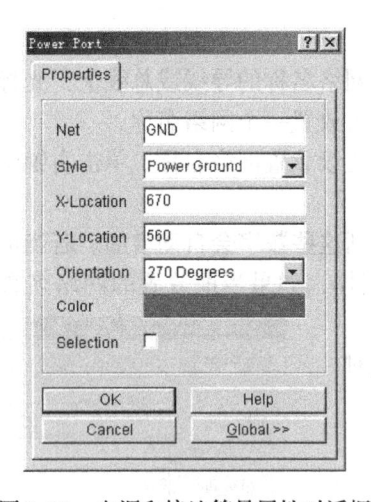

图 3.32　电源和接地符号属性对话框　　　　图 3.33　Style 选项

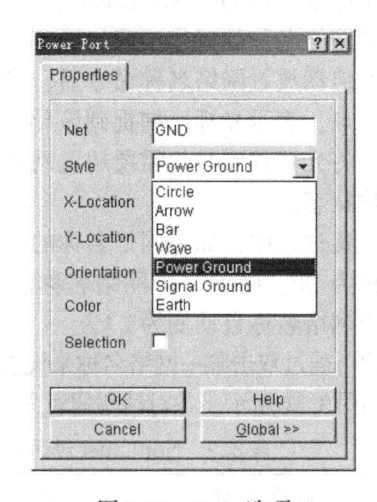

可以在 Style 项中选择合适的电源类型，也可以单击电源（Power Objects）工具栏的相应图标来选择合适的电源类型，如图3.34所示。电源（Power Objects）工具栏可以通过单击菜单命令"View \ Toolbars \ Power Objects"来启动。图3.35是"Style"项中电源类型和电源（Power Objects）工具栏中图标的对应关系。

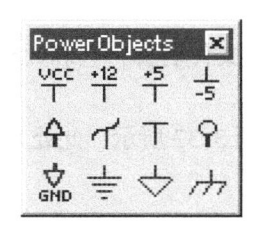

图 3.34　电源和接地符号工具栏 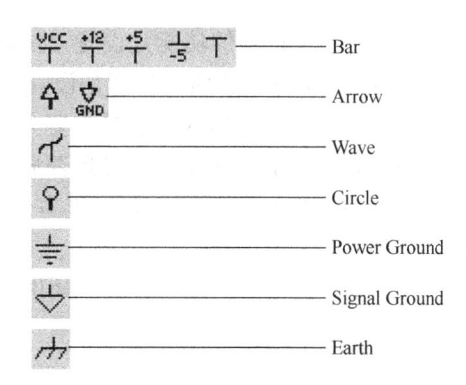　　　　图 3.35　"Style"项中电源类型和
电源工具栏中图标的对应关系

3.4.6　放置方块电路（Sheet Symbol）

方块电路（Sheet Symbol）是层次式电路设计不可缺少的组件。

简单地说，方块电路就是设计者通过组合其他元器件自己定义的一个复杂器件，这个复杂器件在图纸上用简单的方块图来表示，至于这个复杂器件由哪些元件组成，内部的接线如何，可以由另外一张电路图来详细描述。

因此，元件、自定义元件、方块电路没有本质上的区别，可以将它们等同看待，但有些微小区别。

（1）元件是标准化了的器件组合，它可以由单个器件组成，也可以由大量器件组成；它可以很简单，如与非门，也可以很复杂，如大规模集成电路；它由数百万乃至数千万个元器件组成。不管元件有多复杂，都是标准化的，用户不需关心其内部电路，只需关心其引脚功能。

（2）自定义元件是设计者自己通过简单绘制和组合其他器件而成的元件。在进行元件取用、修改等操作时和标准元件没有区别，可以通过元件编辑工具来自定义元件。

（3）方块电路可以被看成是设计者通过绘制和组合其他器件而成的元件，只是相对而言较为复杂。方块电路还有一些特殊的操作，将在后面章节介绍。

启动放置方块电路（Sheet Symbol）方式有两种方法：方法一，单击画电路图工具栏里的 图标。方法二，执行菜单命令"Place/Sheet Symbol"。

1. 放置方块电路

启动放置方块电路（Sheet Symbol）命令后，光标变成十字形，在方块电路一角单击鼠标左键，再将光标移到方块图的另一角，即可展开一个区域，再单击鼠标左键，即可完成该方块图的放置。单击鼠标右键，即可退出放置方块电路状态。

2. 设置方块电路编辑对话框

在放置方块电路状态下，用鼠标左键双击方块电路或按"Tab"键，即可打开如图 3.36 所示的方块电路编辑对话框，对话框中共有 12 个设置项，其中 X – Location、Y – Location、Fill Color 和 Selection 设置项在前面做过介绍。下面介绍剩余的 7 个设置项。

（1）"Border Width"选择项的功能是选择方块电路边框的宽度。单击"Border Width"选择项右侧的下拉式按钮，打开其下拉菜单，其中共有 4 种边线的宽度，即最细（Smallest）、细（Small）、中（Medium）和粗（Large）。

（2）"X – Size"选项的功能是设置方块电路的宽度，如图 3.36 所示。

(3) "Y – Size"选项的功能是设置方块电路的高度,如图 3.36 所示。
(4) "Border Color"选项的功能是设置方块电路的边框颜色。
(5) "Draw Solid"选项的功能是设置方块电路内是否要填入 Fill Color 所设置的颜色。
(6) "Show Hidden"选项是设置是否显示方块电路。
(7) "Filename"选项的功能是设置方块电路所对应的文件名称,它和元件编辑对话框内的 Sheet 设置项类似。如图 3.37 所示,此处为 Power.sch。
(8) "Name"选项的功能是设置方块电路的名称,如图 3.37 所示,此处为 Power。

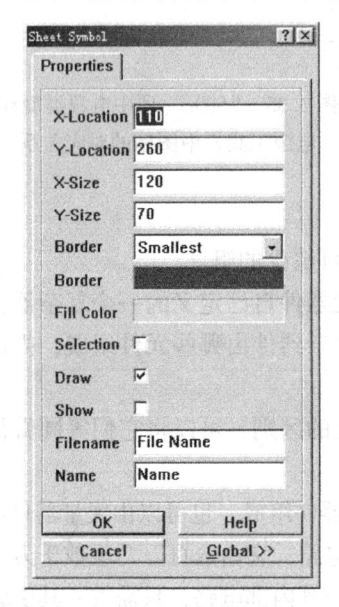

图 3.36　方块电路编辑对话框　　　　图 3.37　方块电路

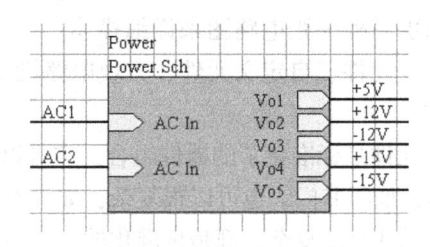

在图 3.37 中,方块电路的名称为"Power",方块电路所对应的文件名称为"Power.sch",本方块电路有 2 个输入点,5 个输出点。

3.4.7　方块电路的进出点（Sheet Entry）

如果说方块电路是自己定义的一个复杂器件,那么方块电路的进出点就是这个复杂器件的输入/输出引脚。如果方块电路没有进出点的话,那么方块电路便没有任何意义。

启动放置方块电路进出点（Sheet Entry）的命令有两种方式:

方法一,单击画电路图工具栏里的 图标。

方法二,执行菜单命令"Place \ Add Sheet Entry"。

1. 放置方块电路进出点

启动放置方块电路进出点命令后,光标变成十字形,将光标移动到方块电路中,单击鼠标左键,光标上面出现一个小圆点,且光标将被限制在方块电路的上下左右边界内,确定合适的位置后再单击鼠标左键,即可在该处放置一个方块电路的进出点,单击鼠标右键结束放置方块电路进出点状态。

2. 设置方块电路进出点编辑对话框

在放置方块电路进出点状态下,用鼠标左键双击方块电路进出点或按"Tab"键,即可出现方块电路进出点编辑对话框,如图 3.38 所示。

在方块电路进出点编辑对话框内共有 9 个设置项，现重点说明以下设置项：

(1)"Name"选项的功能是设置方块电路进出点的名称。

(2)"I/O Type"选择项的功能是选择方块电路进出点的形式，其中包括 4 个选择项，即无方向式信号进出点（Unspecified）、输出型进出点（Output）、输入型进出点（Input）和输入/输出双向型进出点（Bidirectional）。

(3)"Style"的箭头方向包括 4 种，即无箭头（None）、左箭头（Left）、右箭头（Right）和双向箭头（Left&Right）。

(4)"Side"选择项的功能是选择方块电路进出点是在方块图的左边还是右边。一般在设计时，不需要设置此项，只需移动鼠标即可。

图 3.38　方块电路进出点编辑对话框

(5)"Position"选项的功能是设置方块电路进出点的位置，从方块电路的上边界开始计算。

(6)"Text"选项的功能是设置方块电路进出点名称的颜色，具体设置同 Fill Color 项。

3.4.8　电路的输入/输出点（Port）

在设计电路图时，一个网络与另外一个网络的连接可以通过实际导线连接，也可以通过放置网络名称使两个网络具有相互连接的电气意义。放置输入/输出点，同样可实现两个网络的连接，相同名称的输入/输出点可以认为在电气意义上是连接的。输入/输出点也是层次图设计不可缺少的组件。启动放置输入/输出点的命令有两种方法：

方法一：单击画电路图工具栏里的 图标。

方法二：执行菜单命令"Place \ Port"。

1. 放置输入/输出点

在启动输入/输出点命令后，光标变成十字形，并且在它上面出现一个输入/输出点图，在合适的位置，光标上会出现一个圆点，即表示此处有电气连接点，单击鼠标左键即可定位输入/输出点的一端，移动鼠标使输入/输出点的大小合适，单击鼠标，即可完成一个输入/输出点的放置。单击鼠标右键，即可结束放置输入/输出点状态。放置步骤如图 3.39 所示。

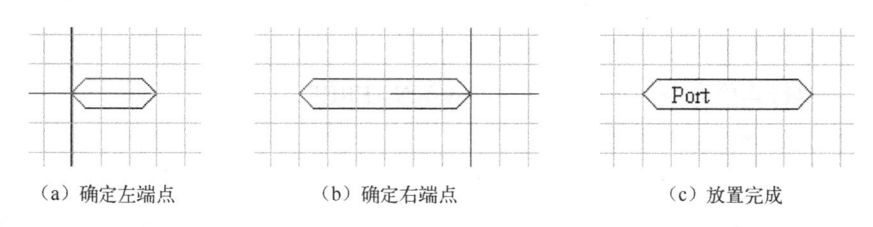

(a) 确定左端点　　　　(b) 确定右端点　　　　(c) 放置完成

图 3.39　输入/输出点的放置步骤

2. 设置输入/输出点

在放置输入/输出点状态下，用鼠标左键双击输入/输出点或按"Tab"键，可打开方块电路输入/输出点对话框。对话框中共有 11 个设置项，其中多数与方块电路进出点编辑对话框完全一样，这里不再重复。仅有两项不同：

（1）"Alignment"选项的功能是设置输入/输出点名称在输入/输出点中的对齐方式，有"Left"、"Right"和"Center"3种对齐方式。

（2）"Width"选项设置输入/输出点的宽度。

3.4.9 节点（Junction）

在默认情况下，系统在T型交叉点处自动放置节点，但不会在十字型交叉点处自动放置节点，必须手工放置。

1. 放置节点

启动放置节点符号（Junction）有两种方法：

方法一：单击画电路图工具栏内的 图标。

方法二：执行菜单命令"Place \ Junction"。

放置节点的方法很简单，启动放置节点命令后，光标变成十字形，并且在光标上有圆点，移动光标，在合适的位置单击鼠标即可完成一个节点的放置。

2. 设置节点属性对话框

在放置节点状态下，按"Tab"键或双击节点，即可打开节点属性对话框，如图3.40所示。这里仅介绍两个选项，其他选项在前面介绍过，此处不再赘述。

（1）Size选择项的功能是选择节点大小。节点大小共有4种，即Smallest、Small、Medium、Large。

（2）Locked选择项的功能是锁定节点。选中该项后，即使导线被移走，节点仍然留在原处；不选此项，导线被移走后，节点同时消失。

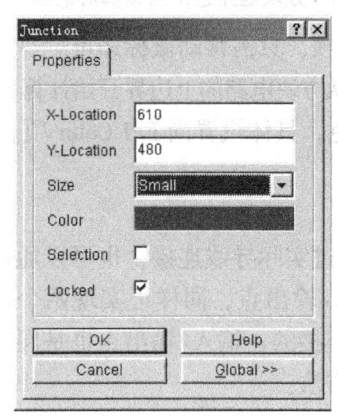

图3.40 节点属性对话框

3.4.10 忽略ERC测试点（No ERC）

放置忽略ERC测试点的主要目的是让系统在进行电气规则检查（ERC）时，忽略对某些点的检查。例如，系统默认输入型引脚必须要连接，但实际上某些输入型引脚不接也是常事，如果不放置忽略ERC测试点，那么在该点处系统会加上一个错误标志。

启动放置忽略ERC测试点（No ERC）命令有两种方法：

方法一：单击画电路图工具栏内的 图标。

方法二：执行菜单命令"Place \ Directives \ No ERC"。

放置忽略ERC测试点的步骤为：

（1）启动放置（No ERC）命令后，光标变成十字形，并且上面有一个红叉，将光标移到放置忽略ERC测试点的位置，单击鼠标左键，即可完成一个忽略ERC测试点的放置；单击鼠标右键，即可结束放置忽略ERC测试点状态。

（2）在放置忽略ERC测试点状态时，按"Tab"键可打开忽略ERC测试点属性对话框，对话框中所有设置项的设置都和前面介绍过的网络名称、导线等属性对话框中相应的设置类似，这里不再重复。

3.5 绘图工具栏

在电路图中加上一些说明性的文字或图形，除了可以让整个绘图页显得生动活泼外，还可使电路更具可读性和说服力。由于图形对象并不具备电气特性，所以在作电气规则检查 ERC 和转换成网络表时，它们并不产生任何影响，也不会附加在网络表数据中。

用户可以通过菜单命令"View \ Toolbars \ Drawing Tools"打开和显示绘图工具栏。利用一般绘图工具栏上的各个按钮进行绘图是十分方便的，绘图工具栏如图 3.41 所示，绘图工具栏上各按钮的功能如图 3.42 所示。

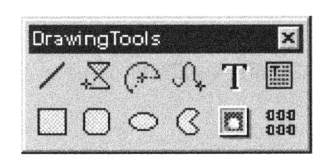

图 3.41 绘图工具栏

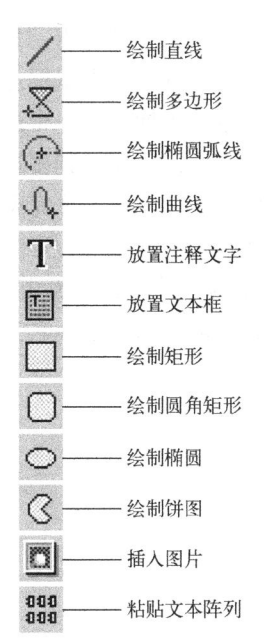

图 3.42 绘图工具栏上各按钮的功能（绘制直线、绘制多边形、绘制椭圆弧线、绘制曲线、放置注释文字、放置文本框、绘制矩形、绘制圆角矩形、绘制椭圆、绘制饼图、插入图片、粘贴文本阵列）

3.5.1 绘制直线

直线不具有任何电气连接特性，在电路原理图中仅用来表示说明性图形或者文字。

1. 绘制直线

（1）用鼠标左键单击"Drawing Tools"工具栏中的 ╱ 按钮或通过选择"Place/Drawing Tools/Lines"命令后，光标变成十字形。

（2）移动光标到合适的位置，单击鼠标左键对直线的起始点加以确认。

（3）移动鼠标拖曳直线的线头，在每个转折点处单击光标左键加以确认。

（4）重复上述操作，直到折线的终点，单击鼠标左键确认折线的终点，然后单击鼠标右键完成此折线的绘制。

（5）此时系统仍处于"绘制直线"命令状态，光标呈十字形，可以接着绘制下一条直线，也可单击鼠标右键或按"Esc"键退出。

2. 直线属性对话框设置

在绘制直线状态下，按"Tab"键或双击直线，即可打开直线属性对话框，如图 3.43 所示。

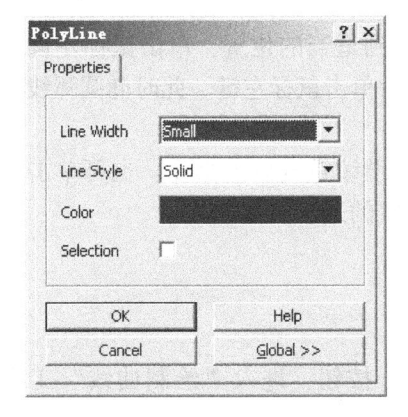

图 3.43 直线属性对话框

·59·

3.5.2 绘制多边形

多边形的绘制步骤如下：

(1) 用鼠标左键单击"Drawing Tools"工具栏中的 ▨ 按钮后，光标变成十字形。拖动光标到合适位置，单击鼠标左键，确定多边形的一个顶点。

(2) 拖动光标到下一个顶点处，单击鼠标左键确定。

(3) 继续拖动光标到多边形的第三个顶点处并重复以上步骤，此时屏幕上将有浅灰色的示意图形出现。直到一个完整的多边形绘制完毕，用户可单击鼠标右键表示退出此多边形的绘制，则此时绘制的多边形变为实心的灰色图形。

图 3.44 为多边形的绘制过程。此时系统仍然处于"绘制多边形"的命令状态，当结束此命令时，可以单击鼠标右键或按"Esc"键退出。

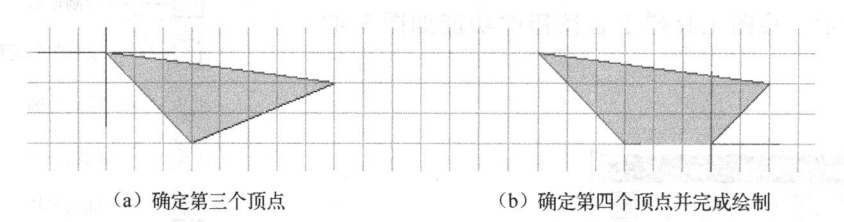

(a) 确定第三个顶点　　　　　　　(b) 确定第四个顶点并完成绘制

图 3.44　绘制多边形

3.5.3 绘制圆弧与椭圆弧

绘制椭圆弧线分为以下 3 个步骤：确定椭圆弧的圆心位置；确定横向和纵向的半径；确定弧线的两个端点的位置。具体操作方法如下：

(1) 用鼠标左键单击"Drawing Tools"工具栏中的 ⌒ 按钮，此时十字形光标拖动一个椭圆弧线状的图形在工作平面上移动，此椭圆弧线的形状与前一次画的椭圆弧线形状相同。移动光标到合适位置，单击鼠标左键，确定椭圆的圆心。

(2) 此时光标自动跳到椭圆横向的圆周顶点，在工作平面上移动光标，选择合适的椭圆半径长度，单击鼠标左键确认。然后光标将再次逆时针方向跳到纵向的圆周顶点，选择适当的半径长度，单击鼠标左键确认。

(3) 此后光标会跳到椭圆弧线的一端，可拖动这一端到适当的位置，单击鼠标左键确认。然后光标会跳到弧线的另一端，用户可在确认其位置后单击鼠标左键。此时椭圆弧线的绘制完成。

此时系统仍然处于"绘制椭圆弧线"的命令状态，可继续重复以上操作，也可单击鼠标右键或按"Esc"键退出。如图 3.45 所示为绘制椭圆曲线的过程。

3.5.4 绘制曲线

曲线的绘制步骤如下：

(1) 用鼠标左键单击"Drawing Tools"工具栏中的 ⌒ 按钮，进入"绘制曲线"工作状态。

(2) 将十字光标移动到曲线的起点位置，单击鼠标左键确定曲线起点。

(3) 将光标移动到与波形相切的两条切线的交点位置，单击鼠标左键。

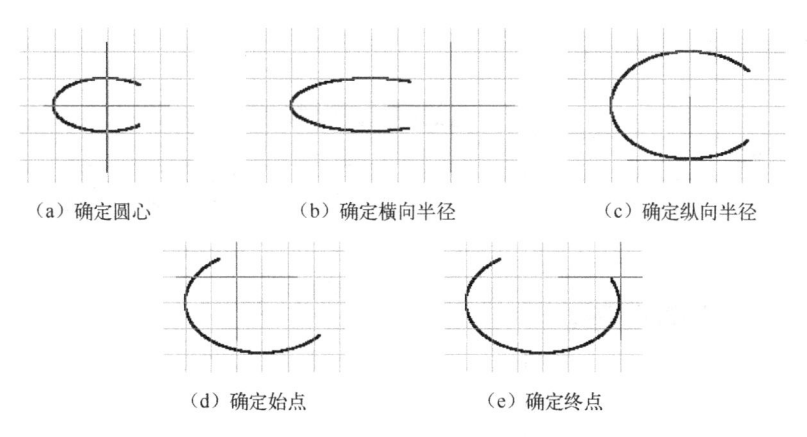

(a)确定圆心　　　　　　(b)确定横向半径　　　　　　(c)确定纵向半径

(d)确定始点　　　　　　(e)确定终点

图 3.45　绘制椭圆曲线的过程

（4）再次移动光标，此时已生成一弧线，拖动光标到合适位置并单击鼠标左键。

重复上述操作，直到完成整个曲线的绘制，单击鼠标右键确定曲线的终点。

此时系统仍然处于"绘制曲线"的命令状态，可继续重复以上操作，也可单击鼠标右键或按"Esc"键退出。图 3.46 为曲线的绘制过程。

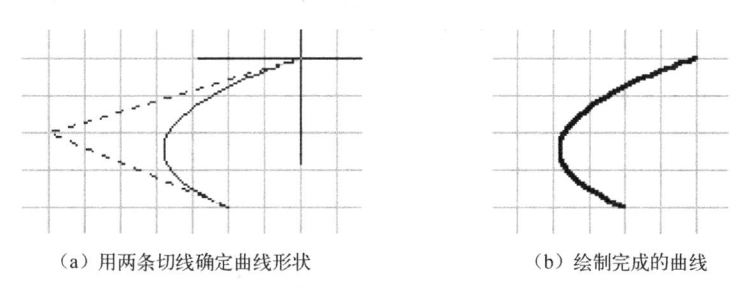

(a)用两条切线确定曲线形状　　　　　　(b)绘制完成的曲线

图 3.46　曲线的绘制过程

3.5.5　放置注释文字

要在绘图页上加上注释文字（Annotation），可以通过菜单命令"Place \ Annotation"或单击绘图工具条上的 T 按钮，将编辑模式切换到放置注释文字模式。

（1）放置注释文字。启动此命令后，鼠标指针旁边会出现一个大十字和一个虚线框，在欲放置注释文字的位置上单击鼠标左键，绘图页中就会出现一个名为"Text"的字串，并进入下一操作过程，如果要将编辑模式切换回等待命令模式，可在此时单击鼠标右键或按"Esc"键。

（2）编辑注释文字。如果在完成放置动作之前按"Tab"键，或者直接在"Text"字串上双击鼠标左键，即可打开"注释文字属性"对话框，如图 3.47 所示。

此对话框中最重要的属性是"Text"栏，它负责保存显示在绘图页中的注释文字串（只能是一行），并且可以修改文字。此外还有其他几项属性：X – Location、Y – Location（注释文字的坐标）、Orientation（字串的放置角度）、Color（字串的颜色）、Font（字体）、Selection（切换选取状态）。

如果想修改注释文字的字体，可以单击"Change"按钮，系统将弹出如图 3.48 所示的字体设置对话框，此时可以设置字体的属性。

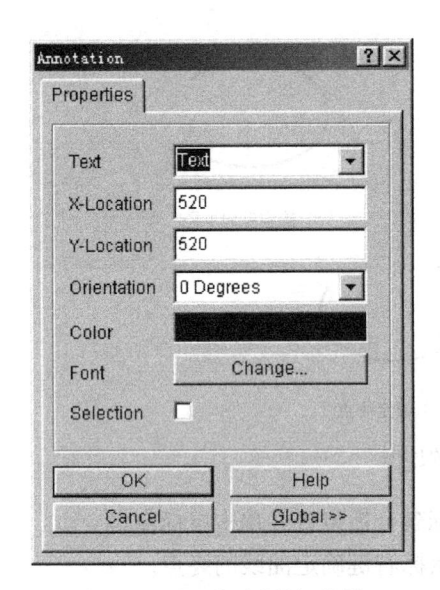

图 3.47 注释文字属性对话框   图 3.48 字体设置对话框

如果直接在注释文字上单击鼠标左键，可使其进入选中状态（出现虚线边框），用户可以通过移动矩形本身来调整注释文字的放置位置。

3.5.6 放置文本框

（1）用鼠标左键单击"Drawing Tools"工具栏中的 ▦ 按钮，此时光标变为十字形。

（2）按键盘上的"Tab"键，系统将弹出如图 3.49 所示的"Text Frame"对话框。用户可以在此窗口中完成文本框内容的编辑。

（3）在"Properties"中用户可以设置文本位置、颜色、边界线型、文字排列方式等项目。单击"Text"选项的"Change"按钮可以进入"Edit TextFrame Text"窗口，即可开始编辑，如图 3.50 所示，编辑过程与 Word 相同，单击"OK"按钮完成文本框编辑。

（4）编辑完成后，可用光标将文本框拖动到合适的位置。

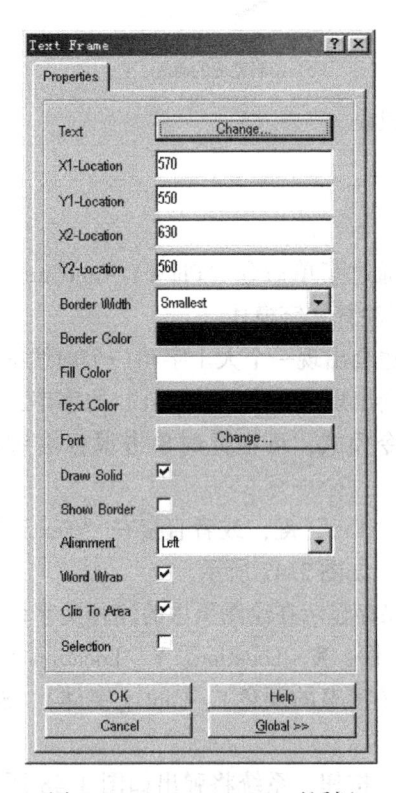

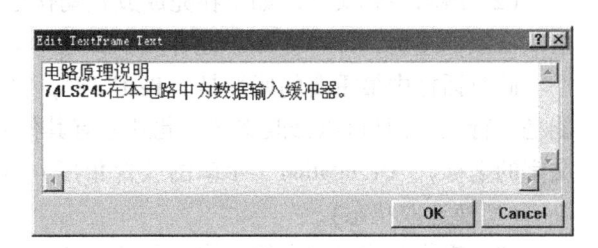

图 3.49 "Text Frame"对话框   图 3.50 "Edit TextFrame Text"窗口

3.5.7 绘制矩形或圆角矩形

矩形或圆角矩形（以下均称矩形）的绘制步骤如下：

（1）用鼠标左键单击"Drawing Tools"工具栏中的 ▢ 或 ▢ 按钮，光标变为十字形。

（2）移动光标到合适位置，单击鼠标左键，确定矩形的左上角位置。

（3）然后光标跳到矩形的右下角，此时可拖动光标上下左右移动，以选择合适的矩形大小，并单击鼠标左键确定。此时矩形绘制结束。

（4）用鼠标左键双击绘制完成的矩形时，将弹出矩形属性对话框，用户可进行相关参数的设置或修改。

图 3.51 为矩形的绘制过程。

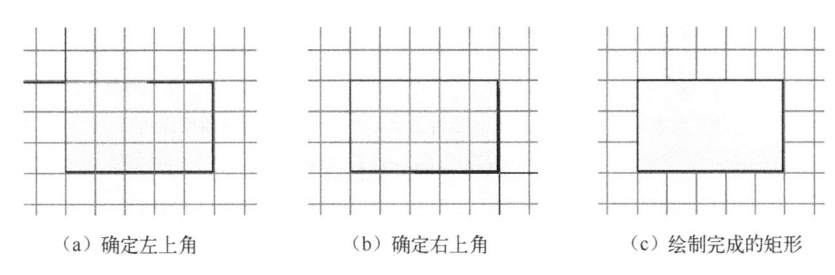

（a）确定左上角　　　（b）确定右上角　　　（c）绘制完成的矩形

图 3.51　矩形的绘制过程

3.5.8 绘制椭圆

椭圆的绘制步骤如下：

（1）用鼠标左键单击"Drawing Tools"工具栏中的 ⬭ 按钮便可进入"绘制椭圆"工作状态。移动带有椭圆图形的十字形光标在工作面上选择合适的位置，单击鼠标左键确定椭圆圆心的位置。

（2）此后十字光标跳到横向的圆周上，水平移动光标确认合适的椭圆横向半径，接着垂直移动光标确定椭圆纵向半径。单击左键，一个椭圆的绘制就完成了。

图 3.52 所示为椭圆的绘制过程。

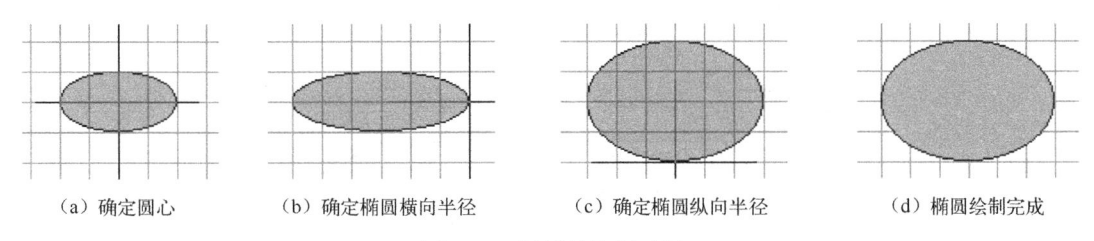

（a）确定圆心　　　（b）确定椭圆横向半径　　　（c）确定椭圆纵向半径　　　（d）椭圆绘制完成

图 3.52　椭圆的绘制过程

此时系统仍处于画椭圆状态，重复上面操作，完成其他椭圆的绘制，也可单击鼠标右键或按"Esc"键退出"绘制椭圆"的工作状态。

3.5.9 绘制饼图

饼图的绘制步骤如下：

（1）单击"Drawing Tools"工具栏中 ◔ 按钮进入绘制饼图工作状态，此时光标变成十字形，十字形光标上挂一个上次画的饼图。

（2）在合适的位置，单击鼠标左键确定饼图圆心的位置。

（3）然后将十字光标移到圆周上一点，再单击鼠标左键确认合理的饼图半径。

（4）接着将光标移到饼图的一个端点位置，移动光标可调整饼图一边的位置，单击鼠标左键确定。

（5）光标接着移到饼图的另一个端点，移动光标可以调整饼图另一个边的位置。单击鼠标左键，确定饼图另一个边的位置。

如图 3.53 所示为饼图的绘制过程。

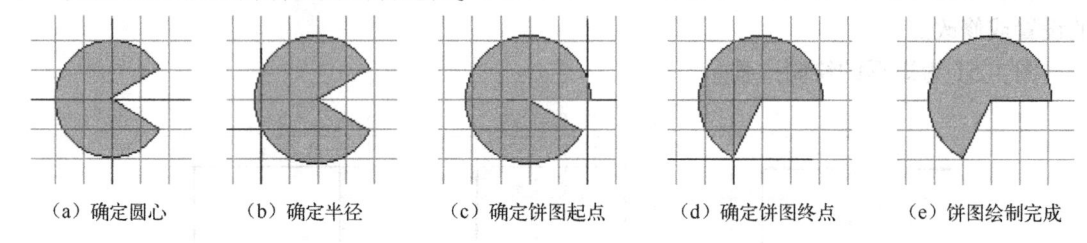

（a）确定圆心　　（b）确定半径　　（c）确定饼图起点　　（d）确定饼图终点　　（e）饼图绘制完成

图 3.53　饼图的绘制过程

此时系统仍处于画饼图状态，重复上面操作，完成其他饼图的绘制，也可单击鼠标右键或按"Esc"键退出"绘制饼图"工作状态。

3.5.10　插入图片

在电路中插入某些图片，可使电路更具有说服力，更有利于对电路的理解。在电路图中插入图片的步骤如下：

（1）用鼠标左键单击"Drawing Tools"工具栏中的 ▣ 按钮，工作平面上将弹出如图 3.54 所示的"Image File"对话框。

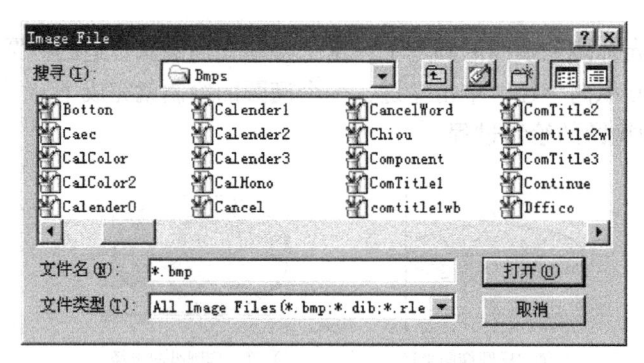

图 3.54　"Image File"对话框

（2）用户可在适当的路径下找到希望插入的图片文件，选中后单击"打开"按钮确认。

（3）在编辑区中确定相应的位置，单击鼠标左键确定图片的左上角。

（4）当光标移到右下角后，再次单击鼠标左键，确定需要放置的图片的大小，所选择的图片便插入到了相应位置。

此时系统仍然处于"插入图片"工作状态，一张图片完成后，系统会再次弹出"Image Files"对话框，用户可以重复以上步骤完成其他图片的插入。如果用户希望退出此工作状态，可以用鼠标单击"取消"按钮。

3.6 层次电路设计

层次电路图设计就是将较大的电路图划分为很多的功能模块，再对每一个功能模块进行处理或进一步细分的电路设计方法。将电路图模块化，可以大大地提高设计效率和设计速度，特别是当前计算机技术的突飞猛进，局域网在企业中的应用，使得信息交流日益密切，再庞大的项目也可以从几个层次上细分开来，做到多层次并行设计。

层次电路图设计的关键在于正确地传递层次间的信号，在层次电路图设计中，信号的传递主要靠放置方块电路、方块电路进出点和电路输入/输出点来实现。

为了让读者对层次电路设计有一个清晰的概念，我们首先介绍一个电路实例，该实例处在"Design Explorer 99 \ Examples"目录下，文件名为 Z80 Microprocessor.Ddb。打开该文件，便可激活如图 3.55 至图 3.62 所示的所有电路图。

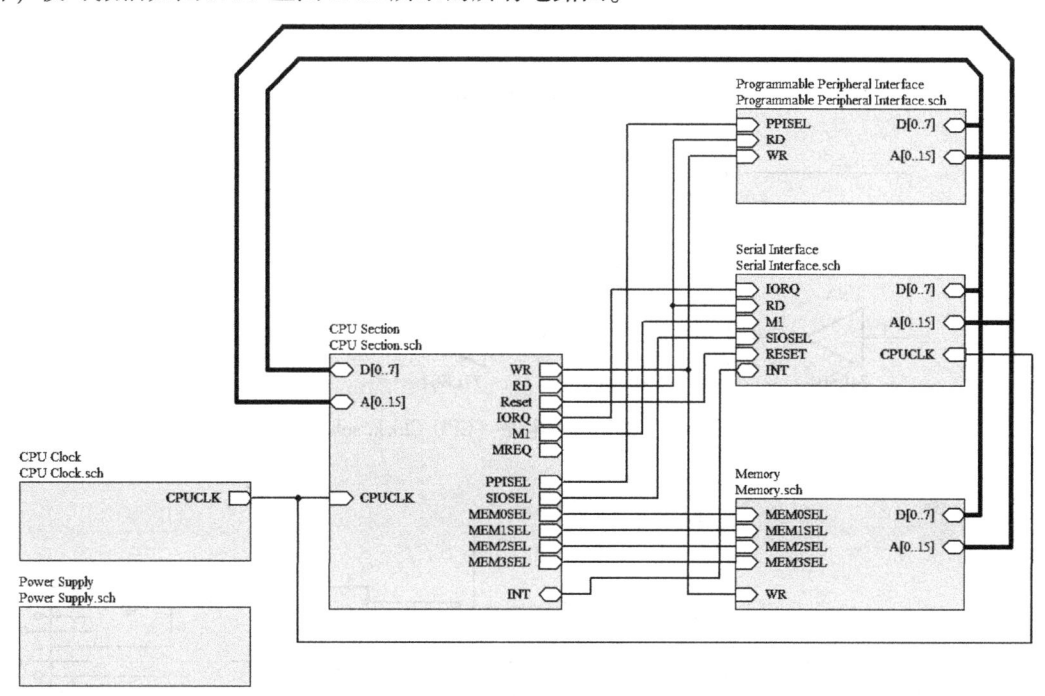

图 3.55 主控模块（Z80 Processor. prj）

现在以 Z80 Microprocessor 为例，具体说明图 3.55 至图 3.62 所示的层次电路的设计方法及步骤。层次电路设计方法通常有自上而下和自下而上两种方法。

1. 自上而下的层次电路设计方法

此方法指首先产生方块电路图，再由方块电路来产生具体原理图的方法。也就是说，用户应首先设计出如图 3.55 所示的主控模块图（方块电路图），再将该图中的各个模块具体化，如图 3.56 至图 3.62 所示。以 Memory 电路为例，具体操作步骤如下：

（1）执行菜单命令"File \ New Design"，创建一个新的设计数据库。
（2）执行菜单命令"File \ New"，创建一个新的原理图文件，并改名为 Z80. prj。
（3）放置 Memory 方块图。
（4）放置方块电路进出点。

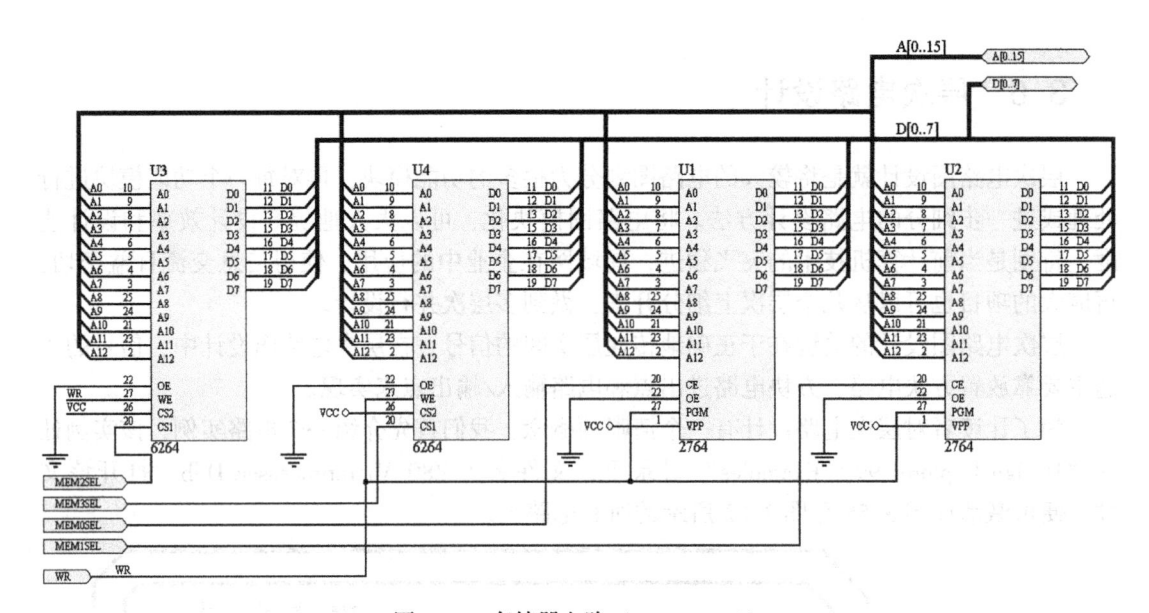

图 3.56　存储器电路（Memory.sch）

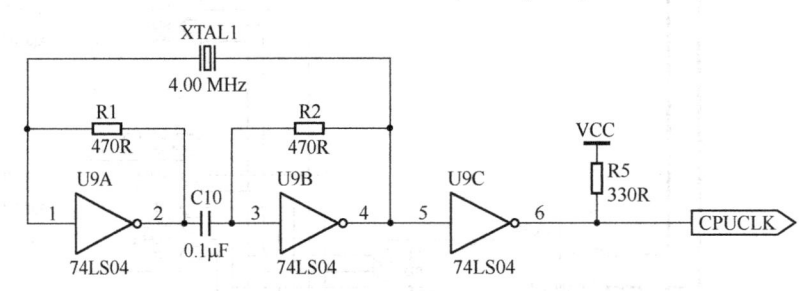

图 3.57　CPU 时钟电路（CPU Clock.sch）

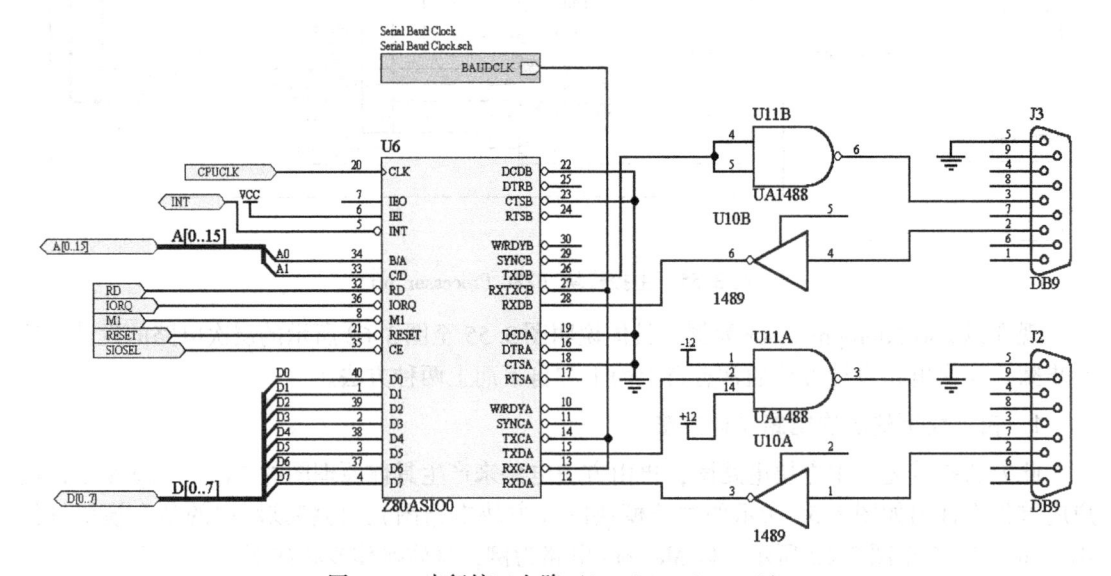

图 3.58　串行接口电路（Serial Interface.sch）

（5）用同样的方法依次完成 CPU Clock（图 3.57）、Serial Interface（图 3.58）、Serial Baud Clock（图 3.59）、Power Supply（图 3.60）、Programmable Peripheral Interface（图 3.61）、CPU Section（图 3.62）6 个方块图的放置及其进出点的放置。

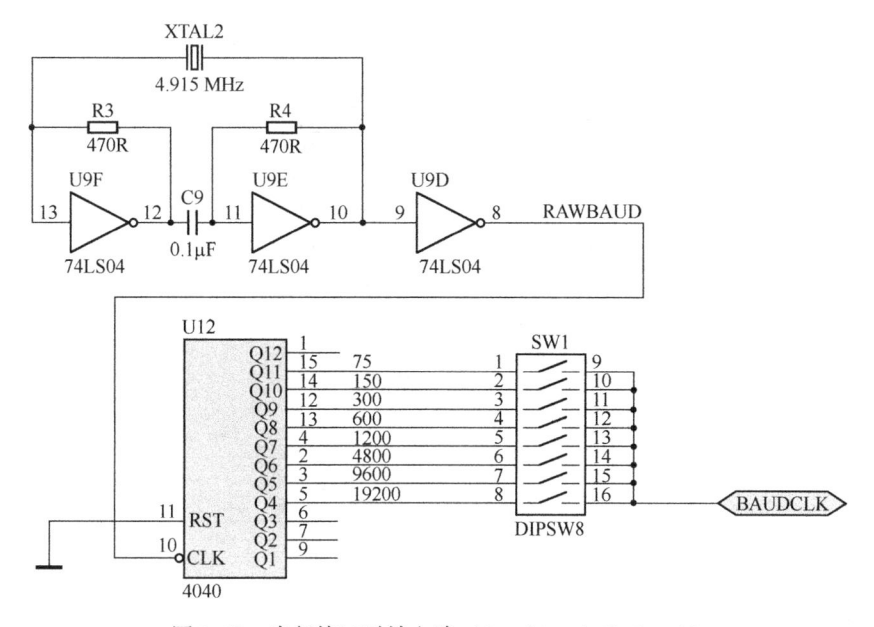

图 3.59　串行接口时钟电路（Serial Baud Clock.sch）

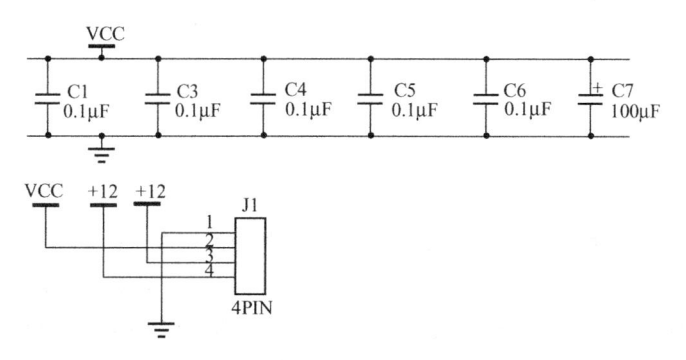

图 3.60　电源电路（Power Supply.sch）

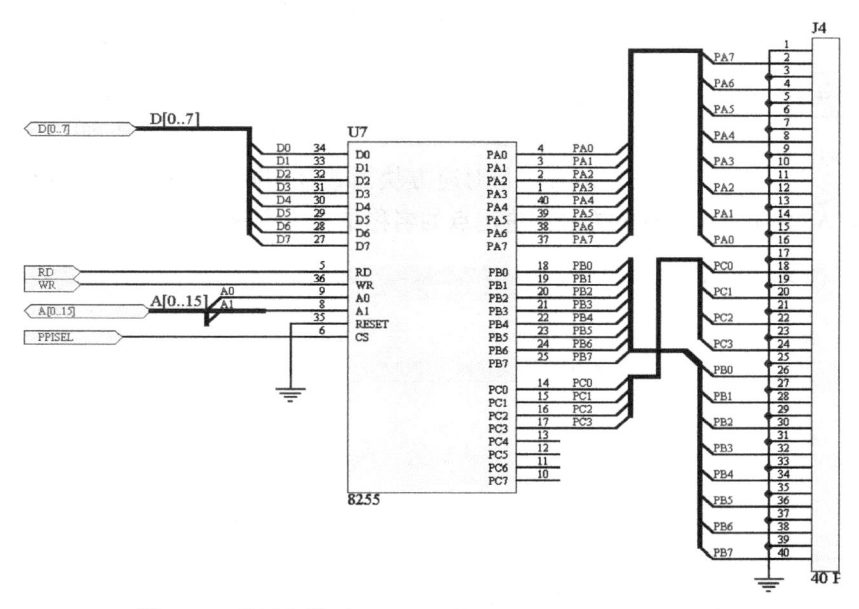

图 3.61　并口电路（Programmable Peripheral Interface.sch）

· 67 ·

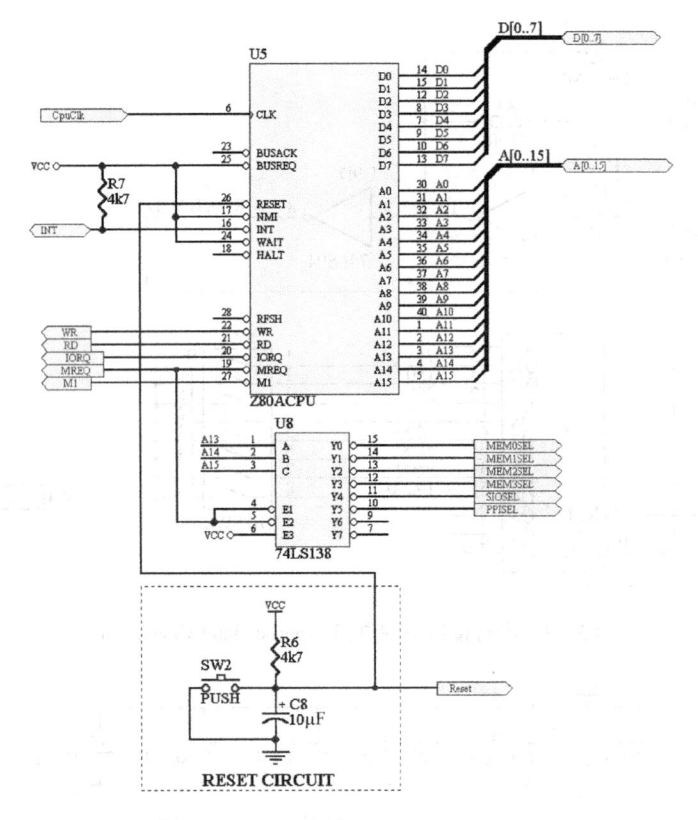

图 3.62　CPU 电路（CPU Section.sch）

（6）在各方块图的进出点之间连线，完成后即得到如图 3.55 所示的主控模块电路图。

（7）生成原理图。执行菜单命令"Design \ Create Sheet From Symbol"，光标变成十字形，将光标移动到 Memory 方块电路模块上（注意不要指到方块图进出点上），单击鼠标左键，屏幕将出现如图 3.63 所示的对话框。

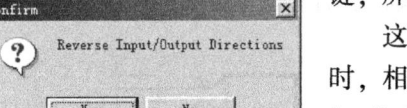

图 3.63　选择对话框

这个对话框询问在产生与电路方块图相对应的原理图时，相对的输入/输出点是否与信号方向反向，此处应选择"No"按钮，系统将自动在 Z80.prj 下生成原理图，文件名为"Memory.sch"，如图 3.64 所示。在原理图中，系统自动放置了与对应方块图数量相同（7 个）的输入/输出点，并且这 7 个输入/输出点的名称和方块图进出点的名称是相对应的。

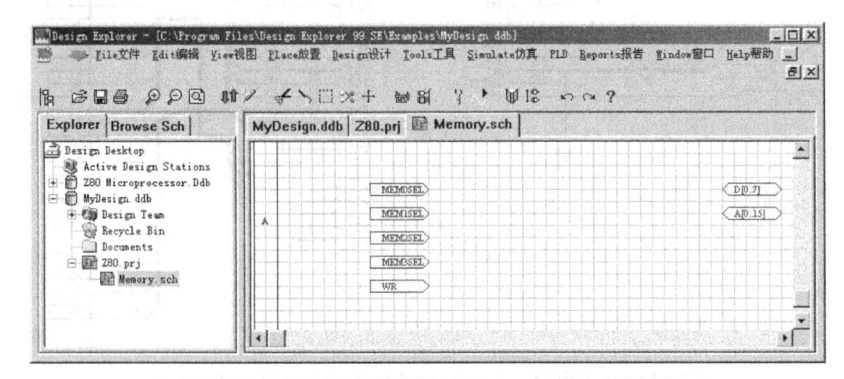

图 3.64　由方块图产生的"Memory.sch"原理图

此后我们就可以在这 7 个输入/输出点之间具体完成"Memory.sch"原理图的绘制。完成后的电路图如图 3.56 所示。(8) 用同样的方法将 Serial Interface、Programmable Peripheral Interface、Power Supply、CPU Clock、CPU Section 等方块图的具体电路绘制出来，分别如图 3.57 至图 3.62 所示。

2. 自下而上的层次电路设计方法

此方法指首先产生原理图，再由原理图来生成方块电路图的方法。再次以图 3.56 所示的

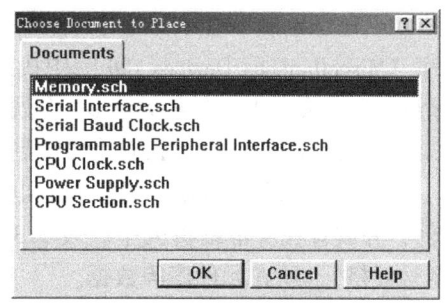

图 3.65　选择电路图对话框

"Memory.sch"电路为例，说明如何产生对应的"Memory"方块图，具体步骤如下：

(1) 按图 3.56 完成存储器电路图的绘制。

(2) 激活要放置方块图的原理图（本例中是激活 Z80.prj），使它运行于前台。

(3) 执行菜单命令"Design \ Create Symbol From Sheet"，屏幕上出现如图 3.65 所示的对话框，系统将列出当前打开的所有原理图。选择"Memory.sch"，单击"OK"按钮。

(4) 选择原理图后，屏幕上出现如图 3.66 所示的对话框，单击"No"按钮。

(5) 在 Z80.prj 电路图中，光标变成十字形，且带有一个方块图，系统进入放置方块图状态，移动鼠标，在合适的位置单击鼠标即可完成方块图的放置。在方块图中，系统将自动产生与原理图中输入/输出点相对应的方块图进出点，如图 3.67 所示。

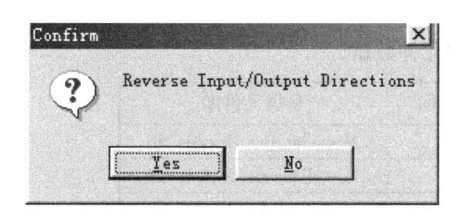

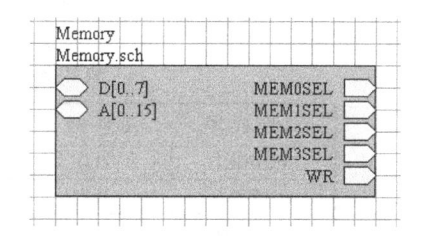

图 3.66　选择对话框　　　　图 3.67　系统自动生成电路方块图

系统将方块图自动命名为"Memory"，在默认情况下，系统将方块图对应的原理图名作为此方块图的名称。当然可以在放置方块图状态下，按"Tab"键来打开方块图属性对话框，修改方块图的相关属性。

(6) 重复上述步骤，直到所有模块的电路方块图都出现在 Z80.prj 电路图中为止。

(7) 在各模块方块图进出点之间连线，最后便可得到如图 3.55 所示的方块电路图。

由于两种方法各有特点，在设计层次电路图时，是采用自上而下的方法还是采用自下而上的方法，可根据具体情况确定。

3.7　一个完整的电路实例

到目前为止，我们已经具体讨论了原理图设计工具的使用方法、原理图元件及元件库的使用、实体放置与编辑、层次电路设计方法等原理图设计及绘制所必需的相关知识，下面以一个实用电路为例，完整地介绍电路的绘制及生成过程。

图 3.68 所示的电路为一闪光控制器。该电路为分立元件电路，其绘制方法及步骤如下：

· 69 ·

(1) 启动 Protel 99 SE，新建文件"闪光控制器.sch"，进入原理图编辑界面。

(2) 添加绘制本电路所需的元件库。由于本电路为分立元件电路，所有元件均可在分立元件库"Miscellaneous Devices.ddb"中找到，故本例仅需添加该分立元件库即可。当然，对于较复杂的电路，如果其元件种类较多，分属不同元件库时，应同时添加该电路所属的所有元件库。

(3) 设置图纸。由于我们将要绘制的电路较小，故将图号设置为 A 即可。

(4) 放置元件。根据闪光控制器电路的组成情况，在屏幕左方的元件管理器中选取相应元件，并放置在屏幕编辑区中。表 3.3 给出了该电路每个元件样本、元件标号、元件名称（型号规格）、所在元件库等数据。

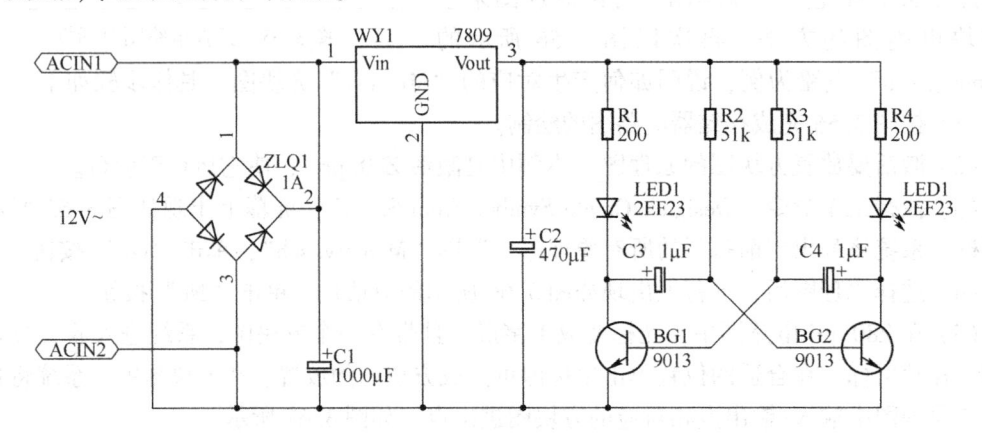

图 3.68 闪光控制器电路原理图

表 3.3 闪光控制器元件数据

元件样本	元件标号	元件名称	所属元件库
BRIDGE1	ZLQ1	1A	Miscellaneous Devices.lib
VOLTREG	WY1	7809	Miscellaneous Devices.lib
ELECTRO1	C1	1000 μF	Miscellaneous Devices.lib
ELECTRO1	C2	470 μF	Miscellaneous Devices.lib
ELECTRO1	C3	1 μF	Miscellaneous Devices.lib
ELECTRO1	C4	1 μF	Miscellaneous Devices.lib
RES2	R1	200	Miscellaneous Devices.lib
RES2	R2	51K	Miscellaneous Devices.lib
RES2	R3	51K	Miscellaneous Devices.lib
RES2	R4	200	Miscellaneous Devices.lib
LED	LED1	2FE23	Miscellaneous Devices.lib
LED	LED2	2FE23	Miscellaneous Devices.lib
NPN	BG1	9013	Miscellaneous Devices.lib
NPN	BG2	9013	Miscellaneous Devices.lib

在元件放置后，该元件的标号及名称（型号规格）是系统自动命名的，往往需要进行修改和设置。

(5) 设置元件属性。根据图 3.68 及表 3.3 为每个元件设置相关属性。

(6) 调整元件位置。虽然我们在第（4）步已将元件放置到编辑区中，但往往摆放位置不够理想，需要进行调整。调整的主要依据是事先绘制的草图。调整元件位置完成后的画面如图 3.69 所示。

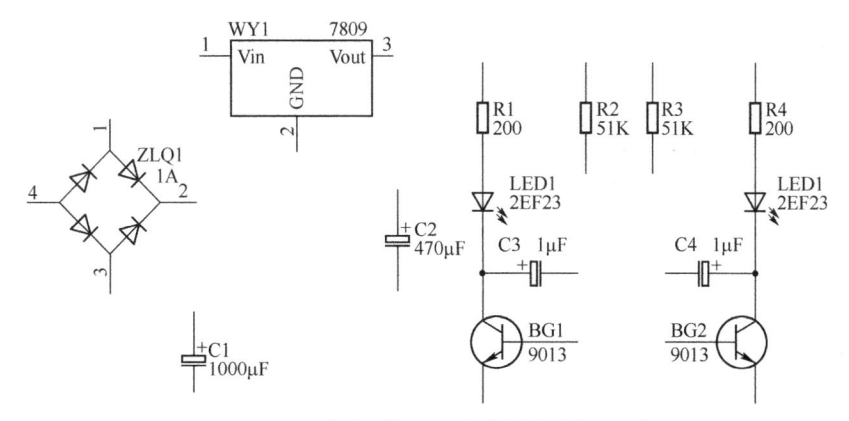

图 3.69 元件位置调整后的闪光控制器电路

（7）连线。根据电路草图在元件引脚之间连线。

（8）放置节点。连线完成后，在需要的地方放置节点。一般情况下，"T"字连接处的节点是在连线时由系统自动放置的（相关设置应有效），而所有"十"字连接处的节点必须手动放置。

需要指出的是，对于较复杂的电路而言，放置元件、调整位置及连线等步骤经常是反复交叉进行的，不一定有非常明确的步骤。为了使电路更加简洁、直观，更具可读性，我们有可能在连线时根据具体情况动态调整元件位置，或将线路连接到某地点时才可能决定下一个元件应该摆放在什么位置。

（9）放置输入/输出点。放置图中的"AC IN1"和"AC IN2"两个输入/输出点。

（10）放置注释文字。放置图中的注释文字"12V ~"。

（11）电路的修饰及整理。在电路图绘制基本完成以后，还需进行相关整理。比如，应移动整个电路在图纸中的位置，使其居中；应调整每个元件的标号及名称两个字串位置，使其更加规范整洁。

（12）保存文件。

最终绘制完成的电路原理图如图 3.68 所示。

3.8 报表

3.8.1 网络表

网络表是电路原理图或印制电路板图元件连接关系所对应的文本文件。当原理图设计绘制完成后，可方便生成网络表文件，当进行印制电路板设计的自动布局、自动布线时，必须通过网络表文件才能完成，装入网络表文件的方法在以后的章节中将做详细介绍。

网络表有很多种格式，通常为 ASCII 码文本文件。网络表的内容主要是电路图中各元件的数据（流水序号、元件类型与包装信息）以及元件间网络连接的数据。

1. 产生网络表的各种选项

产生网络表可执行菜单命令"Design \ Create Netlist"，执行该命令后将打开"Netlist Creation"对话框。该对话框包括"Preferences"和"Trace Options"两个选项卡，分别如图 3.70 和图 3.71 所示。

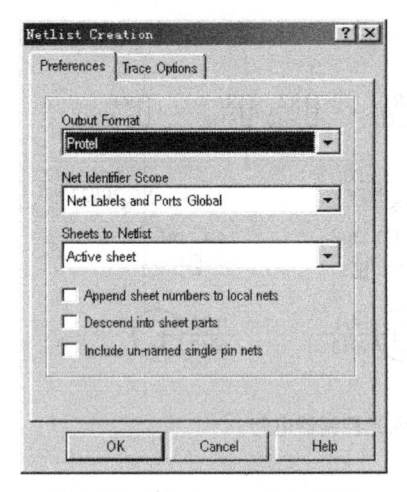

图 3.70 "Preferences"选项卡 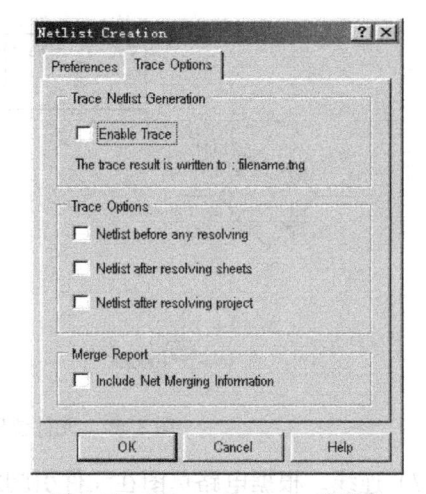　　　　图 3.71 "Trace Options"选项卡

(1)"Preferences"选项卡。"Preferences"选项卡中各选项的含义如下：

① Output Format：选择网络表输出格式。

② Net Identifier Scope：设置网络标识符的工作范围。

③ Append sheet number to local net names：设置产生网络表时，为每个网络编号附加绘图页号码数据。设置此选项，可帮助用户跟踪网络所处的位置。

④ Descend into sheet parts：当使用绘图页元件时，应该激活这个选项，从而使产生的网络表将绘图页元件层次下的绘图页也包含在内。绘图页元件必须在其 Part 对话框的 Sheet Path 数据栏中标示出其对应的子绘图页文件路径与名称。

⑤ Include un – named single pin nets：设置产生网络表时，也将所有未命名的单边连线都包含在内。所谓单边连线指的是只有一端连接电气对象，而另一端空接（Floating）的连线。

(2)"Trace Options"选项卡。Trace Options 选项卡中各选项的含义如下：

① Enable Trace：设置将产生网络表的过程记录下来，并存入 . tng 跟踪记录文件中。

② Netlist before any resolving：设置在分解电路之前就产生网络表。

③ Netlist after resolving sheets：设置在分解打开的绘图页后才产生网络表。

④ Netlist after resolving project：设置在分解整个项目后才产生网络表。

⑤ Include Net Merging information：设置将合并网络的数据加入到跟踪记录文件中。

2. 网络表格式

标准的 Protel 网络表文件是一个简单的 ASCII 码文本文件，在结构上大致可分为元件描述和网络连接描述两部分。

(1) 元件描述。

[　　　　　　元件声明开始

R1　　　　　元件序号

AXIAL0.5　　元件封装

100K　　　　元件注释

]　　　　　　元件声明结束

元件声明以"["开始，以"]"结束，网络经过的每一个元件都要有声明。

(2) 网络连接描述。

(	网络定义开始
NetIC2_18	网络名称
IC2_18	元件序号及元件引脚号
R7_2	元件序号及元件引脚号
)	网络定义结束

网络定义以"("开始,以")"结束。网络定义首先要定义该网络的各个端口。网络定义中必须列出连接网络的各个端口。

3. 生成网络表

生成网络表的一般步骤为：

(1) 执行菜单命令"Design \ Create Netlist"。

(2) 执行完该命令后,会出现如图3.70所示的对话框,用户可以在对话框中进行设置。

(3) 设置完对话框后,进入Protel 99 SE的记事本程序,并将结果保存为.net文件,产生如图3.72所示的网络表。

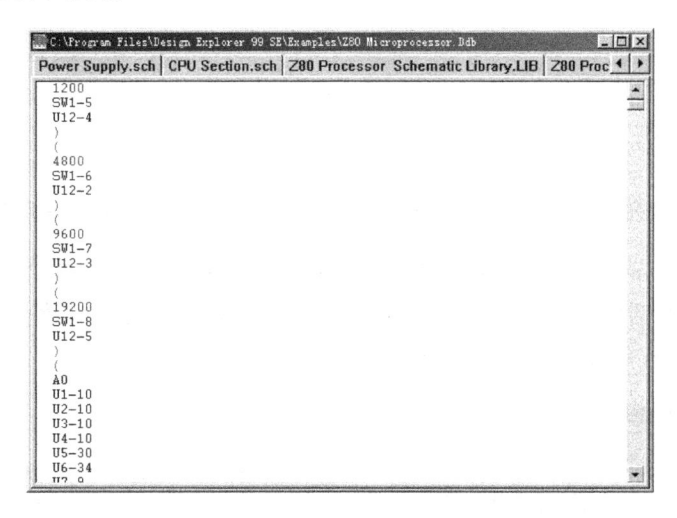

图3.72 网络表文件

3.8.2 元件列表

元件列表主要用于整理一个电路或一个项目文件中的所有元件。它主要包括元件的名称、标注、封装等内容。生成原理图元件列表的基本步骤为：

(1) 打开原理图文件,执行菜单命令"Reports \ Bill of Material"。

(2) 执行完菜单命令后,会出现如图3.73所示的对话框。用鼠标左键单击图中的"Next"按钮,系统又将弹出如图3.74所示的对话框,此对话框主要用于设置元件报表中所包含的内容。

(3) 设置完毕后,单击图3.74中的"Next"按钮,进入如图3.75所示的对话框,要求用户选择需要加入表中的文字栏,定义结束后,单击"Next"按钮,退出该对话框,进入如图3.76所示的对话框。在这里选择最终的元件列表以何种格式产生,系统共提供了"Protel Format"、"CSV Format"和"Client Spreadsheet" 3种格式。此处选择"Client Spreadsheet"选项(即电子表格格式)。

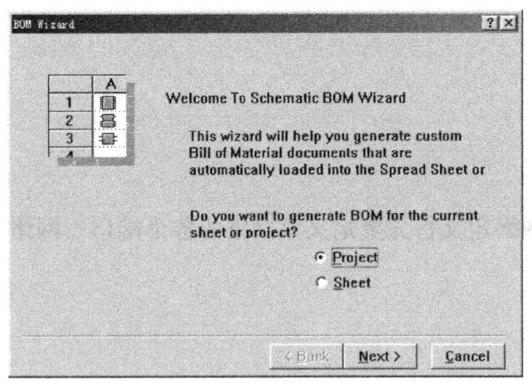

图 3.73 BOM Wizard 窗口

图 3.74 设置元件报表内容对话框

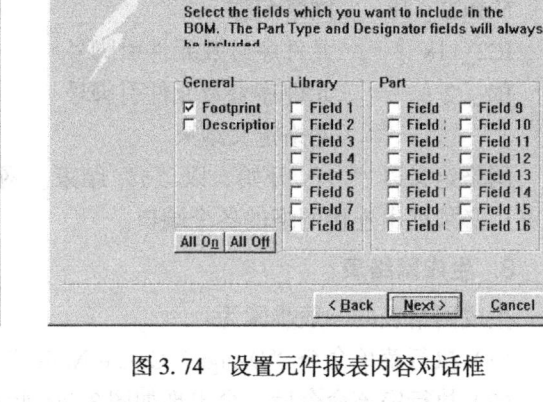

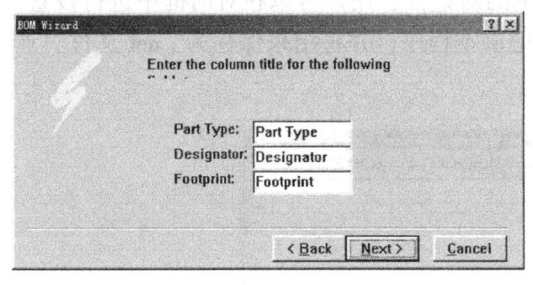

图 3.75 定义元件列表和项目名称对话框

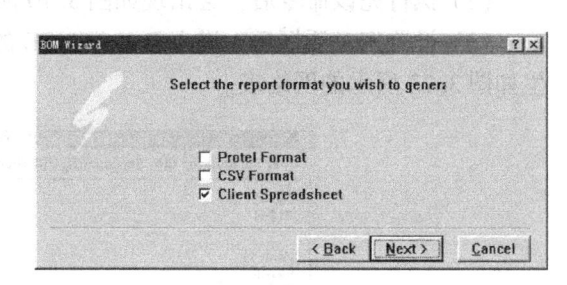

图 3.76 选择元件列表格式对话框

（4）选择"Client Spread Sheet"格式后，用鼠标左键单击图中的"Next"按钮，进入如图 3.77 所示的对话框。用鼠标左键单击图中的"Finish"按钮，程序会进入表格编辑器，并形成扩展名为 .xls 的元件列表，如图 3.78 所示。

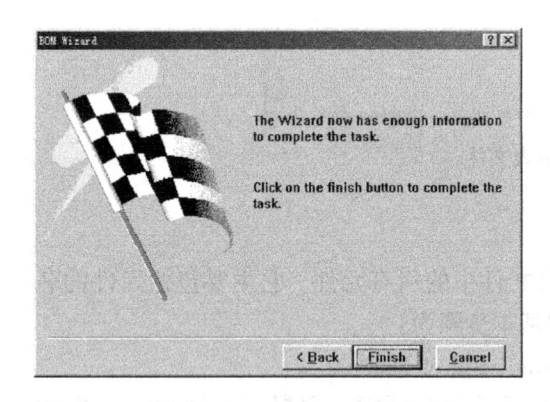

图 3.77 "Finish"对话框

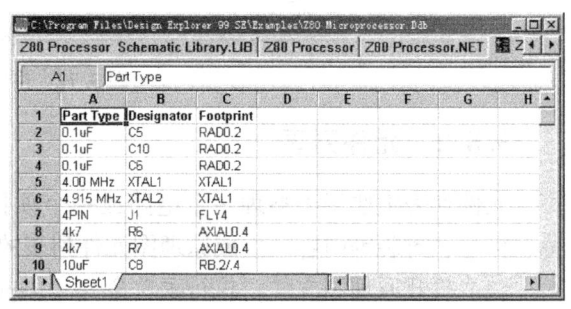

图 3.78 元件列表表格文件

3.8.3 交叉参考表

交叉参考表可为多张图纸中的每个元件列出其类型、流水序号和所属的绘图页文件名称。这是一个 ASCII 码文件，扩展名为 .xrf。建立交叉参考表的步骤为：

（1）执行菜单命令"Reports \ Cross Reference"。

（2）执行该命令后，程序就会进入 Protel 99 SE 的 TextEdit 文本编辑器，并产生相应的报表文件，如图 3.79 所示。

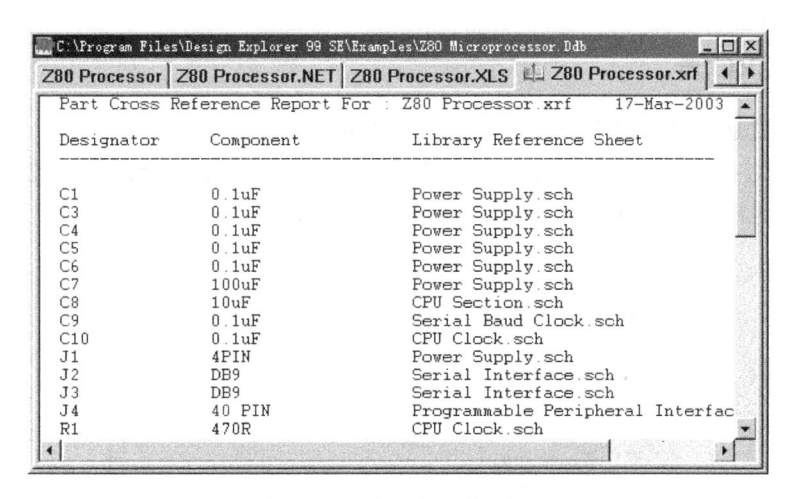

图 3.79 交叉参考表文件

3.8.4 网络比较表

网络比较表可比较用户指定的两个网络表文件。网络比较表是一个 ASCII 码文件，其扩展名为 .rep。通常，当印制电路板图设计绘制完成后，用户可将基于印制电路板图文件所生成的网络表文件同基于原理图文件所生成的网络表文件进行比较，生成网络比较表，以判断印制电路板图对于原理图的忠实程度。此外，当用户更新电路图版本时，可利用该功能将新版电路的修正部分记录下来存盘备查。

（1）执行菜单命令"Reports \ Netlist Compare"。

（2）执行该命令后，系统会弹出如图 3.80 所示的对话框。用户在对话框中输入参与比较的第一个网络文件。结束后，用鼠标左键单击图中的"OK"按钮，系统会再次弹出选择网络表文件对话框，提示用户输入第二个网络文件。

（3）比较后，程序自动进入文本编辑框，并产生如图 3.81 所示的报表文件（因报表文件太长，图中仅显示了最后部分）。

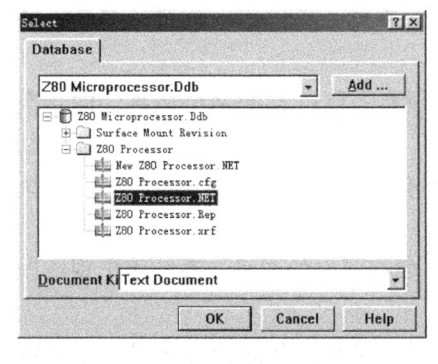

图 3.80　选择网络表文件　　　　图 3.81　网络比较表文件

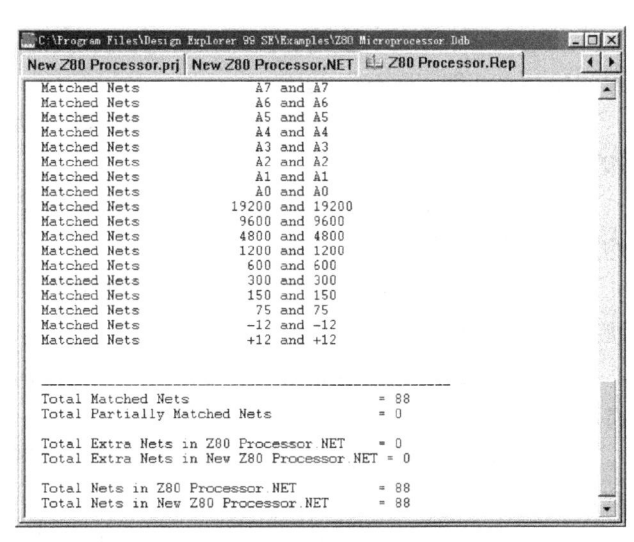

3.8.5 ERC 表

ERC 表也就是电气规则检查表，用于检查电路图是否有问题。

当进行 ERC 检查时，执行菜单命令"Tools/ERC"，屏幕上出现如图 3.82 所示的电气规则检查设置对话框，其中包括"Setup"标签页和"Rule Matrix"标签页。下面分别进行介绍。

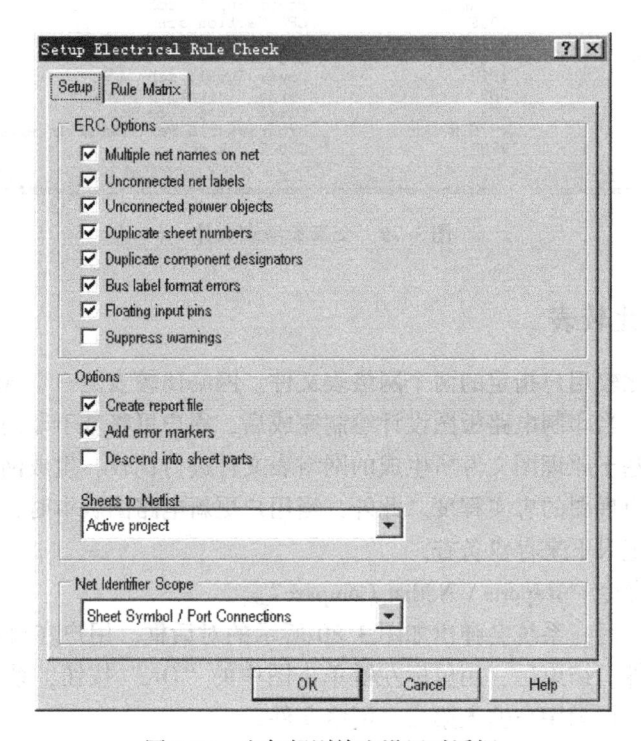

图 3.82 电气规则检查设置对话框

1."Setup"标签页

"Setup"标签页中包括"ERC Options"区域、"Options"区域、"Sheets to Netlist"选项和"Net Identifier Scope"选项。

（1）"ERC Options"区域。"ERC Options"区域用于设置检查错误的类型，各项含义如下：

① Multiple net names on net：设定检查电路图时，如果在同一条网络上放置了多个不同的网络名称，系统将出现错误信息。

② Unconnected net labels：设定检查电路图时，如有没有实际连接的网络名称，即悬空状态，系统将出现警告信息。

③ Unconnected power objects：设定检查电路图时，如有没有实际连接的电源符号，系统将出现警告信息。

④ Duplicate sheet numbers：设定检查层次电路图时，如有同名的图号，系统将出现错误信息。

⑤ Duplicate component designators：设定检查电路图时，如有同名的元件序号，系统将出现错误信息。

⑥ Bus label format errors：设定检查电路图时，如总线名称的书写格式有错误，系统将出现警告信息。

⑦ Floating input pins：设定检查电路图时，如有输入信号悬空，系统将出现警告信息。

⑧ Suppress warnings：设定是否将警告信息记录到 ERC 文件中。

（2）"Options" 区域。

① Create report file：设定检查完电路图后，是否将检查结果保存为电气规则检查文件（*.erc）。

② Add error markers：设定检查完电路图后，是否在有问题的地方放置带圈的红色叉号。

③ Descend into sheet parts：设定检查的范围是否深入到元件的内部电路图中。

（3）"Sheets to Netlist" 选项。"Sheets to Netlist" 选项用于指定产生网络表的电路图范围。单击右边的下拉式按钮，弹出一个下拉式列表，如图 3.83 所示，其中有 3 个选项，各选项含义如下：

① Active sheet：用于指定生成当前激活的原理图的网络表。

② Active project：用于指定生成当前激活的项目的网络表。

③ Active sheet plus sub sheets：用于指定生成当前激活的原理图的网络表，包括其中的子图。

（4）Net Identifier Scope 选项。Net Identifier Scope 选项主要针对层次电路图，用于选择网络名称认定的范围，系统默认值为 "Sheet Symbol/Port Connections"，单击右边的下拉式按钮，弹出一个下拉列表，如图 3.84 所示，其中有 3 个选项，各选项含义如下：

① Net Labels and Ports Global：指定网络名称（Net Label）及电路图输入/输出点适用于整个项目。

② Only Ports Global：指定电路图输入/输出点适用于整个项目，在整个项目的所有电路图中，只要是电路图输入/输出点都被认为是相连接的。

③ Sheet Symbol/Port Connections：指定方块图的进出点和电路图中电路的输入/输出点适用于整个项目。

2. "Rule Matrix" 标签页

"Rule Matrix" 标签页如图 3.85 所示，主要用于设置检测规则。其中红色表示错误，黄色表示警告，绿色表示没有反应即没有错误。

如果横坐标和纵坐标交叉点的颜色为红色，则当横坐标代表的引脚和纵坐标代表的引脚相连接时，会出现错误信息。

如果横坐标和纵坐标交叉点的颜色为黄色，则当横坐标代表的引脚和纵坐标代表的引脚相连接时，会出现警告信息。

如果横坐标和纵坐标交叉点的颜色为绿色，则当横坐标代表的引脚和纵坐标代表的引脚相连接时，不会出现错误或警告信息。

设置完毕后，单击 "OK" 按钮，系统自动进行电气规则检查，并根据设置生成 ERC 报表文件。

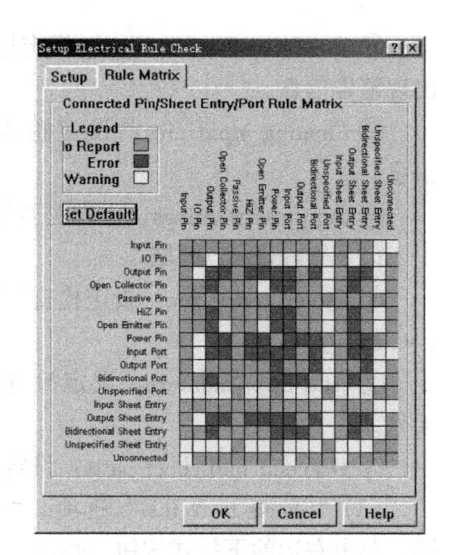

图 3.83 "Sheets to Netlist"选项

图 3.84 "Net Identifier Scope"选项

图 3.85 "Setup Electrical Rule Check"对话框

3.9 原理图输出

原理图输出包括输出到打印机和输出到绘图仪两种方式。打印机是最常用的办公设备，使用方便，功能较多，用打印机输出原理图较为普遍，尤其对幅面比较小的图样十分适用。

3.9.1 输出到打印机

要使用打印机，首先应为系统设置打印机。设置的具体内容包括打印机类型、纸张大小、原理图样等。

执行菜单命令"File\Setup Printer"，系统将弹出如图 3.86 所示的对话框。在这个对话框中可以完成对打印机的设置，具体步骤如下。

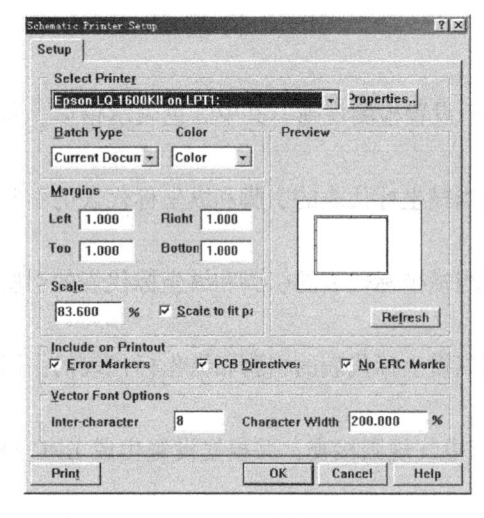

图 3.86 打印机设置对话框

（1）"Select Printer"（选择打印机）。如果用户在操作系统里设置了两种以上的打印机，则用鼠标单击下拉按钮，会出现所有已配置的打印机类型。用户可以根据实际的硬件配置情况来选择适当的打印机类型和输出接口。在打印机设置中，输出端口的定义为："LPT1"代表并行接口1，"LPT2"代表并行接口2，"COM1"代表串行接口1等。

（2）"Batch type"（选择输出的目标文件）。打印输出的目标图形文件有两种方式：只打印当前正在编辑的图形文件（Current Document）和打印整个项目中的全部图形文件（All Document）。

（3）"Color"（设置输出颜色）。输出颜色的

· 78 ·

设置有两种方式：彩色输出（Color）和单色输出（Monochrome）。单色输出即按照色彩的明暗度将原来的色彩输出，打印的结果只有黑白两种颜色。

（4）"Margin"（设置页边空白宽度）。页边空白指的是从页面边缘到图框的距离，单位为英寸。页边空白的宽度分为左边（Left）、右边（Right）、上边（Top）和下边（Bottom）4 种，用户可以分别设定。

（5）"Scale"（设置缩放比例）。Protel 99 SE 提供了 0.001% ~ 400% 之间任意值的缩放比例，用户可根据具体情况选择。此外，如果设置了"Scale to fit page"（自动充满页面）选项，则无论原理图的图样种类是什么，系统都会计算出其精确的比例，使原理图的输出自动充满整个页面。缩放比例设置完成后，用鼠标左键单击"Refresh"按钮，右边的预览窗口将显示画面的设置情况。在具体设置时，缩放的比例值应适中。

（6）"Properties"（设置其他属性）。用鼠标左键单击图 3.86 对话框中的"Properties"按钮，系统会弹出"打印设置"对话框，如图 3.87 所示。在此对话框内，用户可对打印机类型、纸张大小和方向进行定义。

单击图 3.87 中的"属性（P）"按钮，将出现相应的"属性"对话框，如图 3.88 所示。

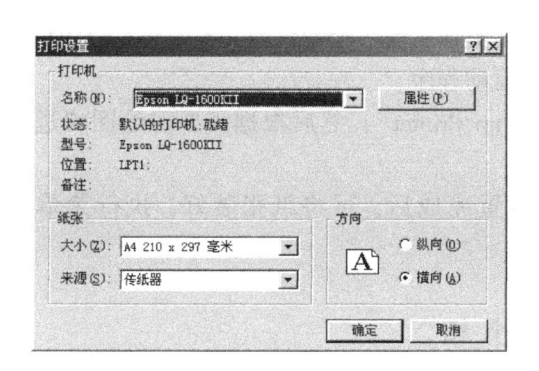

图 3.87 "打印设置"对话框　　　　　图 3.88 "属性"对话框

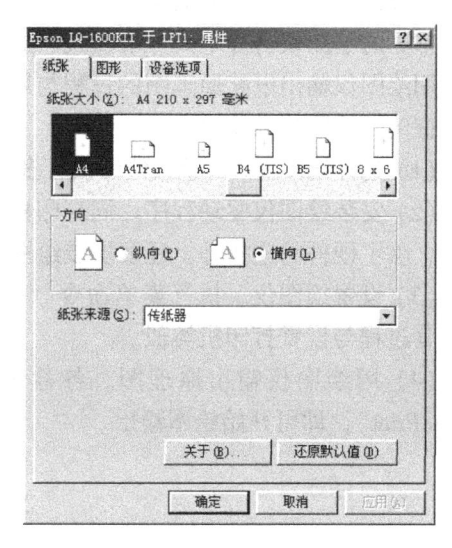

① 在"纸张"选项卡里，可以设置纸张的大小、方向、来源、介质选择等。常用纸张的大小有 A3、A4、B4、B5 等几种。纸张的方向一般有"横向"和"纵向"两种。纸张的来源有"上层纸盒"和"手动送纸"两种，一般默认值设置为"上层纸盒"。

② 在"图形"选项卡里，可以设置输出图形的分辨率、抖动、浓度等参数，如图 3.89 所示。

③ 在"设备选项"选项卡里，可以设置打印质量和打印机内存纪录，如图 3.90 所示。打印质量有打印机默认值、明、暗和适中等多种选择。一般选择打印机默认值即可。

注意：改动打印机内存纪录可能影响驱动程序纪录打印机内存用量的方式。

当所有设置完成后，执行菜单命令"File\Print"，系统便会根据上述设置开始打印工作。

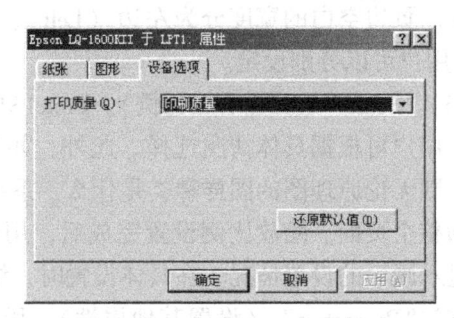

图 3.89 "图形"选项卡　　　　图 3.90 "设备选项"选项卡

3.9.2 输出到绘图仪

一般而言，绘图仪的输出主要是针对图幅比较大的图样，如 A1 以上的电路原理图。
常见的绘图仪有静电式、喷墨式、握笔式和激光式等。
用绘图仪输出电路原理图的过程与用打印机输出的过程类似，但是仍有区别。下面简要介绍握笔式绘图仪的输出。

（1）选择绘图笔。握笔式绘图仪有多种笔头，可以根据出图的质量、笔速的快慢来选择。
（2）安装绘图仪驱动程序。同打印机的安装类似，购买绘图仪后，首先要对绘图仪进行安装，除了硬件的连接外，还要安装绘图仪的驱动程序。
（3）设置绘图仪。执行菜单命令"File\setup Printer"，然后根据需要对绘图仪进行设置，其过程与设置打印机类似。
（4）用绘图仪输出原理图。各种参数设置完成后，可将纸张装好，执行菜单命令"File/Print"，即可开始绘图输出。

本 章 小 结

1．原理图设计工具

原理图设计工具包括画总线、画总线进出点、放置元件、放置节点、放置电源、画导线、放置网络名称、放置输入/输出点、放置电路方框图、放置电路方框进出点等内容。

2．原理图元件、元件库及元件库的使用

Protel 99 SE 原理图编辑器的元件管理器为用户取用元件、查找元件和查看原理图上的信息带来了很大的方便。

（1）元件管理器界面。元件管理器有两个区域，上半部分为对象浏览框，下半部分为对象详细属性框。
（2）管理元件库。可以通过管理元件库来选择已加载的元件库，进行增加或减少元件库，放置、编辑和查找元件的操作。

3．实体放置与编辑

实体放置与编辑包括导线、总线、元件、网络标号、电源与地线、节点、文字与图形的放置与编辑。

4．层次电路设计

（1）放置方块电路。方块电路就是设计者通过组合其他元器件自己定义的一个复杂器件，这个复杂器件在图纸上用简单的方块图来表示。

（2）电路的进出点。方块电路的进出点就是它本身的输入/输出引脚。如果方块图没有进出点的话，那么方块图便没有任何意义。

（3）电路的输入/输出点。放置输入/输出点，可实现两个网络的连接，相同名称的输入/输出点，可以认为在电气意义上是连接的。输入/输出点也是层次图设计不可缺少的组件。

（4）层次电路设计方法。层次电路图设计的关键在于正确地传递层次间的信号，在层次电路图设计中，信号的传递主要靠放置方块电路、方块电路进出点和电路输入/输出点来实现。

5．报表

（1）网络表。网络表的内容主要是电路图中各元件的数据以及元件间网络连接的数据。网络表非常重要，在 PCB 制板图的设计中是必须的。

（2）元件列表。元件列表主要用于整理一个电路或一个项目文件中的所有元件，它主要包括元件的名称、标注、封装等内容。

（3）交叉参考表。交叉参考表是一个 ASCII 码文件，扩展名为 .xrf。交叉参考表可为多张图纸中的每个元件列出其类型、流水序号和所属的绘图页文件名称。

（4）网络比较表。网络比较表是一个 ASCII 码文件，其扩展名为 .rep。网络比较表可比较用户指定的两个网络表文件。

（5）ERC 表。ERC 表是电气规则检查表，用于检查电路图是否有问题。

6．原理图输出

原理图输出包括输出到打印机和输出到绘图仪两种方式。

（1）输出到打印机。要使用打印机，首先应为系统设置打印机。设置的具体内容包括打印机类型、纸张大小、原理图样等。

（2）输出到绘图仪。常见的绘图仪有静电式、喷墨式、握笔式和激光式等。

思考与练习 3

3.1 为什么放置元件前应先加载相应的元件库？

3.2 如何加载一个元件库？如何删除一个元件库？如何浏览一个元件库？

3.3 试述导线（Wire）与总线（Bus）的区别。

3.4 说明放置元件（Part）有哪几种方法。

3.5 在元件属性中，Lib Ref、Footprint、Designator、Part Type 分别代表什么含义？

3.6 元件引脚之间的连接有哪几种不同的方式？

3.7 如何对元件位置进行移动和旋转调整？

3.8 绘图工具的主要用途是什么？

3.9 如何放置方块电路及其进出点？

3.10 层次电路设计方法适用于哪些情况？简要说明层次电路的设计步骤。

3.11 分别叙述几种报表文件的内容及用途。

3.12 如何将原理图输出到打印机？

3.13 完成如下电路的原理图设计，并分别生成网络表和元件列表。

（1）两级阻容耦合三极管放大电路。

（2）双路直流稳压电路。

（3）晶闸管触发电路。

（4）三相全控桥式整流主电路。

（5）8031 单片机存储器扩展小系统电路。

以上电路设计可参考本章上机实训。

实训指导6　两级阻容耦合三极管放大电路原理图设计

1. 实训目的
(1) 熟悉原理图编辑器。
(2) 掌握原理图的实体放置与编辑。
(3) 熟练完成两级阻容耦合三极管放大电路原理图设计。

2. 实训内容
绘制两级阻容耦合三极管放大电路原理图，如图3.91所示。

3. 实训步骤
(1) 启动 Protel 99 SE，新建文件"两级阻容耦合三极管放大电路.sch"，进入原理图编辑界面。

(2) 设置图纸。

(3) 放置元件。根据两级阻容耦合三极管放大电路的组成情况，在屏幕左方的元件管理器中取相应元件，并置于屏幕编辑区。表3.4给出了该电路每个元件样本、元件标号、所属元件库数据。

(4) 设置元件属性。在元件放置后，用鼠标双击相应元件，出现元件属性菜单，更改元件标号及名称（型号规格）。

(5) 调整元件位置，注意布局合理。

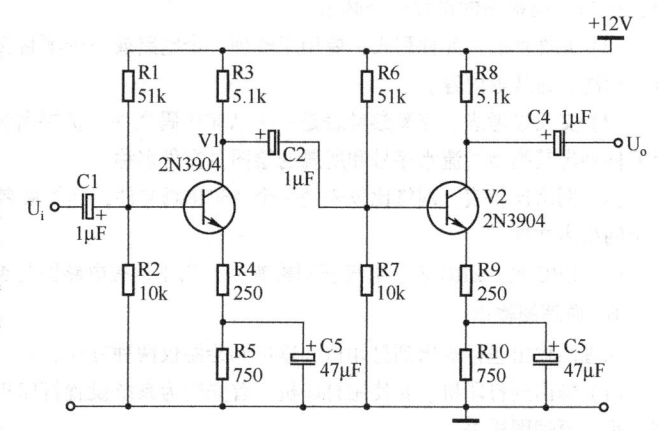

图3.91　两级阻容耦合三极管放大电路原理图

表3.4　元件属性

元 件 样 本	元 件 标 号	所属元件库
ELECTRO1	C1～C5	Miscellaneous Devices.lib
RES2	R1～R10	Miscellaneous Devices.lib
NPN	BG1～BG2	Miscellaneous Devices.lib

(6) 连线。根据电路原理，在元件引脚之间连线。注意连线平直。

(7) 放置节点。一般情况下，"T"字连接处的节点是在我们连线时由系统自动放置的（相关设置应有效），而所有"十"字连接处的节点必须手动放置。

(8) 放置输入输出点、电源、地，均使用 Power Objects 工具栏即可画出。

(9) 放置注释文字。放置注释文字"+12V"。

(10) 电路的修饰及整理。在电路绘制基本完成以后，还需进行相关整理，使其更加规范整洁。

(11) 保存文件。

4. 注意事项
用键盘的空格键、X键、Y键控制元件的旋转必须是输入方式为英文状态下。

实训指导7　双路直流稳压电源电路原理图设计

1. 实训目的
(1) 熟悉原理图编辑器。
(2) 掌握原理图的实体放置与编辑。

(3) 熟练完成双路直流稳压电源电路原理图设计。

2. 实训内容

绘制双路直流稳压电源电路原理图如图 3.92 所示。

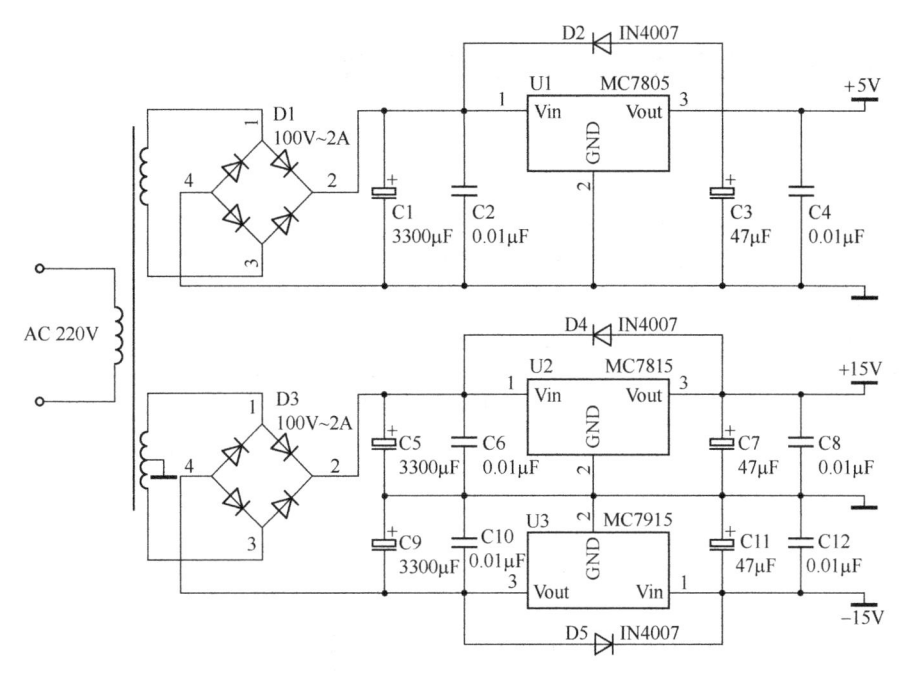

图 3.92　双路直流稳压电源电路原理图

3. 实训步骤

(1) 启动 Protel 99 SE，新建文件"双路直流稳压电源.sch"，进入原理图编辑界面。

(2) 设置图纸。

(3) 添加元件库。装入国标库 4728。

(4) 放置元件。根据双路直流稳压电源放大电路的组成情况，在屏幕左方的元件管理器中取相应元件，并放置于屏幕编辑区。表 3.5 给出了该电路每个元件样本、元件标号、所在元件库数据。

表 3.5　元件属性

元件样本	元件标号	所属元件库
ELECTRO1	C1、C3、C5、C7、C9、C11	Miscellaneous Devices.lib
CAP	C2、C4、C6、C8、C10、C12	Miscellaneous Devices.lib
INDUCTOR1	线圈	Miscellaneous Devices.lib
VOLTREG	U1、U2、U3	Miscellaneous Devices.lib
BRIDGE1	D1、D3	Miscellaneous Devices.lib
DIODE	D2、D4、D5	Miscellaneous Devices.lib

(5) 设置元件属性。在元件放置后，用鼠标双击相应元件，出现元件属性菜单，更改元件标号及名称（型号规格）。

(6) 调整元件位置，注意布局合理。

(7) 连线。根据电路原理，在元件引脚之间连线。注意连线平直。

(8) 放置节点。连线完成后，在需要的地方放置节点。

(9) 放置输入输出点、电源、地，均使用 Power Objects 工具栏即可画出。

(10) 放置注释文字。

(11) 电路的修饰及整理。

(12) 保存文件。

4. 注意事项

在画图过程中不要将变压器双输出端的接地线漏画。

实训指导 8　三相桥式全控整流主电路原理图设计

1. 实训目的

(1) 熟悉原理图编辑器。
(2) 熟练掌握原理图的实体放置与编辑。
(3) 熟练完成三相桥式全控整流主电路原理图设计。

2. 实训内容

绘制三相桥式全控整流主电路原理图，如图 3.93 所示。

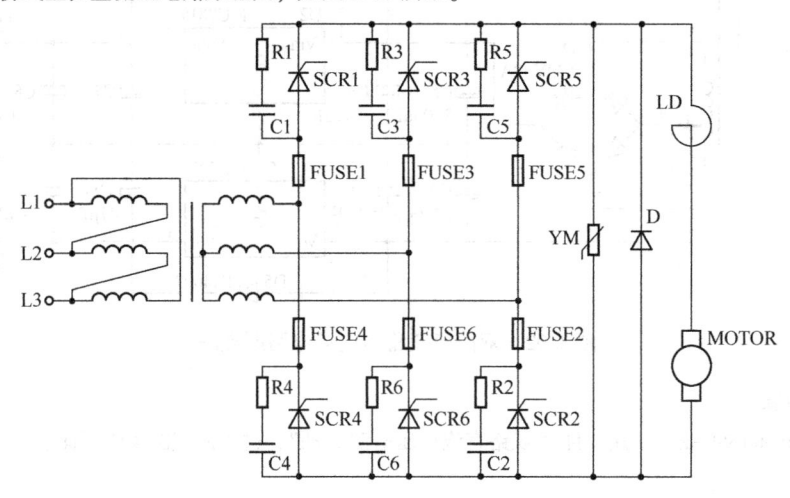

图 3.93　三相桥式全控整流主电路原理图

3. 实训步骤

(1) 启动 Protel 99 SE，新建文件"三相桥式全控整流主电路.sch"，进入原理图编辑界面。
(2) 设置图纸。
(3) 添加元件库。装入国标库 4728。
(4) 放置元件。根据三相桥式全控整流主电路的组成情况，在屏幕左方的元件管理器中取相应元件，并放置于屏幕编辑区。在元件放置后，对元件的标号及名称（型号规格）修改和设置。表 3.6 给出了该电路每个元件样本、元件标号、所在元件库数据。

表 3.6　元件属性

元件样本	元件标号	所属元件库
CAP	C1、C2、C3、C4、C6	Miscellaneous Devices.li
FUSE1	FUSE1、FUSE2 FUSE3、FUSE4 FUSE5、FUSE6	Miscellaneous Devices.lib
RES2	R1、R2、R3、R4、R5、R6	Miscellaneous Devices.lib
SCR	SCR1、SCR2、SCR3、SCR4、SCR5、SCR6	Miscellaneous Devices.lib
MOTOR AC	MOTOR	Miscellaneous Devices.lib
DIODE	D	Miscellaneous Devices.lib
VARISTOP	YM	Miscellaneous Devices.lib

(5) 设置元件属性。根据原理图设计要求给每个元件设置相关属性。
(6) 调整元件位置。
(7) 连线。根据电路草图在元件引脚之间连线。
(8) 放置节点。
(9) 放置输入输出点。
(10) 放置注释文字。
(11) 电路的修饰及整理。在电路绘制基本完成以后,还需进行相关整理。
(12) 保存文件。

4. 注意事项
注意元件的布局。

实训指导9　晶闸管触发电路原理图设计

1. 实训目的
(1) 熟悉原理图编辑器。
(2) 熟练掌握原理图的实体放置与编辑。
(3) 熟练完成晶闸管触发电路原理图设计。

2. 实训内容
绘制晶闸管触发电路原理图,如图3.94所示。

3. 实训步骤
(1) 启动 Protel 99 SE,新建文件"晶闸管触发电路.sch",进入原理图编辑界面。
(2) 设置图纸。将图纸尺寸设置为 A4 即可。
(3) 放置元件。根据双路直流稳压电源放大电路的组成情况,在屏幕左方的元件管理器中取相应元件,并放置于屏幕编辑区。在元件放置后,对元件的标号及名称(型号规格)修改和设置。表3.7给出了该电路每个元件样本、元件标号、所在元件库数据。
(4) 调整元件位置。
(5) 连线。根据电路草图在元件引脚之间连线。
(6) 放置节点。
(7) 放置输入输出点。
(8) 放置注释文字。
(9) 电路的修饰及整理。在电路绘制基本完成以后,还需进行相关整理。
(10) 保存文件。

表3.7　元件属性

元 件 样 本	元 件 标 号	所属元件库
CAP	C1、C2、C3、C4、C6、C8	Miscellaneous Devices. lib
ERECTRO1	C7	Miscellaneous Devices. lib
RES2	R1～R17	Miscellaneous Devices. lib
DIODE	D1～D10	Miscellaneous Devices. lib
NPN	BG2～BG8	Miscellaneous Devices. lib
PNP	BG1	Miscellaneous Devices. lib
ZENER3	DW	Miscellaneous Devices. lib
TRANS1	TB、DB、MB	Miscellaneous Devices. lib
POT2	W1～W2	Miscellaneous Devices. lib
BRIDGE1	U1	Miscellaneous Devices. lib

图3.94 晶闸管触发电路原理图

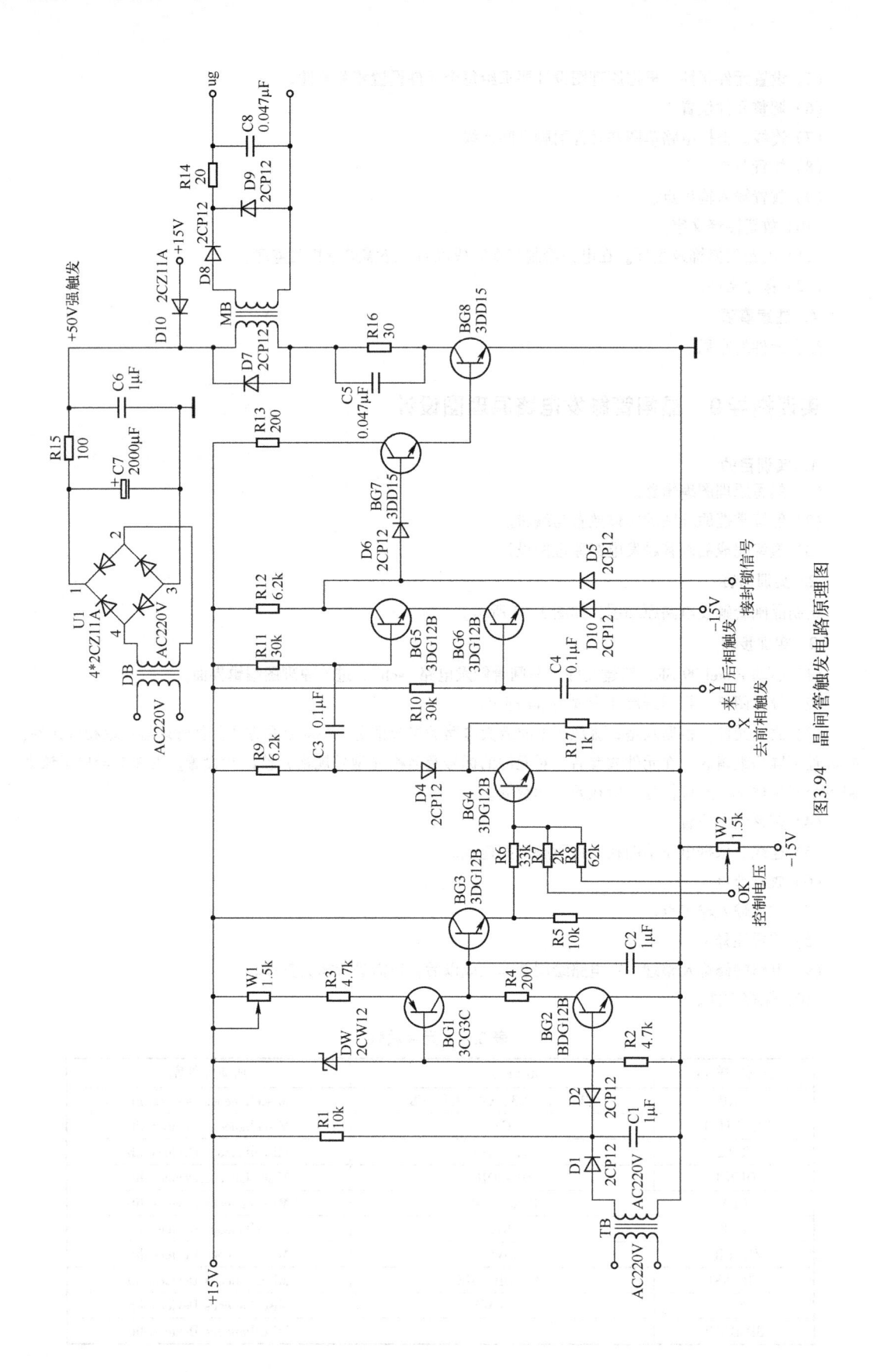

4. 注意事项
注意元件的布局、布线。

实训指导 10　8031 单片机存储器扩展小系统电路原理图设计

1. 实训目的
（1）熟悉原理图编辑器。
（2）熟练掌握原理图的实体放置与编辑。
（3）熟练 8031 单片机存储器扩展小系统电路原理图设计。

2. 实训内容
绘制 8031 单片机存储器扩展小系统电路原理图，如图 3.95 所示。

3. 实训步骤
（1）启动 Protel 99 SE，新建文件"8031 单片机存储器扩展小系统电路.sch"，进入原理图编辑界面。
（2）添加元件库。Protel Dos Schematic Library
（3）设置图纸。将图纸尺寸设置为 A4 即可。
（4）放置元件。根据双路直流稳压电源放大电路的组成情况，在屏幕左方的元件管理器中取相应元件，并放置于屏幕编辑区。在元件放置后，对元件的标号及名称（型号规格）修改和设置。表 3.8 给出了该电路每个元件样本、元件标号、所在元件库数据。

表 3.8　元件属性

元 件 样 本	元 件 标 号	所属元件库
CAP	C1 ~ C3	Miscellaneous Devices. lib
8031	U1	Protel Dos Schematic　Intel. lib
74LS373	U2	Protel Dos Schematic TTL. lib
2764	U3	Protel Dos Schematic Memory Devices. lib
6264	U4	Protel Dos Schematic Memory Devices. lib
SER2	R1 ~ R4	Miscellaneous Devices. lib
SW – PB	K1 ~ K3	Miscellaneous Devices. lib
CRYSTAL	Y1	Miscellaneous Devices. lib

（5）设置元件属性。根据原理图每个元件设置相关属性。
（6）调整元件位置。
（7）连线。根据电路草图在元件引脚之间连线。
（8）放置节点。连线完成后，在需要的地方放置节点。一般情况下，"T"字连接处的节点是在我们连线时由系统自动放置的（相关设置应有效），而所有"十"字连接处的节点必须由我们手动放置。
（9）放置输入输出点。
（10）放置注释文字。
（11）电路的修饰及整理。
（12）保存文件。

4. 注意事项
导线颜色的改变：在绘制电路导线时，如需重新设定导线颜色，则应在放置导线命令状态下，按下"Tab"键，重新设定所需导线颜色，以后绘制的导线颜色均为此颜色。

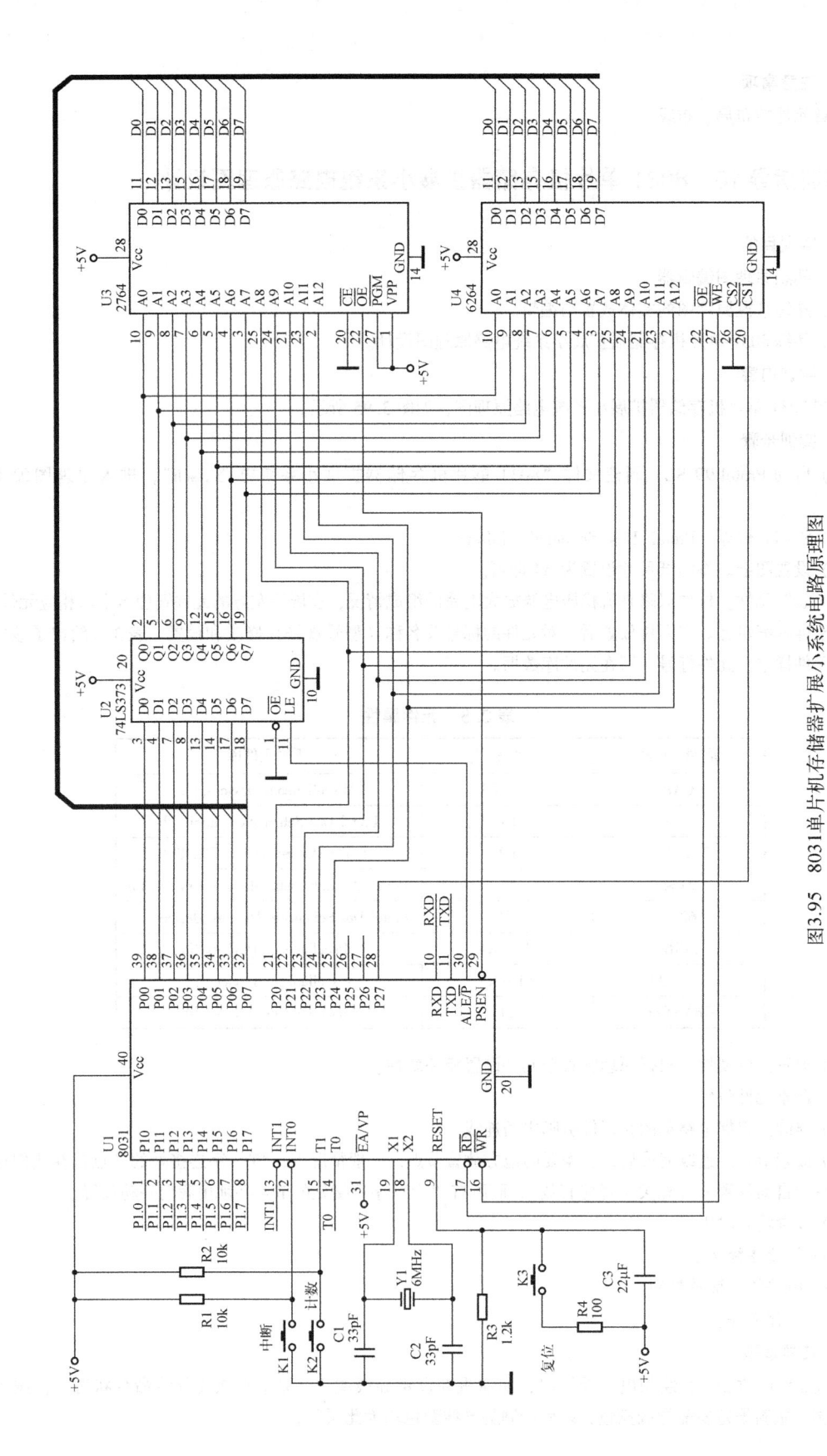

图3.95 8031单片机存储器扩展小系统电路原理图

第4章 原理图元件库编辑

内容提要:

本章主要介绍了原理图元件库的创建、新元器件的绘制、旧元器件的修改、在库中添加新元件、元器件的查找及元件库管理等内容。

设计绘制电路原理图时,在放置元件之前,常常需要添加元件所在的库,因为元件一般保存在一些元件库中,这样很方便用户设计使用。尽管 Protel 99 SE 内置的元件库已经相当完整,但有时用户还是无法从这些元件库中找到自己想要的元件,比如某种很特殊的元件或新开发出来的元件。在这种情况下,就需要自行建立新的元件及元件库。Protel 99 SE 提供了一个功能强大而完整的建立元件的程序,即元件库编辑程序(Library Editor)。

4.1 元件库编辑器概述

制作新元件和建立元件库是使用 Protel 99 SE 的元件库编辑器来进行的,在具体介绍元件制作前,应先了解元件库编辑器。

4.1.1 加载元件库编辑器

原理图元件库编辑器的启动方法如下:

(1) 首先在当前设计管理器环境下,执行菜单命令"File\New",系统将显示新建文件对话框,如图4.1所示。

(2) 从对话框中选择原理图元件库编辑器图标,如图4.1所示。

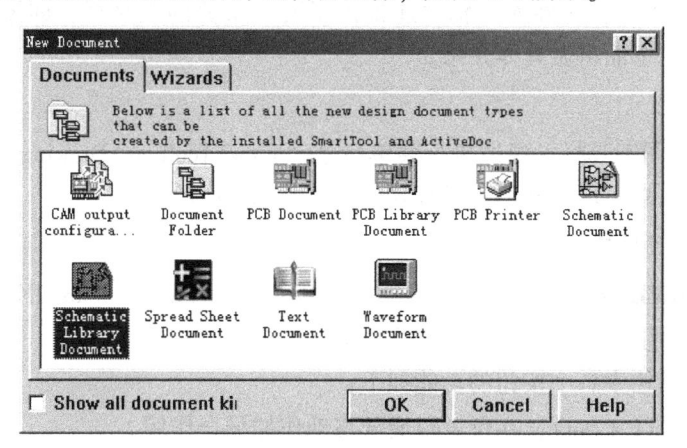

图 4.1 "New Document"对话框

(3) 双击图标或者单击"OK"按钮,系统便在当前设计管理器中创建一个新元件库文档,此时用户可以修改文档名。

(4) 双击设计管理器中的电路原理图元件库文档图标，就可以进入原理图元件库编辑器界面，如图 4.2 所示。

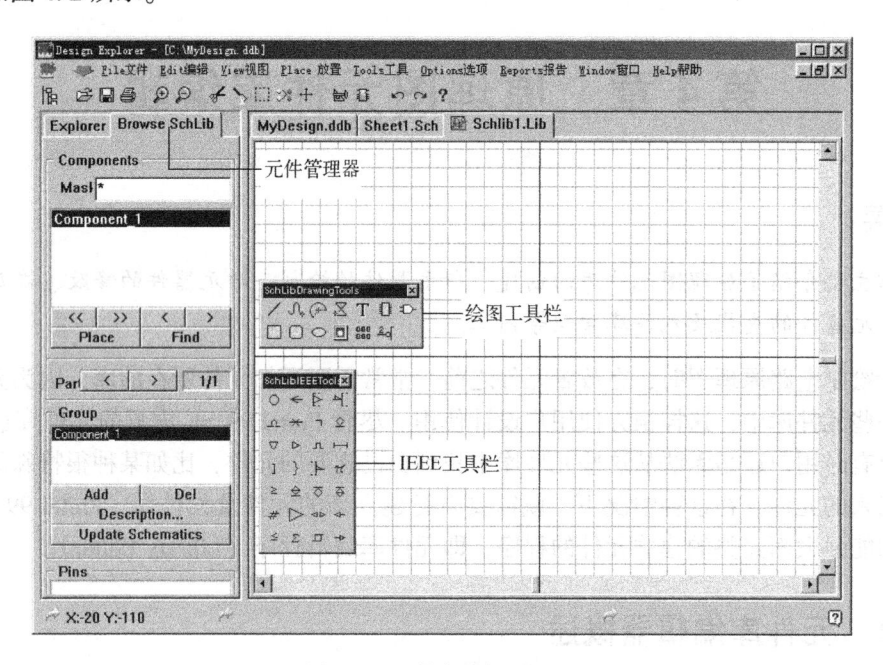

图 4.2　元件库编辑器界面

4.1.2　元件库编辑器界面简介

当用户启动元件库编辑器后，屏幕将出现元件库编辑器界面。

元件库编辑器与原理图设计编辑器界面相似，主要由元件管理器、主工具栏、菜单、常用工具栏、编辑区等组成。不同的是在编辑区中有一个十字坐标轴，将元件编辑区划分为 4 个象限。象限的定义和数学上的定义相同，即右上角为第一象限，左上角为第二象限，左下角为第三象限，右下角为第四象限，一般在第四象限中进行元件的编辑工作。

除了主工具栏以外，元件库编辑器还提供了两个重要的工具栏，即图形绘制工具栏和 IEEE 符号工具栏，下面将做具体介绍。

1. 绘图工具栏

打开或关闭绘图工具栏可通过执行菜单命令"View\Toolbars\Drawing Tools"，或利用主工具栏中的 按钮来实现。该工具栏打开后，如图 4.3 所示。

2. IEEE 符号工具栏

打开或关闭 IEEE 符号工具栏可通过执行菜单命令"View/Toolbars/IEEE Toolbar"，或利用主工具栏中的 按钮来实现。该工具栏打开后，如图 4.4 所示。

IEEE 符号工具栏中各个按钮的功能如下：

　　：放置小圆点（Dot），在负逻辑或低态动作的场合作用。

　　：从右到左的信号流（Right Left Signal Flow），用来指明信号传输方向。

　　：时钟信号符号（Clock），用来表示输入以正极触发。

　　：低态动作输入符号（Active Low Input）。

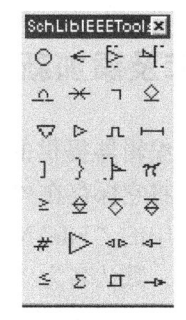

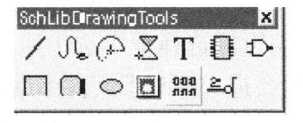

图4.3 原理图元件库绘图工具栏   图4.4 IEEE符号工具栏

⌒：类比信号输入符号（Analog Signal In）。

⁎：无逻辑性连接符号（Not Logic Connection）。

⌐：具有暂缓性输出的符号（Postponed Output）。

⌸：具有开集极输出的符号（Open Collector）。

▽：高阻抗状态符号（Hiz）。三态门的第3种状态时为高阻抗状态。

▷：高扇出电流的符号（High Current）。用于电流比一般容量大的场合。

⊓：脉冲符号（Pulse）。如单晶态元件会使用此符号。

⊢：延时符号（Delay）。

]：多条I/O线组合符号（Group Line）。用来表示有多条输入与输出线的符号。

}：二进制组合的符号（Group Binary）。

⊥：低态动作输出符号（Active Low Output）。与一般符号中用小圆点表示低态输出的含义相同。

π：π符号（Pi Symbol）。

≥：大于等于符号（Greater Equal）。

⌺：具有提高电阻的开集极输出符号（Open Collector PullUp）。

◇：开射极输出符号（Open Emitter）。这种引脚的输出状态有高阻抗低态及低阻抗高态两种。

⌻：具有电阻接地的开射极输出符号（Open Emitter PullUp）。这种引脚的输出状态有高阻抗低态及低阻抗高态两种。

#：数字信号输入（Digital Signal In）。通常使用在类比元件中某些脚需要用数组信号做空置的场合。

▷：反向器符号（Inverter）。

◁▷：双向信号流符号（Input Output）。用来表示该引脚具有输入和输出两种作用。

←：数据向左移符号（Shift Left）。例如，寄存器中数据由右向左移的情形。

≤：小于等于符号（Less Equal）。

Σ：加法Σ符号（Sigma）。

⊓：施密特触发输入特性的符号（Schmitt）。

→：数据向右移的符号（Shift Right）。例如，寄存器中数据由左向右移的情形。

4.2 新建库及添加新元件

现在利用元件库编辑器提供的制作工具绘制（创建）一个元件。绘制的实例为图 4.5 所示的集成电路，并将它保存在"schlibl.lib"元件库中，具体操作步骤如下。

（1）单击菜单栏中的"File\New"命令，从编辑器选择框中选中原理图元件库编辑器，然后双击库文件图标，默认名为"schlib.lib"，就会进入原理图元件库编辑工作界面。

（2）使用菜单命令"View\Zoom In"或按 PageUp 键，将元件绘图页的 4 个象限相交点处放大到足够的程度，因为一般元件均是放置在第四象限，而象限交点即为元件基准点。

（3）使用菜单命令"Place\Rectangle"绘制一个直角矩形，将编辑状态切换到画直角矩形模式。此时鼠标指针旁边会多出一个大十字符号，将大十字指针中心移动到坐标轴原点处（X：0，Y：0），单击鼠标左键，把它定为直角矩形的左上角；移动鼠标指针到矩形的右下角，再单击鼠标左键，结束这个矩形的绘制过程。直角矩形的大小为 6 格×8 格，如图 4.6 所示。

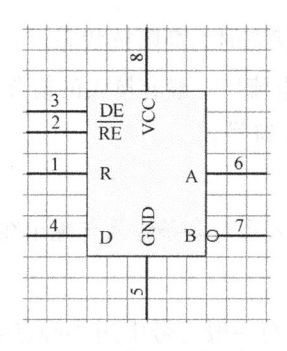

图 4.5 集成电路实例　　图 4.6 绘制矩形

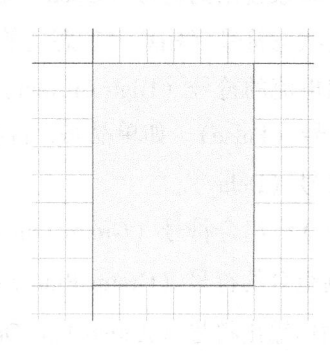

（4）接下来绘制元件的引脚。执行菜单命令"Place\Pins"，可将编辑模式切换到放置引脚模式，此时鼠标指针旁边会多出一个大十字符号及一条短线，接着分别绘制 8 根引脚，如图 4.7 所示。对于引脚 1、2、3、4，在放置时可以先按两次 Space 键使它旋转 180°，对于引脚 5 和 8，在放置时可以先按 Space 键使它旋转 90°。

（5）接着编辑各管脚，双击需要编辑的引脚，或者先选中引脚，然后单击鼠标右键，从快捷菜单中选取"Properties"命令，进入"引脚属性"对话框，如图 4.8 所示，在对话框中对引脚进行属性修改。具体修改方法如下。

① 引脚 1：名称 Name 改为 R。
② 引脚 2：名称 Name 改为 RE，由于 RE 的上面有一个"非"号，当用户需要输入字符串上带一横的字符时，可在每个字符的后面加一个"\"符号，本例输入"R\E\"。
③ 引脚 3：名称 Name 改为 DE。
④ 引脚 4：名称 Name 改为 D。
⑤ 引脚 5：名称 Name 改为 GND。
⑥ 引脚 6：名称 Name 改为 A。
⑦ 引脚 7：名称 Name 改为 B，并选中 Dot 复选框。
⑧ 引脚 8：名称 Name 改为 VCC。

管脚属性修改后的图形如图 4.9 所示。

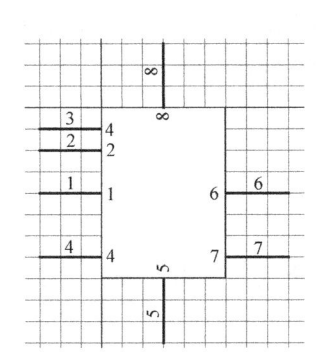

图 4.7 放置了引脚的图形　　　　　　　　图 4.8 引脚属性对话框

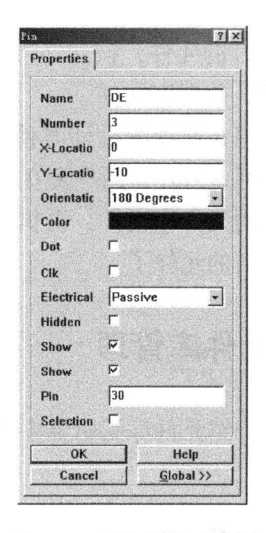

（6）保存已绘制好的元件。执行菜单命令"Tools\Rename Component"，打开"New Component Name"对话框，如图 4.10 所示，将元件名称改为 MAX1487E，然后执行菜单命令"File\Save"，将元件保存到当前元件库文件中。

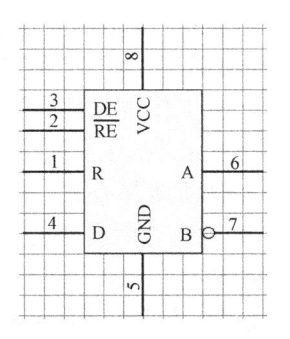

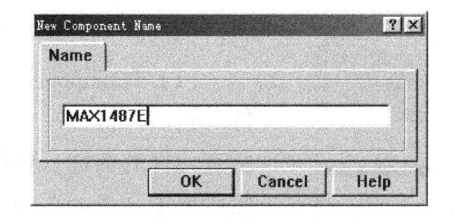

图 4.9 修改后的元件图　　　　　　　　图 4.10 修改元件名称对话框

当执行完上述操作后，可以查看一下元件库管理器，如图 4.11 所示，其中已经添加了

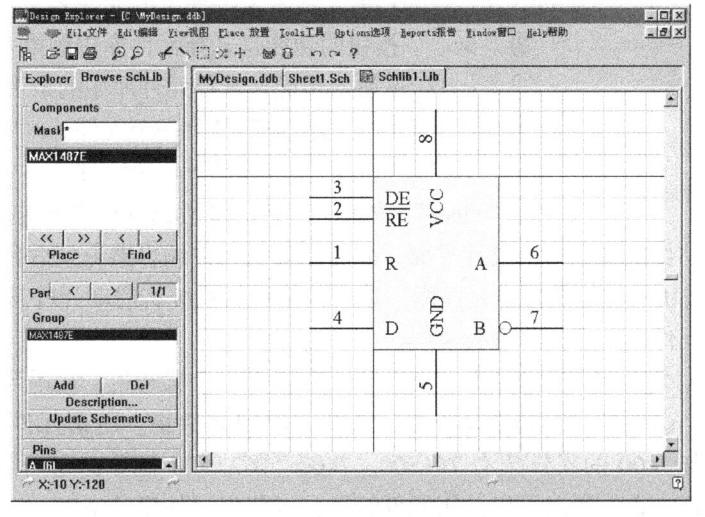

图 4.11 添加了元件 MAX1487E 后的元件库管理器

一个 MAX1487E 的元件，该元件位于 Schlibl 中，而 Schlibl 属于 MyDesign.ddb（本实例新建的设计数据库）数据库文件。

如果用户想在原理图设计时使用此元件，只需将此库文件装载到元件库中，取用元件 MAX1487E 即可。另外，用户要在现有的元件库中加入新设计的元件，只要进入元件库编辑器，选择现有的元件库文件，再执行菜单命令"Tools\New Component"，然后就可以按照上面的步骤设计新的元件了。

4.3 元件库管理

下面主要介绍元件库编辑器左边的元件管理器的组成和使用方法，同时还将介绍其他一些相关命令。

4.3.1 元件管理器

单击图 4.11 中的"Browse Schlib"选项卡，可以看到元件管理器，如图 4.12 所示。元件管理器有 4 个区域："Components"（元件）区域、"Group"（组）区域、"Pins"（引脚）区域、"Mode"（元件模式）区域。"Components"区域的功能主要是查找、选择及取用元件；"Group"区域的功能主要是查找、选择及取用元件集，所谓元件集就是共用元件符号的元件；"Pins"区域的功能主要是列出当前工作中元件的引脚名称及状态；"Mode"区域的主要功能是切换元件的显示模式。

（1）"Components"区域的主要功能是查找、选择及取用元件。当用户打开一个元件库时，元件列表就会罗列出本元件库内所有元件的名称。要取用元件，只要将光标移动到该元件名称上，然后单击"Place"按钮即可。直接双击某个元件名称，也可以取出该元件。

① Mask 设置项用于筛选元件。元件名显示区位于 Mask 设置项的下方，它的功能是显示元件库里的元件名。

②">>"按钮的功能是选择元件库中的第一个元件。

③"<<"按钮的功能是选择元件库中的最后一个元件。

④"<"按钮的功能是选择上一个元件。

⑤">"按钮的功能是选择下一个元件。

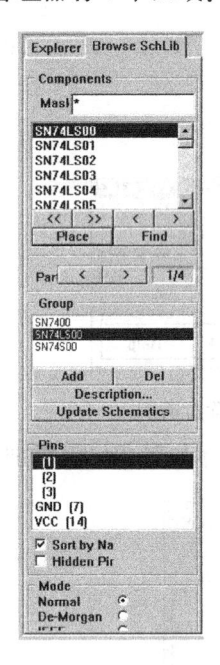

图 4.12 元件管理器

⑥"Place"按钮的功能是将所选元件放到电路图中。单击该按钮后，系统自动切换到原理图设计界面，同时原理图元件编辑器退到后台运行。

⑦"Find"按钮的功能是搜索元件库。单击该按钮后系统将启动元件搜索工具，搜索已经存在的元件或元件库，后面将进行讲解。

⑧ Part 是针对复合封装元件而设计的。Part 右边有一个状态栏，显示当前的器件号。

（2）"Group"区域的主要功能是查找、选择及取用元件集。所谓元件集就是共用元件符号的元件，例如 7400 的元件集有 74LS00、7400、74ALS00 等等，它们都是与非门元件，引脚名称与编号都一致，所以可以共用元件符号，以节省元件库的空间。

① "Add"按钮的功能是添加元件组，将指定的元件名称归入该元件库。单击该按钮后，会出现如图4.13所示的对话框。输入指定的元件名称，单击"OK"按钮即可将指定元件添加进元件组。

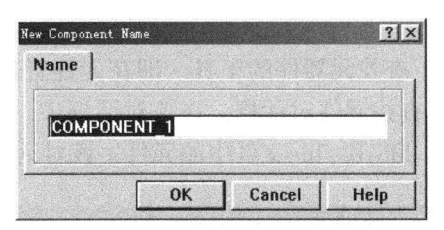

图4.13 添加元件组对话框

② "Del"按钮用于将元件组显示区内指定的元件从该元件组中删除。

③ 单击"Description"按钮，将显示"Component Text Fields"对话框，如图4.14所示。这个对话框共有"Designator"、"Library Fields"和"Part Field Names"3个选项卡。

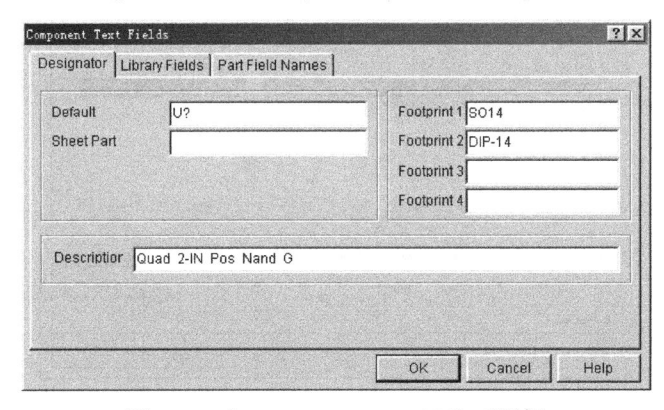

图4.14 "Component Text Fields"对话框

- "Designator"选项卡包括如下选项："Default Designator"（默认的流水序号）、"Sheet Part Filename"（如果该元件是绘图页元件，则在此处设置对应于绘图页的路径及文件名）、"Description"（元件描述，通常是关于本元件功能的简要说明）、"Foot Print"（元件封装形式，共有4栏）。
- "Component Text Fields"对话框的"Library Fields"选项卡中共有8个"Text Field"栏，用户可根据需要进行设置。每个数据栏最多能够容纳255个字符。
- "Component Text Fields"对话框的"Part Field Names"选项卡一共有16个"Part Field Name"栏，用户可根据需要进行设置。每个数据栏最多能够容纳255个字符。在绘图页中使用该元件时，可以看到这些数据内容，也能以用户定义的字体、尺寸和颜色来加以编辑。

④ "Update Schematics"按钮的功能是更新电路图中有关该元件的部分。单击该按钮，系统将该元件在元件编辑器所做的修改反映到原理图中。

（3）"Pins"区域的主要功能是将当前工作中元件引脚的名称及状态列于引脚列表中，引脚区域用于显示引脚信息。

① Sort by Name：指定按名称排列。

② Hidden Pins：设置是否在元件图中显示隐含引脚。

（4）"Mode"区域的功能是指定元件的模式，包括"Normal"、"De-Morgan"和

"IEEE"3种模式。

上述元件管理器的功能也可以通过"Tools"菜单命令来实现。

4.3.2 查找元件

元件管理器为用户提供了查找元器件的工具。即在元件管理器中，单击"Find"按钮，系统将弹出如图4.15所示的查找元件对话框，在该对话框中，可以设定查找对象和查找范围。可以查找的对象为包含.ddb和.lib文件中的元件。该对话框的操作使用方法如下。

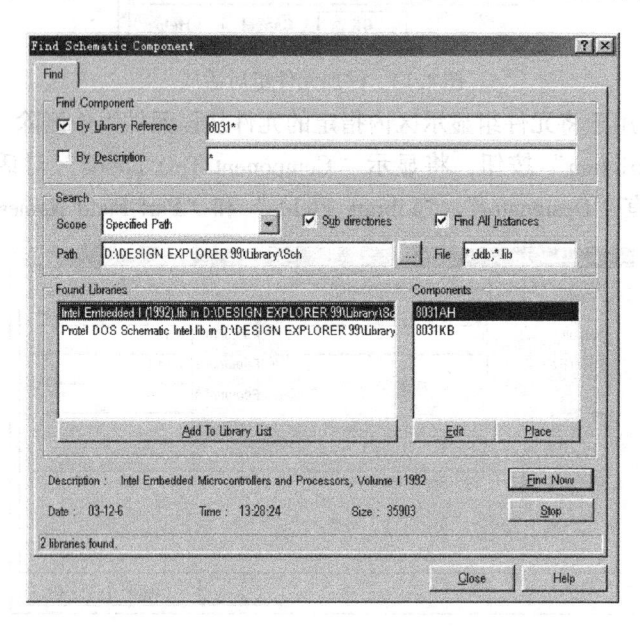

图4.15 查找元件对话框

图4.16 "浏览文件夹"对话框

（1）"Find Component"操作框：该操作框用来设定查找的对象，可以在选择"By Library Reference"复选框后，在其编辑框中填入搜索的元件名。也可以选择"By Description"复选框，然后在其编辑框中输入日期、时间或元件大小等描述对象，系统将会搜索所有符合对象描述的元件。

（2）"Search"操作框：该操作框用来设定搜索方位，查找元件时可以根据情况设定查找的路径、目录和文件后缀等。如果单击"Path"右侧的按钮，系统会弹出如图4.16所示的"浏览文件夹"对话框，可以设置搜索路径。

（3）"Found Libraries"操作框：在描述列表框中将显示搜索到的元件所属的元件库，如果单击"Add To Library List"按钮，则将选中的元件库加到当前元件库管理器中。单击"Edit"按钮对选中的元件进行编辑。单击"Place"按钮自动切换到原理图设计界面，同时原理图元件编辑器退到后台运行。

如果需要停止搜索，可以单击"Stop"按钮。

本 章 小 结

1. 原理图元件库编辑器

通过原理图元件库编辑器的制作工具来绘制（创建）和修改一个元件图形。

原理图元件库编辑器界面主要由元件管理器、主工具栏、菜单、常用工具栏、编辑区等组成。编辑区内有一个十字坐标轴，用户一般在第四象限进行元件的编辑工作。

2. 创建库及添加新元件

用户可方便地创建新的元件库并向库中添加新元件。

3. 元件库管理器的主要功能

元件库管理器有以下主要功能：

(1) 查找、选择及取用元件。
(2) 查找、选择及取用元件集。
(3) 列出当前工作中元件的引脚名称及状态。
(4) 切换元件的显示模式。

思考与练习 4

4.1 哪些情况下需要自行建立新的元件及元件库？
4.2 进入元件库编辑器界面需要经过哪几个步骤？
4.3 如何查找一个元件？
4.4 创建一个芯片元件 24C16B，并将其存入 24C16B.lib 的新元件库中。

实训指导 11　绘制双列直插式元件 24C16B 芯片

1. 实训目的

(1) 熟悉元件库编辑器。
(2) 掌握原理图元件库的创建、新元件的绘制。

2. 实训内容

利用元件库编辑器提供的制作工具创建一芯片 24C16B，并将它保存在 "24C16B.lib" 新元件库中，绘制的实例如图 4.17 所示。

3. 实训步骤

(1) 点击菜单 "File\New" 命令，从编辑器选择框中选中原理图元件库编辑器，然后双击库文件图标，默认名为 "24C16B.lib"，进入原理图元件库编辑工作界面。

(2) 使用菜单命令 "View\Zoom In" 或按 "PageUp" 键将元件绘图页的四个象限相交点处放大到足够程度。

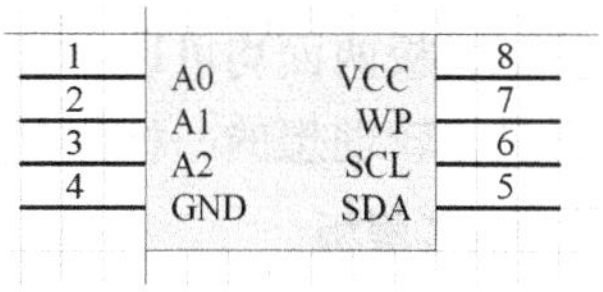

图 4.17　24C16B 芯片

(3) 以象限交点为元件基准点，用菜单命令 "Place\Rectangle" 绘制一个直角矩形。
(4) 放置元件的引脚。
(5) 编辑各管脚属性，如图 4.17 所示。
(6) 保存已绘制好的元件。执行 "Tools\Rename Component"，打开 "New Component Name" 对话框，将元件名称改为 24C16B，然后执行菜单命令 "File\Save"，将元件保存到当前元件库文件中。

4. 注意事项

在绘制元器件时注意尺寸的把握，不要过大或过小。

第 5 章　印制电路板图的设计环境及设置

内容提要：

本章主要介绍印制电路板的基本知识，印制电路板文件的管理、工具栏的使用、参数设置、工作层的设置、规划电路板及装入元件封装库等内容和方法。

5.1　印制电路板概述

印制电路板简称 PCB（Printed Circuit Board），是电子产品的重要部件之一。电路原理图完成以后，还必须设计印制电路板图，最后由制板厂家依据用户所设计的印制电路板图制作出印制电路板。这是电子电气电路设计人员使用 Protel 99 SE 的主要目的。

5.1.1　印制电路板结构

印制电路板的制作材料主要是绝缘材料、金属铜及焊锡等。绝缘材料一般用二氧化硅（SiO_2）；金属铜则主要用于印制电路板上的电气导线，一般还会在导线表面再附上一层薄的绝缘层。而焊锡则是附着在过孔和焊盘的表面。一般来说，印制电路板分为单面板、双面板和多层板。

1. 单面板

单面板是指一面敷铜，另一面没有敷铜的电路板。单面板只能在有敷铜的一面放置元件和布线，适用于简单的电路板。它具有不用打过孔、成本低等优点，但因其只能单面布导线而使实际的设计工作往往比双面板和多层板困难。

2. 双面板

双面板包括顶层（Top Layer）和底层（Bottom Layer）两层，两面敷铜，中间为绝缘层。双面板两面均可以布线，一般需要由过孔或焊盘连通。双面板可用在比较复杂的电路中，是比较理想的一种印制电路板。

3. 多层板

多层板包含了多个工作层面，一般指 3 层以上的电路板。它在双面板的基础上增加了内部电源层、接地层及多个中间信号层。随着电子技术的飞速发展，电路的集成度越来越高，多层板的应用也越来越广泛。但由于多层电路板层数的增加，给加工工艺带来了难度，同时制作成本也很高。

5.1.2　元件封装

元件封装是指实际元件焊接到电路板时所指示的外观和焊盘位置。由于元件封装只是元件的外观和焊盘位置，仅仅是空间的概念，因此不同的元件可以共用同一个元件封装形式，如 8031、8255，它们都是直插双列 40 引脚器件，封装形式都是 DIP40；另一方面，同种元件也可以有不同的封装形式，如 RES2 代表电阻，它的封装形式有 AXIAL0.3、AXIAL0.4、AXIAL0.6 等等。所以在取用焊接元件时，不仅要知道元件名称，还要知道其封装形式。元件的封装可以在设计电路原理图时指定，也可以在引进网络表时指定。

1．元件封装的分类

元件封装形式可以分为两大类，即针脚式元件封装和表面黏着式（SMD）元件封装。

（1）针脚式元件封装如图 5.1 所示。针脚类元件焊接时先将元件针脚插入焊盘导通孔，然后再焊锡。由于针脚式元件封装的焊盘导孔贯穿整个电路板，所以在其焊盘的属性对话框中，"Layer"板层属性必须为"Multi Layer"（多层）。

（2）表面黏着式元件封装如图 5.2 所示。SMD 元件封装的焊盘只限于表面板层。在其焊盘的属性对话框中，"Layer"板层属性必须为单一表面，即"Top Layer"（顶层）或者"Bottom Layer"（底层）。

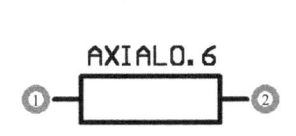

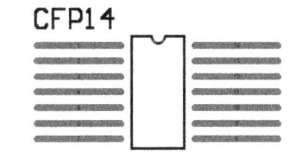

图 5.1　针脚式元件封装　　　　图 5.2　表面黏着式元件封装

在 PCB 板设计中，我们常将元件封装所确定的元件外形和焊盘简称为元件。

2．元件封装的编号

元件封装的编号一般为"元件类型＋焊盘距离（焊盘数）＋元件外形尺寸"。可以根据元件封装编号来判别元件封装的规格。如 AXIAL0.4 表示此元件封装为轴状，两焊盘间距为 400mil（约等于 10mm）；DIP16 表示双排直列引脚的器件封装，两排共 16 个引脚。

5.1.3　印制电路板的基本元素

构成 PCB 的基本元素有 6 种。

1．元件封装

常见分立元件的封装有以下 5 种。

（1）针脚式电阻。封装系列名为"AXIALxxx"，其中"AXIAL"表示轴状的封装方式；AXIAL 后的"xxx"为数字，表示该元件两个焊盘间的距离，后缀数越大，其形状越大。针脚式电阻如图 5.3 所示。

（2）扁平状电容。一般情况下常用"RADxxx"作为无极性电容元件封装，如图 5.4 所示。

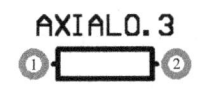

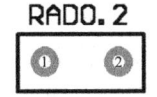

图 5.3　轴状元件封装　　　　图 5.4　扁平元件封装

（3）二极管类元件。常用封装系列名称为"DIODExxx"，其中"xxx"表示功率，如图 5.5 所示。

(4) 筒状电容。一般情况下常用"RBx/x"作为有极性的电解电容器封装，"RB"后的两个数字分别表示焊盘之间的距离和圆筒的直径，单位是英寸。如 RB.3/.6 表示此元件封装焊盘间距为 0.3 英寸，圆筒的直径为 0.6 英寸，如图 5.6 所示。

(5) 三极管类元件。常用封装系列名称为"TO-xxx"，其中"xxx"表示三极管类型，如图 5.7 所示。

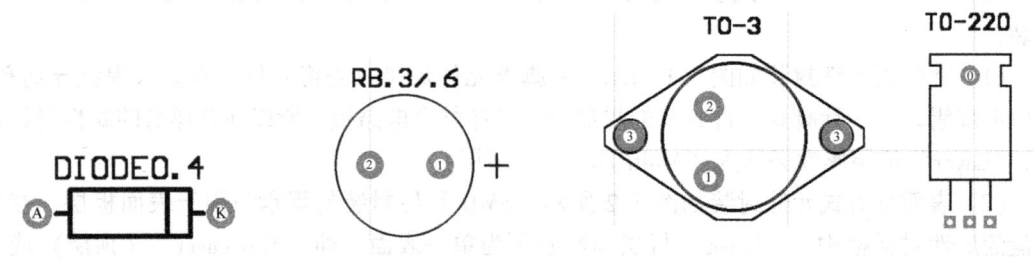

图 5.5　二极管类元件封装　　　图 5.6　筒状封装　　　图 5.7　三极管类元件封装

元件封装形式各式各样，Protel 99 SE 按元件的类型进行了区分，放在不同的库文件中，用户可利用浏览的方法得知元件封装的形状和尺寸。

2. 铜膜导线

铜膜导线也称铜膜走线，简称导线，用于连接各个焊盘，是印制电路板最重要的部分。印制电路板设计都是围绕如何布置导线来进行的。

另外有一种线为预拉线，常称为飞线，飞线是在引入网络表后，系统根据规则自动生成的，用来指引布线的一种连线。

飞线与导线有本质上的区别。飞线只是一种形式上的连线。它只是在形式上表示出各个焊盘间的连接关系，没有电气的连接意义。导线则是根据飞线指示的焊盘间的连接关系而布置的，是具有电气连接意义的实际连接线路。

3. 助焊膜和阻焊膜

各类膜（Mask）不仅是 PCB 制作工艺过程中必不可少的部分，更是元件焊装的必要条件。按"膜"所处的位置及作用，可将其分为元器件面（或焊接面）助焊膜（TOP or Bottom Solder）和元器件面（或焊接面）阻焊膜（TOP or Bottom Paste Mask）两类。助焊膜是涂于焊盘上，提高可焊性能的一层膜，也就是在绿色板子上比焊盘略大的浅色圆。阻焊膜的情况正好相反，为了使制成的板子适应波峰焊等焊接形式，要求板子上非焊盘处的铜箔不能粘焊，因此在焊盘以外的各部位都要涂覆一层膜，用于阻止这些部位上锡。可见，这两种膜是一种互补关系。

4. 层

Protel 的"层"是印制板材料本身实实在在的铜箔层。目前，由于电子线路的元件密集安装、抗干扰和布线等特殊要求，一些较新的电子产品中所用的印制板不仅上、下两面可供走线，在板的中间还设有能被特殊加工的夹层铜箔。这些层因加工相对较难而大多用于设置走线较为简单的电源布线层，并常用大面积填充的办法来布线。上、下位置的表面层与中间各层需要连通的地方用"过孔"（Via）来连通。

注意：一旦选定了所用印制板的层数，务必关闭那些未被使用的层，以免布线出现差错。

5. 焊盘和过孔

焊盘的作用是放置焊锡、连接导线和元件引脚。选择元件的焊盘类型要综合考虑该元件的形状、大小、布置形式、震动和受热情况、受力方向等因素。

过孔的作用是连接不同板层的导线。过孔有 3 种，即从顶层贯通到底层的穿透式过孔、从顶层通到内层或从内层通到底层的盲过孔以及内层间的隐蔽过孔。

过孔从上面看上去，有两个直径，即通孔直径和过孔直径。通孔和过孔之间的孔壁由与导线相同的材料构成，用于连接不同层的导线。

6. 丝印层

为方便电路的安装和维修，需要在印制板的上、下两表面印制上所需要的标志图案和文字代号，例如，元件标号和标称值、元件外廓形状和厂家标志、生产日期等等，这就是丝印层（Silkscreen Top/Bottom Overlay）的作用。

5.2 PCB 文件的建立和保存

PCB 的文件管理与原理图文件相似，也包括有以下几种操作：新建 PCB 文件、打开已有的 PCB 文件、保存和关闭 PCB 文件。下面简要介绍这些操作。

5.2.1 新建 PCB 文件

进入 Protel 99 SE 系统后，从 File 菜单中打开一个已存在的设计库，或执行"File\New"命令建立新的设计管理器。进入设计管理器后，执行菜单命令"File\New"，可以打开新建文件对话框，如图 5.8 所示。

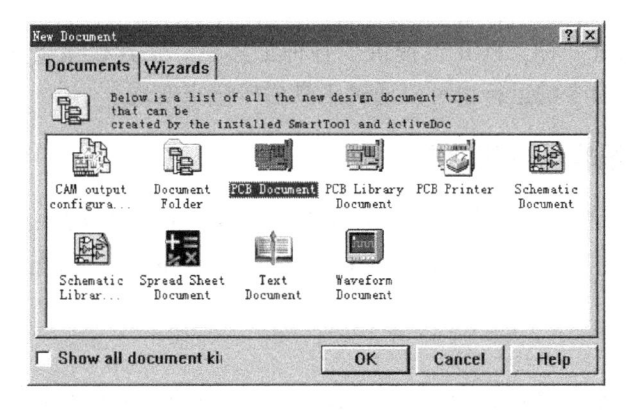

图 5.8 新建文件对话框

选取该对话框中的 PCB Document 图标，单击"OK"按钮，或直接双击"PCB Document"图标，即可创建一个新的 PCB 文件。

5.2.2 打开已有的 PCB 文件

打开已有 PCB 文件的方法有两种。

方法一：先打开 PCB 文件所在的设计文件夹窗口，然后在该窗口中双击要打开的 PCB 文件图标。

方法二：在文件管理器中，单击要打开的 PCB 文件的名称。

5.2.3 保存 PCB 文件及文件格式转换

保存 PCB 文件与保存原理图文件的方法相同，可以参考原理图部分，这里不再详细介绍。另外，Protel 99 SE 还可以将 PCB 文件存为其他格式的文件，其操作步骤为：
（1）打开 PCB 文件。
（2）执行菜单命令"File\Export"，屏幕上会弹出"Export File"对话框，如图 5.9 所示。
（3）单击"保存类型"栏右边的下拉按钮，出现如图 5.10 所示的下拉式菜单。

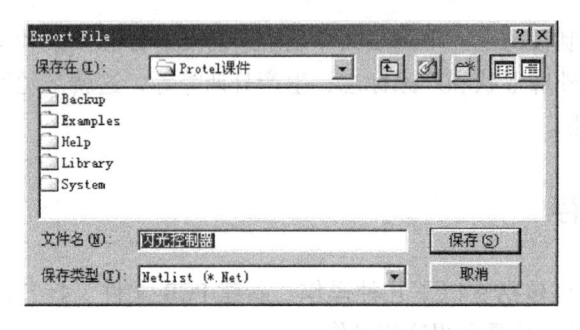

图 5.9 "Export File"对话框　　　　图 5.10 保存的文件类型

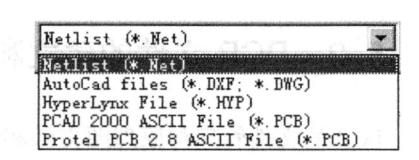

（4）选择一种要保存的格式，并指定文件名和路径，单击"保存"按钮，即可另存为其他格式的文件。

5.3 PCB 编辑器的工具栏及视图管理

与原理图设计系统一样，PCB 也提供了各种工具栏。工具栏主要是为方便用户的操作而设计的，一些菜单命令的运行也可以通过工具栏按钮来实现。

5.3.1 PCB 编辑器的工具栏

Protel 99 SE 为 PCB 设计提供了 4 个工具栏，包括主工具栏（Main Toolbar）、放置工具栏（Placement Tools）、元件布置工具栏（Component Placement）和查找选取工具栏（Find Selections）。

1．主工具栏

PCB 编辑器的主工具栏与原理图编辑器的主工具栏按钮大部分相同，这里不再详细介绍。下面只介绍几个 PCB 编辑器主工具栏特有的按钮。

：库浏览。

：将指定区域放大。

：网络设置。

：3D 显示。

：显示选取元件。

2. 放置工具栏

放置工具栏是通过执行"View\Toolbars\Placement Tools"菜单命令进行打开或关闭操作的，打开的放置工具栏如图 5.11 所示。该工具栏主要提供图形绘制以及布线命令。

3. 元件布置工具栏

元件布置工具栏通过执行"View\Toolbars\component Placement"菜单命令进行打开或关闭操作。打开的元件布置工具栏如图 5.12 所示。该工具栏为元件的排列和布局提供了方便。

4. 查找选取工具栏

查找选取工具栏是通过执行"View\Toolbars\Find Selections"选项进行打开或关闭操作的。打开的查找选取工具栏如图 5.13 所示。

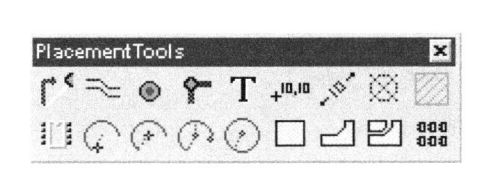

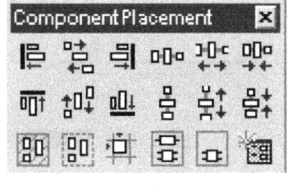

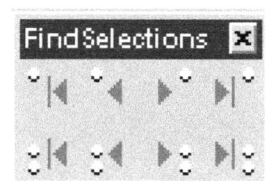

图 5.11 放置工具栏　　图 5.12 元件布置工具栏　　图 5.13 查找选取工具栏

工具栏上的按钮允许从一个选择元件以向前或向后的方向到下一个元件。这种方式使用户既能在选择的属性中查找，也能在选择的元件中查找。

5. 定制工具栏

工具栏的打开与关闭也可以通过执行"View\Toolbars\Customize"选项来进行。执行此命令，即可出现如图 5.14 所示的定制工具栏对话框。

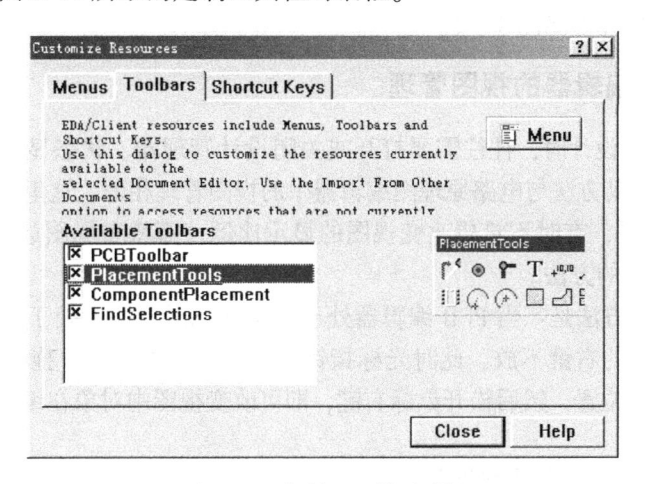

图 5.14 定制工具栏对话框

对话框中有 3 个标签页，分别为"Menus"（菜单标签页）、"Toolbars"（工具栏标签页）和"Shortcut Keys"（快捷键标签页）。

(1)"Menus"标签页：可选择当前主菜单类型，编辑印制电路板图时为"PCB Menu"，建议不要更改。

(2)"Toolbars"标签页：在图 5.14 左下角列表中列出了工具栏名称，前面带"×"号的表示现在该工具栏处于打开状态，将光标移至某个工具栏名称上，单击鼠标左键，则可改变其打开和关闭的状态。

(3)"Shortcut Keys"标签页：快捷键标签页，如图 5.15 所示。

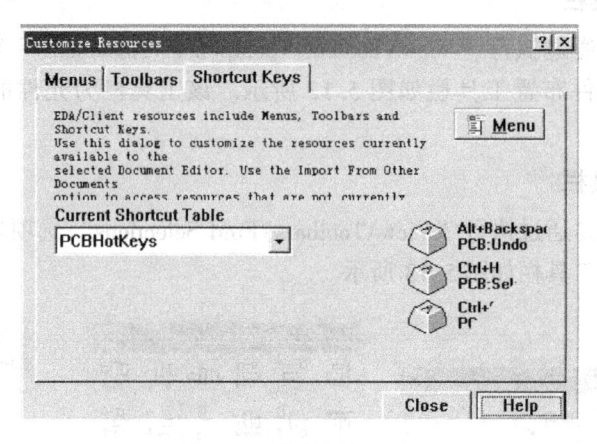

图 5.15 快捷键标签页

对话框中的"Current Shortcut Table"快捷键列表中有两项内容："PCB HotKeys"和"PCB-NewHotKey Table"。选中"PCB HotKeys"选项，系统提供大量的关于印制电路板设计时的热键（快捷键），如 End 用于重画画面、PgUp 用于放大视图窗口、PgDn 用于缩小视图窗口。如果选中"PCB-NewHotKey Table"选项，而又没有在其中添加热键，则 End、PgUp、PgDn 等快捷键将不能使用，就连用鼠标选取移动图件、双击修改属性等操作都将无法进行。当然，可以通过菜单（Menu）按钮中的"Add"命令添加快捷键，但要在系统提供的功能中添加。

完成后单击"Close"按钮即可。

5.3.2 PCB 编辑器的视图管理

在进行 PCB 图的设计时，往往需要打开或关闭设计管理器、状态显示栏、命令状态栏以及缩放视图窗口等，其方法与电路原理图编辑器中的视图管理相似，这里就不再详细介绍了。

在绘制 PCB 图时，有时不希望改变视图的显示比例，而将布局图放置在编辑区的中间，这时可以用拖动视图的方法。

拖动视图的操作方法是：当 PCB 编辑器处于空闲状态时，即不处于布线、放置实体等命令状态时，按住鼠标的右键不放，此时光标指针变成一个手的形状。拖动鼠标（画面一起移动）到编辑区合适的位置，然后松开鼠标右键，即可改变视图中对象在编辑区中的位置。

5.4 PCB 电路参数设置

在应用 PCB 编辑器绘制印制电路板图之前，应对其工作参数进行设置，使系统按照用户的要求工作。设置参数是电路板设计过程中非常重要的一步，系统参数包括光标显示、层颜色、系统默认设置、PCB 设置等。许多系统参数是符合用户的个人习惯的，因此一旦设定，将成为用户个性化的设计环境。

在设计窗口中,选择主菜单"Tools"下的"Preferences"命令,屏幕将出现如图5.16所示的对话框,该对话框包括6个标签页,即"Options"标签页、"Display"标签页、"Colors"标签页、"Show/Hide"标签页、"Defaults"标签页和"Signal Integrity"标签页。

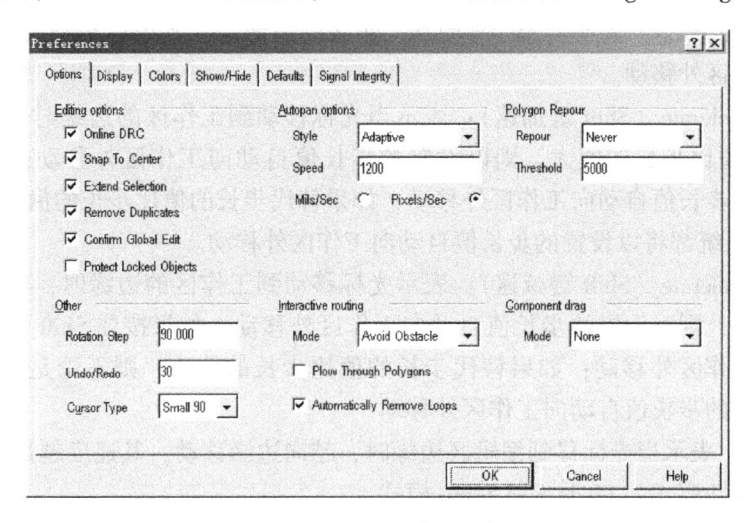

图5.16 系统参数对话框

1."Options"选项标签页

单击Options即可进入"Options"选项标签页,即系统参数对话框如图5.16所示。Options用于设置一些特殊的功能,它包含Editing Options、Autopan Options、Polygon Repour、Component Drag、Interactive Routing、Other共6个区域。

(1)"Editing Options"编辑选项区域。该区域用于设置编辑操作时的一些特性,包括以下6个选项。

① Online DRC:表示在整个布线过程中,系统将自动根据设定的设计规则进行检查。

② Snap To Center:表示在移动元件封装或者字符串时,光标会自动移动到元件封装或者字符串的平移参考点上,否则执行移动命令,光标与元件或字符串连在光标指向处。此选项的系统默认值为选中状态。

③ Extend Selection:表示在选取印制电路板图上元件的时候,不取消原来的选取,连同新选取的组件一起处于选取状态。即可以逐次选择用户要选取的元件;如果不选,则只有最后一次选择的元件处于选取状态,以前选取的元件将撤销选取状态。此选项的系统默认值为选中状态。

④ Remove Duplicates:表示系统将自动删除重复的元件,以保证电路图上没有元件标号完全相同的元件。此选项的系统默认值为选中状态。

⑤ Confirm Global Edit:表示在进行整体编辑操作时,系统将给出提示,让用户确认,以防发生错误的编辑。此选项的系统默认值为选中状态。

⑥ Protect Locked Objects:表示在高速自动布线时保护锁定的对象。此选项的系统默认值为不选。

(2)"Autopan Options"自动移边选项区域。该区域用于设置自动移动功能,其中Style选项用于设置移边方式,如图5.16所示。系统共提供了7种移动模式。

① Adaptive:自适应模式,系统将会根据当前图形的位置自动选择移动方式。

② Disable：表示光标移动到工作区的边缘时，系统不会自动向工作区以外的区域移动。

③ Re-Center：表示当光标移动到工作区的边缘时，将以光标所在的位置重新定位工作区的中心位置。

④ Fixed Size Jump：表示当光标移动到工作区的边缘时，系统以步长（Step size）设置的值自动向工作区外移动。

⑤ Shift Accelerate（Shift 键加速）：表示当光标移动到工作区的边缘时，如果替代步长（Shift Step）的值比步长的值大，则以设置的步长值自动向工作区外移动；如果按住 Shift 键，则以设置的步长值自动向工作区外移动；如果替代步长的值比步长的值小，则不论是否按住 Shift 键，系统都将以设置的步长值自动向工作区外移动。

⑥ Shift Decelerate（Shift 键减速）：表示光标移动到工作区的边缘时，如果替代步长的值比步长的值大，则以设置的步长值自动向工作区外移动；如果按住 Shift 键，则以设置的步长值自动向工作区外移动；如果替代步长的值比步长的值小，则不论是否按住 Shift 键，系统都将以设置的步长值自动向工作区外移动。

⑦ Ballistic：表示当光标移到编辑区边缘时，越向边缘移动，其速度越快。

系统默认移动模式为 Fixde Size Jump 模式。

（3）"Polygon Repour"区域。该区域用于设置交互布线中的避免障碍和推挤布线方式。如果在"Polygon Repour"区域中选择"Always"选项，则可以在已敷铜的 PCB 中修改走线，敷铜会自动重铺。

（4）"Component Drag"拖动图件区域。该区域用于设置元件移动方式，用鼠标左键单击 Mode 列表右边的下拉式按钮，其中包括两个选项：None（没有）和 Component Tracks（连接导线）。如果选择 Component Tracks 选项，则使用"Edit\Move\Drag"命令移动元件时，与元件相连接的线将跟随移动。如果选择 None 选项，在使用菜单命令"Edit\Move\Drag"移动元件时，与元件连接的铜膜导线会和元件断开，此时菜单命令"Edit\Move\Drag"和"Edit\Move\Move"没有区别。

（5）"Interactive routing"交互式布线模式选择区域。

① Mode 选项：单击 Mode（模式）右边的下拉式按钮，出现 3 个选项可供选择。

- Ignore Obstacle（忽略障碍）：选中此项表示在布线遇到障碍时，系统会忽略遇到的障碍，直接布线过去。
- Avoid Obstacle（避免障碍）：选中此项表示在布线遇到障碍时，系统会设法绕过遇到的障碍，布线过去。
- Push Obstacle（清除障碍）：选中此项表示在系统布线遇到障碍时，系统会先将障碍清除掉，再布线过去。

② Plow Through Polygon 选项：选中表示布线时使用多边形来检测布线障碍。该项只有在"Avoid Obstacle"选项选中时才有效。

③ Automatically Remove Loops 选项：选中该项表示在布线的整个过程中，在绘制一条导线后，如果系统发现还有一条回路可以取代此导线的作用，则会自动删除原来的回路。

（6）"Other"其他区域。

① Rotation Step 选项：用于设置在放置元件时，每次按动空格键元件旋转的角度。设置的单位为度，系统默认值为 90°，即按一次空格键，元件旋转 90°。

② Undo/Redo 选项：用于设置最大保留的撤销/重做操作的次数，默认值为 30 次。撤

销和重做可以通过主工具栏上右边的两个箭头符号图标进行操作。

③ Cursor Type 选项：用于设置光标的形状。用鼠标左键单击右边的下拉式按钮，下拉菜单中包括 3 种光标形状，Large 90（大的 90°光标）、Small 90（小的 90°光标）、Small 45（小的 45°光标）。

所有设置完成后，单击"Options"选项标签页的"OK"按钮即可完成设置，如果单击"Cancel"按钮，则进行的设置无效并退出对话框。

2．"Display"显示标签页

单击 Display 即可进入"Display"显示标签页，如图 5.17 所示，该标签页共有 4 个区域。

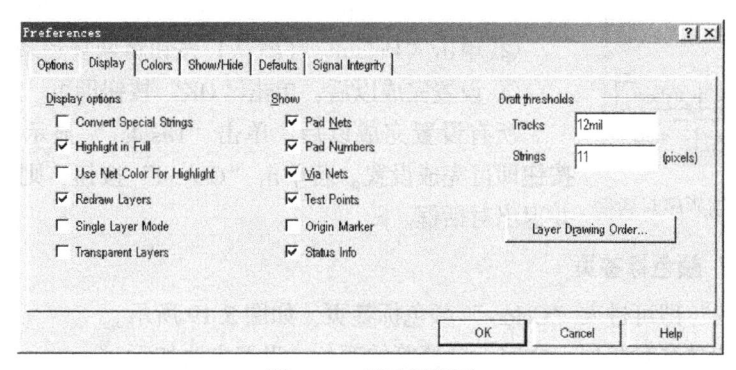

图 5.17　显示标签页

Display 用于设置屏幕显示和元件显示模式，主要可以设置以下一些选项：

(1)"Display Options"显示选项区域。

① Convert Special String 选项：用于设置将特殊字符串转化成它所代表的文字。

② Highlight in Full 选项：用于设置选取图件的显示模式。若选中此项，则高亮显式所选网络。建议选中此项。

③ Use Net Color For Highlight 选项：用于设置高亮显示网络时是使用网络颜色，还是一律采用黄色。

④ Redraw Layers 选项：用于设置重画电路图时，系统是否逐层刷新重画。当前的板层最后才会重画，所以最清楚。

⑤ Single Layer Mode 选项：用于设置只显示当前编辑的板层，其他板层不被显示，在切换工作板层时，也只显示新指定的那一层。若不选将显示全部板层。

⑥ Transparent Layers 选项：用于将所有板层都设为透明状，选中此项后，所有的导线、焊盘都变成了透明色。

(2)"Show"显示区域。此区域用来设置下列各项是否显示，如图 5.17 所示。

① Pad Nets 选项：用于设置是否显示焊盘的网络名称。

② Pad Numbers 选项：用于设置是否将所有焊盘的编号都显示出来。

③ Via Nets 选项：用于设置是否显示过孔的网络名称。

④ Test Points 选项：选中该项后，设置的检测点将显示出来。

⑤ Origin Marker 选项：用于设置是否显示绝对原点的标志（带叉圆圈）。

⑥ Status Info 选项：选中该项后，系统会显示出当前工作的状态信息。

(3)"Draft thresholds"显示模式切换区域。此区域用于设置图形的显示极限，共两项内容，如图 5.17 右上方所示。

① Tracks 选项：设置的数目为导线显示极限，对于大于该值的导线，以实际轮廓显示，否则只以简单直线显示。

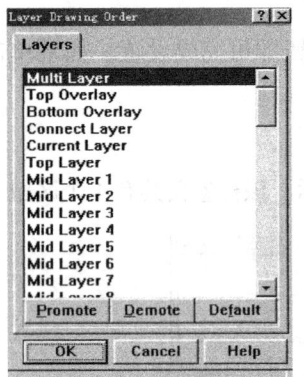

② Strings 选项：设置的数目为字符显示极限，对于像素大于该值的字符，以文本显示，否则只以框显示。

（4）"Layer Drawing Order"板层绘制顺序。单击图 5.17 对话框中的"Layer Drawing Order"按钮，将出现如图 5.18 所示的对话框。此对话框是用来设置板层顺序的。设置方法如下：

① 点中某层，单击"Promote"（上移）按钮将使此层向上移动，单击"Demote"（下移）按钮将使此层向下移动。

② 单击"Default"（默认）按钮将恢复到系统默认的方式。

③ 设置完成以后，单击"OK"按钮即可。

所有设置完成以后，单击"Display"显示标签页的"OK"按钮即可完成设置。若单击"Cancel"按钮，则进行的设置无效并退出对话框。

图 5.18 板层绘制顺序对话框

3. "Colors"颜色标签页

单击"Colors"即可进入"Colors"颜色标签页，如图 5.19 所示。

Colors 用于设置各种板层、文字、屏幕等的颜色，设置方法如下：

（1）单击需要修改颜色的颜色条，将出现如图 5.20 所示的颜色选择对话框。

（2）在系统提供的 239 种默认颜色中选择一种，或者自定义一种颜色，然后单击"OK"按钮。

（3）最后单击"Colors"标签页对话框中的"OK"按钮。

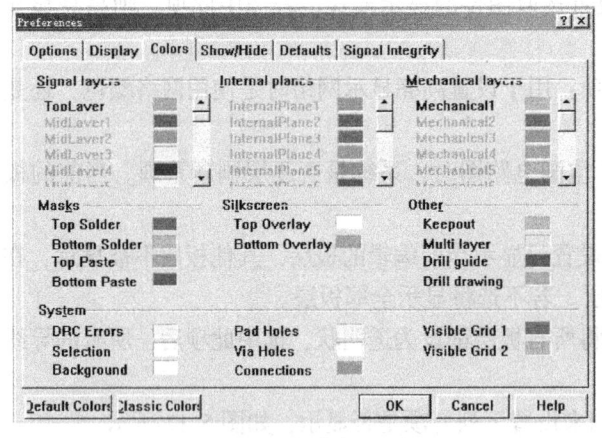

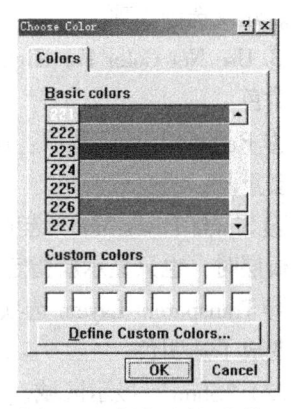

图 5.19 颜色标签页　　　　图 5.20 颜色选择对话框

在图 5.19 中，有两个按钮：

①"Default Colors"：是将所有的颜色设置恢复到系统默认的颜色。

②"Classic Colors"：是将所有的颜色设置指定为传统的设置颜色，即 DOS 中采用的黑底设计界面。

4. "Show/Hide"显示/隐藏标签页

单击"Show/Hide"即可进入"Show/Hide"显示/隐藏标签页，如图 5.21 所示。"Show/Hide"用于设置各种图形的显示模式。

图 5.21　显示/隐藏标签页

标签页中的每一项都有相同的 3 种显示模式，即 Final（精细显示模式）、Draft（粗略显示模式）和 Hidden（隐藏显示模式）。

此标签页的图件包括：Arcs（圆弧）、Fills（金属填充）、Pads（焊盘）、Polygons（多边形敷铜填充）、Dimensions（尺寸标注）、Strings（字符串）、Tracks（铜膜导线）、Vias（过孔）、Coordinates（位置坐标）、Rooms（矩形区域）。在标签页左下角有 3 个按钮，分别为"All Final"、"All Draft"、"All Hidden"。选中某项，则上述 10 种图件全部设为该项。

5．"Defaults"默认标签页

单击"Defaults"即可进入"Defaults"默认标签页，如图 5.22 所示。Defaults 用于设置各个图件的系统默认值。

这些图件包括：Arc（圆弧）、Component（元件封装）、Coordinate（坐标）、Dimension（尺寸）、Fill（金属填充）、Pad（焊盘）、Polygon（敷铜）、String（字符串）、Track（铜膜导线）、Via（过孔）。

假设选中了位置坐标图件，则单击"Edit Values"按钮即可进入位置坐标的系统默认值编辑对话框，如图 5.23 所示。

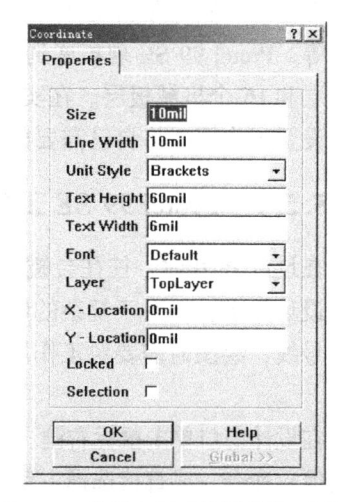

图 5.22　默认标签页　　　　图 5.23　位置坐标系统默认值对话框

6. "Signal Integrity" 信号完整性标签页

通过"Signal Integrity"可以设置元件标号和元件类型之间的对应关系，为信号完整性分析提供信息。"Signal Integrity"信号完整性标签页如图 5.24 所示。

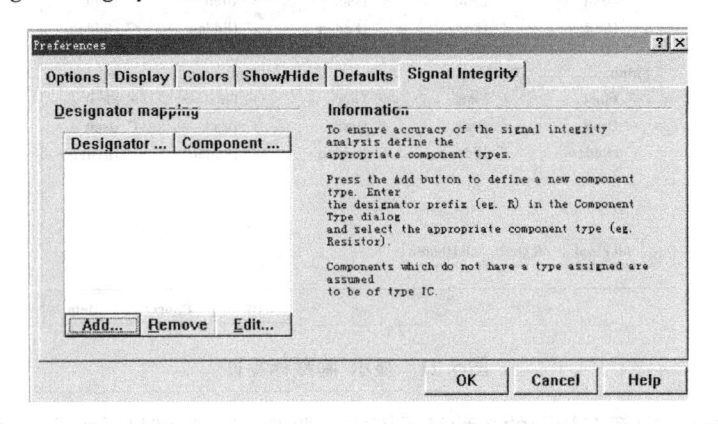

图 5.24　信号完整性标签页

为了保证信号完整性分析的准确性，必须在这个对话框中定义准确的元件类型。单击"Add"按钮，系统将弹出元件标号设置对话框，如图 5.25 所示。

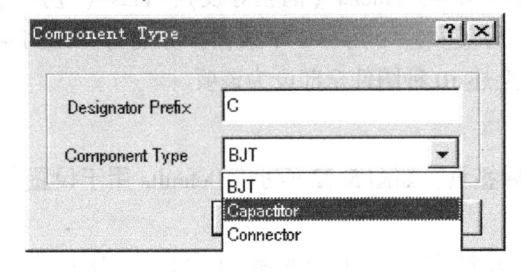

图 5.25　元件标号设置对话框

在该对话框中，可以输入所用的元件标号，然后在 Component Type（元件类型）下拉列表选择一个元件类型，其中包括 Resistor（电阻）、IC（集成电路）、Diode（二极管）和 Connector（连接插头）等。如果不能确定元件的类型，就全部选择为集成电路。

最后单击"OK"按钮即可。

5.5　设置电路板工作层

在进行印制电路板设计时，首先要确定其工作层，包括信号层、内部电源/接地层和机械层等。Protel 99 SE 现扩展到 32 个信号层，即顶层、底层和 30 个中间层，可得到 16 个内部板层和 16 个机械板层。在实际的设计过程中，几乎不可能打开所有的工作层，这就需要用户设置工作层，将自己需要的工作层打开。另外，还要进行相关的参数设置。

5.5.1　Protel 99 SE 工作层的类型

在设计 PCB 时，往往会碰到工作层选择的问题。对于不太复杂的电路，双面板就可以满足设计要求，但对于复杂的电路，双面板无法满足布线的需要。这时就需要在 PCB 内部走信号线，绘图时需要对工作层进行设置。布线层用到得越多，制作印制电路板的价格就越昂贵。

在设计窗口单击鼠标右键，选择弹出菜单中"Options"（选项）下的"Boarel Layers"（板层选项）命令，或直接选择主菜单"Design"（设计）下的"Options"（选项）命令，就可以看到如图 5.26 所示的工作层设置对话框，其中只显示用到的信号层、电源层和机械层。

· 110 ·

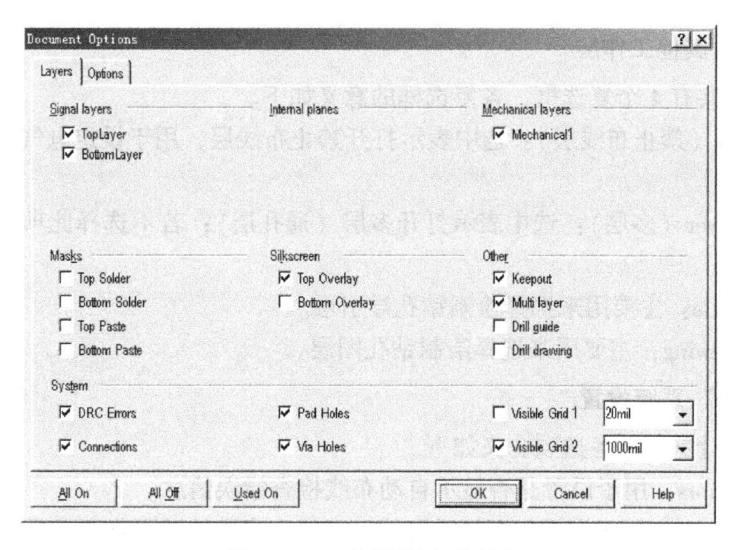

图 5.26 工作层设置对话框

此对话框分为"Layers"板层标签页和"Options"选项标签页。Protel 99 SE 提供的工作层在"Layers"标签页中设置，工作层的参数在"Options"标签页中设置。

下面介绍"Layers"标签页。此标签页包括 8 个区域，用于设置各板层的打开状态。如果需要打开某一个信号层，可以用鼠标单击该信号层名称，当其名称左边的复选框出现"√"时表示该信号层处于打开显示状态。再单击时，"√"消失，相应的信号层也会关闭。

1. "Signal Layers"信号板层

信号板层主要用于放置与信号有关的电气元素。如 Top Layer（顶层）用于放置元件面；Bottom Layer（底层）用于放置焊锡面；Mid Layer（中间工作层）用于布置信号线。

如果当前板是多层板，则在信号层可以全部显示出来，用户可以选择其中的层面；如果用户没有设置 Mid 层，则这些层不会显示在该对话框中，此时可以设置多层板。

2. "Internal Planes"内部板层

内部板层主要用于布置电源和接地线。如果用户设置了内层电源/接地层，则会显示如图 5.26 所示的层面，否则不会显示。其中 Plane1 表示设置内层电源/接地第一层，Plane2、Plane3 的含义依次类推。

3. "Mechanical Layers"机械板层

制作 PCB 时，系统默认的信号层为两层，所以机械层默认时只有一层，不过可以设置更多的机械层，在 Protel 99 SE 中最多可以设置 16 个机械层。

4. "Masks"助焊膜及阻焊膜

Protel 99 SE 提供的助焊膜及阻焊膜（Solder Mask&Paste Mask）有：顶层助焊膜（Top Solder Mask）、底层助焊膜（Bottom Solder Mask）、顶层阻焊膜（Top Paste Mask）、底层阻焊膜（Bottom Paste Mask）。

5. "Silkscreen"丝印层

丝印层主要用于绘制元件外形轮廓以及标识元件标号等，主要包括顶层丝印层（Top）和底层丝印层（Bottom）两种。

6. "Other" 其他工作层

其他工作层共有4个复选框，各复选框的意义如下。

（1）Keepout（禁止布线层）：选中表示打开禁止布线层，用于设定电气边界，此边界外不会布线。

（2）Multi layer（多层）：选中表示打开多层（通孔层）；若不选择此项，焊盘、过孔将无法显示出来。

（3）Drill gride：主要用来选择绘制钻孔导引层。

（4）Drill drawing：主要用来选择绘制钻孔图层。

7. "System" 系统设置

系统设置设计参数的各选项含义如下。

（1）DRC Errors：用于设置是否显示自动布线检查错误信息。

（2）Connections：用于设置是否显示飞线，在绝大多数情况下都要显示飞线。

（3）Pad Holes：用于设置是否显示焊盘通孔。

（4）Via Holes：用于设置是否显示过孔的通孔。

（5）Visible Gird1：用于设置是否显示第一组栅格。

（6）Visible Grid2：用于设置是否显示第二组栅格。

在图5.26中，还有3个按钮，即All On（全开）、All Off（全关）和Used On（用了才开）。其意义分别为：

（1）All On：表示将所有的板层都设置为打开显示，而不论上面有没有东西。

（2）All Off：表示将所有的板层都设置为关闭，而不论有没有用。

（3）Used On：表示将用到的层打开，没有用到的层关闭。

若在对话框内的任意处单击鼠标右键，也将出现一个快捷键菜单，其功能和上面的3个按钮功能相同。建议不要将所有的层都打开。

5.5.2 Protel 99 SE 工作层的管理及设置

Protel 99 SE 提供了多个工作层供用户选择，用户可以在不同的工作层上进行不同的操作。

1. 信号板层和内部板层的设置

在设计窗口直接执行"Design\Layer Stack Manager"命令，或单击鼠标右键，选择菜单"Options"（选项）下的"Layers Stack Manager"（层栈管理器），就可以看到如图5.27所示的层栈管理器对话框，在层栈管理器中可以定义层的结构，看到层栈的立体效果，对电路板的工作层进行管理。

（1）在图5.27的左上方，如果选中"Top Dielectric"复选框，则在顶层添加绝缘层。如果选中"Bottom Dielectric"复选框，则在底层添加绝缘层。

（2）中间的层示意立体图左边为各工作层指示，可以进行工作层设置。

① 添加中间信号层。如果以前未添加工作层，将光标移至图5.27中层示意图左边的顶层（Top Layer）指示标记上，单击鼠标左键选中该项，然后将光标指针移至对话框右上方"Add Layer"按钮上并单击鼠标左键，执行添加信号层命令，就会在顶层（Top Layer）下面增加中间信号层1（Mid Layer 1）。若再次单击"Add Layer"按钮，则会在Mid Layer 1下面增加中间信号层2（Mid Layer 2）。依次执行该命令，最多可添加30个中间信号层。完成中

间信号层添加任务后,单击图中右下方的"OK"按钮,就会在编辑区下方的工作层标签中看到刚才添加的中间信号层。

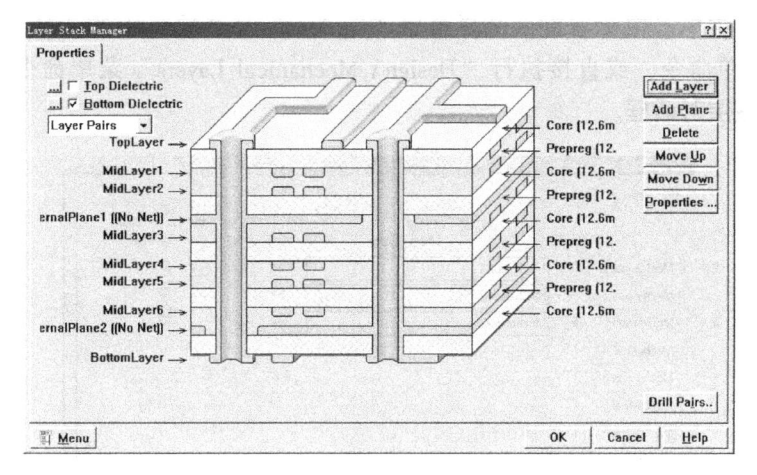

图 5.27 层栈管理器对话框

② 添加内部板层。单击图 5.27 中需添加内部板层位置的上层指示标记,然后单击对话框右上方的"Add Plane"按钮,执行添加内部板层命令,就会在所选工作层下面增加内部板层1(Internal Plane1)。若再次单击"Add plane"命令,则会在内部板层1下面增加内部板层2。依次执行该命令,最多可添加16个中间信号层。中间信号层添加完成后,单击右下方的"OK"按钮,在编辑区下方的工作层标签中就可看到刚才添加的内部板层了。

③ 删除工作层。将光标移至图 5.27 左边想要删除的某工作层标记上,单击鼠标左键选中该项,然后单击对话框右上方的"Delete"按钮,执行删除命令。这时,系统提示是否确认要移去选中的层,单击"Yes"按钮,即可删除选中工作层。最后单击图 5.27 中的"OK"按钮即可。

④ 调整工作层的位置。先选中想要调整的某工作层标记,然后单击对话框右上方的"Move Up"(上移)按钮,或单击"Move Down"(下移)按钮,最后单击"OK"按钮即可。

(3)中间的层示意立体图右边为信号层间距绝缘层尺寸(Core)和层间预浸料坯(黏合剂类)的尺寸(Prepreg)。用鼠标双击 Core 或 Prepreg,即可看到图 5.28 所示的对话框。

可以在 Thickness(厚度)和 Dielectric constant(绝缘体常数)中输入新的数值,单击"OK"按钮即可。

(4)单击图 5.27 中的"Menu"按钮,可弹出命令菜单,此菜单命令功能与对话框右上方的6个按钮的功能一样。它们是:Add Layer(添加中间信号层)、Add Plane(添加内部板层)、Delete(删除)、Move Up(上移)、Move Down(下移)、

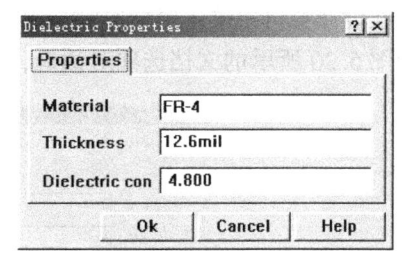

图 5.28 "Core"或"Preperg"设置对话框

Properties(特性)。另外,也可以在对话框中单击鼠标右键直接获得命令菜单。

2. 机械板层的设置

由于 Protel 99 SE 系统默认的信号层为两层,所以机械层(Mechanial Layers)默认时只

有一层，不过用户可以为 PCB 设置更多的机械层，在 Protel 99 SE 中最多可以设置 16 个机械层。

在设计窗口中单击鼠标右键，选择菜单"Options"（选项）下的"Mechanical Layers"（机械板层）菜单命令，或直接执行"Design\Mechanical Layers"菜单命令，可得图 5.29 所示的设置机械层对话框。

图 5.29　设置机械板层对话框

将光标指针移至所需打开的机械板层上，单击鼠标左键即可设置。再次单击将取消选中设置。

另外，"Visible"复选框用来确定可见方式，"Display In Single Layer Mode"复选框用来授权是否可以在单层显示时放到各个层上。

完成设置后，单击"OK"按钮即可。

5.5.3　工作层参数的设置

在设计窗口中单击鼠标右键，选择菜单"Options"下的"Board Options"命令，可以看到如图 5.30 所示的文档选项对话框，在该对话框中可以进行相关参数的设置。

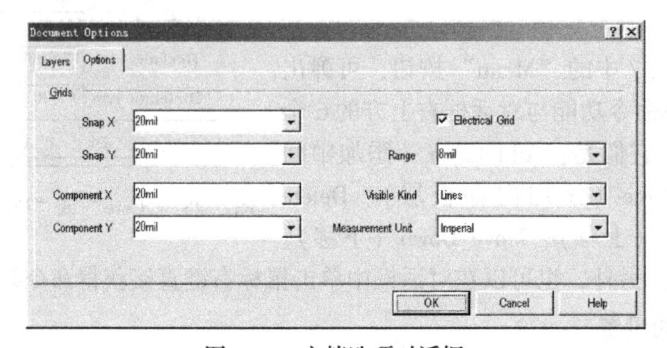

图 5.30　文档选项对话框

· 114 ·

1. "Grids" 栅格设置

（1）Snap X、Snap Y：设定光标每次移动（分别在 X 方向、Y 方向）的最小间距。可以通过直接在右边的编辑框中输入数据来设置，也可以单击右边的下拉式按钮，在下拉式菜单中选择一个合适的值。还可以在设计窗口中直接单击鼠标右键，用菜单选择 Snap Grid（栅格间距）来设置。

（2）Component X、Component Y：设定对元器件移动操作时，光标每次在 X 方向、Y 方向上移动的最小间距。可以在编辑框中输入数据，也可以单击右边的下拉式按钮选择数据。

（3）Visible Kind：设定栅格显示方式。单击右边的下拉式按钮，其中有 Lines（线状）和 Dots（点状）两种选择方式，在下拉菜单中选择一种即可。

2. "Electrical Grid" 电气栅格设置

电气栅格就是在走线时，当光标接近焊盘或其他走线一定距离时，即被吸引而与之连接，同时在该处出现一个记号。电气栅格设置主要用于设置电气栅格的属性。

如果选中"Electrical Grid"复选框，表示具有自动捕捉焊盘的功能。Range（范围）用于设置捕捉半径。在布置导线时，系统会以当前光标为中心，以 Grid 设置值为半径捕捉焊盘，一旦捕捉到焊盘，光标会自动加到该焊盘上。若取消该功能，只需将"Electrical Grid"复选框中的对号去掉。建议使用该功能。

3. "Measurement Unit" 度量单位设置

用于设置系统度量单位，系统提供了两种度量单位，即英制（Imperial）和公制（Metric）。英制单位为 mil（密尔），公制单位为 mm（毫米），1mil = 0.0254mm。系统默认为英制。公制单位的选择为用户在确定印制电路板尺寸和元件布局上提供了方便。

度量单位的选择方法是：单击"Measurement Unit"对话框右边的下拉式按钮，然后在下拉菜单中选择需要的度量单位即可。

5.6 规划电路板和电气定义

对于要设计的电子产品，首要的工作就是电路板的规划，也就是说确定电路板的板边，并且确定电路板的电气边界。规划电路板有两种方法：一种是通过手动设计电路板和电气定义进行规划，另一种是利用"电路板向导"进行规划。

5.6.1 手动规划电路板

手动规划电路板就是在禁止布线层（Keep Out Layer）上用走线绘制出一个封闭的多边形（一般情况下绘制成一个矩形），多边形的内部即为布局的区域。元件布置和路径安排的外层限制一般由 Keep Out Layer 中放置的轨迹线或圆弧所确定，这也就确定了板的电气轮廓。通常这个外层轮廓边界与板的物理边界相同，设置这个电路板边界时，必须确保轨迹和元件不会距离边界太近。

1. 规划电路板并定义电气边界的一般步骤

规划电路板并定义电气边界的一般步骤如下。

（1）单击编辑区下方的"Keep Out Layer"标签，即可将禁止布线层设置为当前工作层，一般用于设置电路板的板边界，以便将元件限制在这个范围之内，如图5.31所示。

图5.31 当前工作层设置为禁止布线层

（2）单击放置工作栏中的 按钮，也可以执行"Place \Keepout\Track"命令。

（3）执行命令后，光标变成十字形。将光标移动到适当的位置，单击鼠标左键，即可确定第一条边的起点。然后拖动鼠标，将光标移动到合适位置，单击鼠标左键，即可确定第一条边的终点。在该命令状态下按Tab键，可进入"Line Constraints"属性对话框，如图5.32所示，此时可以设置板边的线宽和层面。

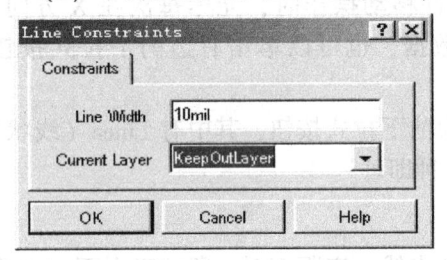

图5.32 "Line Constraints"属性对话框

如果已经绘制了封闭的PCB限制区域，双击限制区域的板边，系统将会弹出如图5.33所示的"Track"属性对话框，在该对话框中可以精确地进行定位，并且可以设置工作层和线宽。

（4）用同样的方法绘制其他3条板边，并对各边进行精确编辑，使之首尾相连，最后绘制一个封闭的多边形，如图5.34所示。

（5）单击鼠标右键或按Esc键取消布线状态。

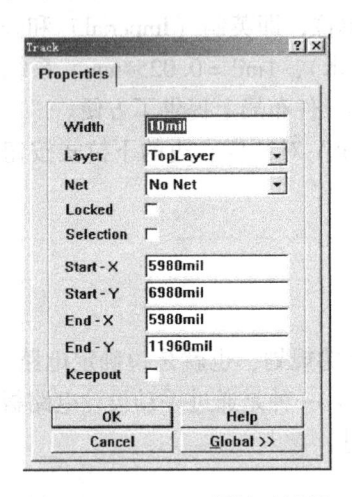

图5.33 "Track"属性对话框

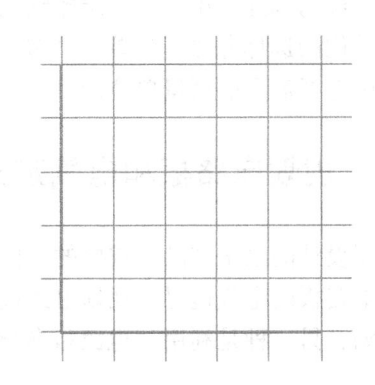

图5.34 电路板形状

2. 查看及调整电路板

查看及调整电路板的步骤如下。

（1）查看印制电路板。执行"Reports\Board Information"命令，如图5.35所示，或先后按下R、B键，都将弹出如图5.36所示的对话框。在对话框的右边有一个矩形尺寸示意图，所标注的数值就是实际印制电路板的大小（即布局范围的大小）。

（2）调整电路板。如果发现设置的布局范围不合适，可以用移动整条走线、移动走线端点等方法进行调整。

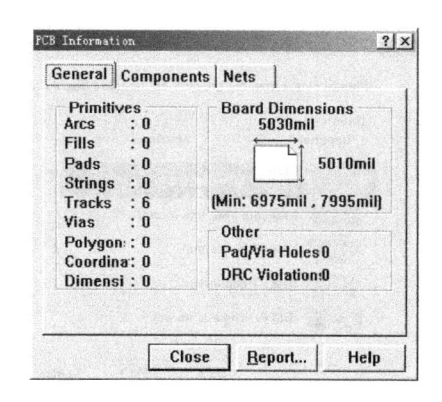

图 5.35　板图信息菜单　　　　　　图 5.36　印制电路板信息对话框

5.6.2　使用向导生成电路板

使用向导生成电路板就是利用系统的向导设置电路板的参数，形成一个具有基本框架的 PCB 文件。具体操作过程如下：

(1) 打开或者创建一个用于存放 PCB 文件的设计数据库。
(2) 打开或者创建一个用于存放 PCB 文件的设计文件夹。
(3) 执行"File \ New"命令，在弹出的对话框中选择"Wizards"选项卡，如图 5.37 所示。

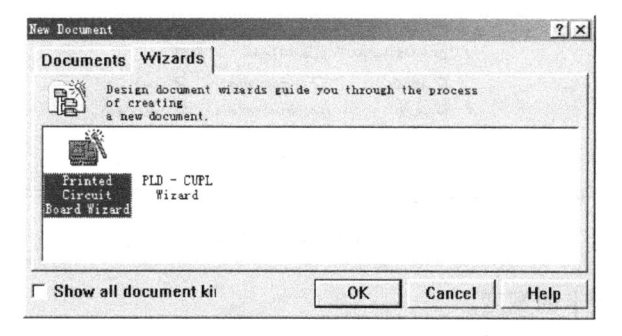

图 5.37　"Wizards"选项卡

(4) 双击对话框中的"Printed Circuit Board Wizard"（印制板向导）图标，或先选中该图标，单击"OK"按钮，进入向导的下一步，系统将弹出如图 5.38 所示的对话框。

图 5.38　生成电路板向导

(5) 单击"Next"按钮，系统弹出如图 5.39 所示的选择预定义标准板对话框，就可以开始设置印制板的相关参数了。

· 117 ·

① 在对话框的 Units 框中选择印制板的单位。其中 Imperial 为英制（mil），Metric 为公制（mm）。

② 在板卡的类型选择下拉列表中选择板卡类型。如果选择了 Custom Made Board，则需要自己定义板卡的尺寸、边界和图形标志等参数，而选择其他选项则直接采用系统已经定义的参数。

（6）如果选择了 Custom Made Board，单击"Next"按钮，系统将弹出如图 5.40 所示的设定板卡的相关属性对话框，具体如下。

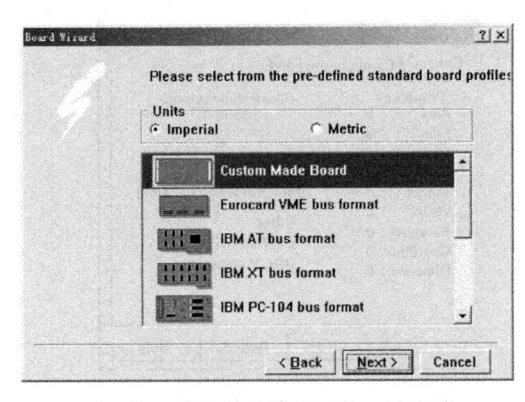

图 5.39　选择预定义标准板对话框

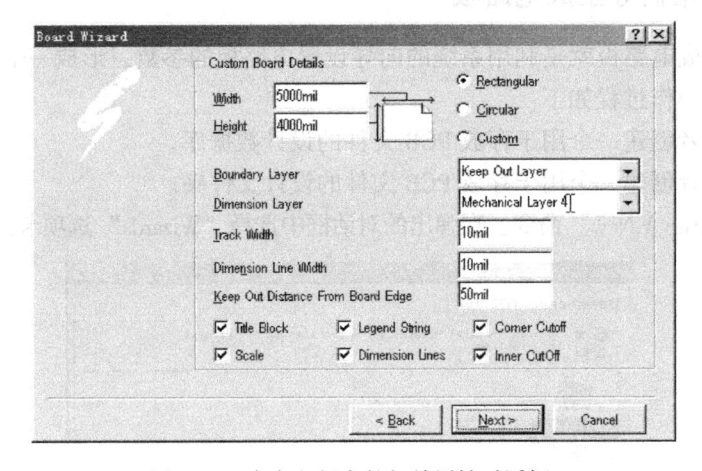

图 5.40　自定义板卡的相关属性对话框

① Width：设置板卡的宽度。
② Height：设置板卡的高度。
③ Rectangular：设置板卡为矩形（选择该项，就可以用于设置前面的宽和高）。
④ Circular：设置板卡为圆形（选择该项，则需要将几何参数设置为 Radius，即半径）。
⑤ Custom：自定义板卡形状。
⑥ Boundary Layer：用于设置板卡边界所在的层，一般为 Keep Out Layer。
⑦ Dimension Layer：设置板卡的尺寸所在的层，一般选择机械层。
⑧ Track Width：设置导线宽度。
⑨ Dimension Line Width：设置尺寸线宽。
⑩ Title Block and Scale：设置是否生成标题块和比例尺。
⑪ Legend String：设置是否生成图例和字符。
⑫ Dimension Lines：设置是否生成尺寸线。
⑬ Corner Cutoff：设置是否角位置开口。
⑭ Inner Cutoff：设置是否内部开口。

然后系统将弹出几个设置板卡几何参数的对话框，设置完毕后，系统将弹出如图 5.41 所示的对话框，此时可以设置板卡的一些相关产品信息，而所填写的资料将被放在电路板的第四个机械层里。

如果在上述步骤（6）中选择了标准板，则单击"Next"按钮后系统会弹出如图5.42所示的对话框，此时可以选择自己需要的板卡类型。设置完成后单击"Next"按钮也会弹出如图5.41所示的对话框。

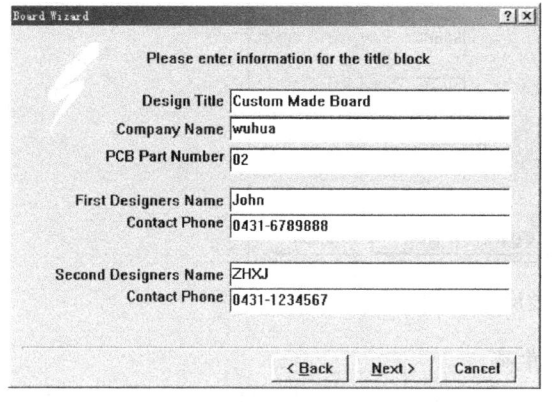

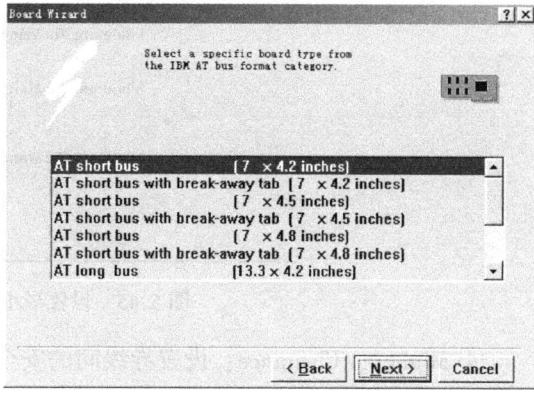

图5.41　板卡产品信息对话框　　　　　　图5.42　选择印制电路对话框

（7）单击"Next"按钮后，系统弹出如图5.43所示的对话框，可以设置电路板的工作层数和类型，以及电源/地层的数目等。

（8）单击"Next"按钮后，系统将弹出设置过孔类型对话框。其中，Thruhole Vias only表示过孔穿过所有板层，Blind and Buried Vias only表示过孔为盲孔，不穿透电路板。

（9）单击"Next"按钮后，系统弹出如图5.44所示的对话框，此时可以指定该电路板上以哪种元器件为主，其中Surface-mount components选项是以表面粘贴式元器件为主，而Through-hole components选项则是以针脚式元器件为主。

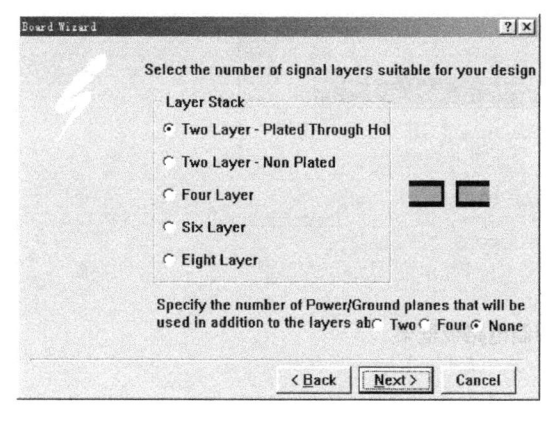

图5.43　选择电路板工作层对话框　　　　图5.44　元器件选择对话框

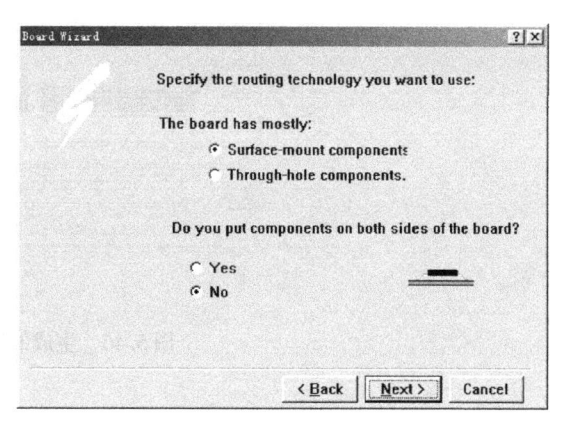

（10）单击"Next"按钮，系统将弹出如图5.45所示的对话框，此时可以设置最小的导线尺寸、过孔直径和导线间的安全距离。

① Minimum Track Size：设置最小的导线尺寸。
② Minimum Via Width：设置最小的过孔直径。
③ Minimum Via Hole Size：设置过孔内孔（钻孔）直径。

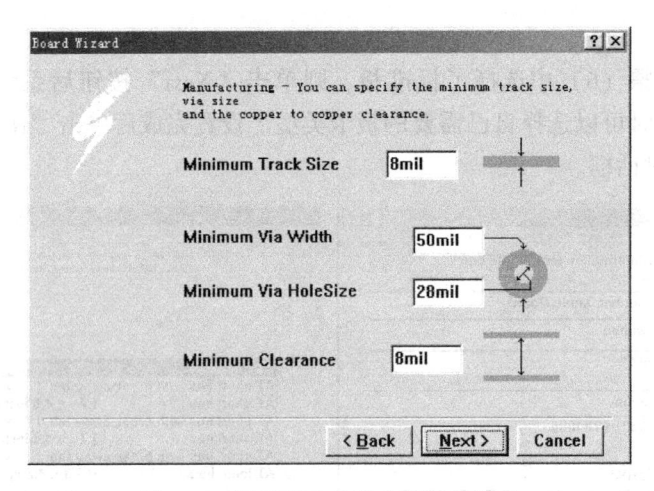

图 5.45　设置最小的尺寸限制对话框

④ Minimum Clearance：设置导线间的安全距离。

（11）单击"Next"按钮后，系统将弹出完成对话框，此时单击"Finish"按钮完成生成印制板的过程。如图 5.46 所示，该印制板为已经规划好的电路板框架，可以直接在上面放置网络表和元器件。

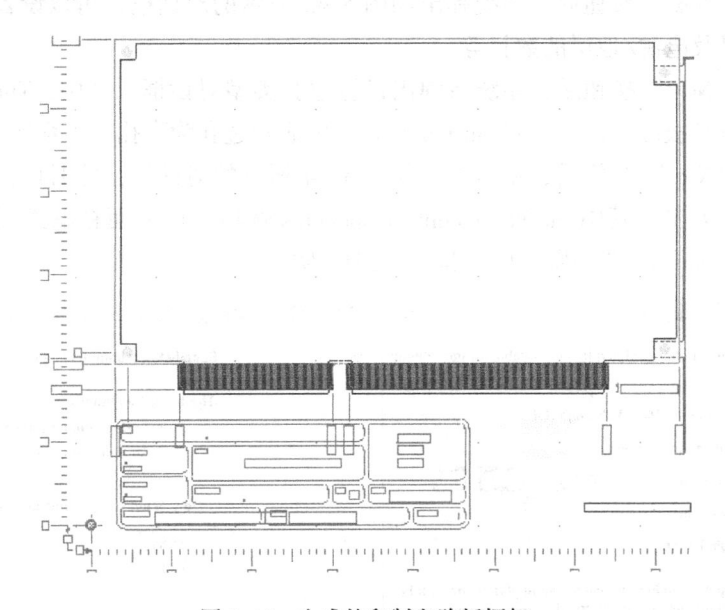

图 5.46　生成的印制电路板框架

5.7　装入元件封装库

元件封装的信息储存在一些特定的元件封装库文件中。如果没有这个库文件，系统就不能识别用户设置的关于元件封装的信息，所以在绘制印制电路板之前应装入所用到的元件封装库文件。当装入元件库后，可以对装入的元件库进行浏览，查看是否满足设计要求。下面具体介绍操作方法。

5.7.1 装入元件封装库

根据设计需要，装入印制电路板所需的几个元件库，其基本步骤与添加原理图元件库相似。

（1）在编辑印制电路板文件的状态下，点选如图 5.47 所示的"Browse PCB"标签页界面。然后单击"Browse"浏览栏下右边的下拉按钮，选择"Libraries"（库）。最后单击左下方的"Add/Remove"（添加/删除）按钮，系统将弹出添加/删除库文件对话框。也可直接通过执行"Design\Add\Remove Library"命令来实现。

（2）在该对话框中，通过上方的搜寻窗口选取库文件的安装目录，目录为"C:\Program Files\Design Explorer99 SE\Library \PCB\Generic FootPrints"。

（3）选中目录后，选取所要引入的所有元件封装库文件，选中这些库，单击"Add"按钮，此文件就会出现在选择的文件列表中，如图 5.48 所示。

在制作 PCB 时比较常用的元件封装库有 Advpcb.ddb、DC to DC.ddb、General IC.ddb等，用户还可以选择一些自己设计所需的元件库。附录 B 列出了 Advpcb.ddb 中所含元件封装库 PCB Footprints.lib 的封装图形。

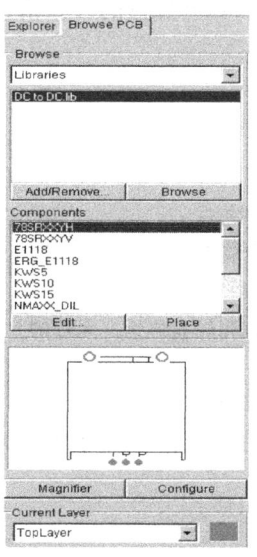

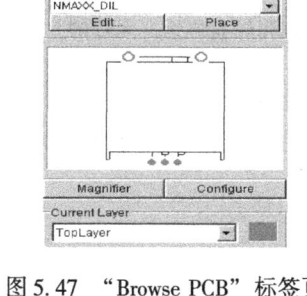

图 5.47 "Browse PCB"标签页　　　　图 5.48 已装入的库文件

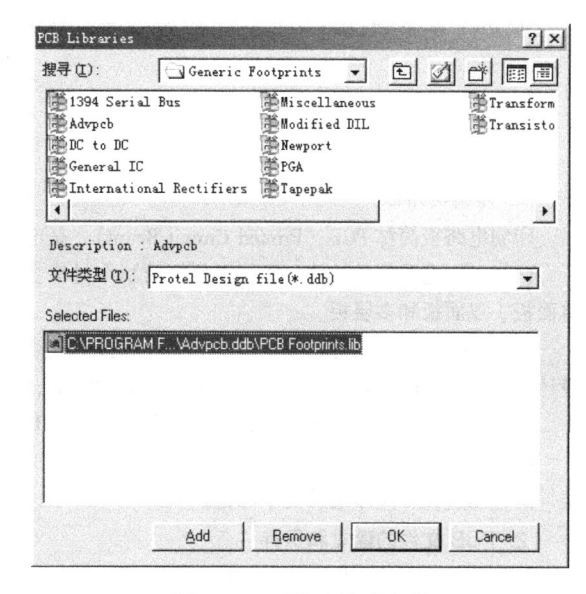

（4）添加完所有需要的元件封装库后，单击"OK"按钮，关闭对话框，系统即可将所选中的元件库装入。

删除封装库文件与删除原理图库文件方法相同。

5.7.2 浏览元件封装库

很多元件封装，用户很难直接从它的名称中得知其形状。另外，在进行电路板设计时，也常需要浏览元件库，选择自己需要的元件，浏览元件库的具体操作方法如下：

（1）在如图 5.47 所示的已装入元件封装库列表中选择一个封装库，然后单击"Browse"（浏览）按钮，便可得到如图 5.49 所示的浏览封装库元件对话框。也可以执行菜单命令"Design\Browse Components"或先后按下热键 D、B 完成该操作。

（2）在该对话框中可以查看元件封装的类别和形状。用户还可以单击"Edit"按钮对选中的元件进行编辑，也可以单击"Place"按钮将选中的元件放置到电路板上。

图 5.49 中各项功能如下：

① Libraries：选择系统已经装入的元件封装库。单击右边的下拉式按钮便会看到所添加的元件封装库，可选择浏览。

② Components：选择库中的元件封装在右边预览。下边的"Edit"按钮可对选中元件进行修改，建议不要修改标准库中的元件；单击"Place"（放置）按钮，可将选中的元件放置到编辑器中。

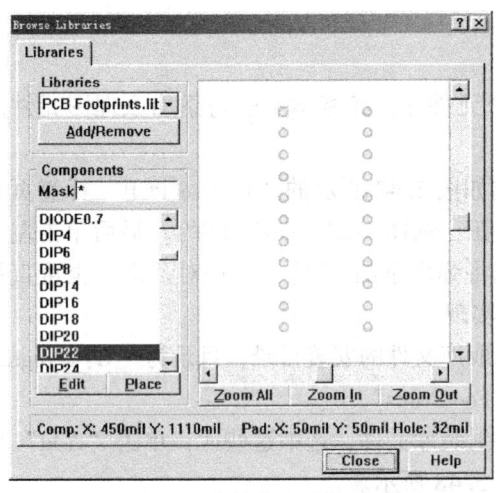

图 5.49 浏览封装库元件对话框

③ 右边预览区：可以看到当前选择的元件封装形式。按动"Zoom All"（观看整体）、"Zoom In"（放大）、"Zoom Out"（缩小）按钮可调整图形大小。

另外，在该对话框下方还可以看到所选择浏览元件的尺寸和其上焊盘的尺寸信息。

本 章 小 结

1．印制电路板

印制电路板简称 PCB（Printed Circuit Board），是电子产品的重要部件之一。

（1）印制电路板的结构。印制电路板的制作材料主要是绝缘材料、金属铜及焊锡等。印制电路板分为单面板、双面板和多层板。

（2）元件封装。元件封装是指实际元件焊接到电路板时所指示的外观和焊盘位置。元件的封装可以在设计电路原理图时指定，也可以在引进网络表时指定。

元件封装的编号一般为"元件类型 + 焊盘距离（焊盘数） + 元件外形尺寸"。

（3）印制电路板图的基本元素。构成 PCB 图的基本元素有：元件封装、铜膜导线、助焊膜和阻焊膜、层、焊盘和过孔、丝印层及文字标记。

2．PCB 文件的建立和保存

PCB 文件由专题数据库管理。PCB 的文件管理包括有以下几种操作：

（1）新建 PCB 文件。

（2）打开已有的 PCB 文件。

（3）保存和关闭 PCB 文件。

3．PCB 编辑器的工具栏

Protel 99 SE 为 PCB 设计提供了 4 个工具栏。

（1）Main Toolbar（主工具栏）：为用户提供了缩放、选取对象等命令按钮。

（2）Placement Tools（放置工具栏）：主要提供图形绘制及布线命令。

（3）Component Placement（元件布置工具栏）：方便元件排列和布局。

（4）Find Selections（查找选取工具栏）：方便选择原来所选择的对象。

4．PCB 电路参数设置

设置参数是电路板设计过程中非常重要的一步，许多系统参数一旦被设定，将成为用户个性化的设计环境。

5. 设置电路板工作层

Protel 99 SE 有 32 个信号层，即顶层、底层和 30 个中间层，可得到 16 个内部板层和 16 个机械板层。在实际的设计过程中，几乎不可能打开所有的工作层，这就需要用户设置工作层，将自己需要的工作层打开。另外，还要进行相关的参数设置。

（1）Protel 99 SE 工作层的类型。工作层的类型包括信号板层（Signal Layers）、内部板层（Internal Plane）、机械板层（Mechanical Layers）、助焊膜及阻焊膜（Masks）、丝印层（Silkscreen）、其他工作层（Other）。

（2）Protel 99 SE 工作层的设置。在层栈管理器中可以定义层的结构，看到层栈的立体效果，对电路板的工作层进行管理。用户可对信号板层和内部板层进行设置，也可对机械板层进行设置。

（3）工作层参数的设置。工作层参数设置包括栅格设置（Grids）和电气栅格设置（Electrical Grid）。电气栅格设置主要用于设置电气栅格的属性。

系统提供了两种度量单位，即英制（Imperial）和公制（Metric），系统默认为英制。

6. 规划电路板和电气定义

规划电路板有两种方法：一种是手动设计规划电路板和电气定义，另一种是利用"电路板向导"进行规划。

手动规划电路板就是在禁止布线层（Keep Out Layer）上用走线绘制出一个封闭的多边形（一般情况下绘制成一个矩形），多边形的内部即为布局的区域。

使用向导生成电路板就是系统自动对新 PCB 文件设置电路板的参数，形成一个具有基本框架的 PCB 文件。

7. 装入元件封装库

元件封装的图形及属性信息都储存在一些特定的元件封装库文件中。如果没有这个库文件，系统就不能识别用户设置的关于元件封装的信息，所以在绘制印制电路板之前应装入所用到的元件。

思考与练习 5

5.1　如何新建一个 PCB 文件？怎样打开、保存和关闭一个 PCB 文件？
5.2　试述怎样打开和关闭放置工具栏。
5.3　启动 PCB 编辑器后，热键不起作用，应如何处理？
5.4　如何设置工作层的颜色？
5.5　怎样设置光标形状？如何改变公制和英制单位？要求显示焊盘号，应如何设置？
5.6　请阐述如何添加中间信号层和内部板层。如果想调整工作层的位置应如何操作？
5.7　新建一块电路板，并将其设置为四层板。
5.8　如何装入 PCB 库文件？

第6章 印制电路板图的设计

内容提要：

本章主要介绍了印制电路板图的设计流程、元件封装的放置、PCB绘图工具、PBC浏览管理器、布局和布线等印制电路板图的设计知识、布局和布线的工程设计规则，以及如何生成PCB报表和打印输出PCB图。

第5章已经介绍了印制电路板的环境参数、工作层设置及装入元件封装库等PCB制作的一些重要知识，接下来的工作需要在印制电路板上放置相应的元件，然后再进行连线，才能生成一个实现电气原理图的印制电路板图。

6.1 印制电路板图设计流程

1. 绘制电路图

绘制电路图是电路板设计的先期工作，主要是完成电路原理图的绘制，包括生成网络表。当所设计的电路图非常简单时，也可以不进行原理图的绘制，而直接进入PCB设计系统。图6.1所示为PCB图设计流程。

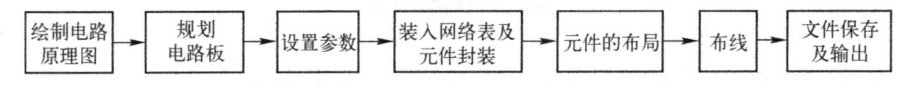

绘制电路原理图 → 规划电路板 → 设置参数 → 装入网络表及元件封装 → 元件的布局 → 布线 → 文件保存及输出

图6.1 PCB图设计流程

2. 规划电路板

在绘制印制电路板之前，用户要对电路板有一个初步的规划，比如电路板采用多大的物理尺寸，采用几层电路板（单面板还是双面板），各元件采用何种封装形式及其安装位置等。它是确定电路板设计的框架。

3. 设置参数

设置参数主要是设置元件的布置参数、层参数、布线参数，等等。有些参数用其默认值即可，有些参数在Protel 99 SE使用过以后，即第一次设置后，就无需再做修改。

4. 装入网络表及元件封装

网络表是电路板自动布线的灵魂，也是电路原理图设计系统与印制电路板设计系统的接口。该步的主要工作就是将已生成的网络表装入，此时元件的封装会自动放置在PCB图中，但这些元件封装是叠放在一起的。若前面没有生成网络表，则可以用手工的方法放置元件。封装就是元件的外形，对于每个装入的元件必须有相应的外形封装，才能保证电路板布线的顺利进行。

5. 元件的布局

布局有自动布局和手工布局两种方式。规划好电路板并装入网络表后，可以让程序自动装入元件，并自动将元件布置在电路板边框内。也可以由用户手工布局，将元件封装放置在电路板的合适位置，才能进行下一步的布线工作。

6. 布线

布线是完成元件之间的电路连接，也有自动布线和手工布线两种方式。若在之前装入了网络表，则在该步中就可采用自动布线方式。在布线之前，要设定好设计规则。

7. 文件保存及输出

完成电路板的布线后，保存完成的 PCB 图。然后利用各种图形输出设备，如打印机或绘图仪输出电路板的布线图。

6.2 元件封装的放置

6.2.1 放置元件封装

在放置元件封装前，先要装入所需的元件封装库，否则，无法调用元件。元件封装放置有多种途径，放置元件封装的操作步骤如下：

（1）执行"Place\Component"命令，或用鼠标单击放置工具栏中的 图标，或先按下字母热键 P，松开后再按下字母热键 C。

（2）执行命令后，系统会弹出如图 6.2 所示的放置元件封装对话框。可以在该对话框中输入元件的封装、标号、注释等参数。

对话框中各选项的作用如下。

① Footprint（封装形式）：用于输入元件封

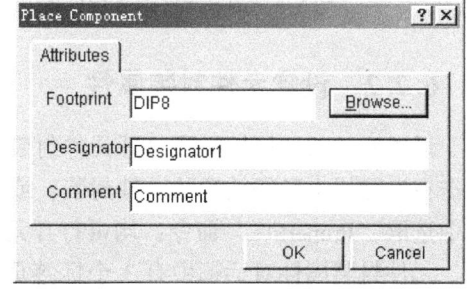

图 6.2 放置元件封装对话框

装的名称。如果熟悉元件封装，可以直接键入。如 DIP8、AXIAL0.8、IDC50。如果不熟悉元件封装，可以单击图 6.2 中的"Browse"（浏览）按钮，从装入的元件封装库中选择所需元件，如图 6.3 所示。选中元件，单击"Place"按钮，可将选择的元件放到编辑器中。

② Designator（元件标号）：用于输入元件封装的序号，如 R1、R2、C1、C2、U1 等。一块印制电路板上不要有元件标号相同的元件。系统默认为 Designator xx。

③ Comment（元件注释）：用于输入元件封装的标注名称或元件参数。如 74LS373、30μF等。

（3）根据实际需要设置完参数后，单击"OK"按钮即可调出元件，此时元件粘着在光标上，只要在编辑区中单击鼠标左键，即可把元件放置到工作区中。

注意：选择的元件封装一定要符合实际焊接元件的需要，形状和焊盘位置尽可能相符，焊盘的尺寸尽可能与实际元件相符，针脚式元件焊盘的内孔尺寸一定不能小于实际元件的管脚尺寸，否则无法将实际元件焊接到印制电路板上。

另外，也可以使用设计管理器"Browse PCB"（见图 6.4）标签页调用元件，方法是：

（1）先将"Browse"栏内设为"Libraries"，在库文件列表中选择所需库文件。

（2）在"Components"列表中选中要放置的元件，然后将光标指针移至"Place"按钮上单击鼠标左键。

(3) 最后在编辑区中适当位置单击鼠标左键放置元件。

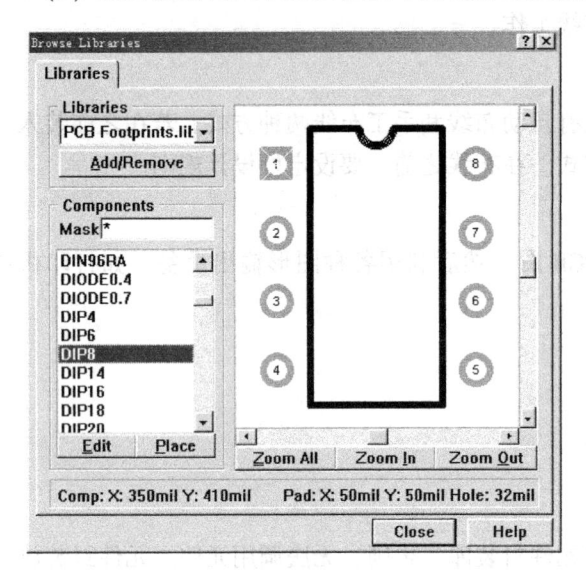

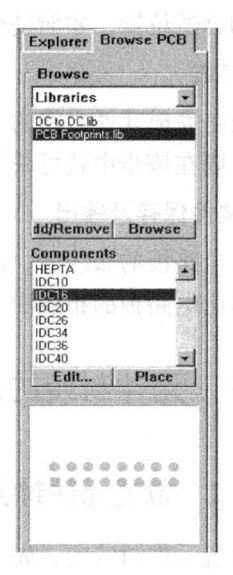

图 6.3　浏览元件封装后放置　　　　图 6.4　利用设计管理器放置元件

6.2.2　设置元件封装属性

设置元件封装属性需要打开元件封装属性对话框。放置元件封装时按"Tab"键；或者双击在电路板上已经放置的元件封装；或者选中封装，然后单击鼠标右键，从弹出的快捷菜单中选取"Properties"命令，均可打开元件封装属性对话框，如图 6.5 所示。

元件封装属性对话框中有 3 个标签页，分别为"Properties"属性标签页、"Designator"元件标号标签页和"Comment"标注标签页。单击不同的标签即可进入相应的标签页。

1. "Properties"属性标签页

"Properties"属性标签页如图 6.5 所示。

(1) Designator：设置元件封装标号内容，即元件封装的序号。

(2) Comment：设置元件封装的标注内容。

(3) Footprint：设置元件封装的封装类型。

(4) Layer：设置元件封装所在的板层。单击右边的下拉按钮将出现下拉菜单，在其中选择一个即可。

(5) Rotation：设置元件封装的旋转角度。

(6) X-Location：设置元件封装所在位置的横坐标。

(7) Y-Location：设置元件封装所在位置的纵坐标。

(8) Lock Prims：设置是否锁定元件封装结构。选中此项表示不能将该元件封装的各个部件分开。

(9) Locked：设置是否锁定元件封装的位置。选中此项，则在移动该元件封装时将出现确认对话框，以免无意中错误移动。

(10) Selection：设置元件封装是否处于选择状态。

设置完成后，单击"OK"按钮即可。

2. "Designator" 标号标签页

"Designator" 元件封装标号标签页如图 6.6 所示。

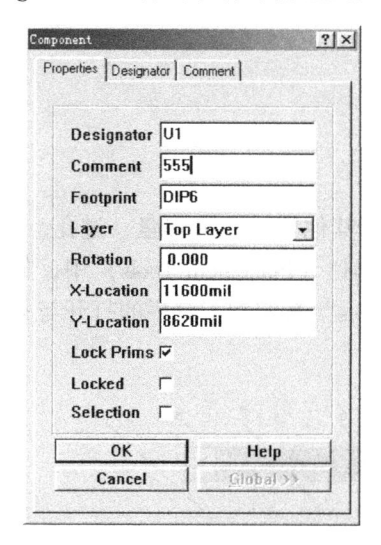

图 6.5　元件封装属性对话框

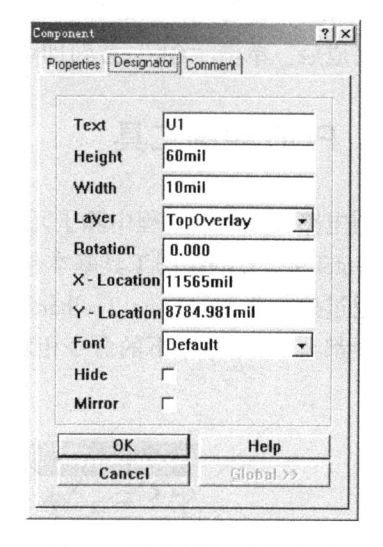

图 6.6　元件封装标号标签页

（1）Text：设置元件封装标号的文字。
（2）Height：设置元件封装标号文字的高度。
（3）Width：设置元件封装标号文字的线宽。
（4）Layer：设置元件标号文字所在的板层。一般在丝印层。
（5）Rotation：设置元件封装标号文字的旋转角度。
（6）X-Location：设置元件封装标号文字位置的横坐标。
（7）Y-Location：设置元件封装标号文字位置的纵坐标。
（8）Font：设置元件封装标号文字的字体。单击右边的下拉式按钮将出现下拉式菜单，在其中选择一个即可。
（9）Hide：设置元件封装标号是否隐藏。
（10）Mirror：设置元件封装标号是否翻转。选中该项表示此元件标号文字处于镜像状态，即做一个翻转。

设置完成后，单击"OK"按钮即可。

3. "Comment" 标注标签页

"Comment" 标注标签页如图 6.7 所示。

（1）Text：设置元件封装标注的文字。
（2）Height：设置元件封装标注文字的高度。
（3）Width：设置元件封装标注文字的线宽。
（4）Layer：设置元件封装标注文字所在的板层。
（5）Rotation：设置元件封装标注文字的旋转角度。
（6）X-Location：设置元件封装标注文字位置的横坐标。
（7）Y-Location：设置元件封装标注文字位置的纵坐标。

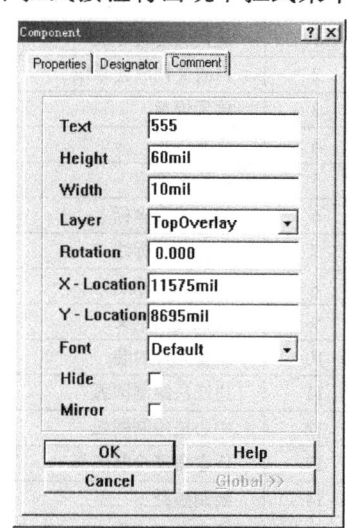

图 6.7　元件封装标注标签页

（8）Font：设置元件封装标注文字的字体。单击右边的下拉式按钮将出现下拉式菜单，在其中选择一种字体即可。

（9）Hide：设置元件封装标注文字是否隐藏。

（10）Mirror：设置元件封装标注文字是否翻转。

设置完成后，单击"OK"按钮即可。

6.3 PCB 绘图工具

在印制电路板图绘制过程中除了元件之外，还有其他实体（如焊盘、过孔、字符串等）的放置。Protel 99 SE 的绘图工具基本包括在放置工具栏（Placement Tools）中，如图 6.8 所示。可以通过执行命令"View\Toolbars\Placement Tools"来实现工具栏的打开与关闭，工具栏中每一项都与 Place 菜单下的命令相对应。

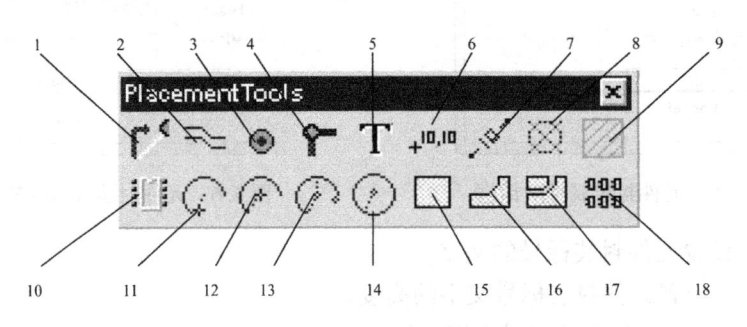

图 6.8　放置工具栏

表 6.1 给出了放置工具栏中各个按钮的功能和相应的菜单、热键命令。表中序号为图 6.8 中所指按钮。

表 6.1　放置工具栏中各个按钮的功能和相应的菜单、热键命令

序　号	功能说明	相应菜单命令	相应热键命令
1	放置交互式导线	Place\Interactine Routing	P-T
2	当前文档放置导线	Place\Line	P-L
3	放置焊盘	Place\Pad	P-P
4	放置过孔	Place\Via	P-V
5	放置字符串	Place\Srting	P-S
6	放置位置坐标	Place\coordinate	P-O
7	放置尺寸标注	Place\Dimension	P-D
8	设置光标原点	Edit\Origin\Set	E-O-S
9	放置房间定义	Place\Room	P-R
10	放置元件封装	Place\Component	P-C
11	边缘法绘制圆弧	Place\Arc（Edge）	P-E
12	中心法绘制圆弧	Place\Arc（Center）	P-A
13	任意角度绘制圆弧	Place\Arc（Any Angle）	P-N
14	绘制整圆	Place\Full Circle	P-U
15	放置矩形填充	Place\Fill	P-F
16	放置多边形填充	Place\Polygon Plane	P-G
17	放置内部电源、接地层	Place\Split Plane	P-I
18	特殊粘贴剪贴板中内容	Edit\Paste Special	E-A-A

6.3.1 绘制导线

1. 绘制导线的步骤

(1) 单击放置工具栏中的 图标或选择绘制导线命令"Place\Line",光标变成十字形状。

(2) 将光标移到所需的位置,单击鼠标左键,确定导线的起点。

(3) 然后将光标移到导线的终点,再单击鼠标左键,即可绘制出一条导线,如图6.9所示。

(4) 将光标移到新的位置,按照上述步骤,再绘制其他导线。

(5) 双击鼠标右键,光标变成箭头后,退出该命令状态。

2. 设置导线的属性

用鼠标双击已布置的导线;或者在进入绘制导线状态时按Tab键;或者选中导线后单击鼠标右键,从弹出的快捷菜单中选取"Properties"命令,系统都将弹出导线属性设置对话框,如图6.10所示,对话框中的各个选项功能如下。

(1) Width:设置导线宽度。

(2) Layer:设置导线所在的层。

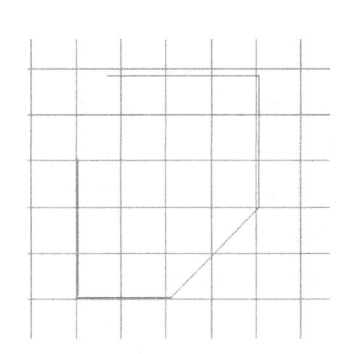

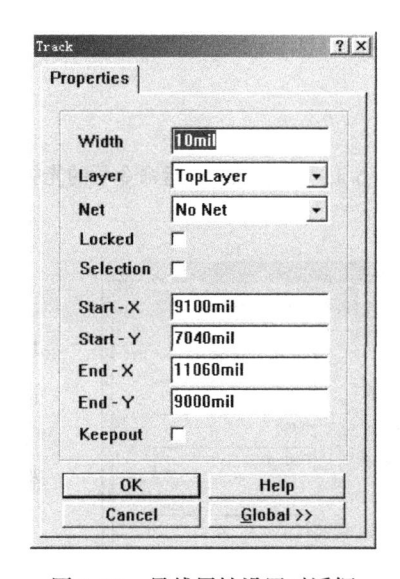

图6.9 绘制出一条导线 　　　图6.10 导线属性设置对话框

(3) Net:设置导线所在的网络。

(4) Locked:设置导线位置是否锁定。

(5) Selection:设置导线是否处于选取状态。

(6) Start-X:设置导线起点的X轴坐标。

(7) Start-Y:设置导线起点的Y轴坐标。

(8) End-X:设置导线终点的X轴坐标。

(9) End-Y:设置导线终点的Y轴坐标。

(10) Keepout:选中该复选框后,此导线具有电气边界特性。

3. 删除导线

单击要删除的导线，然后按 Delete 键；也可以执行"Edit\Delete"命令，光标变为十字形状，然后单击要删除的导线即可。

6.3.2 放置焊盘

1. 放置焊盘的步骤

（1）单击放置工具栏中的 ◉ 图标，或执行"Place\Pad"命令。

（2）执行命令后，光标变成了十字形状，而且在光标的中央粘有一焊盘，如图 6.11 所示。将光标移到所需的位置，单击鼠标左键，即可放置焊盘。

（3）将光标移到新的位置，按照上述步骤再放置其他焊盘，如图 6.12 所示。单击鼠标右键，光标变成箭头后，退出该命令状态。

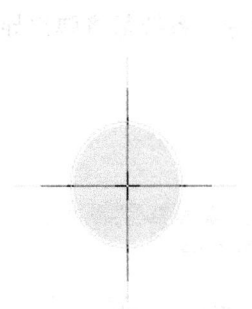

图 6.11 执行放置焊盘命令后的光标状态　　图 6.12 放置焊盘

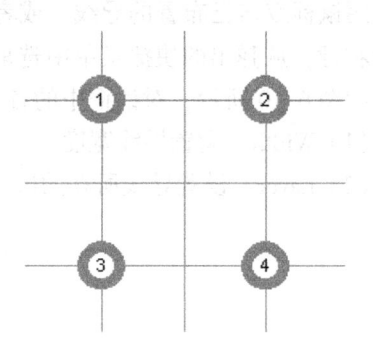

2. 设置焊盘属性

在焊盘没有放下时按 Tab 键或在已放下的焊盘上双击鼠标左键，都可以打开焊盘属性设置对话框，如图 6.13 所示。对话框中包括 3 个标签页，分别为"Properties"属性标签页、"Pad Stack"焊盘形状标签页和"Advanced"高级标签页。

（1）"Properties"属性标签页。

① Use Pad Stack：设置采用特殊焊盘，选择此复选框则本标签页中的以下 3 项将不用设置。

② X-Size：设置焊盘的 X 轴尺寸。

③ Y-Size：设置焊盘的 Y 轴尺寸。

④ Shape：设置焊盘形状。从右侧的下拉列表框可选择焊盘形状，系统提供了 3 种焊盘形状，即 Round（圆形）、Rectangle（正方形）和 Octagonal（八角形）。当选择 Round，而横纵向尺寸不同时，会出现椭圆形状。

⑤ Designator：设置焊盘序号。

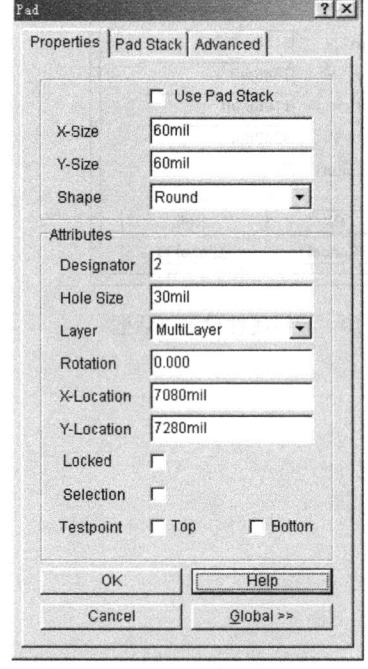

图 6.13 焊盘属性设置对话框

⑥ Hole Size：设置焊盘通孔直径。

⑦ Layer：设置焊盘所在层。针脚类元件设为多层，表面粘贴类元件设为顶层或底层。

⑧ Rotation：设置焊盘的旋转角度，对圆形焊盘没有意义。

⑨ X-Location：设置焊盘位置的 X 轴坐标。

⑩ Y-Location：设置焊盘位置的 Y 轴坐标。

⑪ Locked：设置是否锁定焊盘位置。选中表示在移动焊盘时将出现确认对话框，以免无意中错误移动。

⑫ Selection：设置此焊盘是否处于选取状态。

⑬ Testpoint：有 Top 和 Bottom 两个选项，如果选择了这两个复选框，则可以分别设置该焊盘的顶层或底层为测试点。

（2）"Pad Stack"焊盘形状标签页。在焊盘属性对话框中选中"Pad Stack"选项。"Pad Stack"标签页中共有 3 个区域，分别控制焊盘的顶层（Top）、中间层（Middle）和底层（Bottom）的尺寸形状。如图 6.14 所示，每个区域的选项都具有相同的 3 个设置项。

① X-Size：设置焊盘 X 轴尺寸。

② Y-Size：设置焊盘 Y 轴尺寸。

③ Shape：设置焊盘形状。从右侧的下拉列表框可选择焊盘形状，系统提供了 3 种焊盘形状，即 Round（圆形）、Rectangle（正方形）和 Octagonal（八角形）。

（3）"Advanced"高级标签页。"Advanced"高级标签页共有 3 个选项，如图 6.15 所示。

图 6.14　焊盘形状标签页　　　　图 6.15　焊盘高级标签页

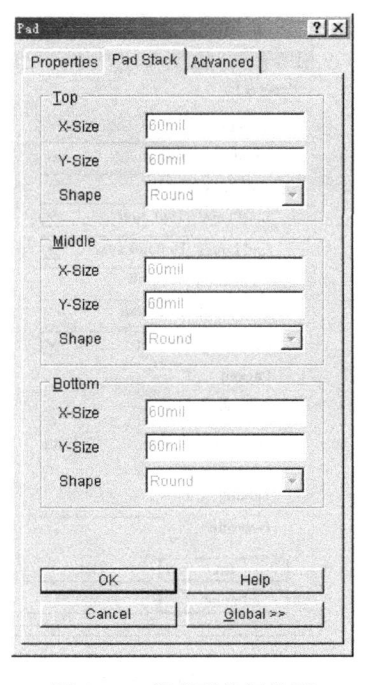

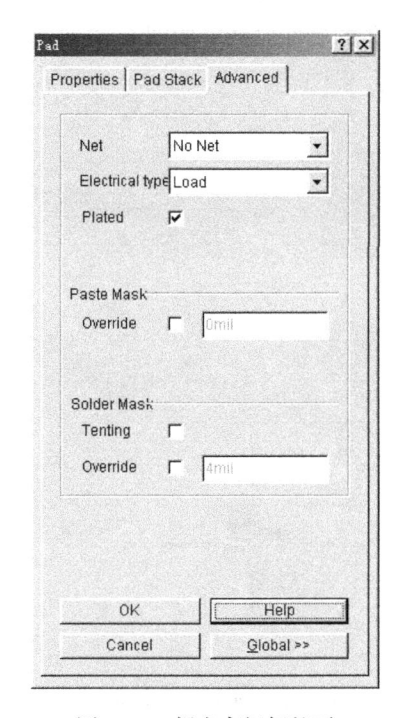

① Net：设置焊盘所在网络。单击右边的下拉式按钮，将列出现在印制电路板上的所有网络名称，选择即可。

② Electrical type：设置焊盘在网络中的电气属性，单击右边的下拉式按钮，将出现 Load（中间点）、Source（起点）和 Terminator（终点）3 个选项。

③ Plated：设置此焊盘是否将通孔的孔壁电镀，选中为是。

④ Solder Mask：设置焊盘助焊膜的属性，选择 Override 可设置助焊延伸值，这对于设置 SMT（贴片封装）式的焊点非常有用。如果选中 Tenting，则助焊膜是一个隆起，此时不能设置助焊延伸值。

⑤ Paste Mask：设置焊盘阻焊膜的属性，可以修改 Override 阻焊延伸值。

设置完成后，单击"OK"按钮即可。

6.3.3 放置过孔

1. 放置过孔的步骤

（1）单击放置工具栏中的 图标，或执行"Place\Via"命令。

（2）执行命令后，光标变成了十字形状，而且在光标的中央粘有一个过孔，如图 6.16 所示。将其移到所需的位置，单击鼠标，即可放置过孔。

（3）将光标移到新的位置，按照上述步骤即可放置多个过孔。

（4）单击鼠标右键，光标变成箭头后，退出该命令状态。

2. 设置过孔属性

在过孔没有放下时按"Tab"键，或在已放下的过孔上双击鼠标左键，都可以设置过孔的属性。过孔的属性对话框如图 6.17 所示。

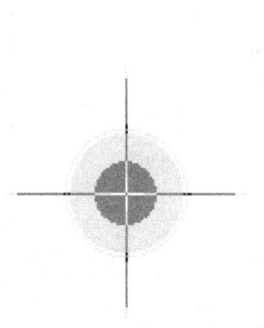

图 6.16　执行放置过孔命令后的光标状态 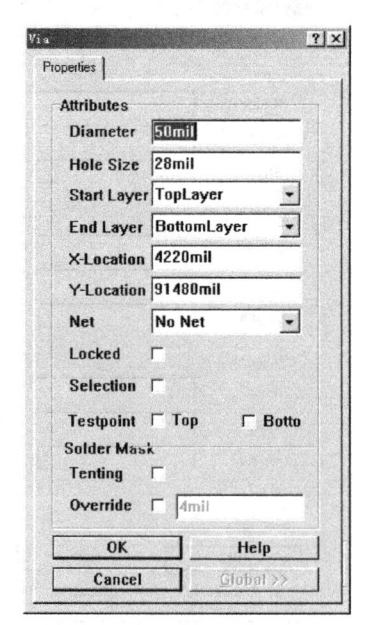　　图 6.17　设置过孔属性对话框

（1）Diameter：设置过孔直径。

（2）Hole Size：设置过孔的通孔直径大小。

（3）Start Layer：设置过孔从哪个信号板层开始放置。

· 132 ·

（4）End Layer：设置过孔到哪个信号板层终止放置。过孔如果从顶层到底层，则为穿透式过孔；从顶层（或底层）到中间信号层则为盲孔；从中间某层到中间其他层则为隐藏式过孔。

（5）X-Location：设置过孔位置的横坐标。

（6）Y-Location：设置过孔位置的纵坐标。

（7）Net：设置此过孔所在的网络。单击右边的下拉式按钮，将列出现在印制电路板上的所有网络名称，选择即可。

（8）Locked：设置是否锁定焊盘位置。选中表示锁定过孔的位置，在移动过孔时将出现确认对话框，以免无意中的错误移动。

（9）Selection：设置是否使该过孔处于选取状态。

（10）Testpoint：设置过孔的测试点在顶层或是底层。

（11）Solder Mask：设置过孔的助焊膜属性，可以选择 Override 设置助焊延伸值。如果选中 Tenting，则助焊膜是一个隆起，此时不能设置助焊延伸值。

设置完成后，单击"OK"按钮即可。

6.3.4 放置字符串

1. 放置字符串的步骤

（1）单击放置工具栏中的 **T** 图标。

（2）光标将变成十字形状，而且在光标上粘有一个默认的字符串，如图 6.18 所示。将鼠标移动到合适的位置，然后单击鼠标左键即可放置字符串。

（3）将光标移到新的位置，重复操作，即可在编辑区内放置多个字符串。

（4）单击鼠标右键，光标变成箭头后，退出该命令状态。

2. 设置字符串属性

默认字符串放置后，必须在属性对话框中输入其文字内容。在字符串没有放下时按 Tab 键，或在已放下的字符串上双击鼠标左键，都可设置字符串的属性。字符串的属性对话框如图 6.19 所示。

在该对话框中，可以对字符串的文字内容（Text）、高度（Height）、宽度（width）、字体（Font）、所在层面（Layer）、旋转角度（Rotation）、放置位置坐标（X-Location, Y-Location）等进行选择或设置。也可以选择镜像（Mirror）、锁定（Locked）、选择状态（Selection）等功能。字符串的文字内容既可以从下拉列表中选择，也可以直接输入。

字符串一般不具有任何电气特性，只起说明作用，所以经常放置在丝印层。如果放置到信号层，不要让其与导线相连，以防短路。

3. 旋转字符串

旋转字符串的方法如下：

（1）将光标移到字符串文字上单击鼠标左键，文字的右下角会出现一个小圆圈。

（2）将光标移至字符串文字的小圆圈上单击鼠标左键，光标会变成十字形状。移动鼠标，文字也会随之转动，如图 6.20 所示。

（3）在合适的位置，单击鼠标左键，完成文字的旋转。

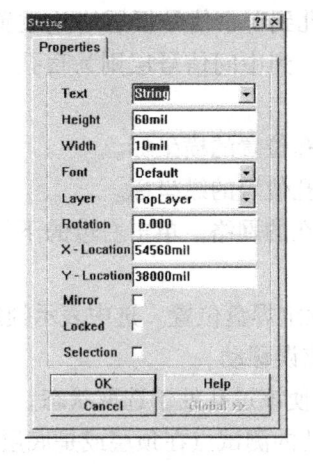

图 6.18　光标上粘有一个字符串　　图 6.19　设置字符串属性对话框　　图 6.20　旋转字符串

6.3.5　放置位置坐标

1. 放置位置坐标的步骤

（1）单击放置工具栏中的 图标，启动放置坐标命令。

（2）执行命令后，光标将变成十字形状，并带着当前位置的坐标出现在编辑区，如图 6.21 所示，随着光标的移动，坐标值也相应改变。

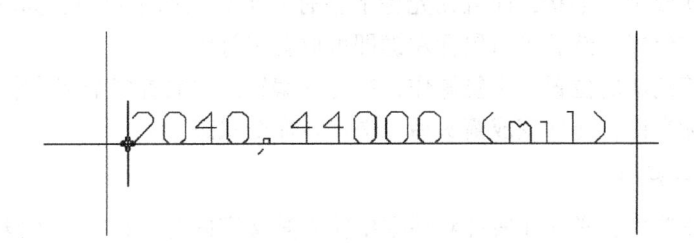

图 6.21　光标当前位置的坐标

（3）单击鼠标左键，把坐标放到相应的位置。

（4）用同样的方法放置其他坐标。

2. 设置坐标属性

在坐标没有放下时按 Tab 键，或在已放下的坐标上双击鼠标左键，都可设置坐标的属性。坐标的属性对话框如图 6.22 所示。

在对话框中，可以对坐标大小（Size）、文字的线宽度（Line Width）、单位的显示方式（Unit Style）、文字的高度（Text Height）、文字的宽度（Text Width）、文字的字体（Font）、文字所在的板层（Layer）、坐标文字的坐标值（X-Location, Y-Location）、锁定坐标位置（Locked）、选择状态（Selection）等进行选择或设置。

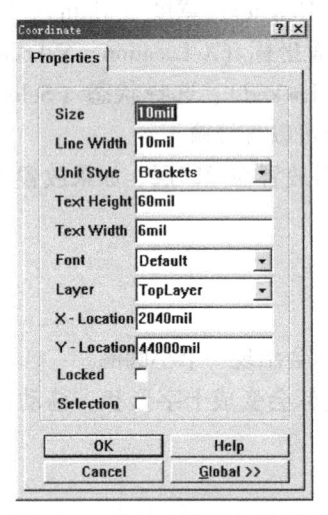

图 6.22　位置坐标属性对话框

光标当前所在位置的坐标放置在编辑区内是作参考用的，

不具有任何电气特性，所以一般放置在丝印层。

6.3.6 放置尺寸标注

在进行 PCB 设计时，有时需要标注某些尺寸的大小，以方便印制电路板的制造。尺寸标注不具有电气特性。

1. 放置尺寸标注的步骤

（1）用鼠标左键单击放置工具栏中的 图标，光标变为如图 6.23 所示的状态。

（2）移动光标到尺寸的起点，单击鼠标，便可确定标注尺寸的起始位置。

（3）移动光标，中间显示的尺寸随着光标的移动而不断发生变化，到合适的位置单击鼠标即可完成尺寸标注，如图 6.24 所示。

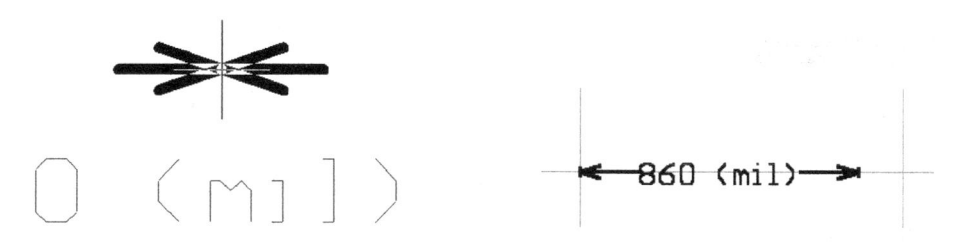

图 6.23　执行放置尺寸标注命令后的光标　　　图 6.24　完成的标注尺寸

（4）将光标移到新的位置，按照上述步骤，再放置其他标注。

（5）单击鼠标右键，光标变成箭头后，退出该命令状态。

2. 设置尺寸标注属性

在尺寸标注没有放下时按 Tab 键，或在已放下的尺寸标注上双击鼠标左键，都可设置尺寸标注的属性。尺寸标注的属性对话框如图 6.25 所示。

在该对话框中可以对尺寸标注的高度（Height）、文字的线宽度（Line Width）、单位的显示方式（Unit Style）、标注文字的宽度（Text Width）、文字字体（Font）、所在的板层（Layer）、起点坐标、终点坐标、锁定（Locked）和选择状态（Selected）等进行设置。

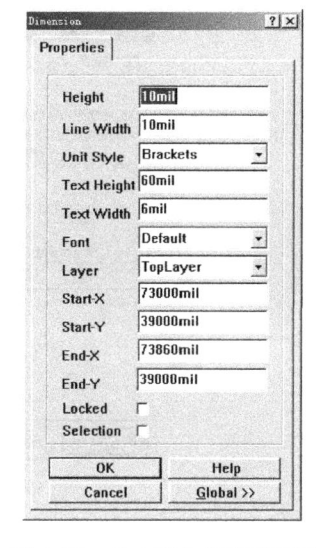

图 6.25　尺寸标注属性对话框

6.3.7 设置相对原点

在印制电路板设计系统中有两个原点：一个是系统原点，也就是绝对原点，位于设计窗口的左下角；另一个是相对原点，也就是在设计时为了方便定位而自行设置的坐标原点。在进行设计时，底部的状态栏指示的就是相对原点确定的坐标。在没有定义相对原点时，相对原点和绝对原点重合。

设置相对原点的具体步骤如下：

（1）单击工具栏中的 图标，或者执行"Edit\Origin\Set"命令。

（2）执行命令后，光标变成十字形状，将光标移到所需的位置，单击鼠标左键，即可放置相对原点。

若想恢复原来的坐标系，执行"Edit\Origin\Reset"命令即可。

6.3.8 放置房间定义

放置房间定义是在编辑区中绘制一个矩形，房间可以定义在顶层或底层，可以将元件定义在房间内或房间外，当移动房间时，房间内的实体也随之移动。房间定义可以设置为无效，也可以被锁定。

1. 放置房间定义的步骤

（1）单击放置工具条上的 ▨ 图标，或执行"Place\Room"命令，光标变成十字形状。

（2）在合适的位置单击鼠标左键确定房间定义起点，然后移动鼠标到合适位置，此时出现一个带控制点的矩形，可以根据需要确定其大小。

（3）再次单击鼠标左键，即可放置一个房间定义，如图6.26所示。

（4）单击鼠标右键，取消放置状态。

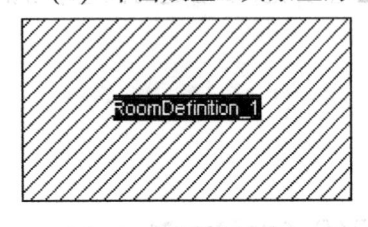

图6.26 放置房间定义

2. 设置房间定义规则

将光标移到该房间定义上双击鼠标左键，调出如图6.27所示的对话框。

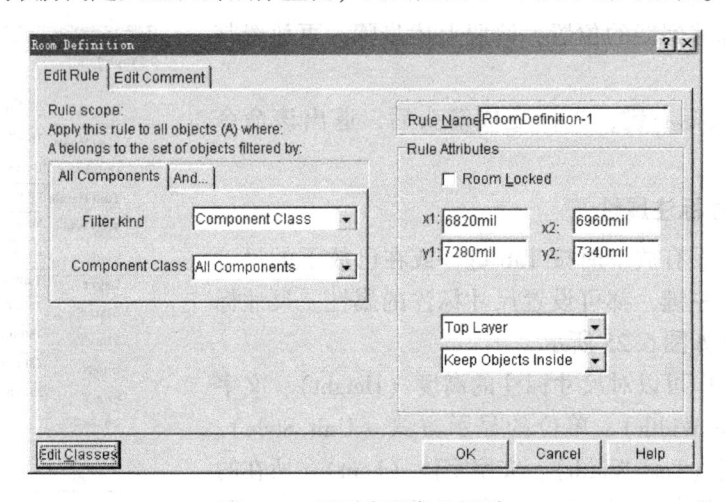

图6.27 设置房间定义规则

在此对话框的左边可以按照元件名称、封装形式或按类设置该区域的有效范围，在右边可以设置房间定义的规则名（Rule Name）、通过坐标值（x1/y1/x2/y2）设置该区域的大小、选择房间定义的位置是顶层（Top Layer）还是底层（Bottom Layer）以及设置有效范围内的元件是在区域内还是区域外（选择 Keep Object Inside 或 Keep Object Outside）。

设置完成后，单击"OK"按钮即可。

6.3.9 绘制圆弧或圆

Protel 99 SE 提供了3种绘制圆弧的方法（中心法、边缘法、角度旋转法）和1种绘制整圆的方法。

1. 边缘法 Arc（Edge）

边缘法是用来绘制90°圆弧的，它通过圆弧上的两点（起点和终点）来确定圆弧的大小。其绘制过程如下：

(1) 用鼠标左键单击放置工具栏中的 ![] 图标，或执行"Place\Arc（Edge）"命令。

(2) 执行该命令后，光标变成十字形，将光标移到所需的位置，单击鼠标左键，确定圆弧的起点。

(3) 然后再移动光标到适当位置单击鼠标左键，确定圆弧的终点。

(4) 单击鼠标左键确认，即可得到一个圆弧。如图6.28所示为使用边缘法绘制的圆弧。

2. 中心法 Arc（Center）

中心法绘制圆弧就是通过确定圆弧中心、圆弧的起点和终点来确定一个圆弧。它可以绘制任意半径和弧度的圆弧。其绘制过程如下：

(1) 用鼠标单击放置工具栏中的 ![] 图标，或执行"Place\Arc（Center）"命令。

(2) 执行该命令后，光标变成十字形，将光标移到所需的位置，单击鼠标左键，确定圆弧的中心。

(3) 将光标移到所需的位置，单击鼠标左键，确定圆弧的起点。

(4) 然后再移动光标到适当位置单击鼠标左键，确定圆弧的终点。

(5) 单击鼠标左键确认，即得到一个圆弧。如图6.29所示为使用中心法绘制的圆弧。

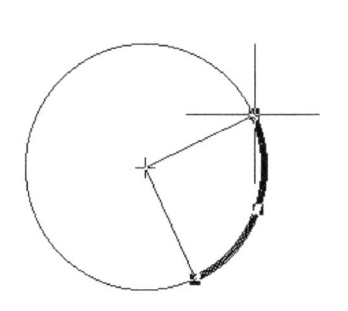

图6.28 边缘法绘制圆弧　　　　图6.29 中心法绘制圆弧

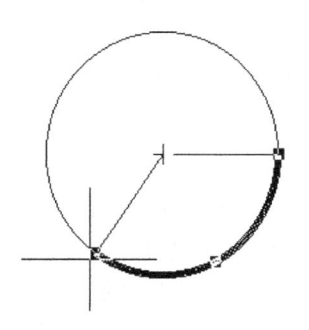

3. 角度旋转法 Arc（Any Angle）

角度旋转法可以任意角度绘制圆弧。其绘制过程如下：

(1) 用鼠标单击放置工具栏中的 ![] 图标，或执行"Place\Arc（Any Angle）"命令。

(2) 执行该命令后，光标变成十字形，将光标移到所需的位置，单击鼠标左键确定圆弧的起点。

(3) 然后再移动光标到适当位置单击鼠标左键，确定圆弧的终点。

(4) 单击鼠标左键确认，即可得到一个圆弧。

4. 绘制整圆（Full Circle）

(1) 用鼠标单击放置工具栏中的 ![] 图标，或执行"Place\Full Circle"命令。

(2) 执行该命令后，光标变成十字形，将光标移到所需的位置，单击鼠标左键，确定圆心，然后再单击鼠标左键，确定圆的大小，如图6.30所示。

(3) 单击鼠标右键，退出绘制整圆命令。

5. 编辑圆弧

如果对绘制的圆弧不满意，可以将光标移动到该圆弧上，双击鼠标左键，或单击鼠标右键，从快捷菜单中选取"Properties"命令，调出圆弧属性对话框，如图 6.31 所示。

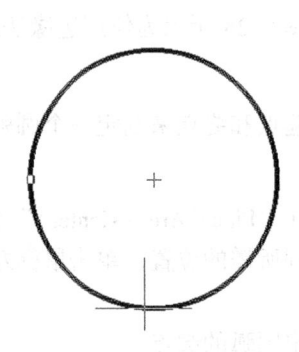

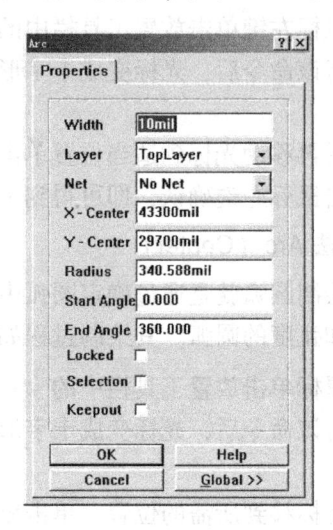

图 6.30　绘制的整圆　　　　图 6.31　圆弧属性对话框

在该对话框中，可以对以下参数进行设置。

(1) Width：设置圆弧的宽度。

(2) Layer：设置圆弧所放置的层的位置。

(3) Net：设置圆弧的网络层。

(4) X-Center 和 Y-Center：设置圆弧的圆心位置。

(5) Radius：设置圆弧的半径。

(6) Start Angle：设置圆弧的起始角。

(7) End Angle：设置圆弧的终止角。

(8) Locked：设置是否锁定圆弧。

(9) Selection：设置选择状态。

设置完成后，单击"OK"按钮即可。

6.3.10　放置矩形填充

填充一般用于制作 PCB 插件的接触表面，或者为了增强系统的抗干扰性而设置的大面积电源或地。填充如果用于制作接触表面，则放置填充的部分在实际的电路板上是一个裸露的覆铜区，表面没有绝缘漆；如果是作为大面积的电源或地，或者仅为器件、导线间抗干扰而用，则表面会涂上绝缘漆。

填充通常放置在 PCB 的顶层、底层或内部的电源/接地层上，放置填充的方式有两种：矩形填充（Fill）和多边形填充（Polygon Plane）。

下面介绍矩形填充的放置方法。

1. 放置矩形填充的步骤

(1) 用鼠标单击放置工具栏上的 ▭ 图标，或执行"Place\Fill"命令，此时光标变成十字形状。

（2）移动光标，依次确定矩形区域对角线的两个顶点，即可完成该区域的填充，如图 6.32 所示。

（3）单击鼠标右键或按 Esc 键即可退出命令状态。

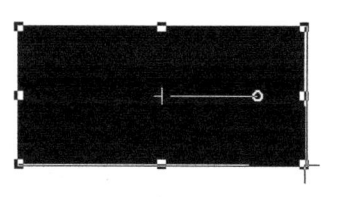

2. 改变矩形填充

图 6.32　放置矩形填充

改变矩形填充的具体方法为：在矩形填充上单击鼠标左键，矩形填充的中心会出现一个小十字形，其一边有个小圆圈，周边出现 8 个控制点，如图 6.32 所示。

（1）移动：在矩形填充的任何位置单击鼠标左键，光标都将自动移到矩形填充中心的小十字上，此时的光标会变成十字形，而且矩形填充会粘在光标上随之移动，在合适的位置，单击鼠标左键，放下矩形填充。

（2）旋转：在矩形填充的小圆圈上单击左键，光标会变成十字形。移动鼠标，矩形金属填充会随之转动，在合适的位置，单击鼠标左键，完成矩形填充的旋转。

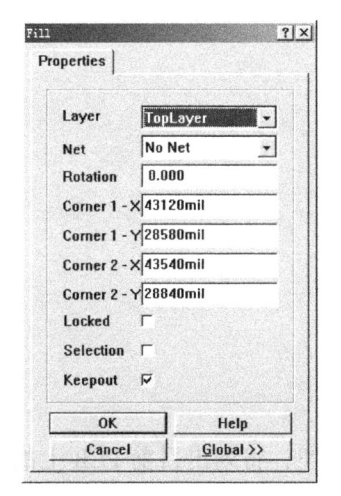

（3）修改大小：单击矩形填充四周出现的某个控制点，可以改变控制点所在边的位置，如果控制点在角上，则可同时改变两条边的位置。在合适的位置单击鼠标左键可修改矩形填充的大小。

3. 设置矩形填充属性

在矩形填充没有放下时按 Tab 键，或者用鼠标双击放下后的矩形填充，都可以设置矩形填充的属性。矩形填充属性对话框如图 6.33 所示。

在对话框中可以对矩形填充所处的板层（Layer）、连接的网络（Net）、旋转角度（Rotation）、两个角的坐标等参数进行设置。

图 6.33　矩形填充属性对话框

设置完毕后，单击"OK"按钮即可。

6.3.11　放置多边形填充

多边形填充也叫做放置敷铜，是为了提高电路板的抗干扰能力，将电路板中空白的地方铺满铜膜。

1. 放置多边形填充的步骤

放置多边形填充的操作步骤如下：

（1）单击放置工具栏中的 图标，或执行菜单命令"Place\Polygon Plane"，将出现如图 6.34 所示的设置多边形填充属性对话框。

① "Net Options" 网络选项区域。

- Connect To Net：设置填充连接的网络。单击右边的下拉式按钮，将列出目前 PCB 上的所有网络名称，选择即可。
- Pour Over Same Net：设置是否在填充的范围内遇到设置连接的网络时覆盖此网络。
- Remove Dead Copper：选中表示如果某一块铜膜无法连接到指定的网络，则删除它；如果不选，则不删除。

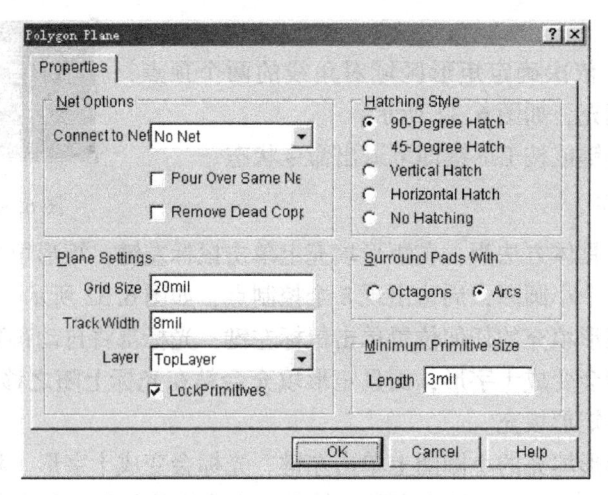

图 6.34 多边形填充属性对话框

② "Hatching style" 填充模式区域。
- 90-Degree Hatch：采用 90°线填充模式。
- 45-Degree Hatch：采用 45°线填充模式。
- Vertical Hatch：采用竖直线填充模式。
- Horizontal Hatch：采用水平线填充模式。
- No Hatch：采用不用线填充模式，即中空。

③ "Plane Setting" 填充板层设置区域。
- Grid Size：用于设置填充时的格点大小。
- Track Width：用于设置填充线的宽度。
- Layer：用于设置填充所在的板层，单击右边的下拉式按钮，将列出目前 PCB 上的所有板层名称，选择即可。
- Lock Primitives：不选表示将填充看做导线。

④ "Surround Pads With" 环绕焊盘方式区域。多边形填充有八角形（Octagons）和圆弧（Arcs）两种方式环绕焊盘。

⑤ "Minimum Primitive Size" 最小原始尺寸区域。其中的 Length 值设置填充敷铜线的最短限制。

（2）设置完对话框后，光标变成十字形，将光标移到所需的位置，单击鼠标左键确定多边形的起点。

（3）然后移动光标到其他位置，单击鼠标左键，依次确定多边形的其他顶点。

（4）在多边形终点处单击鼠标右键，程序会自动将起点和终点连接起来形成一个封闭的多边形区域，同时在该区域内完成金属填充，如图 6.35 所示。

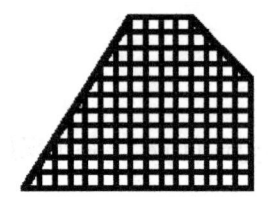

图 6.35 多边形填充

2. 矩形填充和多边形填充的区别

（1）矩形填充填充的是整个区域，没有任何遗留的空隙。多边形填充则是用铜膜线来填充区域，线与线之间是有空隙的。当然，如果将多边形填充的线宽值（Track Width）设置为大于或等于格点尺寸（Grid Size）的值，也可以获得与矩形填充相同的外观效果。

· 140 ·

(2) 矩形填充会覆盖该区域内的所有导线、焊盘和过孔，使它们具有电气连接关系，而多边形填充则会绕开区域内的所有导线、焊盘、过孔等具有电气意义的图件，不改变它们原有的电气连接关系。

6.3.12 放置切分多边形

切分多边形与多边形类似，不过它是用来切分内部电源层（Internal Plane）或接地层的，具体的方法如下：

(1) 用鼠标单击工具栏中的 图标，或执行"Place\Split Plane"命令。

(2) 执行此命令后，系统将会弹出如图6.36所示的设置切分多边形属性对话框。

(3) 设置完对话框后，光标变成十字形，将光标移到所需的位置，单击鼠标确定多边形的起点，然后再移动光标到适当位置单击鼠标，确定多边形的中间点。

(4) 在终点处右击鼠标，程序会自动将起点和终点连接在一起，形成一个封闭切分多边形平面，如图6.37所示。

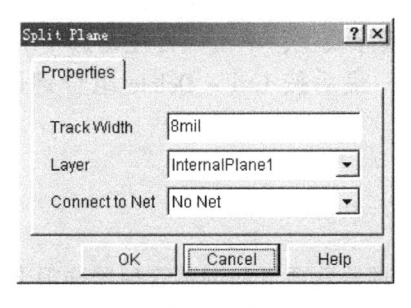

图6.36 切分多边形属性对话框

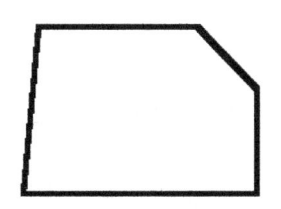

图6.37 切分多边形填充

放置切分多边形后，如果需要对其进行编辑，则可选中切分多边形，然后单击鼠标右键，从弹出的快捷菜单中选取"Properties"命令，或者双击坐标，系统也会弹出如图6.36所示的切分多边形属性编辑对话框。

注意：要设置切分多边形填充，必须事先设置内部电源或接地层，否则该命令不起作用。

下面介绍不在放置工具栏中的两种绘图工具。

6.3.13 补泪滴设置（Teardrops）

泪滴是指导线与焊盘或过孔的连接处逐步加大形成泪滴状，使其连接更为牢固，防止在钻孔时应力集中而使接触处断裂。泪滴焊盘和过孔形状可以定义为弧型或线型，可以对选中的实体，也可以对所有过孔或焊盘进行设置。放置泪滴的方法如下：

(1) 执行"Tools\Teardrop Options"菜单命令，调出放置泪滴对话框，如图6.38所示。

(2) 在对话框中的左边区域中指定选项，在右边的"Action"作用区域中选中"Add"，在"Teardrops Style"泪滴类型区域中选中任一项。

(3) 单击"OK"按钮，程序立即对所有焊盘和过孔

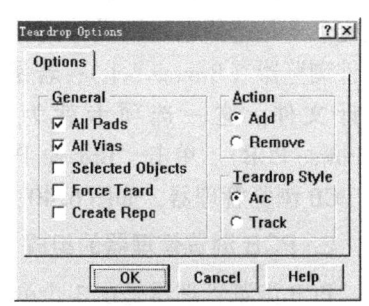

图6.38 放置泪滴对话框

· 141 ·

添加泪滴。若想取消泪滴，可以调出图6.38所示对话框，在右边的"Action"作用区域中选中"Remove"（删除）按钮，然后单击"OK"按钮即可。

6.3.14 放置屏蔽导线

为了防止导线间的相互干扰，而将某些导线用接地线包住，称为屏蔽导线（或包地）。一般来说，容易干扰其他线路的线路，或容易受其他线路干扰的线路需要屏蔽起来。放置屏蔽导线的方法是：

（1）执行"Edit\Select"命令，再选取"Net"（网络）命令或"Connected Copper"（连接导线）命令，将光标指向所要屏蔽的网络或连接导线上，单击鼠标左键选取。

（2）单击鼠标右键结束选取状态。然后执行"Tools\Outline Selected Objects"（屏蔽导线）命令，该网络或连接导线周围就放置了屏蔽导线。最后取消选取状态，恢复原来的导线。屏蔽导线的外形如图6.39所示。

取消屏蔽时，执行"Edit\Select\Connected Copper"命令，将光标移至屏蔽导线上，单击鼠标左键选中屏蔽导线，然后单击鼠标右键，最后按Ctrl+Delete组合键即可取消屏蔽。

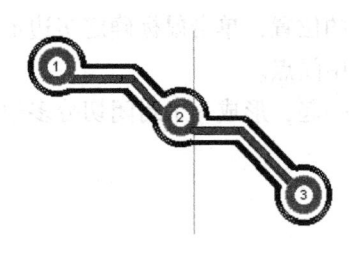

图6.39 屏蔽导线的外形

6.4 PCB浏览管理器

Protel 99 SE的设计管理器是由Explorer文档管理器选项卡和浏览管理器选项卡组成的。Explorer选项卡负责管理所编辑的专题数据库中所有的设计文件。用户可通过文件管理器对这些设计文件进行浏览、打开、切换等操作。设计管理器中的浏览管理器选项卡负责管理当前电路板图中的各种PCB元件、网络及元件库。用户可在其中操作元件库、浏览工作区里的图件。设计管理器面板可通过执行"View\Design Manager"菜单命令来显示。

6.4.1 PCB浏览管理器概述

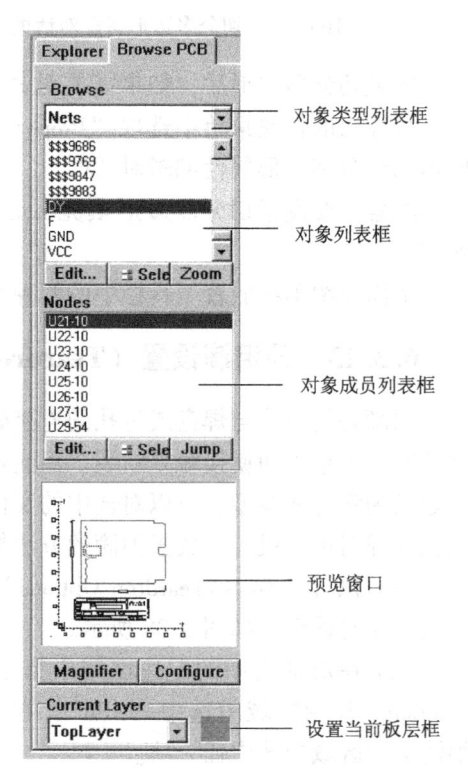

1. 启动PCB浏览管理器

PCB浏览管理器根据当前所编辑的设计文件来确定。若是选择电路图设计文件，这一选项卡就为图件浏览器（Browse Sch）；若是新建或选择电路板设计文件，这一选项卡就为PCB浏览管理器（Browse PCB）。单击"Browse PCB"标签，即可进入PCB浏览管理器，如图6.40所示。

2. PCB浏览管理器的组成

PCB浏览管理器是由3个列表框、一个预览窗口和一个当前板层框组成的，如图6.40所示。

图6.40 PCB浏览管理器

（1）对象类型列表框：此列表框为下拉式列表框，用户可以在其中选择浏览对象的类型。可浏览的对象类型有 Net（网络）、Components（元件）、Libraries（元件封装库）、Net Classes（网络类）、Component Classes（元件类）、Violations（违规元件）及 Rules（规则）。

（2）对象列表框：在对象类型列表框中选择浏览的对象类型后，对象列表框列出所选类型的所有对象。

（3）对象成员列表框：该列表框列出了被选中对象的组成成员。如果选中某一元件，则在该列表框中列出了这一元件的所有焊盘名称；如果选中某一网络，则列出组成这一网络的各个节点。

（4）预览窗口：预览所选中的 PCB 对象。

（5）设置当前板层框：该框可以设置当前板层，同时可以看出当前板层的颜色。

6.4.2 PCB 浏览管理器的使用

使用 PCB 浏览管理器时，首先要在对象类型列表框中选择管理对象的类型，然后进行对象的浏览与管理。单击列表框右边的下拉式按钮，打开如图 6.41 所示的下拉式列表，在这个列表中，可选择要管理的对象类型。

1．网络对象的管理

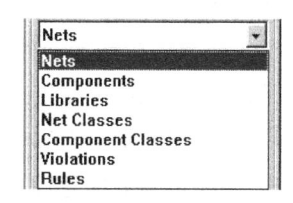

图 6.41 对象类型列表框

（1）设置网络属性。设置网络属性的具体步骤如下：

① 在对象类型列表框中，选择"Nets"类型选项。

② 在对象列表框中，选择需要编辑的网络，再单击该栏下的"Edit"按钮，或直接双击要编辑的网络名称，就会弹出如图 6.42 所示的对话框。

③ 在网络属性对话框中，可以修改网络名（Net Name）以及颜色（Color），若选中"Hide"复选框，可以隐藏该网络。

④ 设置完毕后，单击"OK"按钮即可。

（2）亮显所选取的网络。为方便查看 PCB 网络的组成，可以亮显网络。亮显网络的方法是：在对象列表框中，先选择某个网络对象，然后用鼠标左键单击该栏下的"Zoom"按钮，工作区中就会尽可能大地显示所选取的网络，并且高亮（黄色）显示该网络，如图 6.43 所示。

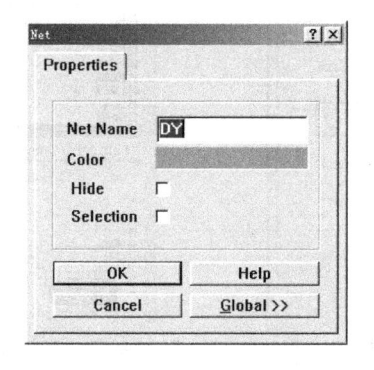

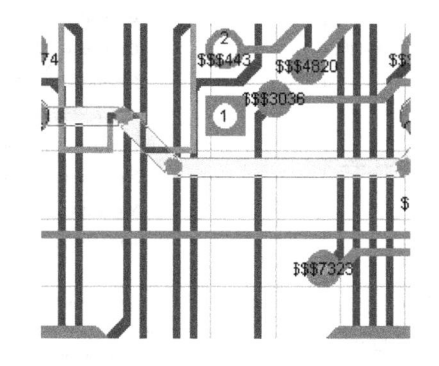

图 6.42 网络属性对话框　　图 6.43 高亮显示所选取的网络

（3）快速定位焊盘。先选择某个节点焊盘，然后用鼠标左键单击对象成员列表框中的"Jump"按钮，工作区中就会尽可能大的显示该焊盘，并且高亮显示，这样就可以快速找到某一焊盘。

(4) 预览所选网络。在对象列表框中，选择某个网络，则预览窗口中将显示被选择的网络。它可以反映出该网络的形状及其在电路板中的大致位置，如图 6.44 所示。

2．元件对象的管理

(1) 修改元件属性。修改元件属性的具体步骤如下：

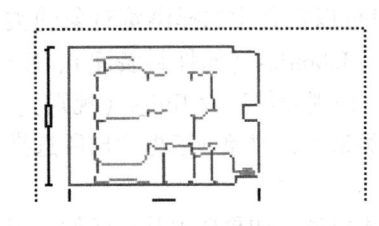

图 6.44 预览窗口

① 在对象类型列表框中，选取"Components"选项，则在对象列表框中，显示电路板图中的所有元件名称，如图 6.45 所示。

② 在对象列表框中，选择要编辑的元件，单击"Edit"按钮，或者直接双击要编辑的元件名称，进入如图 6.46 所示的元件属性对话框。

③ 在该对话框中，可以设置元件的属性。

④ 设置完成后，单击"OK"按钮即可。

(2) 快速定位所选元件。在对象列表框中，先选中某个元件，然后用鼠标左键单击该列表框下面的"Jump"按钮，则所选定的元件被放大显示，并且呈高亮（黄色）状态，这样，就可以快速定位被选中的元件。

3．网络类对象的管理

网络类是电路板图中某些网络的集合。利用 PCB 浏览管理器可以对网络类中的网络进行改名、增加及删除操作。

在对象类型列表框中，选择"Net Classes"选项，则当前电路板图中的所有网络类都显示在对象列表框中，如图 6.47 所示。其中"All Nets"网络类是 Protel 99 SE 自动为每个 PCB 图创建的，是不能编辑的。而其他的网络类都是自定义的，可以进行编辑修改。

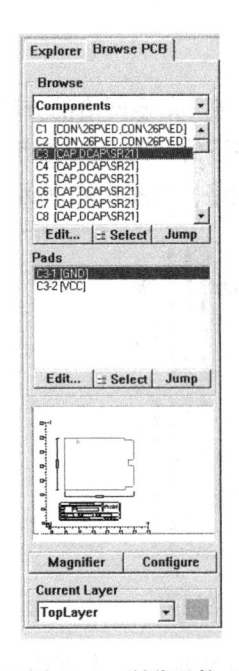

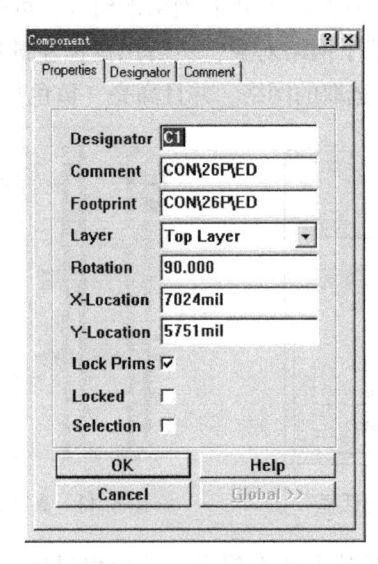

图 6.45 浏览元件　　　　图 6.46 元件属性对话框　　　　图 6.47 浏览网络类

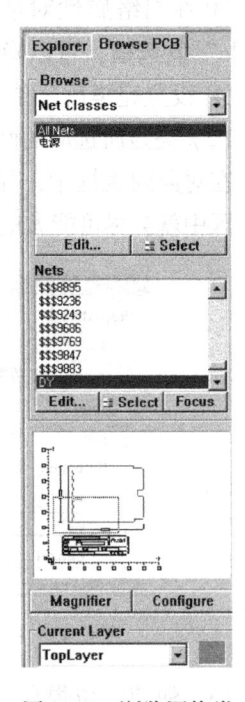

（1）创建网络类。创建网络类的具体步骤如下：

① 执行菜单命令"Design\Classes"，进入如图 6.48 所示的类管理对话框。在该对话框中显示当前电路板图中所有的网络类。

② 用鼠标左键单击对话框中的"Add"按钮，进入如图 6.49 所示的编辑网络类对话框。在其中的"Name"对话框中，输入新建网络类的名称。在"Non-Members"列表框中，选择当前电路板图中的一些网络。

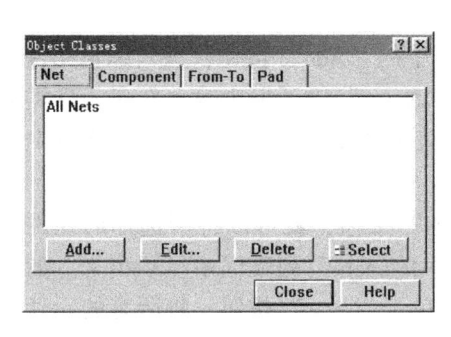

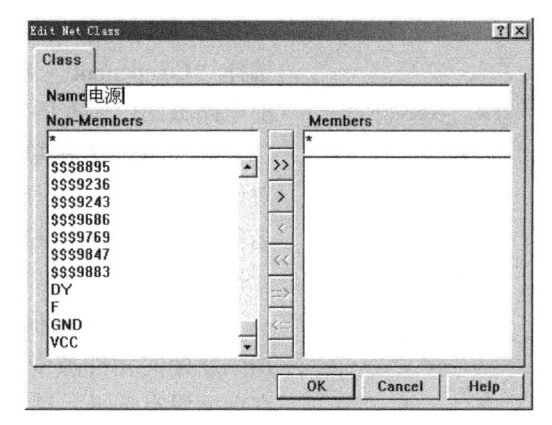

图 6.48　类管理对话框　　　　　　　　图 6.49　编辑网络类对话框

③ 单击该对话框中的"＞"按钮，就可以将所选择的网络添加到新建的网络类中，并在"Members"列表框中显示出来。如果在前面没有选择网络，则可以单击"＞＞"按钮，将所有的网络添加到新建网络类中。

若想把某些网络从当前的网络类中移去，则在"Members"列表框中选择它们，然后单击该对话框中的"＜"或"＜＜"按钮即可。

④ 单击"OK"按钮，关闭编辑网络类对话框。

⑤ 单击"Close"按钮，关闭类管理对话框。

（2）删除网络类。删除网络类的具体步骤如下：

① 执行菜单命令"Design\Classes"，进入图 6.48 所示的类管理对话框。

② 在该对话框中，选择一个要删除的网络类，然后单击"Delete"按钮。

③ 最后单击"Close"按钮即可删除。

（3）网络类的编辑。编辑自定义网络类的操作步骤如下：

① 在对象类型列表框中，选择"Net Classes"选项。

② 在对象列表框中，选择一个要编辑的网络类，单击"Edit"按钮，或者双击该网络类，进入如图 6.49 所示的对话框进行编辑修改。

③ 单击"OK"按钮，关闭对话框即可结束网络类的编辑。

（4）亮显网络。为方便对某个网络进行定位，可以亮显该网络，其方法是：在对象成员列表框中，选择一个网络，单击该列表中的"Focus"按钮，即可高亮（黄色）显示所选择的网络。

4. 元件类对象的管理

元件类是电路板图中某些元件的集合。利用 PCB 浏览管理器可以对元件类中的元件进行改名、增加及删除操作。

· 145 ·

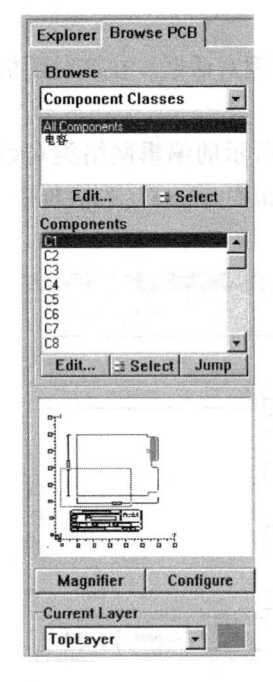

在对象类型列表框中，选择"Component Classes"选项，则当前电路板图中的所有元件类都显示在对象列表框中，如图 6.50 所示。其中，All Components 元件类是 Protel 99 SE 自动为每个 PCB 图创建的，是不能编辑的，而其他的元件类都是自定义的，可以进行编辑。

（1）创建元件类。创建元件类的具体步骤如下：

① 执行菜单命令"Design\Classes"，进入类管理对话框，然后选择"Component"选项卡，如图 6.51 所示。在该选项卡中显示当前电路板图中所有的元件类。

② 用鼠标左键单击对话框中的"Add"按钮，进入编辑元件类对话框，如图 6.52 所示。在"Name"对话框中输入新建元件类的名称。在"Non-Members"列表框中选择一些当前电路板图中的元件。

③ 单击该对话框中的"＞"按钮，就可以将所选择的元件添加到新建的元件类中，并在"Members"列表框中显示出来。如果在前面没有选择元件，则可以单击"＞＞"按钮，将所有的元件添加到新建元件类中。若想把某些元件从当前的元件类中移去，则在"Members"列表框中选中它们，然后单击该对话框中的"＜"或"＜＜"按钮即可。

图 6.50 浏览元件类

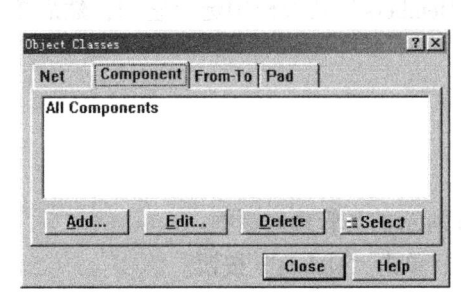

图 6.51 类管理对话框

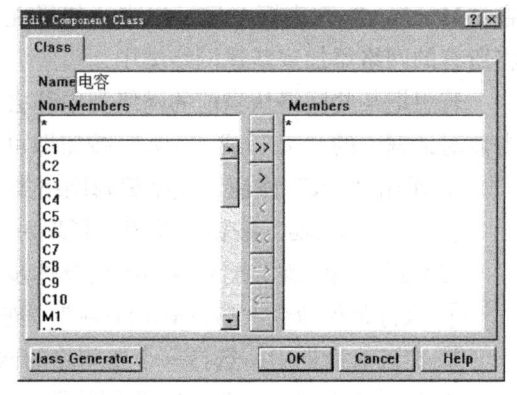

图 6.52 编辑元件类对话框

④ 单击"OK"按钮，关闭编辑元件类对话框。

⑤ 单击"Close"按钮，关闭类管理对话框。

（2）删除元件类。删除元件类的具体操作步骤如下：

① 执行菜单命令"Design\Classes"，进入类管理对话框，然后选择"Component"选项卡，如图 6.51 所示。

② 该对话框中，选择一个要删除的元件类，单击"Delete"按钮。

③ 最后单击"Close"按钮即可删除。

（3）元件类的编辑。编辑自定义元件类的步骤如下：

① 在对象类型列表框中选择"Component Classes"选项。

② 在对象列表框中选择一个要编辑的元件类，单击"Edit"按钮，或者双击该元件类，进入如图 6.52 所示的编辑元件类对话框，进行元件类的编辑修改。

③ 单击"OK"按钮，关闭对话框即可结束元件类的编辑。

（4）快速定位元件。在对象成员列表框中，选择一个元件，单击该列表中的"Jump"按钮，便可使所选择的元件放大显示，且呈高亮状态，以达到快速定位该元件的目的。

5. 查看违规

查看违规的具体步骤如下：

（1）在对象类型列表框中，选择"Violateions"选项，则当前 PCB 图中违规的类型显示在对象列表框中，如图 6.53 所示。

（2）在对象列表框中选择一种违规类型，成员列表框中就会显示该种类型的所有违规内容。

（3）如果要看某个违规错误的详细说明，则在对象成员列表框中，选择一个违规，单击该列表框中的"Details"按钮，系统将弹出如图 6.54 所示的对话框。在这个对话框中，详细说明了这个违规是违反了什么规则，并说明了违规的图件。若想闪亮显示违规处，则单击对话框下方的"Highlight"按钮；若想放大显示违规处，则单击对话框下方的"Jump"按钮。

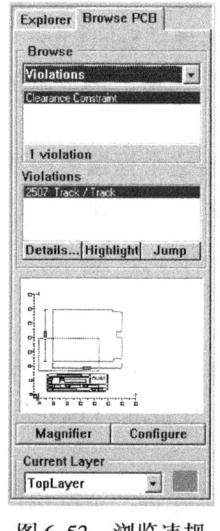

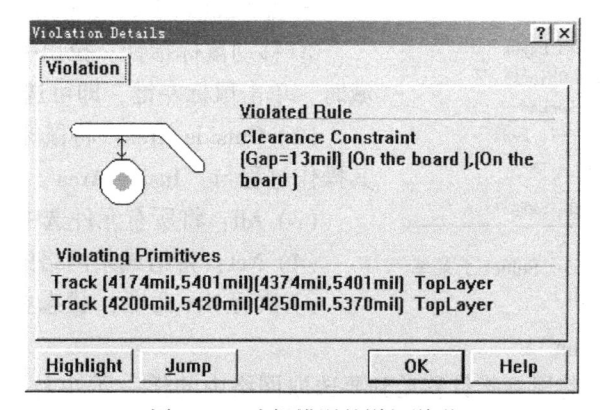

图 6.53 浏览违规　　　　图 6.54 违规错误的详细说明

（4）单击对话框中的"OK"按钮，关闭窗口。

PCB 浏览管理器还可以对元件封装库和规则进行管理，这里不再详细介绍。

6.5 手工布局

手工布局就是以手工的方式对放置在 PCB 图中的元件进行位置调整、重新排列，使每个元件处于适当的位置。手工布局适合由分立元件组成的小规模、低密度的 PCB 图的设计。它实际上就是对元件进行排列、移动、旋转、复制和删除等操作。

6.5.1 选取元件

在手工调整元件的布局前，应该选中元件，然后才能进行元件的排列、移动、旋转、翻转等操作。选取元件的方法有以下 3 种。

1. 直接选取元件

直接选取元件的方法为：按住 Shift 键，单击某个元件，即可选取这个元件，被选取的元件呈现高亮度。如果单击的位置叠放了多个元件，则会出现一个列表，要求用户在其中选择所要选取的元件。

如果要取消选取，则按住 Shift 键，单击某个已被选取的元件（高亮度），即可去除该元件的选取状态，使该元件不再呈现高亮度。

2. 画框选取元件

移动鼠标指针到所要选取元件的一角，按住鼠标左键，移动鼠标，拉出一个方框，使方框包围所要选取的元件，松开鼠标左键即可选取框内的元件，被选取的元件呈现高亮度。画框选取元件时，只有整体在框内的元件才会被选取。

3. 用菜单命令选取元件

选取对象的菜单命令为"Edit\Select"，如图 6.55 所示。这个子菜单有以下多项命令。

（1）Inside Area：将鼠标拖动的矩形区域中的所有元件选中。其操作过程如下：

① 执行 Inside Area 命令，状态栏出现"Select first Corner"；

② 将鼠标指针移到所选区域的一个角落，单击鼠标左键，状态栏出现"Select Second Corner"。

③ 移动鼠标指针，拉出一个框，当这个框覆盖所要选取的区域时，单击鼠标左键，即可选中区域内的所有元件。

（2）Outside Area：将鼠标拖动的矩形区域外的所有元件选中。其操作过程与"Inside Area"命令操作相同。

（3）All：将所有元件选中。

（4）Net：将组成某网络的元件选中。其操作过程如下：

① 执行 Net 命令，状态栏中出现"Choose Electrical Object or Connection"。

② 将鼠标指针移动到要选取网络中的任一元件上，单击鼠标左键，选取该网络，被选取的网络焊盘及铜膜线将变为高亮度（黄色）。

用同样的方法还可以继续选取其他网络。单击鼠标右键或按 Esc 键结束。

如果要选取的网络很难查找，则可在执行"Net"命令后，单击任意空白处，屏幕将出现如图 6.56 所示的选取网络对话框。在此对话框中输入所要选取的网络名称，再单击"OK"按钮即可选取该网络。

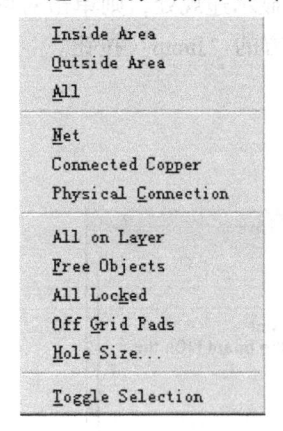

图 6.55 Select 子菜单

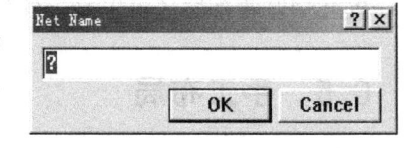

图 6.56 选取网络对话框

（5）Connected Copper：通过敷铜的对象来选定相应网络中的对象。执行该命令后，如果选中某条走线或焊盘，则该走线或者焊盘所在的网络对象上的所有元件均被选中。被选中的对象将变为高亮度。

（6）Physical Connection：表示通过物理连接来选中对象。

（7）All on Layer：选定当前工作层上的所有对象。

（8）Free Objects：选取所有自由对象，即不与电路相连的任何对象，包括独立的焊盘、过孔、线段圆弧、文字及填充区。

（9）All locked：选取所有锁定的对象。

(10) Off Grid Pads：选取所有不在栅格点上的焊盘。

(11) Hole Size：选取指定钻孔直径的过孔和焊盘。执行此命令后，系统将弹出如图 6.57 所示的对话框，输入所选取的孔径，其范围为 1~255mil。该对话框中还有 3 个复选框，其含义如下：

① Include Vias：表示选中所有满足条件的过孔。

② Include Pads：表示包括所有焊盘。

③ Deselect All：表示选定对象之前，先释放所有已选定的对象。

单击"OK"按钮，则符合此孔径的焊盘和过孔将被选中。

(12) Toggle Selection：切换元件选取状态。当要改变某个元件的选取状态时，执行此项命令，状态栏中显示"Chang Any Object"，此时单击要切换的元件，则该元件的选取状态被改变，由被选取变为不被选取，或由不被选取变为被选取。

要想取消该操作可单击鼠标右键或按"Esc"键。

释放对象的菜单命令为"Edit\Deselect"。如图 6.58 所示，这些操作都是消除元件的选取状态，与对应的选取命令功能相反。

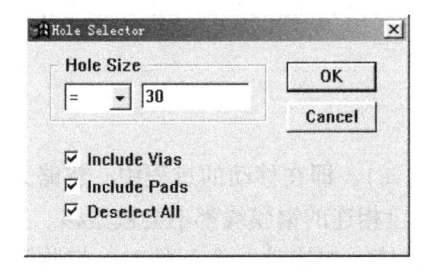

图 6.57 选取指定钻孔直径对话框

图 6.58 Deselect 子菜单

另外，还可以利用向导选取方式来选取实体。这种向导执行"Edit\SelectionWizard"命令，可引导用户建立一种具有复杂条件的选取。通过自定义的一组条件，快速地选取不同类型的实体。

6.5.2 点取实体及编辑

1. 点取实体

点取实体的方法是：将鼠标指针指向某个实体，并且单击鼠标左键。当该实体出现控点时即被点取。拖动这些控点可改变这些实体的外形、大小、旋转角度等。

2. 编辑点取实体

下面以图 6.59 所示铜膜导线为例说明如何编辑点取的实体，具体步骤如下：

(1) 单击要编辑的铜膜线，使其出现 3 个控点，即点取该铜膜线，如图 6.59 所示。

(2) 再单击铜膜线上的中间控点，即拾取该控点，如图 6.60 所示。

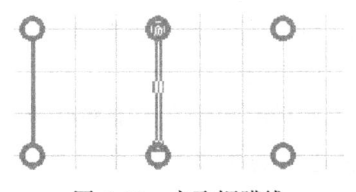

图 6.59 点取铜膜线

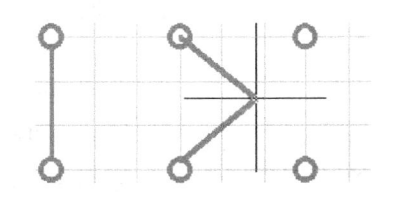

图 6.60 拾取中间控点

(3) 移动鼠标指针到目标位置，单击鼠标左键，即可将该控点重新定位，如图 6.61 所示，这时铜膜线的形状就发生了改变。

另外，如果点取铜膜线两端的控点，就可以改变整条线段的长度及旋转角度等属性。

(4) 当调整完毕后，可以点取别的实体或单击电路板图中的空白区域，退出该点取状态。

此外，单击处于点取状态的实体的除控点以外的任何位置，移动鼠标指针到目标位置，再单击鼠标即可移动该实体，如图 6.62 所示。

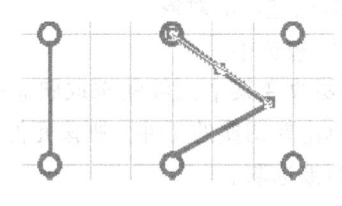

图 6.61 拖动中间控点　　　　图 6.62 移动铜膜线

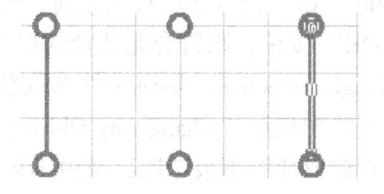

如果要删除点取的实体，可按"Delete"键。

注意：元件封装和敷铜不可被点取；复制、剪切、粘贴和清除操作不可作用于被点取的实体。

6.5.3 元件的移动

元件的移动有两种形式：一种是搬移（Move），即在移动的过程中，忽略元件的原有电气连接。如搬移一个元件时，所有与该元件焊盘相连的铜膜线都不会被搬移。另一种是拖动（Drag），即在移动过程中，保持原有的电气连接。如拖动一个元件时，与此元件焊盘相连的铜膜线也会跟着被拖动。

1. 搬移元件（Move）

搬移元件的方法有两种：直接鼠标搬移元件和执行搬移命令。

(1) 直接鼠标搬移元件。这种移动方法不够精确，但很方便。直接鼠标搬移元件的步骤是：

① 选取要搬移的单个或多个元件，将鼠标指针指向被选取的元件。

② 按住鼠标左键，移动鼠标，选取的元件会跟着移动。

③ 当移到目标位置时，松开鼠标左键，元件就被移到新位置。

(2) 执行搬移（Move）命令。搬移元件可利用"Edit/Move"子菜单，如图 6.63 所示，子菜单中各个移动命令的功能如下：

① Move：搬移元件。

② Drag：拖动元件。

③ Component：该命令的功能与上述两个命令的功能一样，也是实现元件的移动，操作方法类似。

④ Re-Route：对移动后的元件重新生成布线。

⑤ Break Track：打断某些导线。

⑥ Drag Track End：选取导线的端点为基准移动元件对象。

⑦ Move Selection：将选中的多个元件移动到目标位置，该命令必须在选中元件（可以选中多个）后才能有效。

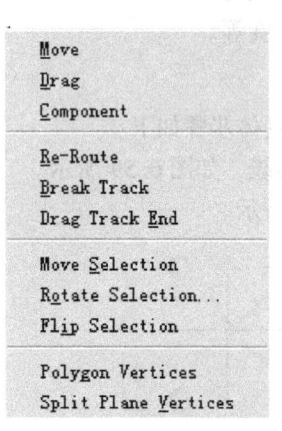

图 6.63 Move 子菜单

⑧ Rotate Selection：旋转选中的对象，执行该命令必须先选中元件。

⑨ Flip Selection：将所选对象翻转 180°。

搬移元件可利用"Edit/Move"子菜单中的"Move"命令，具体过程是：

（1）执行该命令后，将鼠标指针指向要搬移的元件。

（2）单击鼠标左键，使元件处于浮动状态，移动鼠标指针到目标位置，再单击鼠标左键，完成该元件的搬移。

（3）如果不想再搬移其他元件，可单击鼠标右键或按"Esc"键。

2. 拖动元件及实体（Drag）

拖动元件及实体有两种方法：直接用鼠标拖动元件和执行拖动命令。

（1）直接用鼠标拖动实体。

① 先点取要拖动的实体（用鼠标指针指向某个实体，并单击），处于点取的实体会出现控点。

② 单击该实体的非控点部分，移动鼠标，则该实体就会被拖动，而且与其相连的实体也跟着移动，保持原有的电气连接。

③ 移动到适当位置，再次单击左键，即可使该实体定位。

（2）执行拖动（Drag）命令。利用"Edit/Move"子菜单中的"Drag"命令实现元件的拖动，其过程与"Move"命令完全一样，此处不再介绍。

6.5.4 旋转元器件

旋转元器件可通过菜单或鼠标操作来实现。

1. 执行菜单命令

（1）任意角度的旋转。实现任意角度旋转的过程是：

① 先选定需要旋转的元件或实体。

② 执行"Edit\Move\Rotate Selection"菜单命令，出现如图 6.64 所示的对话框。

③ 输入旋转角度（输入正角，逆时针旋转；输入负角，顺时针旋转）。单击"OK"按钮，光标变成十字形。

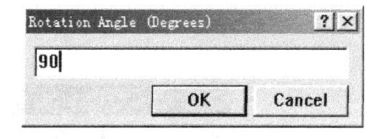

图 6.64 旋转对话框

④ 将光标移动到旋转中心，然后单击鼠标左键，该元件封装就会以这个点为中心，以设置的角度进行旋转。

（2）水平翻转。实现水平翻转的过程是：

① 选定要翻转的元件或实体。

② 执行菜单命令"Edit\Move\Rotate Selection"，此时选定的元件或实体就以它们构成的区域中心为对称轴做水平翻转。

2. 鼠标操作法

用鼠标旋转元件的过程如下：

（1）先将鼠标指针指向要旋转的元件，按住鼠标左键，此时鼠标指针变为十字形。

（2）按空格键即可调整元件的方向。按 X 键，可进行水平翻转；按 Y 键，可进行垂直翻转。

6.5.5 排列元件

排列元件可以通过执行"Tools\Interactive Placement"子菜单的相关命令来实现，该子菜单有多种排列方式，如图6.65所示；也可以通过从如图6.66所示的"Component Placement"（元件布置）工具栏中选取相应的图标来排列元件。

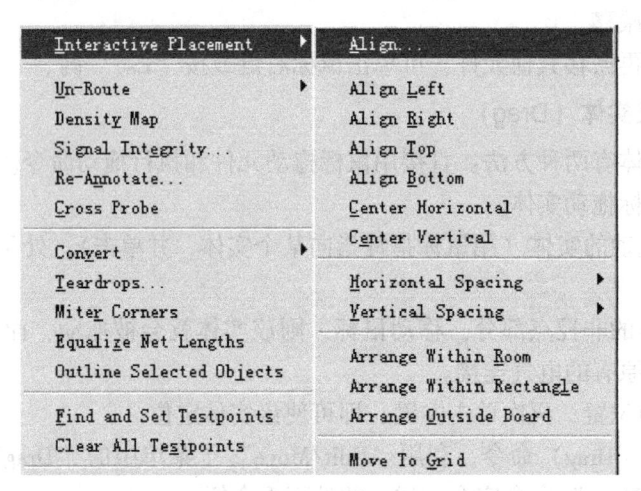

图6.65 排列元件子菜单

排列元件子菜单中的主要命令如下。

（1）Align：选取该项将弹出如图6.67所示的对话框，该对话框列出了多种对齐方式。该命令也可以通过在工具栏上选择图标 来激活。对齐方式有以下两种。

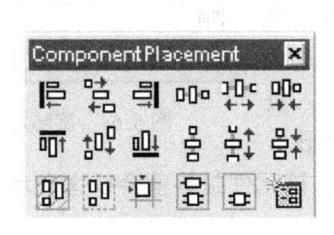

图6.66 元件布置工具栏　　图6.67 对齐元件对话框

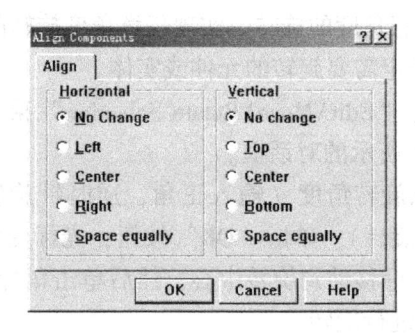

① 左边"Horizontal"区域是水平对齐的各种方式。
- No Change：不改变选取元件的排列。
- Left：将选取的元件向最左边的元件对齐。
- Center：将选取的元件按元件的水平中心线对齐。
- Right：将选取的元件向最右边的元件对齐。
- Space equally：将选取的元件水平平铺，相应的工具栏图标为 。

② 右边"Vertical"区域是垂直对齐的各种方式。
- No Change：不改变选取元件的排列。
- Top：将选取的元件向最上面的元件对齐。

- Center：将选取的元件按元件的垂直中心线对齐。
- Bottom：将选取的元件向最下面的元件对齐。
- Space equally：将选取的元件垂直平铺，相应的工具栏图标为 [图标]。

选择对齐方式后，单击"OK"按钮。

（2）Align Left：将被选元件与最左边的元件对齐，相应的工具栏图标为 [图标]。

（3）Align Right：将被选元件与最右边的元件对齐，相应的工具栏图标为 [图标]。

（4）Align Top：将被选元件与顶部的元件对齐，相应的工具栏图标为 [图标]。

（5）Align Bottom：将被选元件与底部的元件对齐，相应的工具栏图标为 [图标]。

（6）Center Horizontal：将被选元件按元件的水平中心线对齐，相应的工具栏图标为 [图标]。

（7）Center Vertical：将被选元件按元件的垂直中心线对齐，相应的工具栏图标为 [图标]。

（8）Horizontal Spacing 子菜单中有以下 3 个命令选项。

① Make Equal：将被选元件水平平铺，相应的工具栏图标为 [图标]。

② Increase：增大被选元件的水平间距，相应的工具栏图标为 [图标]。

③ Decrease：减小被选元件的水平间距，相应的工具栏图标为 [图标]。

（9）Vertical Spacing 子菜单中有以下 3 个命令选项。

① Make Equal：将被选元件垂直平铺，相应的工具栏图标为 [图标]。

② Increase：增大被选元件的垂直间距，相应的工具栏图标为 [图标]。

③ Decrease：减小被选元件的垂直间距，相应的工具栏图标为 [图标]。

（10）Arrange Within Room：将被选元件在一个空间定义内部排列，相应的工具栏图标为 [图标]。

（11）Arrange Within Rectangle：将被选元件在一个矩形内部排列，相应的工具栏图标为 [图标]。

（12）Arrange Outside Board：将被选元件在一个 PCB 的外部进行排列。

（13）Move To Grid：将被选元件移动到栅格上，执行该命令后，会出现如图 6.68 所示的对话框。用户根据实际的需要输入栅格值即可。

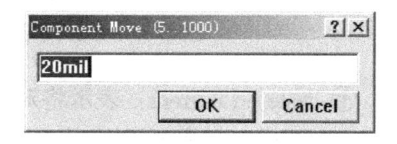

图 6.68　设置栅格值对话框

6.5.6　元件的复制、剪切与粘贴

当需要复制元件时，可以使用 Protel 99 SE 提供的复制（Copy）、剪切（Cut）、粘贴（Paste）和特殊粘贴（Paste Special）命令。所有这些操作与任何 Windows 软件中的操作完全相同，并且都使用了剪贴板。这些命令都在 Edit 菜单下，如图 6.69 所示，下面介绍这些命令。

1. 一般性的粘贴复制

（1）复制（Copy）：执行"Edit\Copy"命令，将被选元件作为副本，放入剪贴板。原元件仍保留在电路板图中。

本命令的快捷方式为：依次按 E 键和 C 键。

（2）剪切（Cut）：执行"Edit\Cut"命令，将选取的元件直接移入剪贴板中，同时电路图上所选的元件被删除。

本命令的快捷方式为：依次按 E 键和 T 键。

(3) 粘贴（Paste）：执行"Edit\Paste"命令，将剪贴板里的内容作为副本，复制到电路图中。执行该命令后，从剪贴板复制出来的元件随鼠标指针移动，移动鼠标指针到目标位置，单击鼠标左键，即可将元件定位，完成元件的复制与移动。

本命令的快捷方式为：依次按 E 键和 P 键。

注意：复制一个或一组元件时，当用户选择了需要复制的元件后，系统还要求用户选择一个复制基点，该基点很重要，用户应该选择合适的基点，这样可以方便后面的粘贴操作。

2. 特殊粘贴

特殊粘贴在将元件复制到电路板图时，允许用户控制元件的属性，即可以按指定的粘贴方式复制元件，特殊粘贴的操作步骤如下：

(1) 执行"Edit\Paste Special"命令后，系统将弹出如图 6.70 所示的特殊粘贴对话框，其各项功能如下。

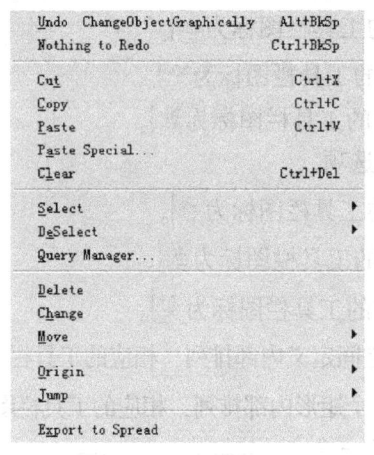

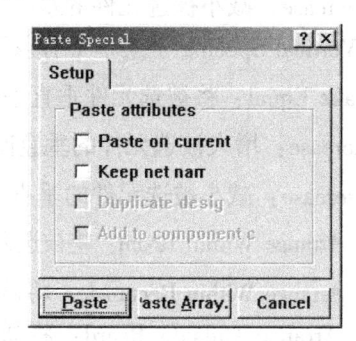

图 6.69　Edit 菜单　　　　　图 6.70　特殊粘贴对话框

① Paste on current：表示将对象粘贴在当前的工作层上。选中该项后，不管原来元件在哪一个板层，一律粘贴到当前活动板层。但是对象的焊盘、过孔、位于丝印层上的元件标号、形状和注释保留在原来的工作层上。

② Keep net name：表示粘贴时保持原有的网络属性。选中该项则保持原来各元件的网络属性，即将元件所属的网络一并粘贴；否则，粘贴的所有元件不属于任何网络。

③ Duplicate designator：表示粘贴时保持原有的名称或序号。例如，元件的原有序号为 R1，则粘贴的元件序号也是 R1。若不选择此选项，粘贴的元件序号变为 R1-1。

④ Add to component class：表示粘贴时将元件加入原有的元件类。

(2) 设置了粘贴方式后，就可以单击"Paste"按钮直接将对象粘贴到目标位置，也可以单击"Paste Array"按钮进行阵列粘贴，单击该按钮后系统将会弹出如图 6.71 所示的阵列式粘贴设置对话框。该按钮的功能也可以通过从 Placement Tools 工具栏中选择 图标来实现。

该对话框中各选项的功能如下。

①"Placement Varaibles"区域：这个区域有两个编辑框。"Item Count"编辑框用于设置所要粘贴的元件个数。"Text Increment"编辑框用于设置所要粘贴的元件序号的增量值，如果将该值设置为 1，且元件序号为 R1，则重复放置的元件中，序号分别为 R2、R3、R4。

· 154 ·

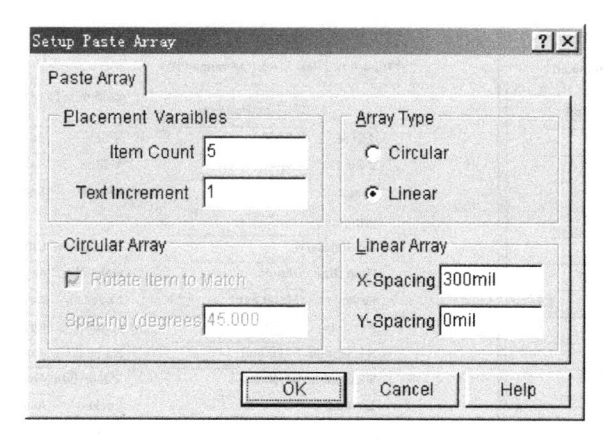

图6.71 阵列式粘贴设置对话框

②"Array Type"区域：该区域用于设置阵列复制类型。"Circular"代表采用圆形排列；"Linear"代表采用线性排列。

③"Circular Array"区域：只有在选择了"Circular"阵列类型时该区域才有效。其中"Rotate Item to Match"复选框用于设置是否使元件随旋转的角度而自动旋转；"Sjpacing (degrees)"对话框用于设置每个元件旋转的角度。

④"Linear Array"区域：在选择了"Linear"阵列类型后该区域才有效。其中"X-Spacing"对话框和"Y-Spacing"对话框分别设置排列时的水平间距和垂直间距。

完成设置后，单击"OK"按钮退出对话框，这时鼠标指针变为十字形。如果是圆形排列，则应先单击某个位置确定圆心，再单击另一个位置，确定圆的半径；如果是线形排列，则只需单击鼠标左键，确定起点即可。

6.5.7 编辑技巧

1. 整体编辑

整体编辑适用于一批具有某些相同属性的元件。下面举例说明整体编辑的操作过程。

例6.1 在闪光控制器的电路板图中，将所有X轴和Y轴尺寸设置为60mil、形状为圆形的焊盘的钻孔尺寸改为20 mil。

解：操作步骤如下。

（1）双击元件的一个管脚焊盘后出现焊盘属性对话框，如图6.72所示。

（2）单击对话框中的"Global"按钮，展开整体编辑区对话框，如图6.73所示，该对话框分为3个区域：

①"Attributes To Match By"区域：该区域用于设置一些条件，从而确定整体编辑的元件范围。其中，各栏的下拉按钮中又有3个选项，即Any（不参与设置范围）、Same（选择属性相同的元件）和Different（选择属性不同的元件）。

②"Copy Attributes"区域：该区域用于设置整体编辑的属性。

③"Change Scope"区域：该区域用于设置整体编辑的范围。该区域具有两个选项，"All Primitives"表示PCB图中的所有元件；"All Free Primitives"表示选择PCB图中的所有孤立的元件。

在对话框中设置条件，如图6.73所示。

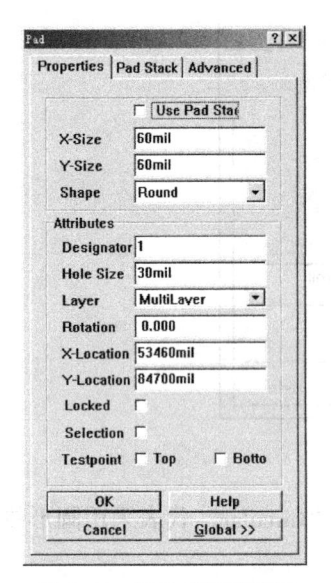

图 6.72 焊盘属性对话框　　　　　图 6.73 整体编辑对话框

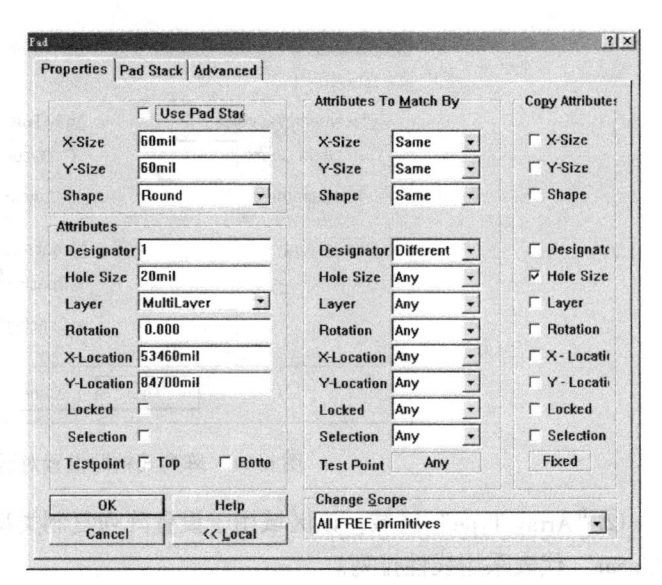

（3）设置完毕后，单击"OK"按钮，系统将弹出如图 6.74 所示的确认对话框。这个对话框告诉用户有几个对象被选中，并提问是否继续。单击"Yes"按钮，即可将被选中的圆形焊盘的钻孔尺寸改为 20mil。

2. 编辑看不见的元件

当电路图很复杂时，要找到某个元件进行编辑往往很难，在这种情况下，可用以下方法进行编辑。

（1）执行"Edit"菜单中的编辑操作命令，例如，想要搬移某个元件，可执行"Edit\Move\Component"命令。

（2）单击工作区中的空白位置，屏幕上会弹出如图 6.75 所示的对话框，可以输入元件序号，也可以直接单击"OK"按钮，弹出如图 6.76 所示的对话框。

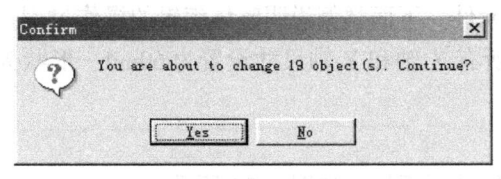

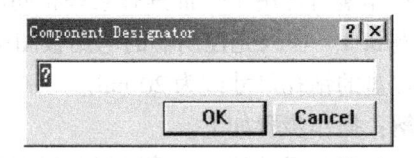

图 6.74 确认对话　　　　　图 6.75 输入元件序号对话框

（3）在该对话框中，选取要编辑的元件序号，单击"OK"按钮，则选取的元件被"抓住"，可以搬移这个元件了。

6.5.8 元件布局工程设计规则

电路板工程设计的元件布局一般要遵循如下规则：

（1）元件布局应打破与原理图形相同的格局，元件摆放位置应尽量紧密排列，使电路板具有较高的元件密度，以减少电路板的尺寸，降低产品成本。

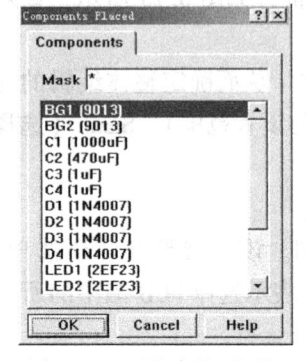

图 6.76 元件序号对话框

（2）元件摆放还应考虑整齐、美观，同时兼顾方便布线。

· 156 ·

（3）对于受特殊条件限制的元件应预先确定其位置。

（4）对于某些易产生电磁干扰的元件，不能相互靠近。

（5）对于铁壳无绝缘体封装的元件，应避免互相接触。

（6）对参数可调的元件，应放在方便调整的位置。

（7）对于需要安装散热器的元件，应考虑散热器所占空间及安装、固定方法。

（8）对于发热元件应注意不能摆放在一起，并应把热敏元件和发热元件分开放置。

（9）重15克以上的元件，不能只靠焊盘来固定，应使用单独支架加以固定。

6.6 手工布线

元件及实体在印制电路板上完成布局后，接下来就要按照电路原理图进行布线。导线的布置是绘制印制电路板的主要工作。在印制电路板编辑环境中，板层不同，布线意义也有所不同。例如在布线板层里的线是铜膜导线，具有连接电气信号的功能；而在非布线板层里的线是说明或指示性质的线，不具有导电功能。

6.6.1 布导线

1. 手工布线前的准备工作

（1）设置在线设计规则检查。在线设计规则检查是指在布线过程中，系统实时地检查有关的设计规则，使不符合设计规则的导线无法布置到PCB上。要使用在线检测方式，必须将设置系统参数对话框中的"On-Line DRC"选项打开。

设置在线设计规则的方法：执行"Tools\Design Rule Check"菜单命令，启动设计规则检查设置对话框，同时选择"On-Line"在线检查标签页，如图6.77所示。

在该对话框中，可以指定在线检查有哪些设计规则。系统默认是只检查Clearance Conatraints（安全距离）规则。设置完成后，单击"OK"按钮即可。

（2）设置电路板布线板层。设置电路板布线板层就是确定用单面布线、双面布线还是多面布线。

（3）切换当前布线板层。切换当前布线板层就是确定目前要在哪个板层里布线。可以通过单击工作区内的工作层标签来切换当前板层，也可通过键盘上的"*"键或"+"键选择当前板层，"*"键只能在顶层和底层间进行切换。

2. 手工布线的基本操作

启动布线可以通过主菜单上的"Place\Line"命令或单击放置工具栏中的放置导线图标来启动，也可以通过右键菜单中的"Interactive Routing"命令来启动。

（1）切换导线模式。在Protel 99 SE中，系统提供了6种切换导线模式，分别为：45°转角模式、转角处圆弧模式、转角处小圆弧模式、90°转角模式、任意角度模式和起点圆弧模式。在布线过程中，按Shift＋Space组合键可以随时在这几种模式间进行切换。

（2）切换导线方向。在布线过程中，随时按动Space（空格）键可以切换导线方向。

（3）在布线过程中取消导线段。在布导线状态中，随时按Backspace键可以取消前面一段导线的布置。

（4）设置光标移动最小间隔。在布线时设置光标移动最小间隔的方法是：按G键，系统将弹出如图 6.78 所示的光标移动间隔列表。在该列表中可以选择适当的光标移动间隔。如果用户想自己定义，则选择"Other"（其他）选项，在弹出的如图 6.79 所示的对话框中输入适当的移动间隔。

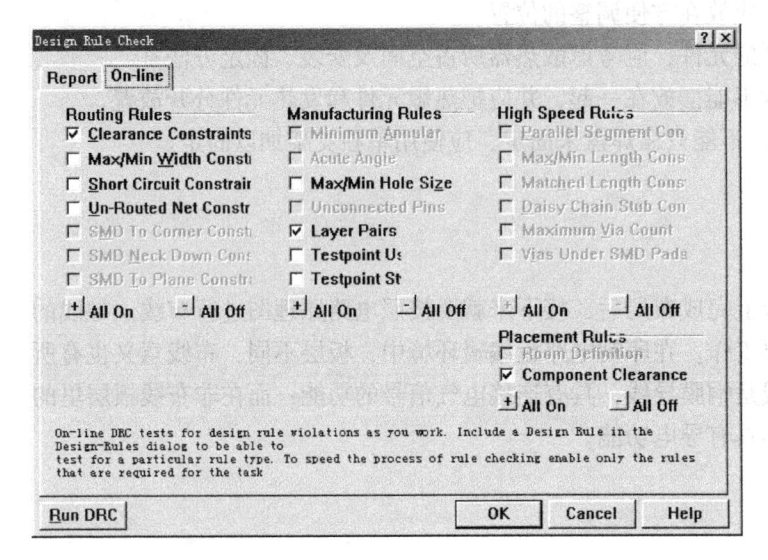

图 6.77 设计规则检查设置对话框　　图 6.78 光标移动间隔列表

3. 手工布线实例

例 6.2 在同一板层间的 R6-1 焊盘和 T8-3 焊盘之间布线，如图 6.80 所示。

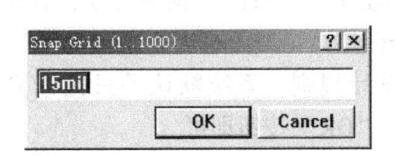

图 6.79 输入自定义的移动间隔　　图 6.80 同一板层间的布线

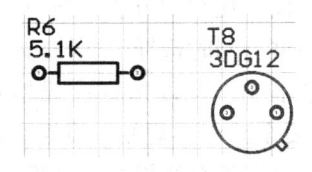

解：布线步骤如下。

（1）单击放置工具栏中的放置导线图标启动布线命令，光标变成十字形。将光标移动到 R6-1 焊盘上，当焊盘上出现如图 6.81 所示的八角形框时，说明光标和焊盘的中心重合。

（2）在焊盘中心单击鼠标左键，确定该点，然后将光标向 T8-3 移动。在移动过程中，可以按 Shift + Space 组合键切换模式，其中黑色的实线（取决于设置的颜色）表示导线的位置已经确定，但长度没有确定；黑色的空心线表示该导线只确定了方向，而导线的位置和长度还没有确定。在本例中，采用比较常用的 45°转角布线模式。

（3）单击鼠标左键，确定第一段导线的位置和长度，则第二段导线由黑色的空心线变成了黑色的实线。将光标移动到 T8-3 焊盘上，这时焊盘上也出现了八角形框，说明光标和焊盘的中心是重合的，如图 6.82 所示。单击鼠标左键，完成布线。

（4）单击鼠标右键，取消布线操作，完成整条导线的布置，这时导线为全黑色实线。

例 6.3 在不同板层间的 R6-1 焊盘和 T8-3 焊盘之间布线，如图 6.83 所示。

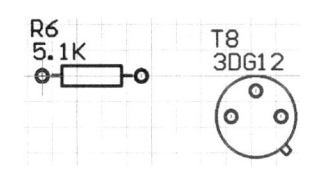

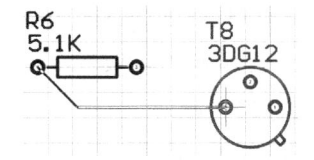

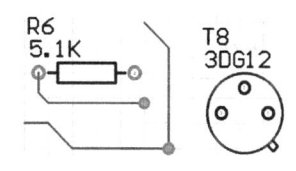

图 6.81 光标移动到 R6-1 焊盘上　　图 6.82 确定起点　　图 6.83 不同板层间的布线

解：在图 6.83 中，两个焊盘之间有一条导线，而这条导线和我们需要布置的导线又处在同一板层中，直接跨过此导线会导致信号传输的错误，必须通过其他层来布线。该例中将板层的颜色设置为系统的默认色，即顶层为红色，底层为蓝色。

（1）先从顶层开始布线。单击放置工具栏中的放置导线图标启动布线命令，进入布线状态，单击 R6-1 焊盘作为起点。

（2）切换布线模式（45°转角模式），单击鼠标左键以确定第一条导线。

（3）因为有竖直导线的阻挡，必须从底层走线，所以按动键盘上的"﹡"键，将工作层切换到底层，此时工作区中的工作层标签指示为底层（Bottom Layer），系统自动放置了一个过孔，如图 6.84 所示。

（4）单击鼠标左键以确定两条导线以及过孔的位置。

（5）将光标移动到 T8-3 焊盘上，如图 6.85 所示，此时出现的是蓝色空心线，说明是在底层布线。在此焊盘上双击鼠标左键便可确定所有的线段和过孔。

（6）双击鼠标右键即退出布线状态。将编辑区中的板层标签切换到顶层，如图 6.86 所示。可以看出，R6-1 与 T8-3 之间的导线由两层的导线组成。在顶层为红色，在底层为蓝色。

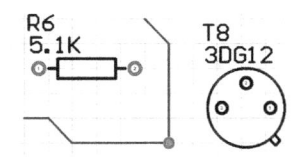

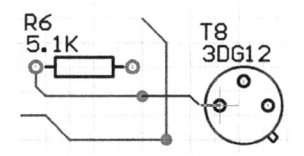

图 6.84 自动放置过孔　　图 6.85 布线到 T8-3 焊盘　　图 6.86 完成布线

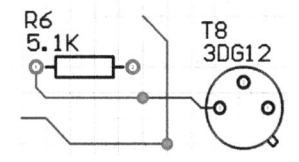

6.6.2 移动导线

手工布线时，经常需要修改已经布下的导线。移动导线可通过执行"Edit\Move"下的子菜单命令来实现。

1. 移动整条导线

（1）执行"Edit\Move\Drag"命令。

（2）将鼠标放到需要移动的导线上，单击鼠标左键，该导线被拿起。

（3）将鼠标移动到合适的位置，单击鼠标左键，放置导线。

（4）单击鼠标右键或按 Esc 键，取消移动导线命令状态。

2. 截断导线移动

（1）执行"Edit\Move\Break Track"菜单命令。

（2）移动鼠标到需要截断的导线上，单击鼠标左键，导线被截断并被拿起，如图 6.87 所示。

图6.87 截断导线移动

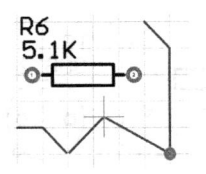

（3）将鼠标移动到合适的位置，单击鼠标左键，放置导线。
（4）单击鼠标右键取消操作。

3. 移动导线端点

（1）执行"Edit\Move\Drag Track End"命令。
（2）移动鼠标到需要移动的导线端点上，单击鼠标左键，该导线一端被拿起，随着鼠标移动。
（3）将鼠标移动到合适的位置，单击鼠标左键，放置导线。
（4）单击鼠标右键或按 Esc 键，取消移动导线命令状态。

6.6.3 导线的剪切、复制与粘贴

与元件的粘贴一样，导线的粘贴也可分为一般性粘贴和特殊粘贴。

1. 导线的一般性粘贴

导线一般性粘贴的操作步骤如下：
（1）选取要剪切或复制的导线。
（2）在执行"Edit\Cut"或"Edit\Copy"命令后，将光标指向该线段，单击鼠标左键即可剪下（或复制）该导线。
（3）执行"Edit\Paste"命令，光标指向该线段，单击鼠标左键即可粘贴该导线。

2. 导线的特殊粘贴

对于导线的复制与粘贴，通常不会只粘贴一条，而要粘贴上几条线。利用特殊粘贴的方法，一次就可粘贴上所需的所有导线。下面以图6.88所示的电阻与二极管的导线连接为例介绍导线的特殊粘贴，操作步骤如下：

（1）切换到要布导线的板层，选择绘制导线命令"Place\Line"启动布线命令，进入布线状态。
（2）连接左边的那条导线，如图6.89所示。
（3）选取这条导线，然后执行"Edit\Cut"菜单命令，光标指向左边电阻1号焊盘（所指之处视为参考点），单击鼠标左键，将它剪下，如图6.88所示。

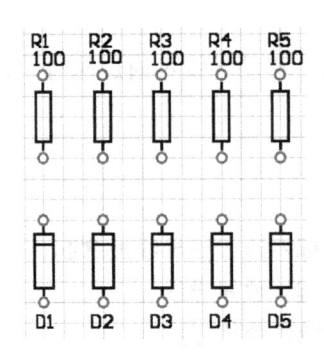

图6.88 导线的特殊粘贴例图　　图6.89 连接左边导线

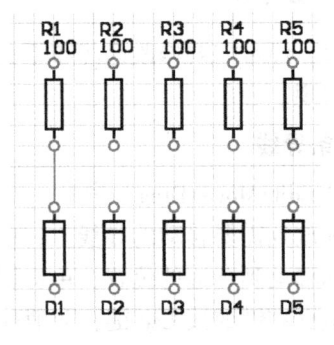

（4）执行"Edit\Paste Special"命令，弹出如图6.90所示的特殊粘贴对话框。
（5）单击"Paste Array"（阵列式粘贴）按钮，打开阵列式粘贴对话框。设置完成后，对话框如图6.91所示，单击"OK"按钮关闭对话框。

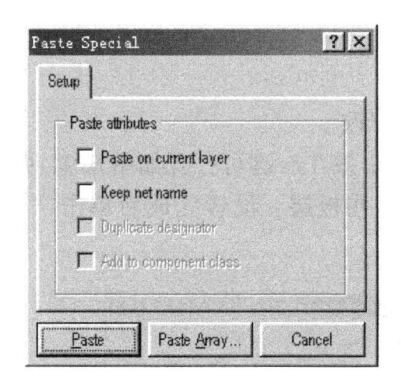

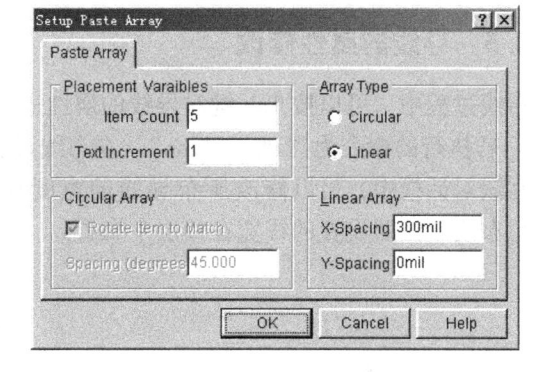

图 6.90 特殊粘贴对话框　　　　图 6.91 阵列式粘贴对话框

(6) 光标指向左边电阻 1 号焊盘,即参考点,单击鼠标左键,进行阵列式粘贴,如图 6.92 所示。

(7) 贴上去的导线为选取状态,执行命令"Edit\Deselect\All"即可取消选取。

6.6.4 导线的删除

选中导线后,按 Delete 键即可将选中的对象删除。下面为各种导线的删除方法。

(1) 导线段的删除。删除导线段时,可以在所要删除的导线段上单击鼠标左键,选中所要删除的导线,然后按 Delete

图 6.92 阵列式粘贴

键,即可实现导线段的删除。另外,也可以执行"Edit\Delete"菜单命令,光标变成十字形,将光标移到任意一个导线段上,光标上出现小圆点,单击鼠标左键,即可删除该导线段。

(2) 两焊盘间导线的删除。执行"Edit\Selete\Physical Connection"菜单命令,光标变成十字形。将光标移到连接两焊盘的任意一个导线段上,光标上出现小圆点,单击鼠标左键,可将两焊盘间所有的导线段选中,然后按 Ctrl + Delete 组合键,即可将两焊盘间的导线删除。

(3) 删除相连接的导线。执行"Edit\Selete\Connected Copper"菜单命令,光标变成十字形。将光标移到其中一个导线段上,光标上出现小圆点,单击鼠标左键,可将有连接关系的所有导线段选中,然后按 Ctrl + Delete 键,即可删除该导线。

(4) 删除同一网络的所有导线。执行"Edit\Selete\Net"菜单命令,光标变成十字形。将光标移到网络上的任意一个导线段上,光标上出现小圆点,单击鼠标,可将网络上所有的导线段选中,然后按 Ctrl + Delete 组合键,即可删除网络中的所有导线。另外,也可以通过解除布线来实现导线的删除。解除布线的命令集中在"Tools"(工具)菜单下的"Un – Route"(解除布线)子菜单中,如图 6.93 所示。

① All:解除印制电路板上的所有布线,即删除印制电路板上的所有导线。

② Net:解除指定网络的布线。单击此命令,光标将变成十字形。将光标移动到需要删除的网络中的任意一个导线段上,单击鼠标左键,即可删除此网络上的所有导线。

③ Connection:解除指定两焊盘之间的布线。

④ Component:解除指定与某个元器件封装连接的布线。

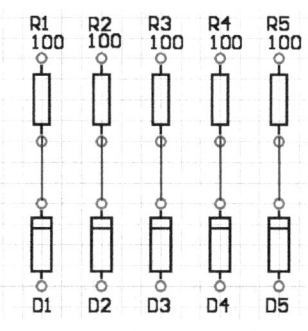

6.6.5 导线的属性修改

在布线过程中，可以按 Tab 键对导线的属性进行修改。

（1）若执行的命令为"Place\Line"，在布线过程中按 Tab 键可打开如图 6.94 所示的对话框。在该对话框中，可以修改所布导线的宽度和所在板层，设置完成后单击"OK"按钮，以后布线就按照设置的线宽在板层中布置。

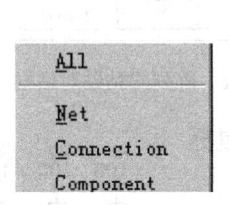

图 6.93　"Un – Route"子菜单 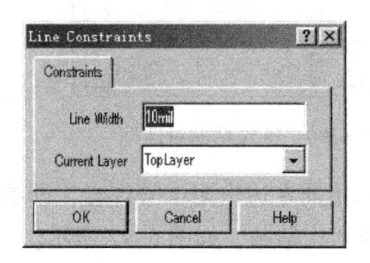　　　　图 6.94　修改导线属性对话框

（2）若执行的命令为"Place\Interactive Routing"，在布线过程中按 Tab 键可打开如图 6.95 所示的对话框。在该对话框中的线宽（Trace Width）框中输入新的数值即可修改。若输入的值大于线宽设计规则的最大线宽，则系统会出现如图 6.96 所示的提示对话框，提示新设置值超出了设计规则的最大线宽。单击"Yes"按钮，则下面布线的宽度为设计规则的最大宽度。若想修改设计规则，可以单击图 6.95 中左下角的"Menu"按钮进行修改。

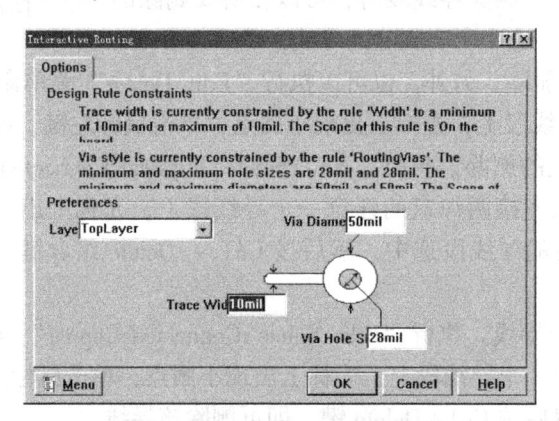

图 6.95　修改导线属性对话框

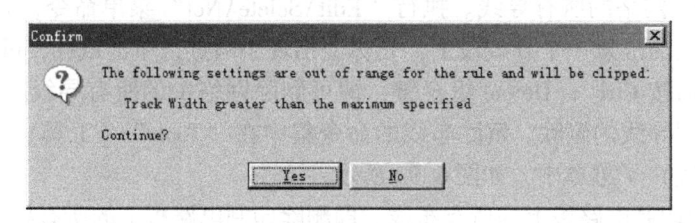

图 6.96　提示对话框

6.6.6 导线布线工程设计规则

电路板工程设计的导线布线一般要遵循如下规则：

（1）导线布线应根据元件密度考虑采用双面布线和单面布线，在可能的情况下应尽量采用单面布线，以降低产品成本。

（2）导线的宽度应根据导线中流过的电流大小来确定，导线的宽度不需要完全相等。

（3）导线在折弯处应尽量避免出现锐角。

（4）导线的分布应考虑均匀、美观。

（5）对于具有高电位差的导线，要加大导线间距。

（6）对于电路设计有特殊要求而需要分开的接地线务必分开。

（7）导线布线时，应首先考虑信号线，再考虑电源线，电源线和地线可任意设定长度。

（8）应根据电路设计处理好接地线和静电屏蔽层，必要时应考虑使用大面积敷铜。

6.7 自动布局

Protel 99 SE 具有强大的自动布局和自动布线功能，从而提高了工作效率。它可以通过设置好的程序算法，根据网络表文件自动将元件分开，放置在已规划好的印制电路板电气边界内并自动布线。在自动布局前，还需要做一些准备工作，如装入网络表、设置自动布局设计规则等。

6.7.1 装入网络表

在布局之前需要装入元件封装库，这是自动布局与手工布局都必须做的工作。但是自动布局除了装入元件封装库外，还需要装入一个由原理图生成的网络表。为了能够充分利用 Protel 99 SE 的自动布局和布线功能，网络表本身一定要包括所有电路原理图中的元件，而且必须为其中的所有元件指定管脚封装，否则加载网络表时将出现元件不能放置到布局区域的错误信息。

如果确认所需元件库已经装入程序，那么就可以按照下面步骤装入网络表：

（1）打开已经创建的 PCB 文件。

（2）执行"Design\Load Nets"命令菜单，或先按 D 键，松开后再按 N 键。系统会弹出如图 6.97 所示的装入网络表对话框。

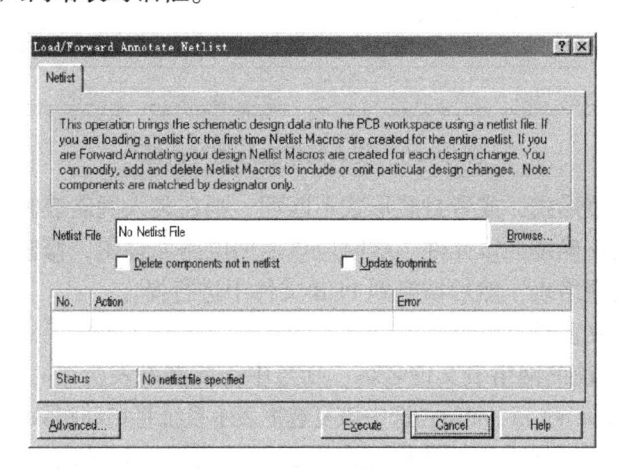

图 6.97 装入网络表对话框

（3）在"Netlist File"对话框中直接输入网络表文件名。如果不知道网络表文件所在的位置，可以单击对话框中的"Browse"按钮。系统将弹出如图 6.98 所示的网络表文件选择对话框，在该对话框中找到网络表文件所在的位置，然后就可以选取网络表目标文件了（网络表文件具有.net 的扩展名）。如果所要装入的网络表不在如图 6.98 所示的对话框中，可单击图右上方的"Add"按钮,系统将弹出如图 6.99 所示的对话框,打开专题数据库文件后选择加载即可。

图 6.98 网络表文件选择对话框

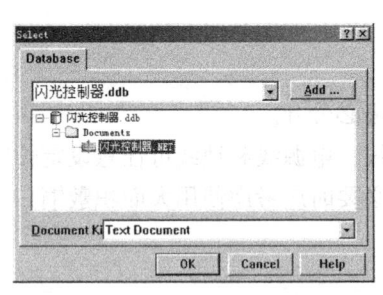

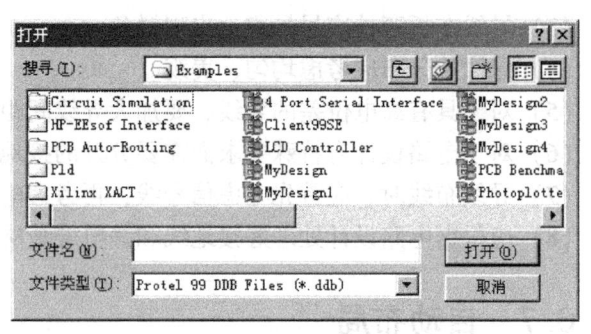

图 6.99 打开专题数据库文件

(4) 单击"OK"按钮,退出网络表选择对话框。退出后,系统将指定的网络表装入并进行分析,同时将结果列于下方的列表框中,如图 6.100 所示。

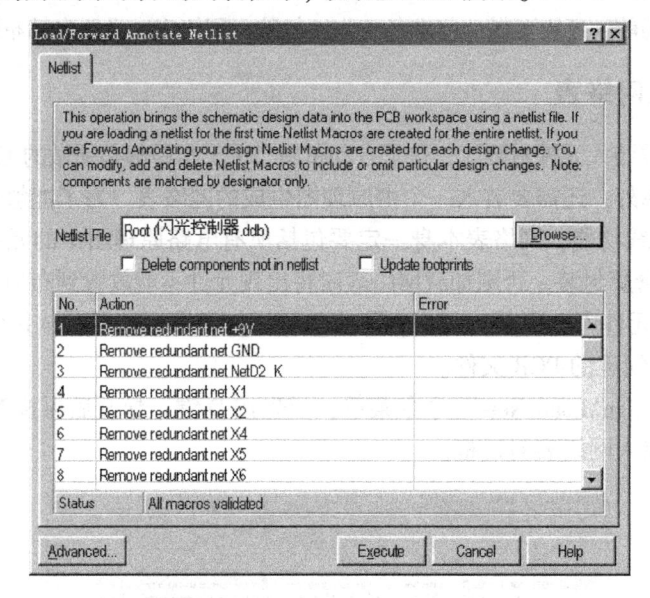

图 6.100 装入网络表后的对话框

如果没有设定封装形式,或者封装形式不匹配,则在装入网络表时,会在列表框中显示错误信息,这将不能正确装入该元件。这时应该返回电路原理图,修改该元器件的属性或电路连接,再重新生成网络表,然后切换到 PCB 文件中进行操作。

① Netlist:网络表管理的说明。

② Netist File:当前的网络表文件名称,括号中是此网络表所在的设计数据库名称。

③ Delete component not in netlist:选中该复选框表示系统将自动删除没有在网络中的元件。

④ Updata footprints:选中该复选框允许遇到不同的元件封装时,采用新的元件封装形式;如果不选,则采用原来的封装形式。

⑤ No.:显示转换网络表的操作顺序编号。

⑥ Action:显示转换网络表的操作内容。

⑦ Error:显示转换网络表在操作过程中出现的错误信息。

⑧ Status:显示转换网络表操作的状态。如果有错误,则显示 "xxx error found",即

"发现了 xxx 个错误";如果没有错误,则显示 "All macros validated(没有错误)"。警告信息不会在状态栏中显示。

⑨ Advanced:编辑印制电路板内部网络。

⑩ Execute:执行以上列出的网络宏。

⑪ Cancel:取消网络表管理器的操作。

⑫ Help:得到在线帮助。

在该表中经常有一些错误和警告:

- "Error:Footprint xxx not fount in Library 错误":在库中没有发现封装 xxx。这个错误的原因是系统在装入的元件封装库中没有发现元件的封装形式,而且也没有发现此元件可选的其他封装形式。解决的方法是用鼠标单击图 6.100 中的 "Cancel" 按钮,找到该元件所在的封装库文件,将其装入即可。

- "Error:Component not found 错误":没有发现元件封装。发生错误的原因可能是没有装入库文件,也可能是在原理图设计时没有指定该元件的封装形式。解决的方法是用鼠标单击图 6.100 中的 "Cancel" 按钮,回到原理图设计器,检查一下是否某个元件没有指定管脚封装。最后重新生成网络表,装入所需元件封装库文件,重复装入网络表操作。

- "Warning:Alternative footprint xxx 警告":封装 xxx 管脚是悬空的。如果是原理图中该管脚实际就没有用到,不必理会这个警告;如果该管脚用到了,应该用鼠标单击图 6.100 中 "Cancel" 按钮,回到原理图设计器,检查该管脚上的布线,最后重新生成网络表,重复装入网络表的操作。

(5)如果在网络表中没有出现错误信息,则单击 "Execute" 按钮,即可装入网络表与元件,如图 6.101 所示。

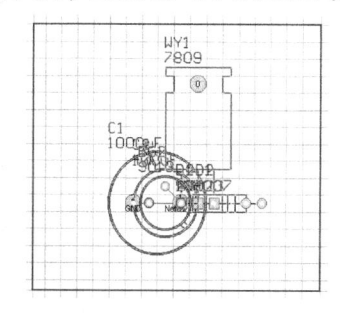

图 6.101 装入网络表与元件

6.7.2 设置自动布局设计规则

如果装入网络表后直接进行布局,系统将使用默认的自动布局设计规则。为了使自动布局的结果更符合要求,可以在自动布局之前设置一些规则。

设置自动布局设计规则的操作步骤如下:

(1)执行 "Design\Rules" 菜单命令,将弹出设计规则对话框,如图 6.102 所示。

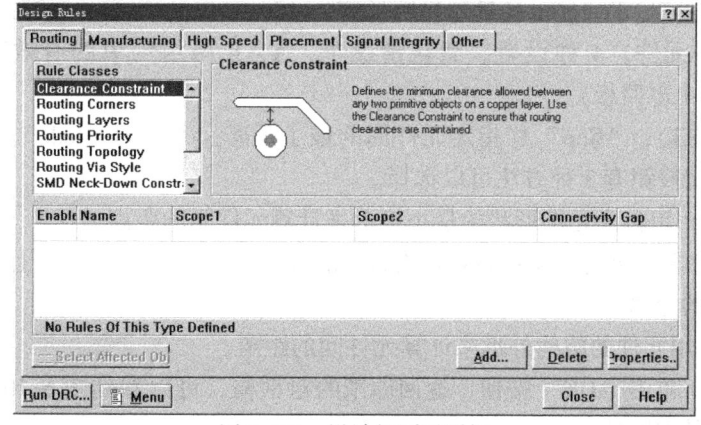

图 6.102 设计规则对话框

(2) 在该对话框中，用鼠标单击"Placement"选项调出"Placement"选项卡，在此选项卡左上方的列表框中有 5 类自动布局的设计规则，如图 6.103 所示。

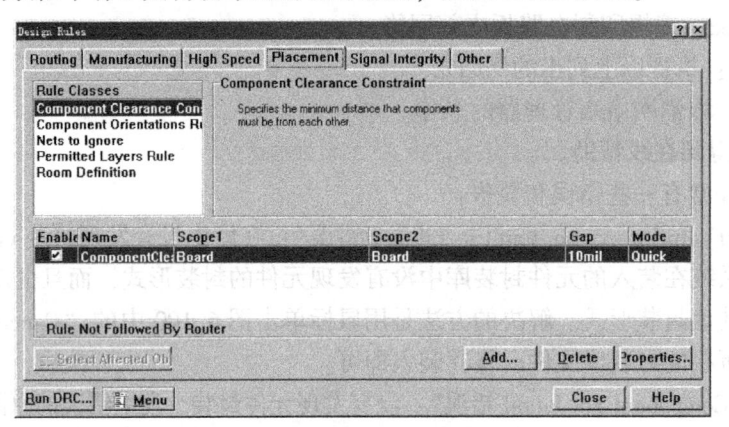

图 6.103　自动布局的设计规则

① Component Clearance Constraint（元件间距约束）：用于设置元件间的最小距离以及元件间的距离计算方法。用鼠标左键单击该项，然后单击"Add"按钮，系统将弹出如图 6.104 所示的设置最小距离和距离计算方法对话框。

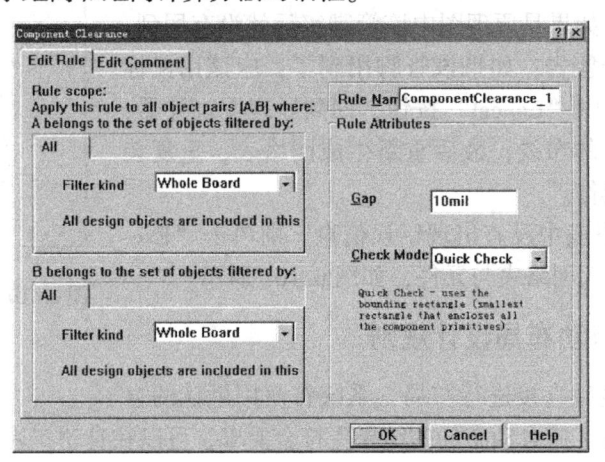

图 6.104　元件间距约束对话框

- 在对话框左边，可以设置元件间距约束的有效范围。其下拉按钮中有 Whole Board（整个电路板）、Footprint（具体封装形式）、Component Class（一类元件）和 Component（具体元件）4 种设置。默认情况下，A、B 两组约束的有效范围均为 Whole Board（整个电路板）。
- 在对话框右边，"Gap"栏指定元件间的最小距离；"Check Mode"栏为距离计算方法，其下拉按钮有 3 种方法可以选择。

Quick Check：用包含元件形状的最小矩形来计算元件间的距离。

Multi Check：除具备 Quick Check 方法的功能外，还考虑焊盘在底层上的部分与底层表面封装元件之间的距离。

Full Check：用元件的精确外形来计算元件间的距离。

设置完毕后，单击"OK"按钮，返回原来的对话框，可以看到图 6.103 下方的列表框中增加了一项元件间距约束。

·166·

如果要修改约束设计规则参数,可以用鼠标左键双击该约束项,再次调出图6.104所示的对话框进行修改;如果要删除约束项,可以先选择该约束项,然后单击"Delete"按钮,即可删除相应的元件间距约束项。

② Component Orientations Rule(元件方位约束):用于设置元件能够放置的方位。先用鼠标单击选中该项,然后单击"Add"按钮,将出现图6.105所示的对话框,可以在其中设置元件能够放置的方位。

- 在对话框左边可以设置元件间距约束的有效范围。
- 在对话框右边有"0 Degrees"(不旋转)、"90 Degrees"(90°旋转)、"180 Degrees"(180°旋转)、"270 Degrees"(270°旋转)和"All Orientations"(任意角度旋转)5个对话框。

设置完毕后,单击"OK"按钮,返回原来的对话框,可以看到图6.105下方列表框中增加了一项元件方位约束。

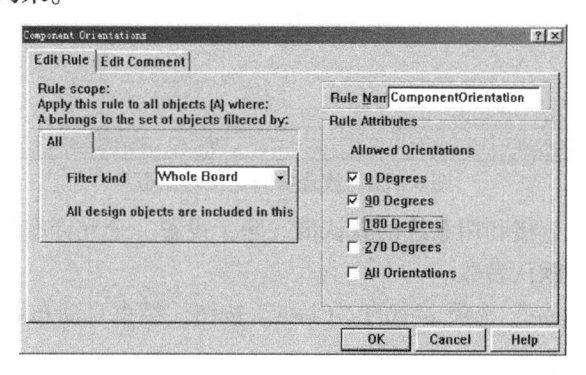

图6.105 元件方位约束对话框

③ Nets To Lgnore(忽略网络):忽略网络可以加快自动布局的速度,提高布局质量。选中该项后单击"Add"按钮或直接用鼠标双击该项,系统将弹出如图6.106所示的设计规则对话框。在该对话框中可以设置在什么范围内忽略网络,也可以设置"Net Class"(网络类)或"Net"(某个网络)。若选中"Net Class"对话框,则在其后面下拉菜单中选中"All Nets";若选中"Net"对话框,则在其后面下拉菜单中选中网络。

设置完成后,单击"OK"按钮关闭此对话框,返回原来对话框,可以看到图6.103下方的列表框中也将增加一项忽略网络约束。

④ Permitted Layers Rule(允许放置元件工作层):在所有的工作层中,只有顶层和底层允许放置元件。选中该项后单击"Add"按钮或直接用鼠标双击该项,将弹出如图6.107所示的对话框。在对话框左边的选项卡中可以设置约束的有效范围,在对话框右边的选项卡中可以设置两层中的任一层或允许在两层中放置元件。

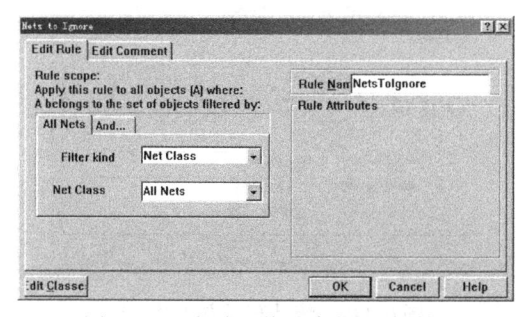

图6.106 忽略网络约束范围对话框 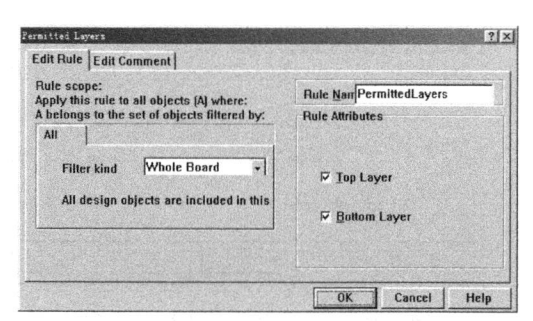　　　图6.107 允许放置元件工作层对话框

设置完成后单击"OK"按钮,返回原来的对话框,其下方的列表框中也将增加一项允许自动布局层约束。

⑤ Room Definition(放置房间定义):用于在布局时放置一个房间定义规则。选中该项后单击"Add"按钮或直接用鼠标双击该项,系统将弹出如图6.108所示的对话框。在该对话框中可以设置约束的有效范围和该矩形空间的尺寸(由坐标 X 方向和 Y 方向上的起始值确定)、所在板层及使得指定物体在其内或是其外。设置完成后,单击"OK"按钮。

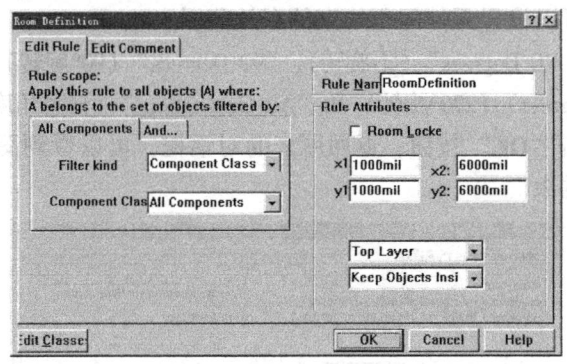

图6.108 放置房间定义对话框

一般情况下,可以直接利用系统的默认值。除了设置一个允许布局层约束外,其他设计规则不进行设置,使用默认参数。

(3)单击"Placement"选项卡中的"Close"按钮,结束自动布局的设计规则设置。

6.7.3 自动布局

在装入网络表,设置自动布局设计规则之后,就可以执行自动布局操作了。自动布局操作步骤如下:

(1)执行"Tools\Auto Placement\Auto Placer"命令,系统将弹出如图6.109所示的对话框。在该对话框中,可以设置与自动布局有关的参数。系统提供了两种自动布局方式:ClusterPlacer(成组布局方式)和Statistical Placer(统计布局方式)。

① Cluster Placer:这种布局方式将元件分为组,并连接成元件串,然后按照几何关系在布局区域内放置元件组。一般适合于元件数量较少(少于100)的PCB制作。该方式有一个"Quick Component Placement"参数项,如果打开此功能项,可以加快自动布局的速度。

② Statistical Placer:这种布局方式根据统计算法来放置元件,以便使元件间的连接导线最短。一般适合元件数目较多(大于100)的PCB制作。

选择"Statistical Placer"布局方式时的对话框如图6.110所示。各选项的含义如下。

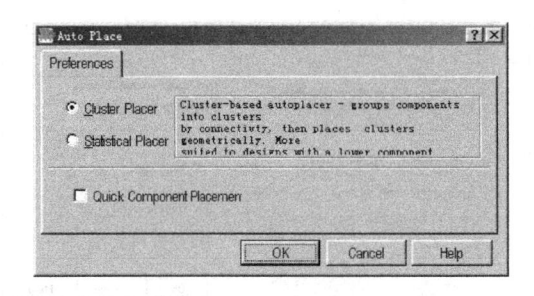

图6.109 设置自动布局方式对话框 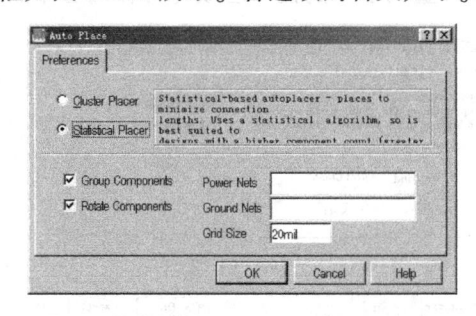　　图6.110 统计布局方式对话框

- Group Components：将在当前网络中连接密切的元件归为一组。在排列时，将该组的元件作为群体而不是个体来考虑。
- Rotate Components：依据当前网络连接与排列的需要，使元件重组转向。如果不选用该项，则元件将按原始位置布置，不进行元件的转向动作。
- Power Nets：输入电源的网络名称。
- Ground Nets：输入接地的网络名称。
- Grid Size：设置元件自动布局时栅格间距的大小。

（2）设置完成后，单击"OK"按钮，退出对话框，系统开始自动布局。如果在自动布局过程中想终止自动布局，可选择"Tools\Auto Placement\Stop Auto Placer"菜单命令。经过自动布局后获得的元件布局如图6.111所示。这是自动布局的效果，还要进行手工调整才能达到设计要求。

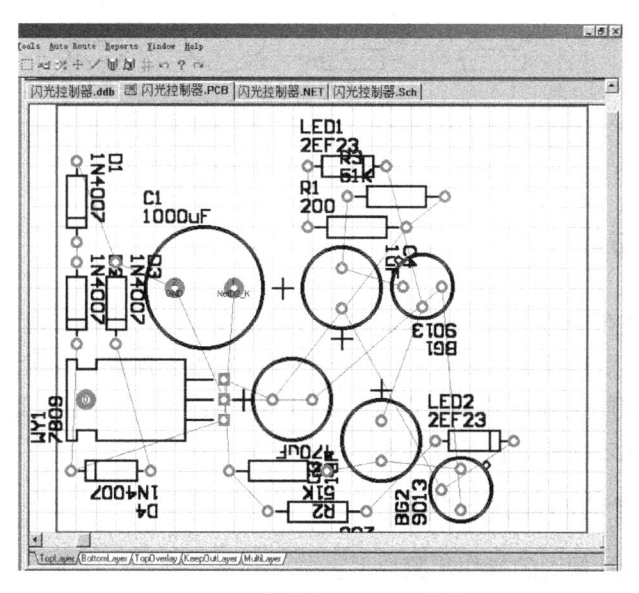

图6.111　自动布局后的元件布局

另外，当网络表装入后，也可以用推挤法（Shove）将重叠的元件封装排列开来。推挤法是指固定一个元件封装，其他与它重叠的元件封装被推开。使用推挤法一般可以加大推挤的深度。通过一次推挤就将所有的元件封装分离开，以免这一次分离出来的元件封装在下一次推挤时又被推挤。操作步骤如下：

① 执行"Tools\Auto Placement\Set Shove Depth"菜单命令，将弹出如图6.112所示的设置推挤深度对话框。在对话框中输入数字，范围是1～1 000，然后单击"OK"按钮即可。

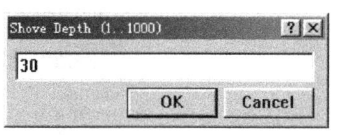

② 执行"Tools\Auto Placement\Shove"菜单命令，光标变成十字形，将光标移至重叠元件封装上单击鼠标左键，然后在光标处出现的元件封装列表中选择一个元件封装作为中心元件封装，然后系统将进行推挤工作，直到元件封装没有重叠现象为止。

图6.112　设置推挤深度对话框

（3）手工调整布局。程序对元件的自动布局一般以寻找最短布线路径为目标，因此元件的自动布局往往不太理想，需要进行手工调整。手工调整布局实际上就是用手工布局的方法重新放置元件。经过调整后的元件布局如图6.113所示。

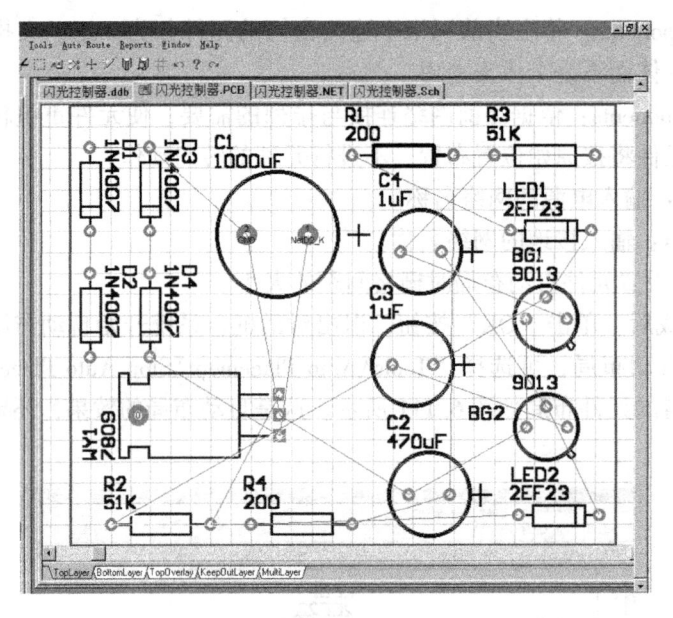

图 6.113 手工调整后的元件布局

6.8 自动布线

自动布局及调整布局后，接下来就是进行自动布线工作。一般来说，用户先对电路板布线提出某些要求，然后按照这些要求来预置布线设计规则。预置布线设计规则的设置是否合理将直接影响布线的质量和成功率。设置完布线规则后，程序将依据这些规则进行自动布线。因此，自动布线之前要进行参数设置。

6.8.1 设置自动布线设计规则

设置自动布线设计规则的操作步骤如下：

（1）执行"Design\Rules"命令，该命令也可以用字母热键 D、R 完成。

（2）在弹出的对话框中用鼠标单击"Routing"（布线）标签，进入如图 6.114 所示的"Routing"对话框，即可进行布线参数的设置。自动布线共有 10 个参数组可以设置，用户可以在 10 个参数组中设置任意个约束。这 10 个参数组如下。

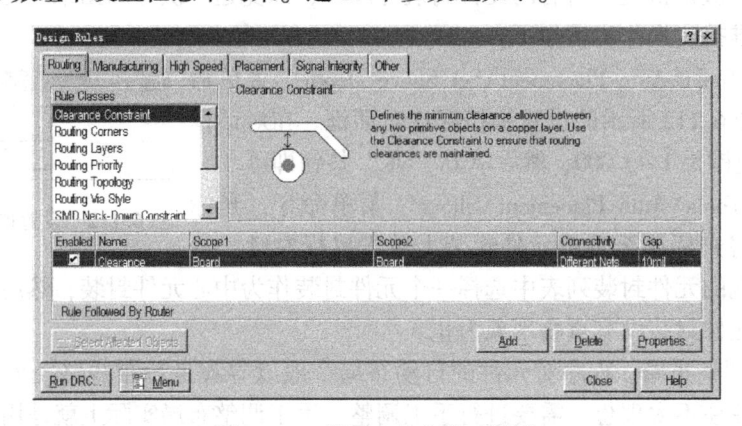

图 6.114 设置布线参数对话框

① Clearance Rule（走线间距约束）：该项用于设置走线与其他对象之间的最小安全距离。选中该项后单击"Add"按钮或直接用鼠标双击该项，系统将弹出如图 6.115 所示的安全间距设置对话框。该对话框主要设置两部分内容。

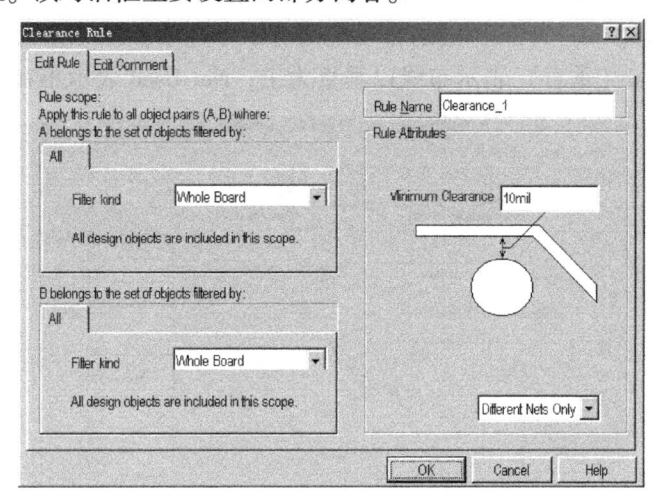

图 6.115　设置走线间距约束对话框

- 左边为规则范围（Rule scope），用于指定本规则适用的范围，一般情况下，指定该规则适用于整个电路板（Whole Board）。
- 右边为规则属性（Rule Attributes），可以设置最小间距的数值和它所针对的网络。

设置完成后，单击"OK"按钮，返回如图 6.114 所示对话框，可以看到在其下面的列表中将增加一项走线间距约束。约束项的增加、修改和删除等操作与设置自动布局规则时一样。

② Routing Corners Rule（布线拐角模式）：用来设置走线拐弯的样式。选中该项后单击"Add"按钮或直接用鼠标双击该项，将弹出如图 6.116 所示的对话框。在对话框左边可以设置约束的有效范围，一般为 Whole Board。对话框右边的规则属性（Rule Attributes）用于设置拐角模式，走线的转角方式有 3 种，直角转角（90 Degrees）、45°切面转角（45 Degrees）和圆形转角（Rounded）。

设置完成后，单击"OK"按扭，返回原来的对话框，如图 6.114 所示。可以看到在其下面的列表中将增加一项走线转角方式约束。

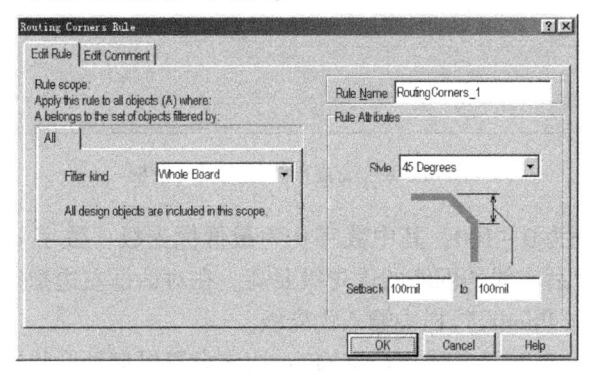

图 6.116　设置布线拐角模式对话框

③ Routing Layers Rule（布线工作层）：用来设置自动布线过程中哪些信号层可以使用。

· 171 ·

选中该项后单击"Add"按钮或直接用鼠标双击该项，系统将弹出如图 6.117 所示的对话框。在该对话框中，左边可以设置布线工作层约束规则的有效范围，默认值为 Whole Board。该对话框的右边列出了 32 个信号层，默认情况下系统只应用了顶层和底层，其他 30 个中间信号层处于空闲状态。每一个工作层的布线规则有 3 个选项，Horizontal（水平）表示布线以水平为主；Vertical（垂直）表示布线以垂直为主；Not Used 表示不在该信号层上走线。

图 6.117　设置布线工作层对话框

对于双面板，为了提高布通率，只能选择 Horizontal 和 Vertical，而且顶层和底层不能采用同一种布线规则。

设置完成后，单击"OK"按钮，返回原来对话框，如图 6.114 所示，可以看出在其下面的列表中将增加一项布线工作层约束。

④ Routing Priority Rule（布线优先级）：用来设置布线的优先权，即布线的先后顺序。选中该项后单击"Add"按钮或直接用鼠标双击该项，将弹出如图 6.118 所示的对话框。

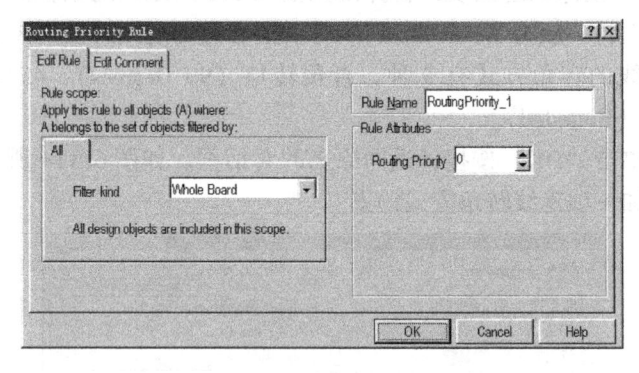

图 6.118　设置布线优先级对话框

自动布线优先级别为 0~100，其中数字 0 为最低优先级，数字 100 为最高优先级。先布线的网络的优先级比后布线的网络的优先级要高。在对话框左边指定具有布线优先权的范围，在右边的"Routing Priority"栏中输入优先级。

⑤ Routing Topology Rule（布线拓扑结构）：用来设置以何种形状进行布线。选中该项后单击"Add"按钮或直接用鼠标双击该项，系统将弹出如图 6.119 所示的对话框。在该对话框中，左边为设置约束的有效范围，默认值为 Whole Board；右边为"Rule Attributes"栏，其中包括最短路径走线（Shortest）、水平走线（Horizontal）、垂直走线（Vertical）、简单的

菊状走线（Daisy – Simple）、由中间往外的菊状走线（Daisy – MidDriven）、平衡式菊状走线（Daisy – Balanced）及放射性走线（Starburst）共 7 种拓扑类型，根据需要进行选择。通常系统在自动布线时，以整个布线的线长最短为目标。

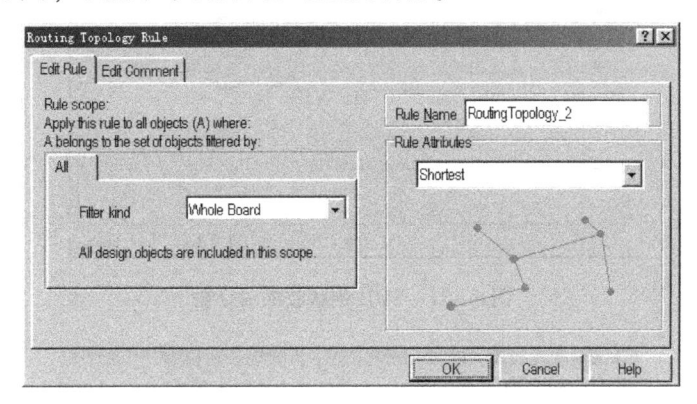

图 6.119　设置布线拓扑结构对话框

设置完成后，单击"OK"按钮，返回原来的对话框。

⑥ Routing Via – Style Rule（过孔类型）：用来设置自动布线过程中使用的过孔样式。选中该项后单击"Add"按钮或直接用鼠标双击该项，系统将弹出如图 6.120 所示的对话框。对话框左边可以设置约束规则的有效范围；右边可以设置过孔外直径（Via Diameter）和内孔直径（Via Hole Size）的最小（Min）尺寸、最大（Max）尺寸和首选（Preferred）尺寸。

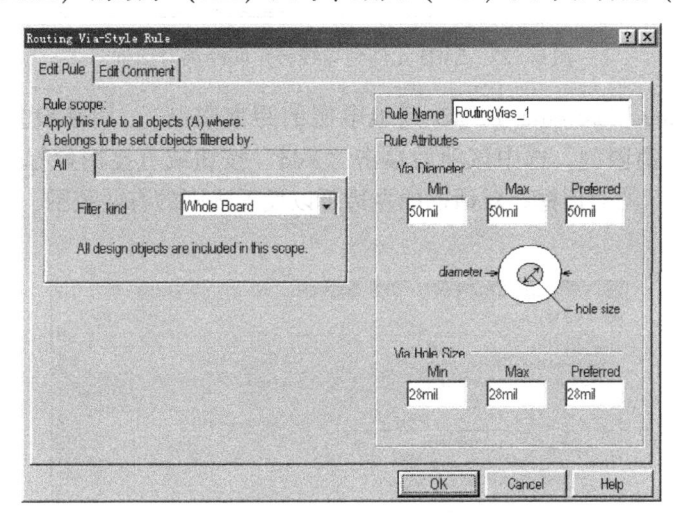

图 6.120　设置过孔类型对话框

⑦ SMD Neck – Down Constraint（SMD 瓶颈限制）：设置表面粘贴式焊盘 SMD 颈状收缩。即 SMD 的焊盘宽度与引出导线宽度的百分比。选中该项后单击"Add"按钮或直接用鼠标双击该项，系统将弹出如图 6.121 所示的对话框。对话框的左边可以设置约束的有效范围，默认值为 Whole Board；右边可以设置颈状收缩的百分比。

⑧ SMD To Corner Constraint（SMD 元件到导线转角间距离限制）：用来设置 SMD 元件到导线转角间的最小距离限制。选中该项后单击"Add"按钮或直接用鼠标双击该项，系统将弹出如图 6.122 所示的对话框。在该对话框中，左边可以设置约束的有效范围，右边可以设

· 173 ·

置间距数值。

图 6.121　SMD 颈状收缩对话框

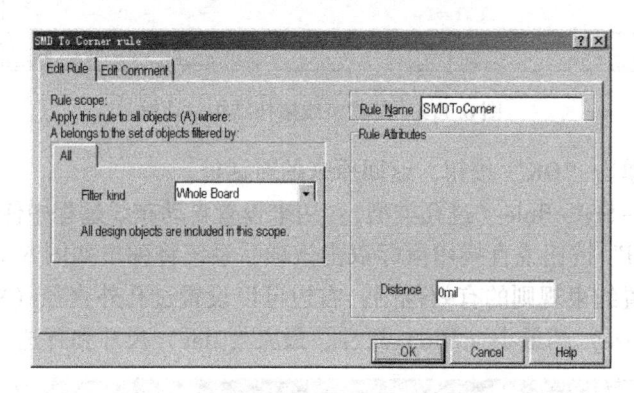

图 6.122　SMD 元件到导线转角间距离对话框

⑨ SMD To Plane Constraint（SMD 到地电层的距离限制）：用来设置表面粘贴式焊盘 SMD 到地电层的距离限制。选中该项后单击"Add"按钮或直接用鼠标双击该项，系统将弹出如图 6.123 所示的对话框。对话框的左边可以设置规则的有效范围，右边可以设置间距数值。

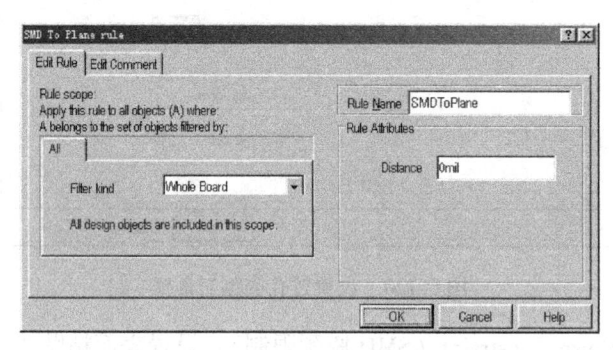

图 6.123　SMD 到地电层的距离限制对话框

⑩ Width Constraint（走线宽度）：用来设置走线的最大和最小宽度。选中该项后单击"Add"按钮或直接用鼠标双击该项，系统将弹出如图 6.124 所示的对话框。在该对话框中，左边可以设置约束的有效范围，默认值为 Whole Board；右边可以设置走线的最小宽度和最大宽度，其中在"Minimum Width"编辑框中设置最小走线宽度，在"Maximum Width"编辑框中设置最大走线宽度。

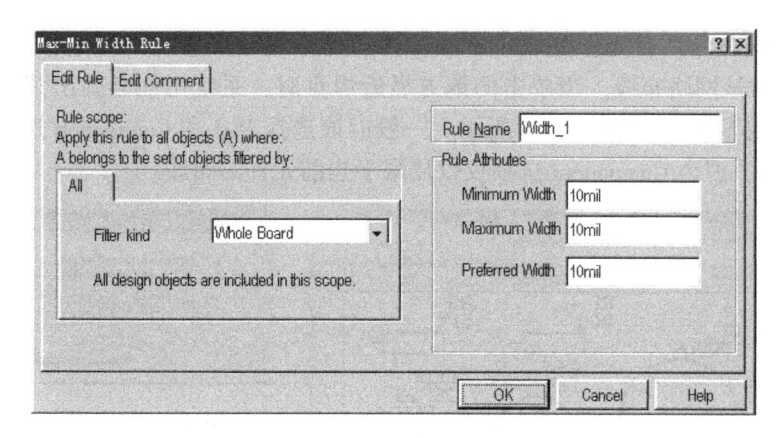

图 6.124 设置走线宽度对话框

设置完成后，单击"OK"按钮，返回原来的对话框，如图 6.114 所示，可以看出在其下面的列表中将增加一项走线宽度设计规则。

（3）在设置完各个设计规则后，单击图 6.114 中的"Close"按钮，完成自动布线的设计规则设置工作。

需要说明的是，在所有的 10 个参数组中，Routing Layers（布线层）是必须设置的。另外 Clearance Constraint（走线间距约束）和 Width Constraint（走线宽度约束）中至少要设置一项，否则执行自动布线时将出现错误或没有结果。

6.8.2 自动布线

在自动布线设计规则设置完成后，就可以利用 Protel 99 SE 提供的布线器进行自动布线了。执行自动布线的方法主要有以下几种。

1. 全局布线（All）

全局布线是系统完成所有的布线工作，不需要中途干预，其操作步骤如下：

（1）执行"Auto Route\All"菜单命令，对整个电路板进行布线。

（2）执行该命令后，系统将弹出如图 6.125 所示的自动布线设置对话框。在该对话框中，可以分别设置"Router Passes"（可走线通过）选项和"Manufacturing Passe"（可制造通过）选项。

一般情况下，采用对话框中的默认设置，就可以实现 PCB 的自动布线。

（3）单击"Route All"按钮，系统就开始对电路板进行自动布线。布局结果如图 6.126 所示。布线结束后系统弹出如图 6.127 所示的布线信息对话框，从图中可以了解到布线的情况。

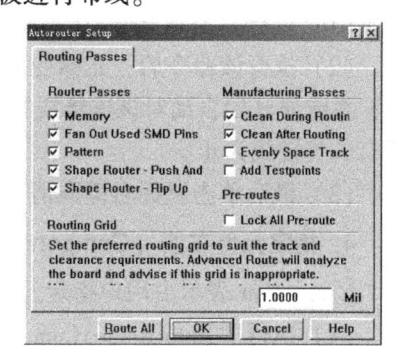

图 6.125 自动布线设置对话框

2. 指定网络布线（Net）

指定网络布线是由用户选择需要布线的网络。一般以 Net 进行布线，选中某网络连线后，与该网络连线相连接的所有网络线均被布线。

（1）执行"Auto Route\Net"菜单命令。

（2）执行该命令后，光标变成十字形，移动光标到需要布线的网络，单击鼠标左键，系统开始自动对该网络布线。当单击的地方靠近焊盘时，系统可能会弹出菜单（该菜单对于不同焊盘可能不同），如图 6.128 所示。一般应该选择 Pad 和 Connection 选项，而不选择 Component 选项，因为 Component 选项仅仅局限于当前元件的布线。

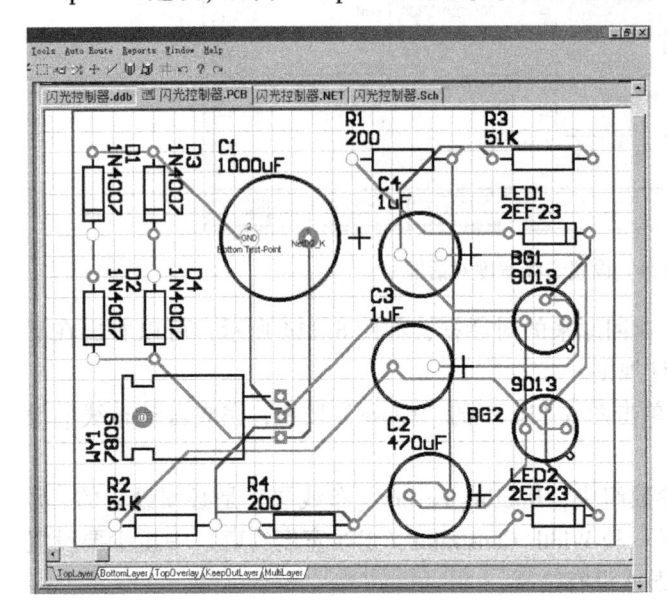

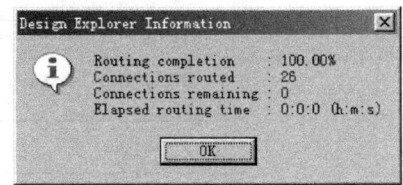

图 6.127　布线信息对话框

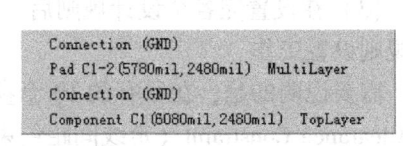

图 6.128　焊盘的快捷菜单

图 6.126　完成自动布线

继续选择其他的网络，直到完成所有的网络布线为止。

（3）最后单击鼠标右键取消选择网络的布线命令状态。

3. 指定两连接点布线（Connection）

指定两连接点布线表示由用户指定某条连线，使系统仅对该条连线进行自动布线，也就是对两连接点之间进行布线。

（1）执行"Auto Route\Connection"菜单命令。

（2）执行该命令后，光标变成十字形，移动光标到需要布线的连接线，并单击鼠标左键，系统便开始自动对该连接线布线。该连接线布完后，继续选择其他的连接线，直到布完所有的连接线为止。

（3）最后单击鼠标右键取消选择连接线的布线命令状态。

4. 指定元件布线（Component）

Component 表示由用户指定元件，使系统仅对与该元件相连的网络进行布线。

（1）执行"Auto Route\Component"菜单命令。

（2）执行该命令后，光标变成十字形，移动光标到需要布线的元件，并单击鼠标左键，系统便开始自动对该元件的所有管脚布线。该元件布完后，继续选择其他的元件，直到布完所有的元件为止。

（3）最后单击鼠标右键取消选择元件的布线状态。

5. 指定区域布线（Area）

Area 方式表示由用户划定区域，使系统的自动布线范围仅限制在该划定区域内。

（1）执行"Auto Route\Area"菜单命令。

（2）执行该命令执行后，光标变成十字形，移动光标到需要布线的元件的左上角，并单击鼠标左键，然后拖动鼠标使得出现的矩形框包含需要布线的元件，然后单击鼠标左键，构造一个布线区域，系统便开始自动对该区域的所有元件进行布线。

（3）最后单击鼠标右键取消选择元件布线命令状态。

6. 其他布线命令

（1）Stop：终止自动布线过程。

（2）Reset：对电路重新布线。

（3）Pause：暂停自动布线过程。

（4）Restart：重新开始自动布线过程。

6.8.3 手工调整布线

Protel 99 SE 的自动布线功能虽然非常强大，但是自动布线的结果有时不能令人满意，最典型的缺点就是布置的走线拐弯太多，有一些布线甚至是舍近求远。因此一个设计美观的印制电路板往往都需要在自动布线的基础上进行手工调整。下面讲述如何进行手工调整布线。

1. 调整布线

"Tools\Un – Route"菜单提供了几个常用的手工调整布线命令，分别为 All、Net、Connection 和 Component。这些命令的功能与自动布线相反，为自动拆线命令，可以分别用来进行不同方式的布线调整。该知识点在删除布线时已经提到，故这里不再叙述。

2. 电源/接地线的加宽

为了提高抗干扰能力，增加系统的可靠性，往往需要将电源/接地线和一些流过电流较大的线加宽。只要双击需要加宽的电源/接地线或其他线，在弹出的导线属性对话框中输入实际需要的宽度值即可。操作方法与导线属性修改的操作相同。

3. 调整元件文字标注

在进行自动布局时，一般元件的标号以及注释等将从网络表中获得，并被自动放置到 PCB 上。经过自动布局后，元件的相对位置与原理图中的相对位置将发生变化。经过手工布局调整后，有时元件的序号会变得很杂乱，所以需要对部分元件标注进行调整，使文字标注排列整齐、字体一致，从而使电路板更加美观。

下面分别讲述流水号更新以及原理图更新的操作。

（1）手动更新流水号。

① 将光标指向需要调整的文字标注。

② 双击鼠标左键，出现如图 6.129 所示的文字标注对话框。

③ 此时可以修改流水号，也可根据需要，修改对话框中文字标注的内容、字体、大小、位置及放置方向等。

（2）自动更新流水号。

① 首先执行"Tools\Re-Annotate"命令，系统将弹出如图 6.130 所示的选择流水号方式对话框。该对话框中有 5 种工作方式可供选择，这 5 种方式为：

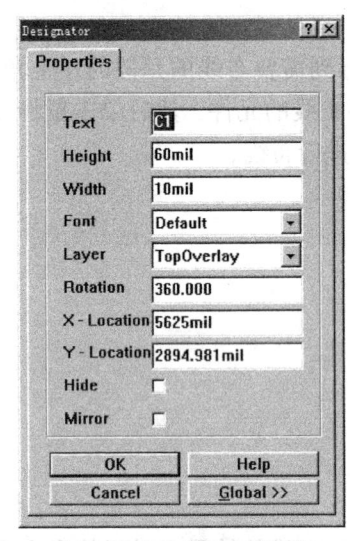

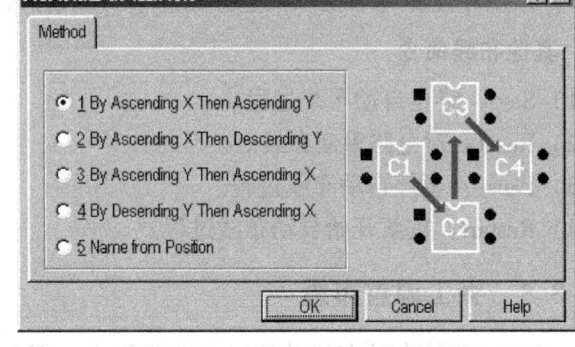

图 6.129　文字标注对话框　　　　图 6.130　选择流水号方式对话框

- By Ascending X Then Ascending Y：表示先按横坐标从左到右，然后再按纵坐标从下到上编号。
- By Ascending X Then Descending Y：表示先按横坐标从左到右，然后再按纵坐标从上到下编号。
- By Ascending Y Then Ascending X：表示先按纵坐标从下到上，然后再按横坐标从左到右编号。
- By Descending Y Then Ascending X：表示先按纵坐标从上到下，然后再按横坐标从左到右编号。
- Name from Position：表示根据自身的坐标值决定元件的编号。

② 完成上面的方式选择后，单击"OK"按钮，系统按照设置的方式对元件流水号重新编号。这里选择第一种方式进行流水号排列。

元件经过重新编号后可以获得如图 6.131 所示的 PCB 印制电路板。

元件重新编号后，系统将同时生成一个"*.was"文件，该文件记录了元件编号的变化情况，本例生成的文件如下。

```
D2      D1      (元件 D2 改变为 D1)
D1      D2      (元件 D1 改变为 D2)
R2      R1      (元件 R2 改变为 R1)
D4      D3      (元件 D4 改变为 D3)
D3      D4      (元件 D3 改变为 D4)
R4      R2      (元件 R4 改变为 R2)
R1      R3      (元件 R1 改变为 R3)
C3      C2      (元件 C3 改变为 C2)
C4      C3      (元件 C4 改变为 C3)
C2      C4      (元件 C2 改变为 C4)
BG2     BG1     (元件 BG2 改变为 BG1)
BG1     BG2     (元件 BG1 改变为 BG2)
R3      R4      (元件 R3 改变为 R4)
```

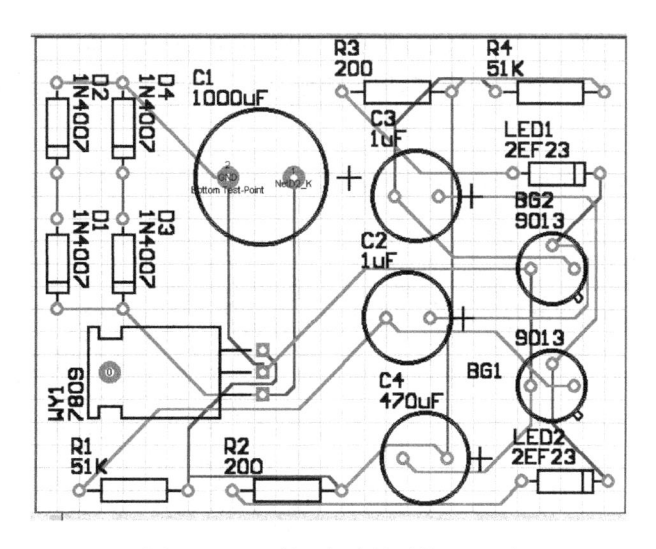

图 6.131 元件重新编号后的 PCB 图

(3) 更新原理图。当 PCB 的元件流水号发生了改变后，电路原理图也应相应改变，这可以在 PCB 环境中实现，也可以返回原理图环境实现相应改变。

在 PCB 环境中更新原理图相应流水号的操作步骤如下：

① 执行"Design\Update Schematic"命令，系统将弹出如图 6.132 所示的更新设计对话框。在该对话框中有以下几项：

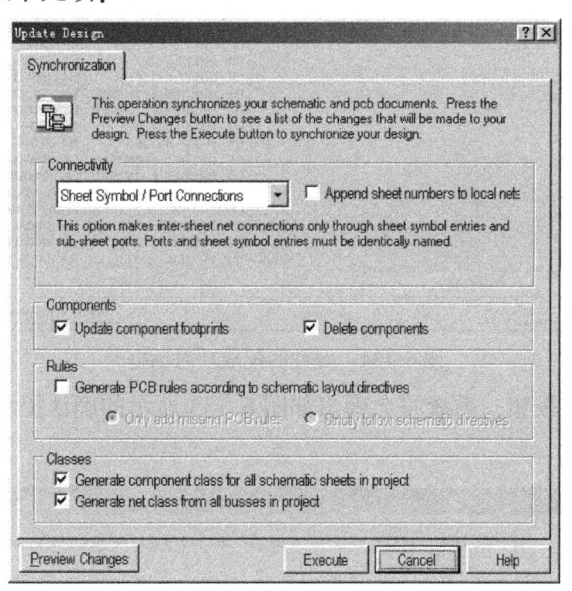

图 6.132 更新设计对话框

- Connectivety：选择原理图中元件的网络连接方式。
- Components：用来设置是否更新元件的引脚（Update component footprints）或删除元件（Delete components）。
- Rules：用来设置是否根据原理图生成 PCB 规则。

② 单击"Execute"按钮，系统将弹出元件匹配情况设置对话框，如图 6.133 所示。对

于对话框中显示的不匹配元件，可以分别在左边的 Unmatched reference 和 Unmatched target 列表中选中不匹配的元件，然后单击对话框中的" > "按钮。最后对话框中的元件都匹配成功，如图 6.134 所示。

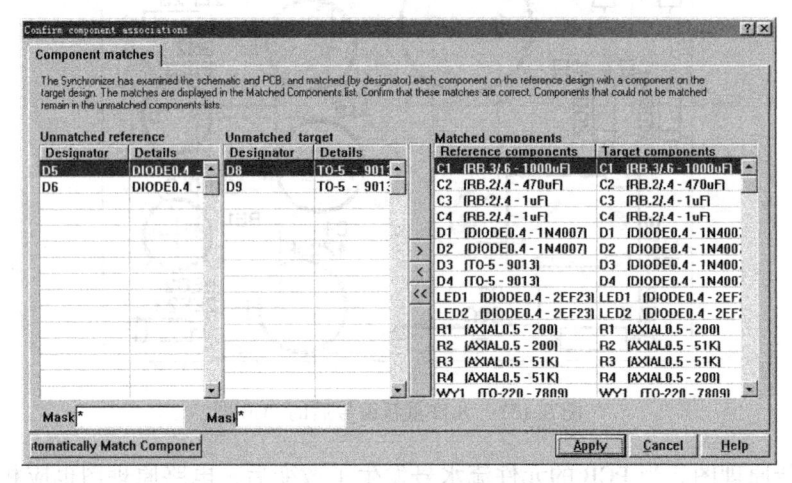

图 6.133　元件匹配情况设置对话框

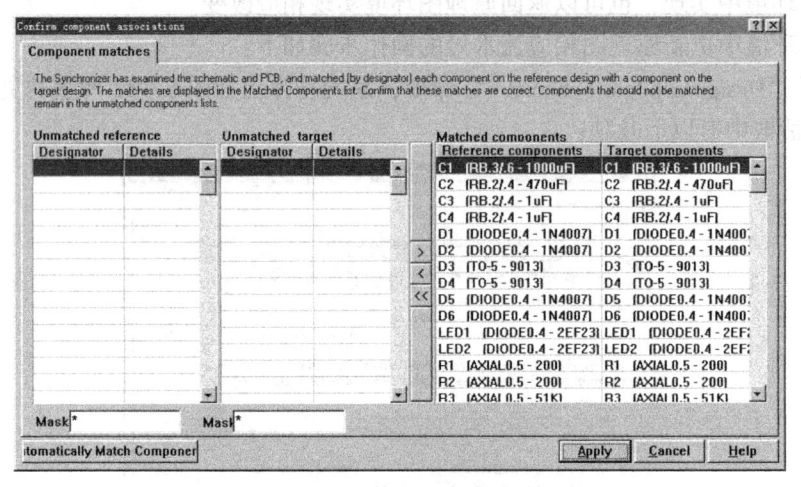

图 6.134　元件匹配成功对话框

③ 单击"Apply"按钮，系统将会弹出如图 6.135 所示的确认提示框，可以确定是否应用这些修改到原理图上。

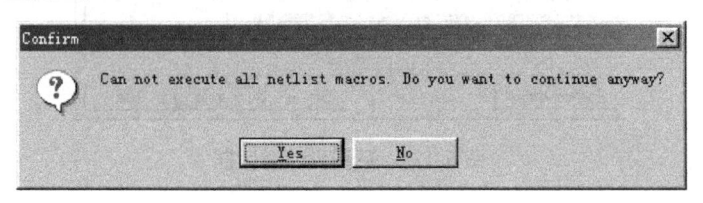

图 6.135　确认提示框

④ 单击"Yes"按钮确认后，系统将对原理图进行相应的更新。
在原理图环境下实现元件标号相应更新的具体操作步骤如下：
- 先将生成的"*.was"文件导出，保存为一个独立的文件。导出方法是在设计管理器中，将光标放在"*.was"文件图标处，然后单击鼠标右键，从弹出的快捷菜单中选择"Export"命令,将该文件导出。
- 打开对应原理图文件,并切换到原理图管理器环境。
- 执行"Tools\Back Annotate"菜单命令,系统将弹出如图6.136所示的选择更新文件对话框。在该对话框中选择前面生成的"*.was"文件,然后单击"OK"按钮,即可更新原来原理图中的标注,同时系统给出一个更新后的报告文件。

6.8.4 增加引线端

图6.136 选择更新文件

在印制电路板图中,如果没有电源和地的输入端,就无法外接电源;如果没有输出连接点,就无法输出。对于上面获得的PCB图来说,还需要增加引线端,才能算得上完整的印制电路图。下面介绍以金手指的形式增加引线端的操作步骤:

(1) 首先执行"Place\Pad"命令,在印制电路板上添加5个焊盘,如图6.137所示,分别为正电源、接地和3个输出连接点。焊盘参数设置如图6.138所示。焊盘具体形状和尺寸要依据实际插接槽的需要而定。

(2) 在图6.138所示的对话框中单击"Advanced"标签,调出"Advanced"选项卡的内容,如图6.139所示。并在"Net"栏中将5个焊盘所属的网络设置自上而下分别设置为+9V、GND、X3、X6和X7(根据原理图或网络表设置),在"Electrical Type"栏中将输入端设置为Source,输出端设置为Terminator。

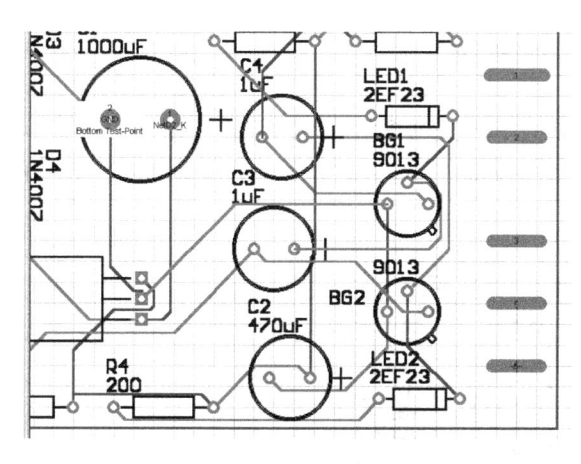

图6.137 放置引线端焊盘

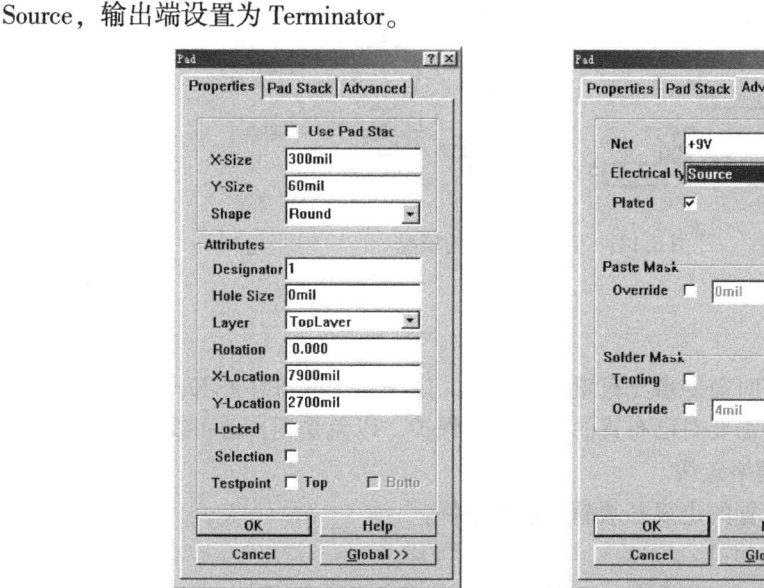

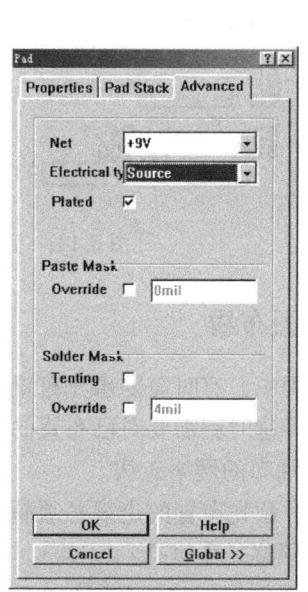

图6.138 焊盘属性对话框   图6.139 焊盘的"Advanced"选项

设置完成后，将会出现连接线，将 5 个焊盘分别和同属一个网络的其他焊盘连接起来，如图 6.140 所示。

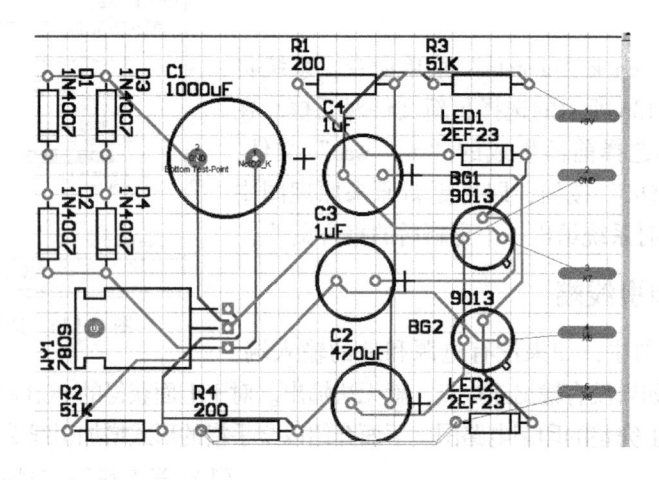

图 6.140　设置完成后的情况

（3）使用自动布线或者手工布局将 5 个焊盘和相关的焊盘或走线连接起来，如图 6.141 所示。如果使用自动布线功能，则应该使用 Connection 布线方式，其他方式会影响到其他的走线。布线后最好将接入的电源线加粗。

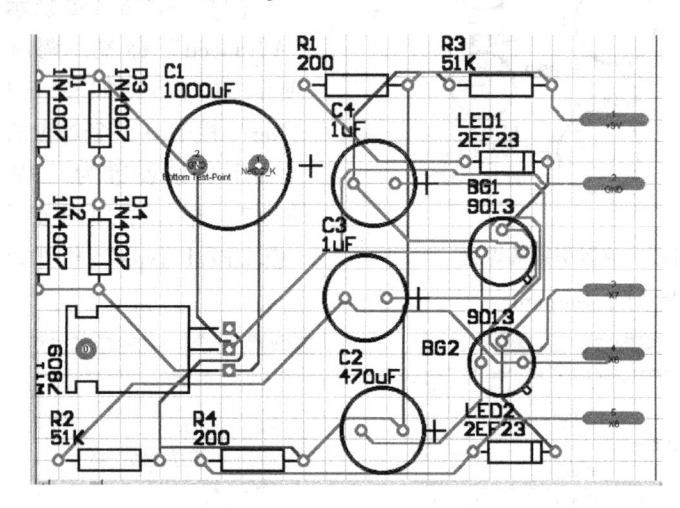

图 6.141　连接焊盘后的情况

6.8.5　保护预布线

在设计布线过程中，有时需要事先布置一些导线，以满足一些特殊要求，然后再利用系统的自动布线功能。这时就需要对已布置的导线进行保护，以免受到自动布线的影响，即要"锁定（Locked）"预布的网络走线。

在一个网络中，预先布置的走线必须满足以下条件：

（1）其支线必须终止于过孔。

（2）当终止于元件管脚时，必须终止于管脚中心（焊盘内孔范围内）。

(3) 预先布置的连接线必须被完整地布线。
(4) 预先布置的网络必须被完整地布线。
(5) 所有预先布置的走线必须满足设计规则。
(6) 所有预先布置的走线必须具有"锁定"(Locked)属性。

要使预布的网络走线具有"锁定"(Locked)属性，操作步骤如下：
① 执行"Edit\Select\Net"命令。
② 移动光标到需要保护的网络，单击鼠标左键，选中该网络，使该网络的走线处于加亮状态。然后双击其中一条走线，调出走线属性对话框。
③ 利用整体编辑方法，将选取部分设为"锁定"属性。

处于"锁定"状态的预布网络走线，在进行自动布线时不会受到影响。

6.9 PCB 的三维效果显示

Protel 99 SE 增加了三维效果显示功能，使用该功能可以显示 PCB 图清晰的三维立体效果，不用附加高度信息，元件、丝网、铜箔均可以被隐藏，并且还可以随意旋转、缩放，改变背景颜色等。PCB 的三维效果显示可以通过执行"View\Board in 3D"命令或单击主工具栏中的 3D 显示图标 来实现。如图 6.142 所示即为本章实例制作的"闪光控制器"PCB 三维效果图。

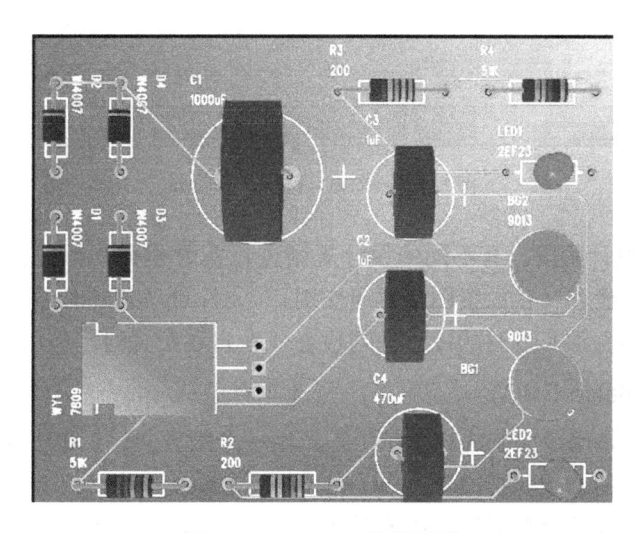

图 6.142　PCB 三维效果图

6.10 设计规则检查

由于 PCB 是由许多图件构成的，因此在设计 PCB 图时，为保证设计印制电路板的正确性，需要有一定的规则约束。

Protel 99 SE 提供了多种设计规则，用户可对这些设计规则重新定义，也可以自己定义一系列的设计规则。系统具有一个有效的设计规则检查（DRC - Design Rule Check）功能，该功能可以确认设计是否满足设计规则。一旦发现违规，则违规的图件就会被高亮度显示，并给出详细的违规报告。

利用设计规则进行检查有实时检查（On – Line DRC）和分批检查（Batch DRC）两种方式。

1. 实时检查（On – Line DRC）

实时检查是在放置或移动图件的同时，系统自动利用规则进行检查，一旦发现违规（Violation），就被标记出来（高亮度显示），同时如果 PCB 浏览管理器设为违规浏览模式，其中会显示违规的名称和具体内容。

实时检查只检查设置项目的规则，检查的项目可以调整，这种调整是通过执行"Tools\Design Rule Check"命令进行的，在"Design Rule Check"对话框的"On – Line"选项卡中完成，如图 6.143 所示。

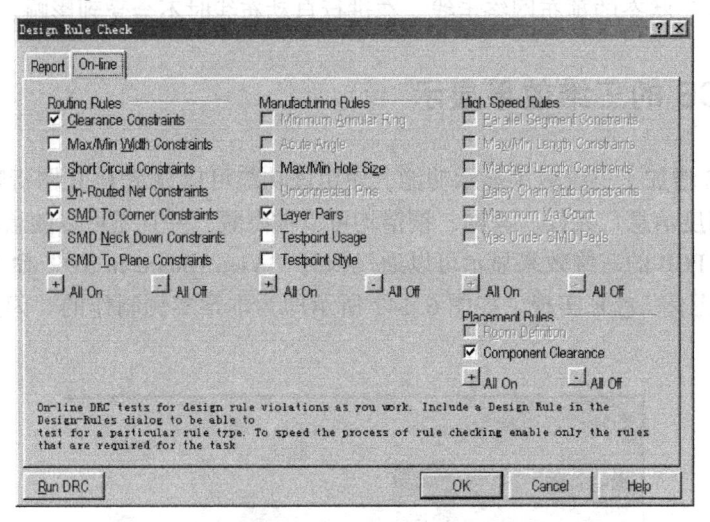

图 6.143 "On – Line"选项卡

在不同的 PCB 设计阶段，有不同的设计规则进行实时检查，因此，实时检查可分为放置图件时的设计规则检查（在放置图件时起作用）、元件自动布局时的设计规则检查（在自动布置时起作用）和自动布线时的设计规则检查（在自动布置时起作用）3 种。

2. 分批检查（Batch DRC）

分批检查的运行是用户控制的，其结果是产生一个报告文件。单击定义设计规则对话框中的"Run DRC"按钮，或执行"Tools\Design Rule Check"命令，系统会弹出如图 6.144 所示的对话框。设置分批检查项目是在该对话框的"Report"选项卡中进行的。

"Report"选项卡中各栏的内容与设置如下：

（1）选项卡的上方列出了与布线有关的规则（Routing Rules）、与制作有关的规则（Manufacturing Rules）、与高频有关的规则（High Speed Rules），每一栏的下方都有"All On"和"All Off"两个按钮，用于全选和全部不选栏内的所有项目。

（2）选项卡的中间"Signal Integrity Rules"按钮用于设置与电路板信号分析相关的设计规则选项。

（3）选项卡下方的"Options"区域用于设置设计规则检查的选项。

① Create Report File：用于设置是否要生成检查报告文件。

② Create Violations：用于设置是否高亮度显示违规的图件。

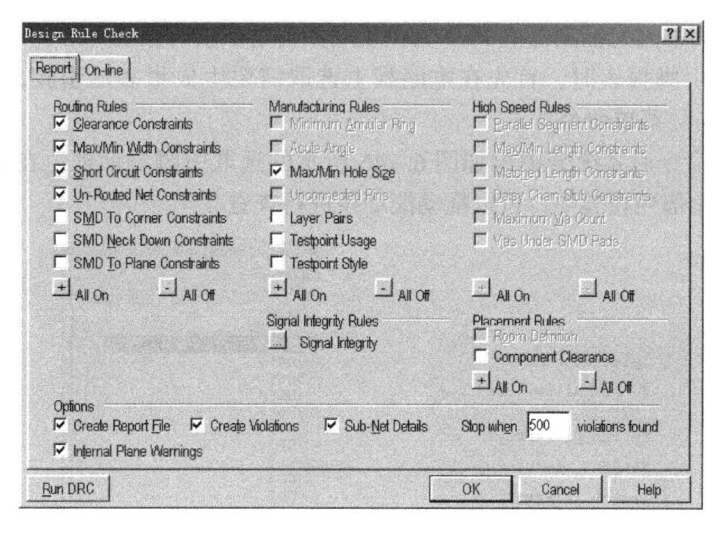

图 6.144 "Report"选项卡

③ Sub – Net Details：用于检查某个网络没有完全布通时，设置是否给出子网络的详细信息。

④ Stop when…violation found：用于设置当发现多少违规时停止检查。进行分批检查时，只要单击"Run DRC"按钮，程序即进行分批设计规则检查。

3. 处理违规

进行设计规则检查后，对发现的错误应该加以更正。利用 PCB 浏览管理器处理违规的方法前面已经介绍过，这里介绍违规量比较大时的处理方法。

当执行一次分批检查后，如果发现设计规则检查报告中有大量的错误，就需要设法减少一次分批检查中出现的违规个数，有以下两种方法。

（1）在如图 6.144 所示的"Design Rule Checking"对话框的"Report"选项卡中，减少"Stop when…violation found"栏的值，例如输入 10 个，这样报告文件中将最多出现 10 个违规说明。这就可以先解决这 10 个违规操作，然后再检查继续修改，直到所有的违规被排除。

（2）在如图 6.144 所示的"Design Rule Checking"对话框中，一次只选取一项进行检查，这样检查报告中只出现一种类型违规的说明，而每一类违规的排除方法是相同的，于是就可以很迅速地排除所有的违规错误。

6.11 生成 PCB 报表

Protel 99 SE 的印刷电路板设计系统提供了生成各种类型 PCB 报表的功能，它可以给用户提供有关设计过程及设计内容的详细资料。这些资料包括设计过程的引脚信息、元件封装信息、网络信息以及布线信息等等。在 PCB 图设计完成后，可以生成各种类型的 PCB 报表，并分别形成文档。生成各种报表的命令都在"Reports"菜单中，如图 6.145 所示。

6.11.1 生成引脚报表

引脚报表能够提供电路板上选取的引脚信息，用户可以选取若干个引脚，通过报表功能生成这些引脚的相关信息，这些信息会生成一个"*.dmp"报表文件，可以方便地检验网络上的连线。下面以闪光控制器的 PCB 为例说明如何生成引脚报表。

（1）在生成引脚报表时，首先在电路板上选取需要生成报表的引脚，然后执行"Reports\Selected Pins"菜单命令。

（2）执行此命令后系统会弹出如图 6.146 所示的选取引脚对话框。在该对话框中，系统将选择的引脚全部列在其中，可以拖动滚动条进行查看。

图 6.145 "Reports"菜单　　图 6.146 选取引脚对话框

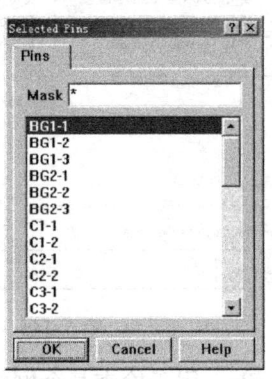

（3）在该对话框中列出了选取引脚的信息，如果单击"OK"按钮，系统会切换到文件编辑器中，并生成引脚报表文件"*.dmp"，如图 6.147 所示。

图 6.147 引脚报表文件

这个引脚报表文件在专题数据库里，不是独立的文件。如果要把它提取出来，可在专题数据库管理器中，按下列步骤实现：

（1）单击该报告的文件名称，选取该文件。
（2）然后单击鼠标右键，打开快捷菜单，如图 6.148 所示。
（3）执行菜单中的"Export"命令，系统将弹出如图 6.149 所示的导出文件对话框。

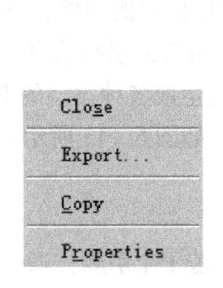

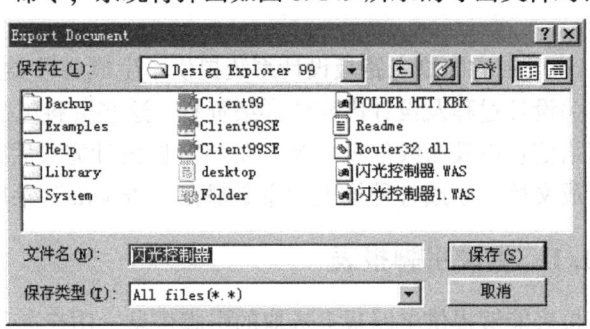

图 6.148 快捷菜单　　图 6.149 导出文件对话框

· 186 ·

（4）在这个对话框中，输入管脚报表文档的文件名及文件存储位置（文件类型可以不考虑），再单击"保存"按钮。这样就可产生一个独立的引脚报表文件了。

6.11.2 生成电路板信息报表

如果要了解电路板的详细信息，例如电路板图的大小、元件个数、电路板上的焊点、网络的情况等信息，就可以通过建立电路板信息报告取得这些信息。下面讲述如何生成电路板的有关信息报表。

（1）执行"Reports\Board Information"菜单命令。

（2）执行此命令后，系统会弹出如图6.150所示的电路板信息对话框。该对话框中包括3个选项卡，分别说明如下：

① "General"选项卡：说明该电路板图的大小，电路板图中各种图件的数量、钻孔数目以及有无违反设计规则等等，如图6.150所示。

② "Components"选项卡：显示了电路板图中有关元件的信息，其中"Total"栏说明电路板图中元件的个数，"Top"和"Bottom"分别说明电路板顶层和底层元件的个数。下方的方框中列出了电路板中所有的元件，如图6.151所示。

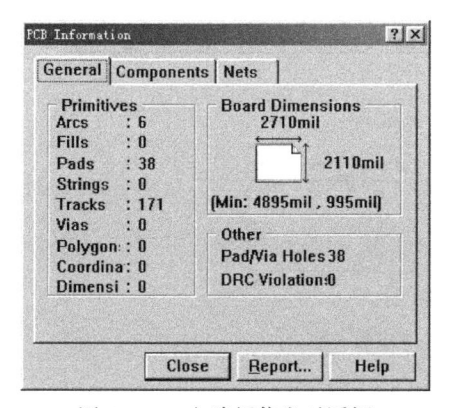

图6.150 电路板信息对话框 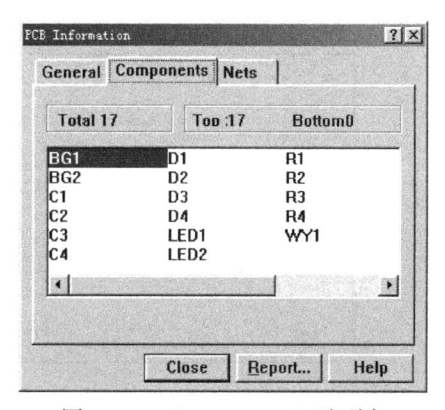　　　图6.151 "Components"选项卡

③ "Nets"选项卡：用于显示当前电路板中的网络信息。其中的"Load"栏说明了网络的总数，如图6.152所示。

如果要查看电路板电源层的信息，可以单击"Nets"选项卡中的"Pwr/Gnd"按钮，系统会弹出电路板电源层信息对话框，如图6.153所示。

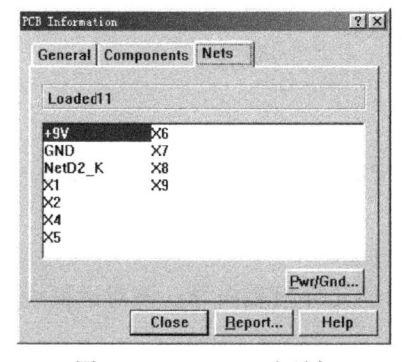

图6.152 "Nets"选项卡 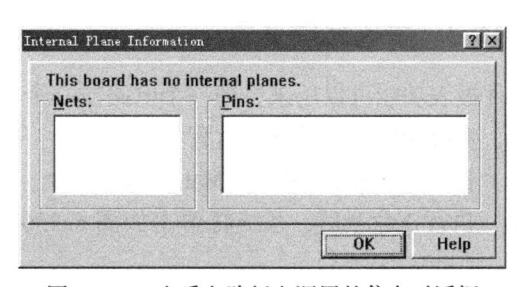　　　图6.153 查看电路板电源层的信息对话框

电源层信息对话框列出了各个内部电源层的信息。其中"Nets"栏列出连接在内部电源层上的网络名称（包括分割），"Pins"栏列出了"Nets"栏指定的网络连接到该电源层的节点名称和连接方式。

由于本例的电路板没有内部层网络，因而在该对话框中没有显示层信息，也没有内部层网络。

（3）系统接着将弹出选择报表项目对话框，如图 6.154 所示。在该对话框中，可以单击"All On"按钮选择所有项目；或者单击"All Off"按钮不选择任何项目；或者选中"Selected objects only"复选框，只产生所选中对象的电路板信息报表。

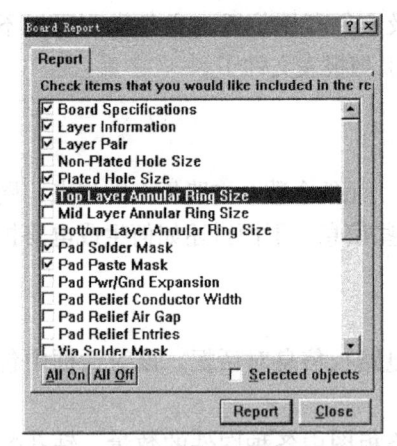

图 6.154　选择报表项目对话框

（4）单击任何一个对话框中的"Report"按钮，系统会产生一个以".rep"为扩展名的报告文件，同时打开报告文件窗口，如图 6.155 所示。

此时生成的文件在专题数据库里，还不是独立的文件。生成独立的电路板信息报表文件的操作步骤与引脚报表文件相同。

图 6.155　电路板信息报表

6.11.3　生成元件报表

元件报表功能可以用来整理一个电路或一个项目中的元件，形成一个元件列表，以供用户查询，生成元件报表的操作过程如下：

（1）执行"Reports\Bill of Materials"命令。

（2）执行该命令后，系统将弹出如图 6.156 所示的元件报表向导，该对话框说明向导的用途。

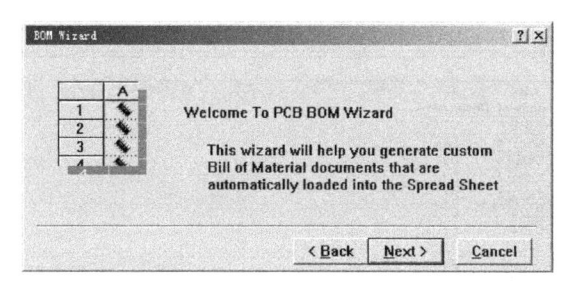

图 6.156 元件报表向导

(3) 单击"Next"按钮,进入设置元件报表类型对话框,如图 6.157 所示。在该对话框中,有 List(列表)和 Group(组)两种格式类型。

(4) 设置完成后,单击"Next"按钮,进入如图 6.158 所示的对话框,在这个对话框中设置报表中排序的依据,在"Select the sorting"栏中进行选择,可选的项目有 Comment 和 Footprint 两项,并在下方的复选框中设定报表中要列出的项目。

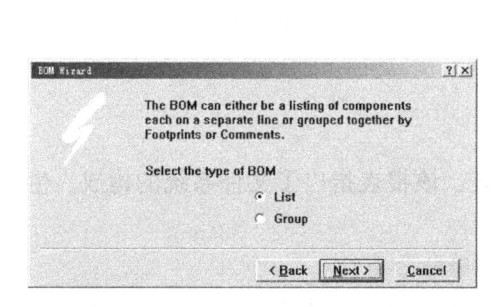

图 6.157 元件报表类型对话框 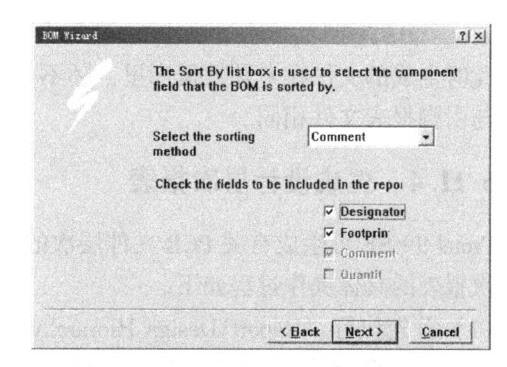   图 6.158 设置报表中排序的依据

(5) 单击"Next"按钮,进入如图 6.159 所示的完成对话框,这个对话框显示报表设置完毕,单击"Finish"按钮后,就会生成一个以".bom"为扩展名的元件报表,如图 6.160 所示。

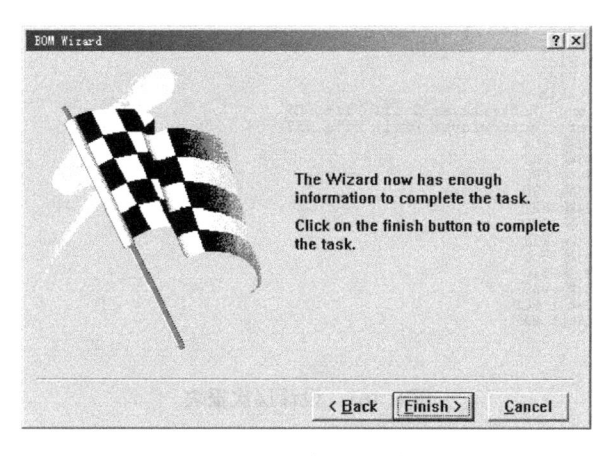

图 6.159 完成对话框

这个报告文件记录了电路板上采用的各种元件封装的名称和数量,对应每种元件封装还列出了采用该封装的元件名称。

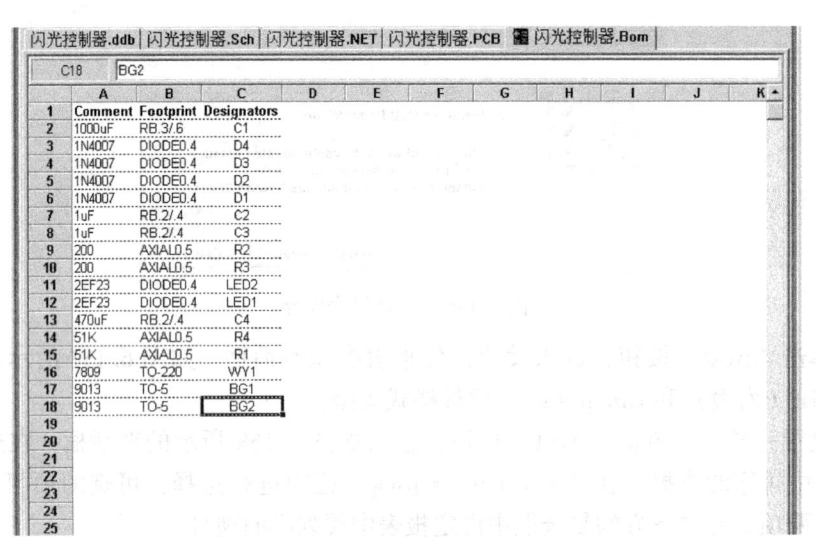

图 6.160　元件报表

此时生成的文件在专题数据库里，还不是独立的文件。生成独立的元件报表文件的操作步骤与引脚报表文件相同。

6.11.4　生成设计层次报表

Protel 99 SE 可生成有关 PCB 文件层次的报表，该报表指出了文件系统的构成。生成设计层次报表的具体操作过程如下。

（1）首先执行"Report\Design Hierarchy"菜单命令。

（2）执行命令后，生成当前电路板的设计层次报表，同时显示设计文件报表窗口，如图 6.161 所示。该文件以". rep"为后缀名。

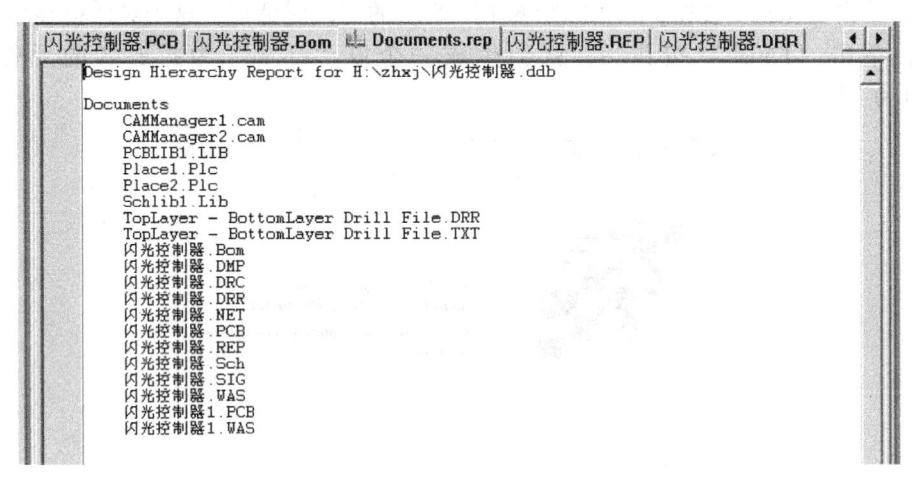

图 6.161　设计层次报表

6.11.5　生成网络状态报表

要生成网络状态报表，可执行菜单命令"Reports\Netlist Status"，网络状态报表包含了当前电路板图有关网络的详细信息，便于浏览或记录电路板中网络的状态，如图 6.162 所示。

· 190 ·

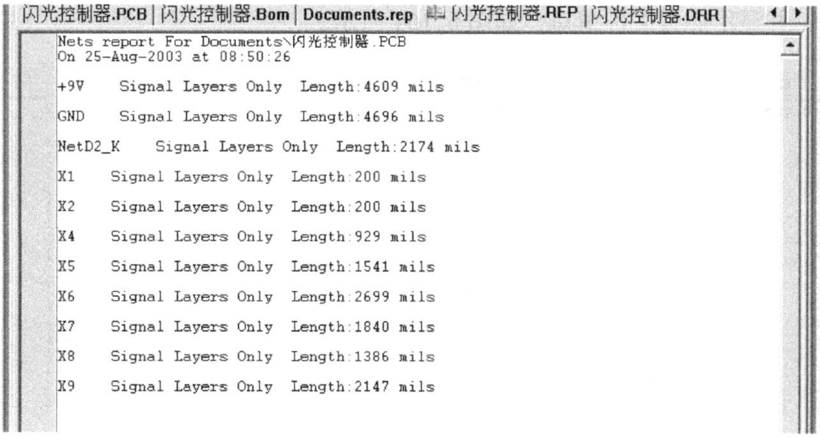

```
闪光控制器.PCB | 闪光控制器.Bom | Documents.rep | 闪光控制器.REP | 闪光控制器.DRR
Nets report For Documents\闪光控制器.PCB
On 25-Aug-2003 at 08:50:26

+9V     Signal Layers Only  Length:4609 mils
GND     Signal Layers Only  Length:4696 mils
NetD2_K     Signal Layers Only  Length:2174 mils
X1     Signal Layers Only  Length:200 mils
X2     Signal Layers Only  Length:200 mils
X4     Signal Layers Only  Length:929 mils
X5     Signal Layers Only  Length:1541 mils
X6     Signal Layers Only  Length:2699 mils
X7     Signal Layers Only  Length:1840 mils
X8     Signal Layers Only  Length:1386 mils
X9     Signal Layers Only  Length:2147 mils
```

图 6.162　网络状态报表

在这个报表中，列出了每个网络的走线所在的板层和各自的网络长度。这个报表文档是文本格式，以“.rep”为扩展名。

6.11.6　生成 NC 钻孔报表

钻孔文件用于提供制作电路板时所需的钻孔资料，该资料列出了电路板中所有焊盘和过孔的属性，在制作电路板时，将钻孔文件输入钻孔机，钻孔机就会根据钻孔文件上的信息在电路板的不同位置打出大小不同的孔。

执行菜单命令“Report\NC Drill”，即可生成一个当前电路板的钻孔文件。并显示钻孔报告的窗口，如图 6.163 所示。钻孔文档有文本文档（*.txt）和 Excelon（*.drl）两种不同的格式。

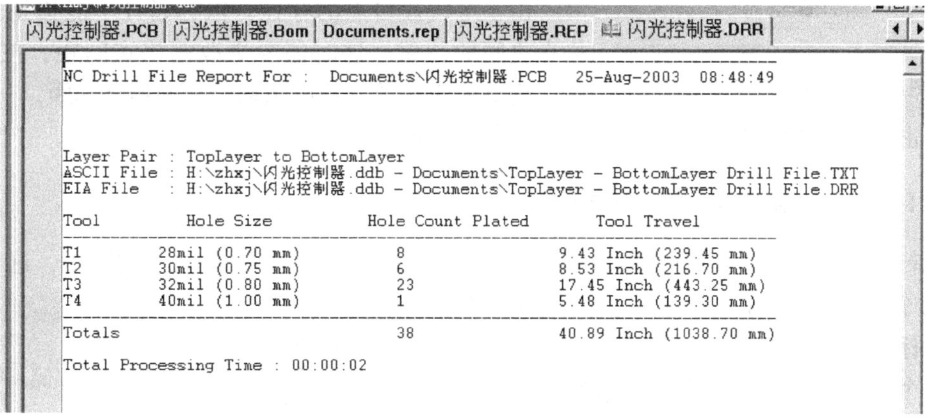

```
闪光控制器.PCB | 闪光控制器.Bom | Documents.rep | 闪光控制器.REP | 闪光控制器.DRR
------------------------------------------------------------------------
NC Drill File Report For :  Documents\闪光控制器.PCB   25-Aug-2003  08:48:49
------------------------------------------------------------------------

Layer Pair  : TopLayer to BottomLayer
ASCII File  : H:\zhxj\闪光控制器.ddb - Documents\TopLayer - BottomLayer Drill File.TXT
EIA File    : H:\zhxj\闪光控制器.ddb - Documents\TopLayer - BottomLayer Drill File.DRR

Tool         Hole Size          Hole Count Plated        Tool Travel
------------------------------------------------------------------------
T1       28mil (0.70 mm)          8                9.43 Inch (239.45 mm)
T2       30mil (0.75 mm)          6                8.53 Inch (216.70 mm)
T3       32mil (0.80 mm)          23               17.45 Inch (443.25 mm)
T4       40mil (1.00 mm)          1                5.48 Inch (139.30 mm)
------------------------------------------------------------------------
Totals                            38               40.89 Inch (1038.70 mm)

Total Processing Time : 00:00:02
```

图 6.163　钻孔文件

6.11.7　生成插置文件

插置文件是一种属于 CAM 的程序数据文件，用以驱动插件机，实现自动插件。插置文件中记录了当前电路板图中所有元件的名称（Designator）、元件封装（Pattern）、位置坐标（Mid X，Mid Y）、旋转角度（Rotation）等信息。

执行“Report\Pick and Place”菜单命令，就可生成当前电路板图的扩展名为“.pik”

的插置文件,并显示插置文件窗口,如图 6.164 所示。

图 6.164　插置文件

6.11.8　测量两点的距离

精确测量电路板图中某两点的距离,可以用以下方法:
(1) 执行菜单命令"Reports\Measure Distance"。
(2) 执行该命令后,鼠标指针变为十字形,单击需要测量间距的第一个点。
(3) 再移动鼠标,单击要测量间距的第二个点,屏幕上会显示如图 6.165 所示的对话框。

① Distance Measured：所选两点的间距。
② X Distance：两点的 X 轴方向间距。
③ Y Distance：两点的 Y 轴方向间距。

由于电气栅格点的存在,鼠标指针不能移到两个栅格点之间的位置,这时需要更改栅格点间距,按 G 键,弹出栅格间距菜单,从中选取合适的栅格间距。

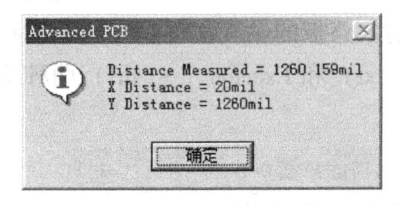

图 6.165　测量两点的距离

单击对话框中的"确定"按钮,关闭该对话框。

6.11.9　测量两个图件的间距

执行菜单命令"Reports\Measure Primitives",可以测量两个图件之间的间距,这个间距是指两个图件之间的最小间距。执行该命令后,鼠标指针变为十字形,单击需要测量间距的第一个图件,再移动鼠标,单击要测量间距的第二个图件,屏幕上会出现如图 6.166 所示的对话框。

单击对话框中的"确定"按钮,关闭该对话框。

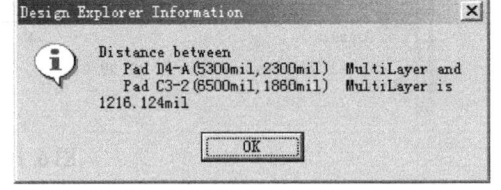

图 6.166　测量两个图件间距对话框

6.12　PCB 图的打印输出

完成 PCB 图的设计后,就需要打印输出,并将输出结果送往厂家进行制作。使用打印机打印输出电路板，首先要对打印机进行设置，包括打印机的类型设置、纸张大小的设定、电路图纸的设定等内容，然后再进行打印输出。

1. 打印机设置

打印机设置的操作过程如下：

（1）首先执行"File\Printer\Preview"菜单命令。

（2）执行此命令后，系统将生成如图 6.167 所示的 Preview 闪光控制器文件。

（3）进入 Preview 闪光控制器文件，然后选择"File\Setup Printer"命令，系统将弹出如图 6.168 所示的对话框，此时可以设置打印机的类型。

① Printer：该选项可选择打印机名称。

② PCB Filename：该编辑框显示了所要打印的文件名。

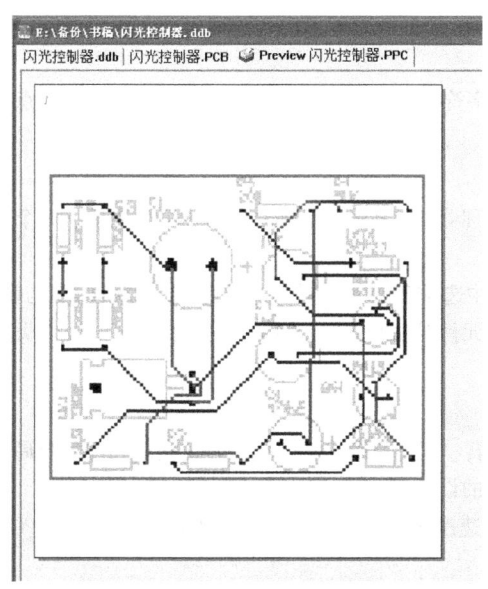

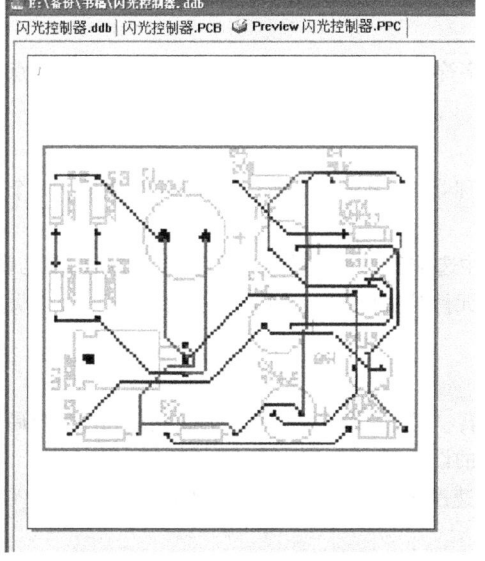

图 6.167　Preview 闪光控制器文件 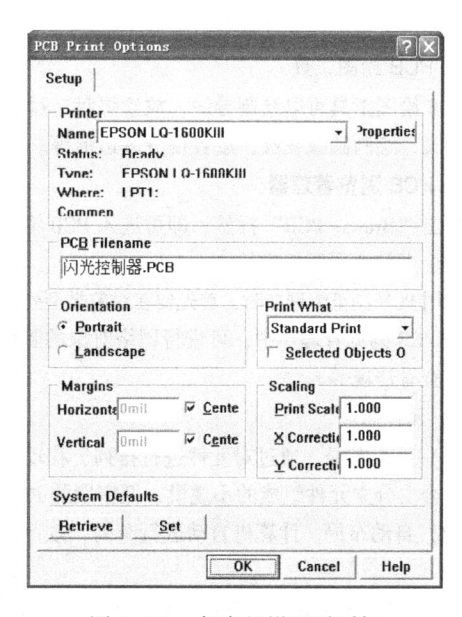　　　　图 6.168　打印机设置对话框

③ Orientation：该选项可选择打印方向，有 Portrait（纵向）和 Landscape（横向）两种。

④ Print What：在该选项的下拉列表中可选择打印的对象，有 Standard Print（标准形式）、Whole Board on Page（整块板打印在一页上）和 PCB Screen Region（PCB 区域）3 种方式。

（4）设置完成后，单击"OK"按钮，完成打印设置操作。

2. 打印输出

设置了打印机后，执行"File\Print"子菜单中的相关命令进行打印，打印 PCB 图形的命令有以下几种。

（1）File\Print\All：打印所有图形。

（2）File\Print\Job：打印操作对象。

（3）File\Print\Page：打印给定的页面，执行该命令后，系统将弹出如图 6.169 所示的页码输入对话框，用户可以输入需要打印的页码。

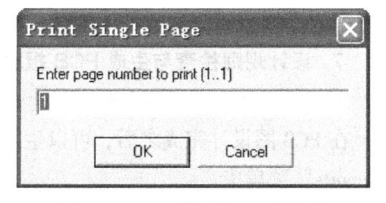

（4）File\Print\Current：打印当前页。

图 6.169　页码输入对话框

· 193 ·

本 章 小 结

1. 印制电路板图的设计流程

绘制电路原理图→规划电路板→设置参数→装入网络表及放置封装→元件的布局→布线→优化、调整布局布线→文件保存及输出。

其中，元件的布局、布线应采用自动与手动相结合的方法。

2. 元件封装的放置

（1）放置元件封装。根据需要确定元件的封装、标号、注释等参数。然后把一个元件的封装图形放置在印制电路板的合适位置上。

（2）设置元件封装属性。根据需要设置元件封装、元件标号、元件型号标注等属性。如果要保持原属性不变，也可不修改属性设置。

3. PCB 绘图工具

PCB 绘图工具可以绘制导线，放置焊盘、过孔、字符串、位置坐标、尺寸标注，设置相对原点，放置房间定义，绘制圆弧或圆，放置切分多边形等。

4. PCB 浏览管理器

单击"Browse PCB"标签，即可进入 PCB 浏览管理器。PCB 浏览管理器是由 3 个列表框、一个预览窗口和一个当前板层框组成的。

使用 PCB 浏览管理器时，首先要在对象类型列表框中选择管理对象的类型，然后进行对象的浏览与管理。

在 PCB 浏览管理器中，可进行网络对象的管理、元件对象的管理、网络类对象的管理、元件类对象的管理及查看违规等。

5. 元件布局

（1）手工布局。通过对元件进行排列、移动、旋转、复制和删除等手工操作，实现元件的布局。手工布局适合由分立元件组成的小规模、低密度的 PCB 图的设计。

（2）自动布局。计算机自动进行布局，效率高、速度快。自动布局适合大规模、高密度的 PCB 图的设计。

自动布局前需要装入网络表。为了使自动布局的结果更符合要求，可以在自动布局之前设置自动布局设计规则。系统提供了两种自动布局方式：成组布局方式（ClusterPlacer）和统计布局方式（Statistical Placer）。

自动布局后一般需要进行手工调整布局。

6. 布线

（1）手工布线。手工布线就是用手工连接电路导线。在布线过程中可以切换导线模式、切换导线方向、设置光标移动最小间隔。对导线还可以进行剪切、复制与粘贴、删除及属性修改等操作。手工布线的缺点是布线速度较慢。

（2）自动布线。自动布线就是用计算机自动连接电路导线。自动布线前按照某些要求预置布线设计规则，设置完布线规则后，程序将依据这些规则进行自动布线。自动布线效率高，速度快。

自动布线的方法有：全局布线、指定网络布线、指定两连接点布线、指定元件布线、指定区域布线。

自动布线后需要进行手工调整布线。

7. 设计规则检查与生成 PCB 报表

利用设计规则进行检查有实时检查（On–Line DRC）和分批检查（Batch DRC）两种方式。

在 PCB 图设计完成之后，可以生成各种类型的 PCB 报表，并分别形成文档。生成各种报表的命令都在"Reports"菜单中。

8. PCB 图的打印输出

首先要对打印机进行设置，包括打印机的类型设置、纸张大小的设定、电路图纸的设定等内容，然后再进行打印输出。

思考与练习 6

6.1 试说明 PCB 图的设计流程。
6.2 试说明放置工具栏中各个按钮的作用分别是什么。它们各自对应的菜单命令又是什么？并简述其操作步骤。
6.3 补泪滴在设计 PCB 时有什么作用？
6.4 如何放置、移动、删除一个元件？如何旋转一个元件？
6.5 复制、剪切、粘贴如何操作？可否用于点取的实体？
6.6 布线的特殊粘贴有几种方式？如何操作？
6.7 如何装入网络表文件？
6.8 自动布局要做哪些准备工作？
6.9 自动布线要做哪些准备工作？
6.10 怎样按照下面的要求设置自动布局、自动布线设计规则：
　　（1）元件间最小间距为 15 mil；
　　（2）只在顶层放置元件；
　　（3）导线间最小安全距离为 20 mil；
　　（4）在顶层水平布线、底层垂直布线，其他信号层不用；
　　（5）接地线最先布置；
　　（6）布线宽度在 10～40 mil 之间。
6.11 请说明执行自动布局、自动布线的命令有哪些？各有什么作用？如何操作？
6.12 元件报表有什么作用？如何生成元件报表文件？
6.13 试参照本章实训指导设计如下电路的印制电路板制板图。
　　（1）两级阻容耦合三极管放大电路（设计为单面板）；
　　（2）双路直流稳压电源电路 PCB 图设计；
　　（3）晶闸管触发电路（设计为双面板）；
　　（4）8031 单片机存储器扩展小系统电路（设计为双面板）。

实训指导 12　两级阻容耦合三极管放大电路 PCB 图设计

1. 实训目的
（1）学会元件封装的放置。
（2）熟练掌握 PCB 绘图工具。
（3）熟悉手工布局、布线。

2. 实训内容
参照图 3.91，设计两级阻容耦合三极管放大电路的 PCB 图，参考图形如图 6.170 所示。

3. 实训步骤
（1）启动 Protel 99 SE，新建文件"两级阻容耦合三极管放大电路. PCB"，进入 PCB 图编辑界面。
（2）手动规划电路板尺寸。单击编辑区下方的"Keep Out Layer"标签，即将禁止布线层设置为当前工作层，设置电路板的板边界。
（3）切换工作层到"TopLayer"，放置元件封装及其他一些实体，并设置元件属性，调整元件位置。表 6.2 给出了该电路所需元件的封装形式、标号及所属元件库数据。
（4）按照电路原理图进行布线。

图 6.170 两级阻容耦合三极管放大电路的 PCB 图

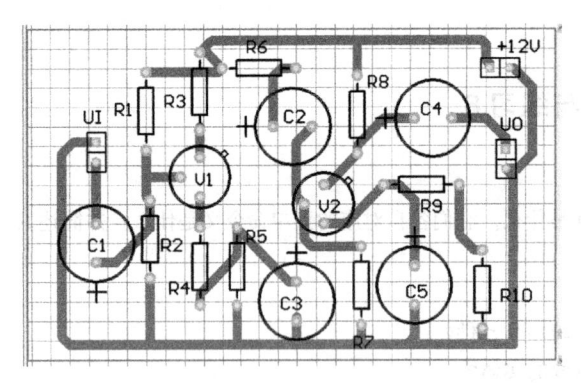

表 6.2 元 件 属 性

库内元件封装名称	元 件 标 号	所属元件库
RB.2/.4	C1～C5	PCB Footprints.lib
AXIAL0.4	R1～R10	PCB Footprints.lib
TO--5	BG1～BG2	PCB Footprints.lib

4. 注意事项

(1) 该 PCB 图中选用的元件封装及布局布线只作为参照。
(2) 该 PCB 图中可进一步做后期处理。
(3) 规划电路板与放置元件封装的工作层不同。

实训指导 13　双路直流稳压电源电路 PCB 图设计

1. 实训目的

(1) 学会元件封装的放置。
(2) 熟练掌握 PCB 绘图工具。
(3) 熟悉手工布局、布线。

2. 实训内容

参照图 3.92，设计双路直流稳压电源电路 PCB 图，参考图形如图 6.171 所示。

3. 实训步骤

(1) 启动 Protel 99 SE，新建文件"双路直流稳压电源电路.PCB"，进入 PCB 图编辑界面。
(2) 装入元件封装库 International Rectifiers.lib。
(3) 在工作层"Keepout Layer"下规划电路板，长 90mm，宽 50mm。
(4) 放置元件封装及其他一些实体，并设置元件属性，调整元件位置。表 6.3 给出了该电路所需元件的封装形式、标号及所属元件库数据。
(5) 按照电路原理图进行布线。

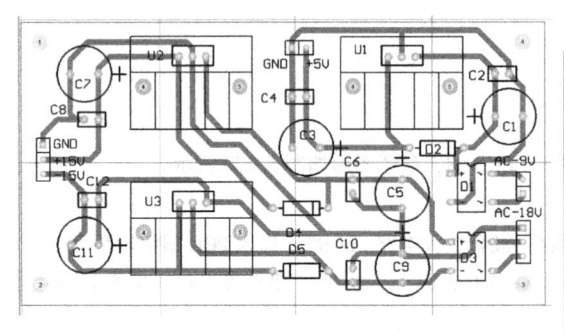

图 6.171 双路直流稳压电源电路 PCB 图

表 6.3 元 件 属 性

库内元件封装名称	元 件 标 号	所属元件库
D--70	D1、D3	International Rectifiers.lib
RAD0.1	C2、C4、C6、C8、C10、C12	PCB Footprints.lib
RB.2/.4	C1、C3、C5、C7、C9、C11	PCB Footprints.lib
To--126	U1、U2、U3	PCB Footprints.lib
DIODE	D2、D4、D5	PCB Footprints.lib

4. 注意事项

规划电路板后将工作层切换到顶层放置元件封装。

实训指导 14　晶闸管触发电路 PCB 图设计

1. 实训目的

（1）学会元件封装的放置。
（2）熟练掌握 PCB 绘图工具。
（3）熟悉手工布局、布线。

2. 实训内容

参照图 3.94，设计晶闸管触发电路 PCB 图。

3. 实训步骤

（1）启动 Protel 99 SE，新建文件"晶闸管触发电路.PCB"，进入 PCB 图编辑界面。
（2）设置 PCB 电路参数设置。
（3）规划电路板和电气定义。
（4）装入元件封装库 Samtec Connectors.lib、International Rectifiers.lib。
（5）放置元件封装及其他一些实体，并设置元件属性，调整元件位置。表 6.4 给出了该电路所需元件的封装形式、标号及所属元件库数据。
（6）按照电路原理图进行布线。

表 6.4　元 件 属 性

库内元件封装名称	元 件 标 号	所属元件库
RAD0.1	C1、C2、C3、C4、C6	PCB Footprints.lib
RB.2/.4	C7	PCB Footprints.lib
AXIAL0.4	R1～R17	PCB Footprints.lib
TO-126	W1、W2	PCB Footprints.lib
DIODE	D1～D10、DW	PCB Footprints.lib
TO～92A	BG1～BG8	PCB Footprints.lib
SSW9Q	MB	Samtec Connectors.lib
D--70	U1	International Rectifiers.lib

实训指导 15　8031 单片机存储器扩展电路 PCB 图设计

1. 实训目的

（1）学会元件封装的放置。
（2）熟练掌握 PCB 绘图工具。
（3）熟悉手工布局、布线。

2. 实训内容

参照图 3.95，设计 8031 单片机存储器扩展电路 PCB 图。

3. 实训步骤

（1）启动 Protel 99 SE，新建文件"8031 单片机存储器扩展电路.PCB"，进入 PCB 图编辑界面。

(2) 设置 PCB 电路参数设置。
(3) 规划电路板和电气定义。
(4) 放置元件封装及其他一些实体，并设置元件属性，调整元件位置。表 6.5 给出了该电路所需元件的封装形式、标号及所属元件库数据。
(5) 按照电路原理图进行布线。

表 6.5 元 件 属 性

库内元件封装名称	元 件 标 号	所属元件库
RAD	C1～C3	PCB Footprints.lib
DIP40	U1	PCB Footprints.lib
DIP20	U2	PCB Footprints.lib
DIP28	U3、U4	PCB Footprints.lib
AXIAL0.4	R1～R4	PCB Footprints.lib
RAD0.2	Y1	PCB Footprints.lib
RB.2/.4	K1～K3	PCB Footprints.lib
RAD0.3	Y1	PCB Footprints.lib

实训指导 16　设计晶闸管触发电路 PCB 图的自动布局、自动布线

1. 实训目的
(1) 学会元件封装的放置。
(2) 熟练掌握 PCB 绘图工具。
(3) 熟悉自动布局、布线。

2. 实训内容
参照图 3.94，设计晶闸管触发电路 PCB 图的自动布局、自动布线，晶闸管触发电路自动布局、自动布线的 PCB 图。

3. 实验步骤
(1) 启动 Protel 99 SE，打开"晶闸管触发电路"Sch 文件。
(2) 定义元件的封装形式，在元件属性的 FootPrint 栏中填写。元件封装形式如表 6.6 所示。
(3) 导出网络表格，在菜单"Design"中点击"CreateNetlit"命令。

表 6.6 元 件 属 性

库内元件封装名称	元 件 标 号	所属元件库
RAD0.1	C1、C2、C3、C4、C6	PCB Footprints.lib
RB.2/.4	C7	PCB Footprints.lib
AXIAL0.4	R1～R17	PCB Footprints.lib
TO-126	W1、W2	PCB Footprints.lib
DIODE	D1—D10、DW	PCB Footprints.lib
TO-92A	BG1～BG8	PCB Footprints.lib
SSW9Q	MB	Samtec Connectors.lib
D--70	U1	International Rectifiers.lib

(4) 新建晶闸管触发电路 PCB 文件。装入制作 PCB 元件封装库（本图应用元件封装库 PCB Footprints.lib、Samtec Connectors.lib、International Rectifiers.lib）。
(5) 装入网络表格，在菜单"Design"中点击"Netlit"命令。
(6) 设置自动布局规则，在"Design"中点击"Rules"命令，在弹出的菜单中选择"Placement"项。
(7) 自动布局，在菜单"Tools"中点击"Auto place"命令。
(8) 设置自动布线规则，在"Design"中点击"Rules"命令，根据电路的工作状况设置相应的选项。
(9) 自动布线，在菜单"AutoRoute"中选择布线的方式。
(10) 手工调整。

第7章 制作元件封装

内容提要：

本章主要介绍印制电路板元件封装图形的设计、修改等编辑方法，重点学习创建元件封装的两种方法即手工创建法和向导创建法，还介绍了元件封装的管理等内容。

在前面使用 Protel 99 SE 绘制 PCB 图时，都是使用系统自带的元件封装，把它放置在编辑区中合适的位置。但是对于经常使用而元件封装库里又找不到的元件封装，就需要自己用元件封装编辑器来创建一个元件封装。用 PCB 元件封装编辑器，可以创建任意形状的元件封装。当然，元件封装的创建也可以借助现有的元件封装，通过简单的修改得到。

7.1 启动 PCB 元件封装编辑器

Protel 99 SE 的 PCB 元件封装编辑器的启动步骤如下：

（1）启动 Protel 99 SE，进入 Protel 99 SE 主窗口，然后执行菜单命令"File\New"，打开如图 7.1 所示的对话框。

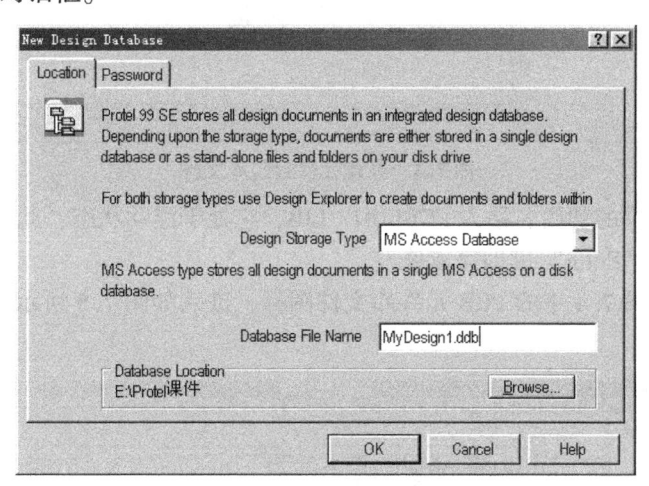

图 7.1 新建设计数据库对话框

（2）在对话框中的"Database File Name"栏中输入设计数据库名，后缀为 .ddb。单击"Browse"按钮，可以选择设计数据库的存盘路径，单击对话框中的"OK"按钮，就建立了新的设计数据库，并进入如图 7.2 所示的创建设计数据库后的窗口。

（3）执行菜单命令"File\New"，打开新建文件对话框，如图 7.3 所示。

（4）双击 PCB Library Document（PCB 元件封装编辑器）图标或者选中图标后单击"OK"按钮，就可以建立元件库封装编辑文件，如图 7.4 所示。

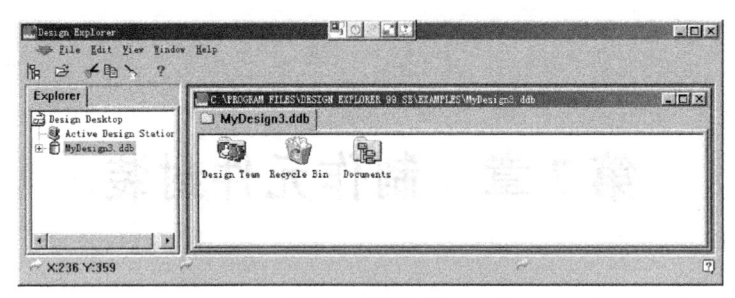

图7.2 创建设计数据库后的窗口

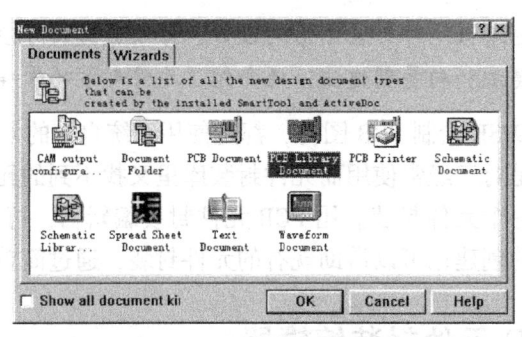

图7.3 新建文件对话框

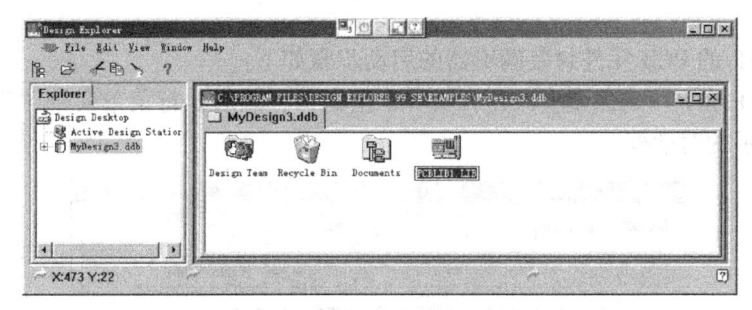

图7.4 新建元件封装库文件

(5) 元件库文件的初始名称为PCBLIB1.LIB，它处于浮动状态，此时可以修改文档名，输入新名称后，按"Enter"键即完成修改。

(6) 直接双击图7.4中的PCB元件库文件图标，进入如图7.5所示的PCB元件封装编辑器的主窗口。

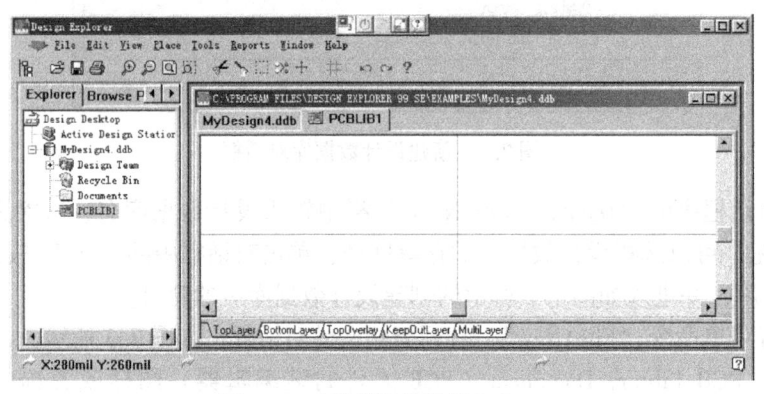

图7.5 元件封装编辑器主窗口

7.2 PCB元件封装编辑器概述

PCB元件封装编辑器的主窗口和PCB编辑器类似，如图7.5所示。PCB元件封装编辑器有两个窗口，左边的一个是设计管理器窗口，右边的是设计窗口。在设计管理器窗口中单击"Browse PCBLib"按钮，便出现如图7.6所示的元件封装编辑器界面。

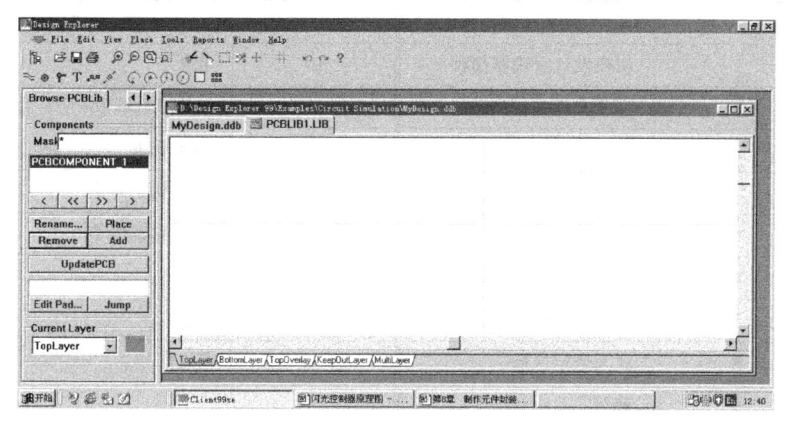

图7.6 元件封装编辑器界面

从图7.6中可以看出，PCB元件封装编辑器界面主要由主菜单、主工具栏、绘图工具栏、编辑区、状态栏与命令行等部分组成。

1. 主菜单

PCB元件封装编辑器的主菜单如图7.7所示，主要是给设计人员提供编辑、绘图命令，以便于创建一个新元件。每个菜单下均有相应的子菜单，某些子菜单下还有多级子菜单。它与原理图编辑器和原理图元件封装编辑器的主菜单有相同之处，但因它们处于不同的工作环境，完成的功能就有差别。主菜单中的各菜单命令功能如下。

图7.7 主菜单

(1) File：用于文件的管理、存储、输出打印等操作。
(2) Edit：用于各项编辑功能，如删除、移动等。
(3) View：用于画面管理，如画面的放大、缩小和各种工具栏的打开与关闭等。
(4) Place：用于绘图命令，如在工作界面上放置一个圆弧、导线、焊盘等。
(5) Tools：在设计的过程中提供各种方便的工具。
(6) Reports：用于产生报表。
(7) Window：用于打开窗口的排列方式、切换当前工作窗口等。
(8) Help：用于提供帮助文件。

2. 主工具栏

主工具栏如图7.8所示，它提供了各种图标操作方式，可以方便、快捷地执行各项功能，如打印、存盘等。各种图标按钮的功能如表7.1所示。对主工具栏可进行如下操作。

· 201 ·

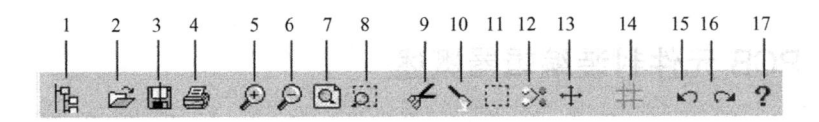

图7.8 主工具栏

表7.1 主工具栏图标按钮的功能

按 钮	功 能	按 钮	功 能
1	切换设计管理器面板	10	粘贴
2	打开文件	11	选取某区域中的所有对象
3	保存	12	取消选取
4	打印	13	移动所选对象
5	放大显示	14	设置移动栅格
6	缩小显示	15	恢复
7	放大显示整个电路板	16	重做
8	放大选定区域	17	帮助
9	剪切		

(1) 显示主工具栏：执行菜单命令"View\Toolsbars\Main Toolbar"，主工具栏被打开，显示在主窗口中。

(2) 调整主工具栏的位置：将鼠标指针移到主工具栏中的任一按钮上，单击鼠标右键，就会弹出一个如图7.9所示的快捷菜单，执行某个快捷菜单命令，就可将主工具栏放置在主窗口的左边、右边、顶部或底部。

(3) 关闭主工具栏：只要执行快捷菜单命令"Hide"或执行菜单命令"View\Toolsbars\Main Toolbar"即可关闭主工具栏。

3. 绘图工具栏

绘图工具栏（Placement Tools）如图7.10所示。PCB元件封装编辑器提供的绘图工具同前面所接触到的绘图工具是一样的，它的作用类似于菜单命令"Place"，用于在工作平面上放置各种图元焊点、线段、圆弧等。如果主窗口中没有显示绘图工具栏，可以执行菜单命令"View\Toolsbars\Placement Tools"打开，如果要关闭它，只要再次执行菜单命令"View\Toolsbars\Placement Tools"即可。

图7.9 快捷菜单命令　　图7.10 绘图工具栏

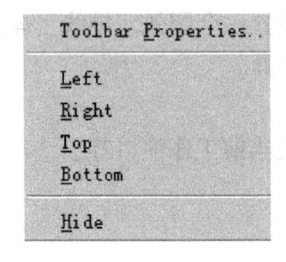

4. 元件编辑区

在设计窗口的空白处，有一个类似平面直角坐标系的绘图页，划分为四个象限，通常情

· 202 ·

况下，在第四象限进行元件封装的编辑工作，因此又称为编辑区。

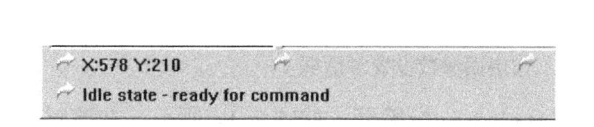

5. 状态栏和命令行

状态栏和命令行显示在主窗口的最下方，如图7.11所示。它们用于指示当前系统所处的状态和正在执行的命令，与原理图元件封装编辑器的状态栏和命令行的功能相似。打开或关闭状态栏和命令行，可分别通过执行菜单命令"View\Status Bar"和"View\Command Status"来完成。

6. 快捷菜单

在编辑区的空白处单击鼠标右键，则屏幕上会弹出如图7.12所示的快捷菜单。利用快捷菜单进行编辑，将使操作变得方便快捷，其效果相当于使用主菜单进行操作。

图7.11 状态栏和命令行　　　　　图7.12 快捷菜单

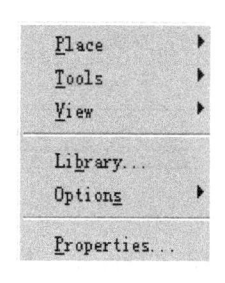

7. 元件封装库管理器

元件封装库管理器主要用于对元件封装库进行管理。

PCB元件封装编辑器界面的放大、缩小处理可以通过"View"菜单进行，也可以通过选择主工具栏上的放大按钮和缩小按钮来实现画面的放大与缩小。

7.3 创建新的元件封装

创建PCB元件封装图的常用方法有两种：手工创建和利用向导创建。下面以一个双列直插式12脚的元件封装为实例，讲述创建元件封装的具体过程。

7.3.1 元件封装参数设置

启动Protel 99 SE并进入PCB元件封装编辑器的编辑界面，如图7.6所示。在创建新的元件封装前，往往需要先设置一些基本参数，如计量单位、过孔的内孔层和鼠标移动的最小间距等。但是创建元件封装不需要设置布局区域，因为系统会自动开辟一个区域供用户使用。

1. 工作层面参数设置

设置工作层面参数的操作步骤如下：

（1）执行"Tools\Library Options"命令，系统将弹出工作层面参数设置对话框，如图7.13所示。

（2）在"Layers"标签页中，可以设置元件封装的层参数。一般可以选中Pad Holes（焊盘内孔）和Via Holes（过孔）两个复选框，其他则保留默认值。

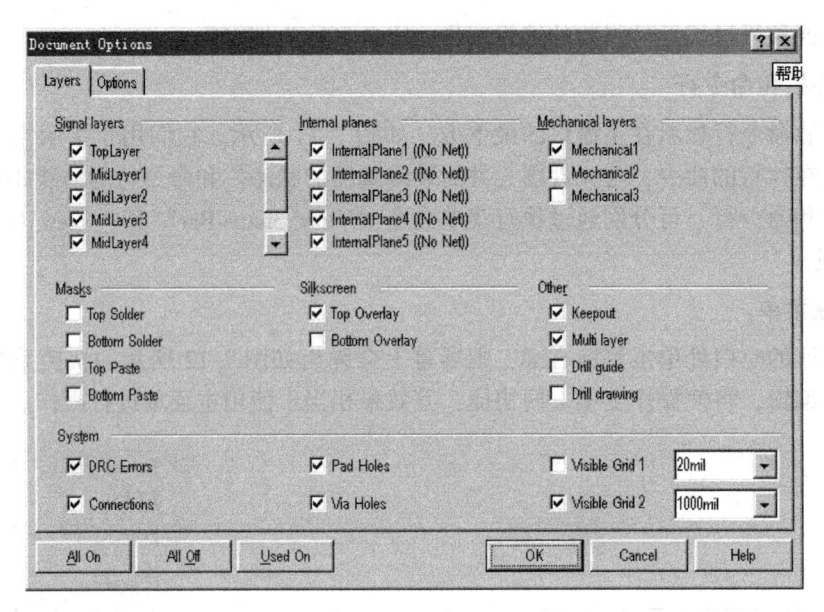

图 7.13　工作层面参数设置对话框

(3) 单击"Options"标签，进入"Options"标签页，如图 7.14 所示。在该对话框中可设置 Snap（格点）、Electrical Grid（电气栅格）和 Measurement Unit（计量单位）等，计量单位有英制和米制两种。

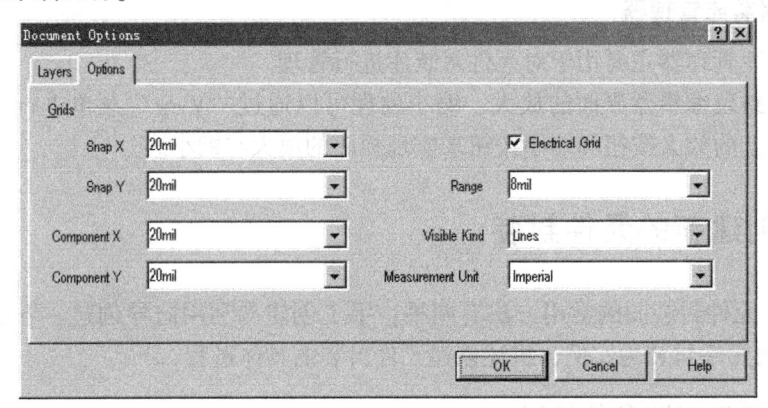

图 7.14　"Options"标签页对话框

(4) 设置结束后，单击该对话框中的"OK"按钮，即完成对工作层面参数新的设置。

2. 系统参数设置

设置系统参数的操作步骤如下：

(1) 执行菜单命令"Tools\Preferences"，系统将弹出"Preferences"设置对话框，如图 7.15 所示。它共有 6 个标签页，即"Options"标签页、"Display"标签页、"Colors"标签页、"Show/Hide"标签页、"Defaults"标签页、"Signal Integrity"标签页，一般只设定"Options"标签页的各项参数即可。

当设置元件颜色时，通常顶层丝印层（Top OverLayer）颜色为深绿色，Pad Holes 颜色设置为白色（White），颜色设置可以通过"Colors"标签页实现。

工作层面参数和系统参数设置完毕后，就可以开始创建新的元件封装了。

· 204 ·

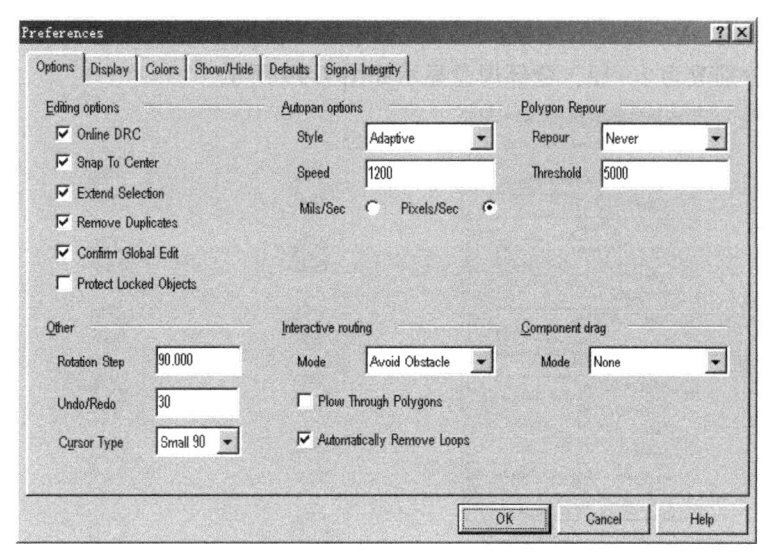

图 7.15 "Preferences"设置对话框

7.3.2 手工创建新的元件封装

手工创建元件封装实际上就是利用 Protel 99 SE 提供的绘图工具,按照实际的尺寸绘制出该元件封装。下面以创建一个双列直插式 12 脚的元件封装为例进行讲解。

手工创建的一般步骤如下:

(1) 首先执行"Place\Pad"菜单命令,如图 7.16 所示。也可以单击绘图工具栏中的 ◉ 按钮。

(2) 执行该命令后,光标变为十字形,中间带有一个焊盘。随着光标的移动,焊盘跟着移动,移动到适当的位置后,单击鼠标左键将其定位,在图中完成一个焊盘的放置。

(3) 在焊盘中心出现焊盘序号,如果是第一次放置的焊盘,其序号为 0,这时系统仍然处于放置焊盘的编辑状态,可以继续放置剩余的 11 个焊盘,如图 7.17 所示。单击鼠标右键或按键盘上的"Esc"键,即可结束放置焊盘。

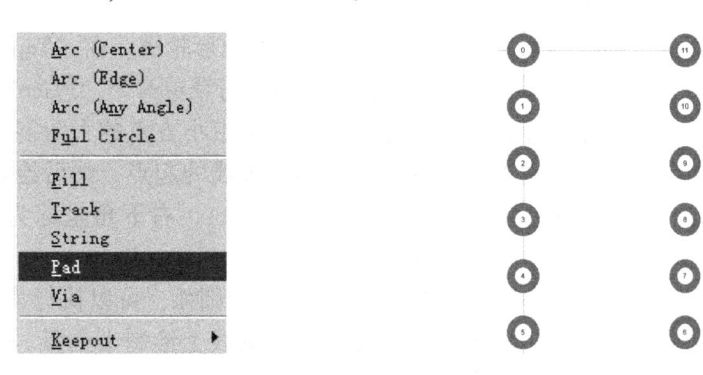

图 7.16 "Place\Pad"菜单命令　　　　图 7.17 放置的全部焊盘

(4) 将光标移动到已绘制好的第一个焊盘上,双击鼠标左键,即会弹出如图 7.18 所示的焊盘属性对话框。在该对话框中,可以对焊盘的有关参数进行设置。

① X – Size、Y – Size:设置焊盘的横、纵向尺寸。

② Shape:选择设置焊盘的外形(圆形、正四边形和正八边形)。

· 205 ·

③ Designator：指示焊盘的序号，可以在栏中进行修改，这里将它改为1，再依次将其他焊盘的序号分别改为2～12，全部焊盘显示如图7.19所示。

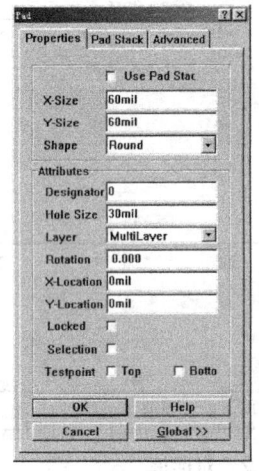

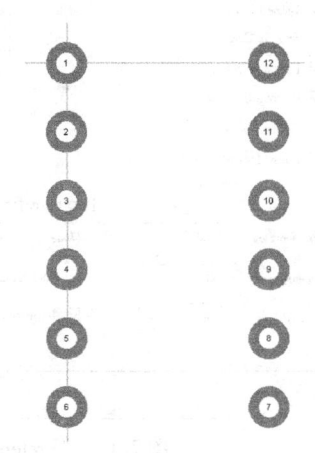

图7.18 焊盘属性对话框　　图7.19 序号修改后的全部焊盘

④ Layer：设置元件封装所在的层面，针脚式元件封装层面设置必须是Mulit Layer，STM元件封装层面设置必须为单一表面，如Top Layer或Bottom Layer。

⑤ X-Location、Y-Location：指示焊盘所在的位置坐标，对它们重新设置可以调整焊盘的位置。

本例焊盘的属性设置如图7.18所示。方形焊盘和圆形焊盘可以在Shape编辑框中选定，其他选项参数取默认值。根据元件引脚之间的实际间距将其设定为垂直距离为100 mil，水平距离为300 mil，1号焊盘放置于（0,0）点，并相应放置其他焊盘。将焊盘的直径设置为60 mil，焊盘的孔径设置为30 mil。

单击"OK"按钮即完成焊盘属性的设置，若单击"Global"按钮，就打开如图7.20所示的对话框，对所有的焊盘属性进行整体编辑。对所有参数的设置结束后，单击"OK"按钮，就可弹出如图7.21所示的确认对话框，单击"Yes"按钮完成对所有参数的重新设置，若单击"No"按钮，则不对所有参数重新设置。

（5）参数设置完成后，接下来就是绘制元件封装的外形轮廓。在"TopOverlay"标签上将工作层切换到顶层丝印层，即Top Overlay层，然后执行菜单命令"Place\Track"。

（6）执行该命令后，鼠标光标变为鼠标指针和一个带小方点的大十字形。将鼠标指针移到合适的位置，单击鼠标左键确定元件封装外形轮廓线的起点，然后绘制元件的外形轮廓，如图7.22所示。在本例中，左上角坐标为（60,40），右下角坐标为（240,-540），上端开口的坐标分别为（120,40）和（180,40）。

（7）图7.22中的元件封装外形轮廓还缺少顶部的半圆弧，可以执行菜单命令"Place\Arc"，或直接单击绘图工具栏中的相应图标在外形轮廓线上绘制半圆弧。本例中，执行菜单命令"Place\Arc(Center)"后，将鼠标指针移到合适的位置，单击鼠标左键确定圆心位置（150,40），移动鼠标指针，即出现一个半径随鼠标指针移动而变化的预画圆，单击鼠标左键确定圆的半径（30 mil），将鼠标指针移到预画圆的左端（起始角为180°），单击鼠标左键确定圆弧的起点，再将鼠标指针移到预画圆的右端（终止角为360°），单击鼠标左键确定圆弧的终点，元件封装顶部的半圆弧就绘制好了。此时元件封装图如图7.23所示。

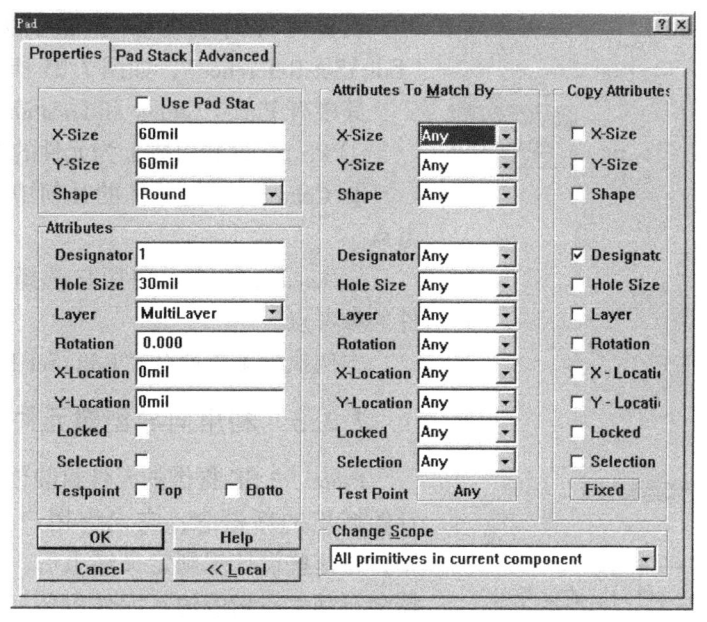

图 7.20 所有焊盘属性对话框

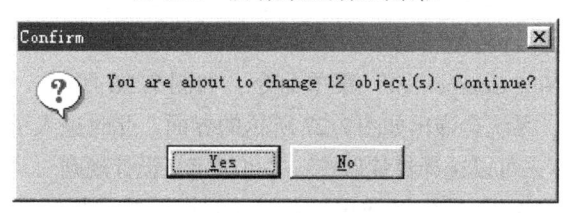

图 7.21 确认对话框

(8) 绘制完成后,单击设计管理器中的"Rename"按钮,就可弹出如图 7.24 所示的对话框,在对话框中输入新的名称,如 JDIP12,单击该对话框中的"OK"按钮,即完成对新创元件封装的重命名。

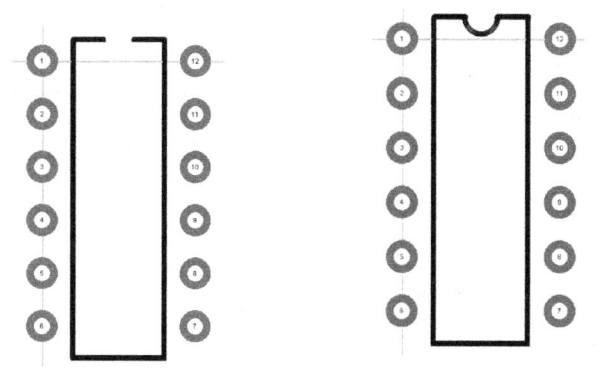

图 7.22 元件封装外形轮廓　　图 7.23 完整的元件封装图 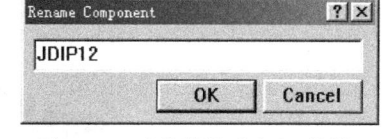　　图 7.24 元件封装重命名对话框

(9) 输入元件封装的名称后,可以看到元件封装管理器中的元件名称也相应改变了。执行菜单命令"File\Save",保存新建的元件封装。

(10) 为了标记一个 PCB 元件用作元件封装,还要设定该元件封装的参考点。往往选择 Pin1 (即元件的引脚 1) 为参考点。

设置元件封装的参考点可以执行菜单命令"Edit\Set Reference",如图 7.25 所示。

其中有 Pin1、Center 和 Location 3 条命令。

① Pin1:设置引脚 1 为元件的参考点。

② Center:设置元件的几何中心作为元件的参考点。

③ Location:表示由用户选择一个位置作为元件的参考点。

本例执行菜单命令"Edit\Set Reference\Pin1"。

7.3.3 利用向导创建元件封装

Protel 99 SE 提供的元件封装创建向导是电子设计领域里的新概念,它允许用户预先定义设计规则,在这些设计规则定义结束后,元件封装库编辑器会自动生成相应的新元件封装。下面以新建一个 JDIP12 的元件封装为例来介绍利用向导创建元件封装的基本步骤:

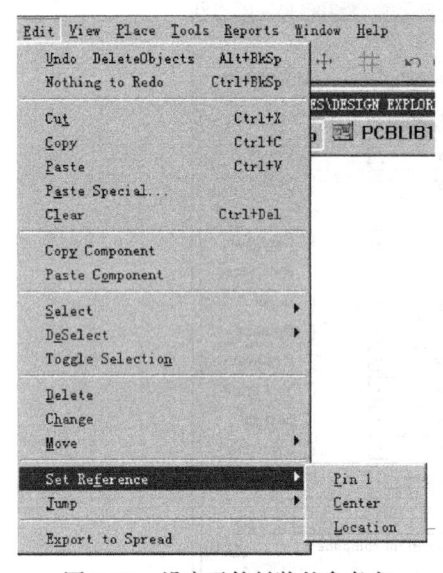

图 7.25 设定元件封装的参考点

(1)启动并进入元件封装编辑器。

(2)执行"Tools\New Component"菜单命令,如图 7.26 所示。

(3)执行该命令后,系统会弹出如图 7.27 所示的界面。此时进入了元件封装创建向导,接下来可以选择封装形式,并可以定义设计规则。

(4)单击"Next"按钮,系统将弹出如图 7.28 所示的选择元件封装样式对话框。

在该对话框中可以设置元件的外形。Protel 99 SE 提供了 11 种元件的外形供用户选择,其中包括 Ball GridArrays(BGA)(球栅阵列封装)、Capacitors(电容封装)、Diodes(二极管封装)、Dual in-line Package(DIP 双列直插封装)、Edge Connectors(边连接样式)、Leadless Chip Carrier(LCC)(无引线芯片载体封装)、Pin Grid Arrays(PGA)(引脚网格阵列封装)、Quad Packs(QUAD)(四边引出扁平封装 PQFP)、Small Outline Package(SOP)(小尺寸封装)、Resistors(电阻样式)等。

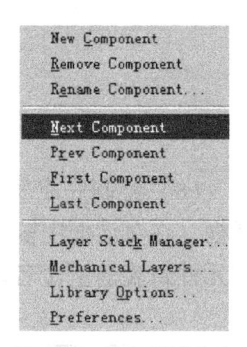

图 7.26 执行菜单命令 "Tools \New Component"

图 7.27 元件封装向导界面

根据本例要求,选择 DIP 封装外形。在对话框中还可以选择元件封装的度量单位,有米制和英制两种。

· 208 ·

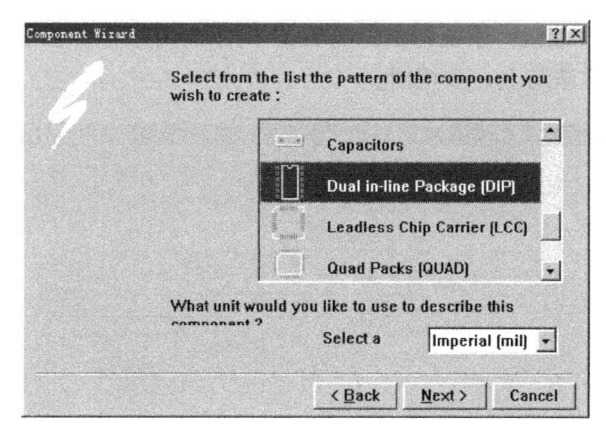

图 7.28 选择元件封装样式对话框

（5）单击"Next"按钮，系统将弹出如图 7.29 所示的对话框。在该对话框中可以设置焊盘的有关尺寸。将鼠标指针移到需要修改的尺寸上，鼠标指针变为"I"形，按住鼠标左键不放，拖动鼠标指针，该尺寸部分颜色变为蓝色即表示选中该项尺寸，然后输入新的尺寸即可。

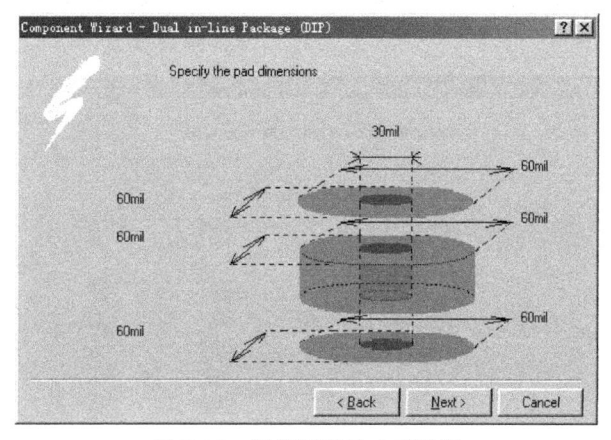

图 7.29 设置焊盘尺寸对话框

（6）单击"Next"按钮，系统弹出如图 7.30 所示的对话框。在该对话框中可以设置引脚的水平间距、垂直间距和尺寸，设置方法与上一步相同。

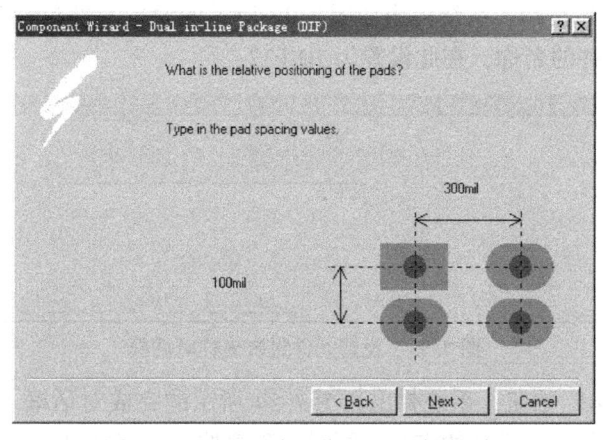

图 7.30 设置引脚的位置和尺寸对话框

(7) 单击"Next"按钮,系统弹出如图 7.31 所示的对话框。在该对话框中可以设置元件的轮廓线宽,设置方法与上一步相同。

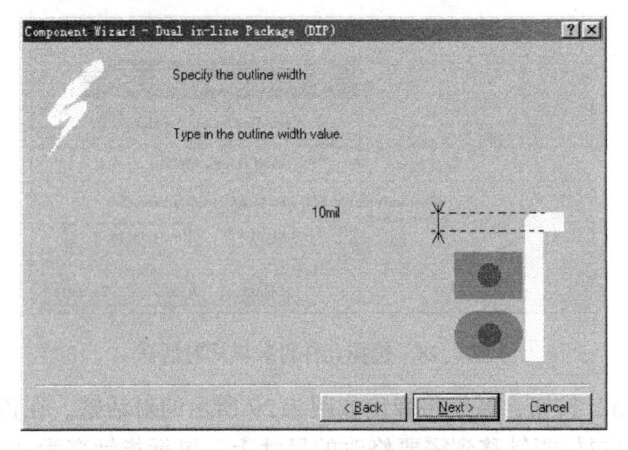

图 7.31 设置元件的轮廓线宽对话框

(8) 单击"Next"按钮,系统弹出如图 7.32 所示的对话框,在该对话框中可以设置元件引脚数量,只须在对话框中的指定位置输入元件引脚数或者单击"▲"或"▼"按钮来确定元件引脚数。

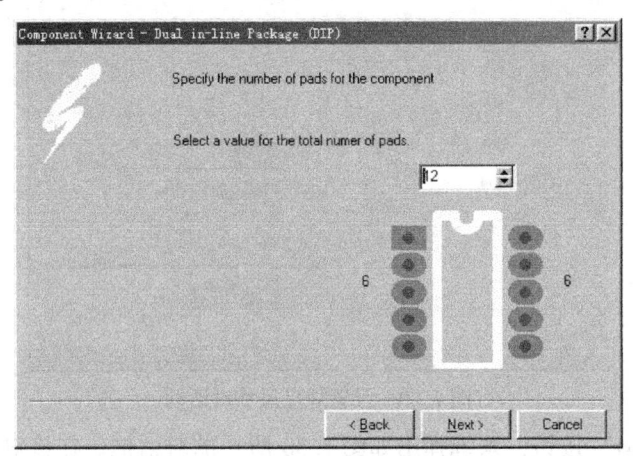

图 7.32 设置元件引脚数量对话框

(9) 单击"Next"按钮,系统弹出如图 7.33 所示的设置元件封装名称对话框。在该对话框中,可以设置元件的名称,在此设置为 JDIP12。

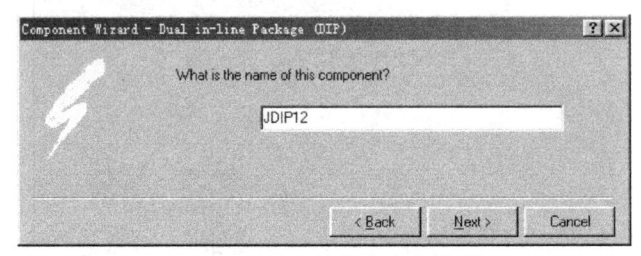

图 7.33 设置元件封装名称对话框

(10) 单击"Next"按钮,系统弹出如图 7.34 所示的完成对话框。单击"Finish"按钮即可完成对新元件封装设计规则的定义,同时,程序按设计规则自动生成新元件封装。完成

· 210 ·

后的元件封装如图 7.35 所示。

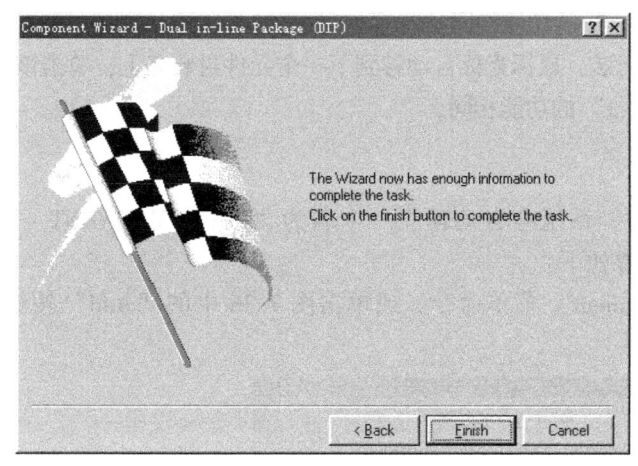

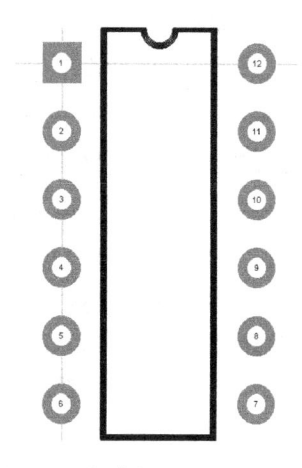

图 7.34 完成对话框　　　　图 7.35 创建完成后的元件封装

（11）最后执行菜单命令"File\Save"，将这个新创建的元件封装存盘。

使用向导创建元件封装结束后，系统将会自动打开生成的新元件封装，以供用户进一步修改，其操作与设计 PCB 图的过程类似。

7.4 PCB 元件封装管理

当应用 PCB 元件封装编辑器创建了新的元件封装后，可以使用元件封装管理器进行管理，主要包括元件封装的浏览、添加、删除等操作。本节将介绍浏览管理器和对元件库的管理。

7.4.1 浏览元件封装

创建元件封装时，可以单击"Browse PCBLib"标签进入元件封装浏览管理器，如图 7.36 所示。

PCB 元件封装浏览管理器由元件过滤框（Mask）、元件封装名列表框、元件封装引脚列表框及当前层面框等部分组成。元件过滤框用于过滤当前 PCB 元件封装库中的元件，满足过滤框中的条件的所有元件都将会显示在元件列表框中。例如，在 Mask 编辑框中输入 J＊，则在元件列表框中将会显示所有以 J 开头的元件封装。

当用户在元件封装列表框中选中一个元件封装时，该元件封装的引脚将会显示在元件引脚列表框中，如图 7.36 所示。

在该对话框中，可以单击 ＜ 、 ≪ 、 ≫ 和 ＞ 按钮选择元件列表框中的元件。

≪ 按钮的功能是选择元件封装库中的第一个元件封装，鼠标光标自动跳到第一个元件封装名上，单击该按钮与执行菜单命令"Tools\First Component"的功能相同。

≫ 按钮的功能是选择元件封装库中的最后一个元件封装，鼠标光标自动跳到最后一个元件封装名上，单击该铵钮与执行菜单命令"Tools\Last Component"的功能相同。

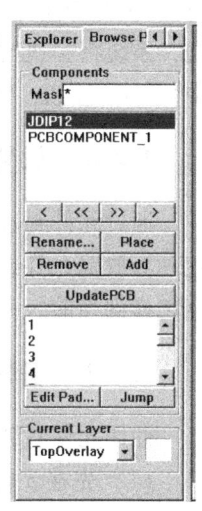

图 7.36 浏览管理器窗口

· 211 ·

◀ 按钮的功能是选择前一个元件封装，鼠标光标自动移到前一个元件封装名上，单击该按钮与执行菜单命令"Tools\Prev Component"的功能相同。

▶ 按钮的功能是选择下一个元件封装，鼠标光标自动移到下一个元件封装名上，单击该按钮与执行菜单命令"Tools\Next Component"的功能相同。

7.4.2 添加元件封装

当新建一个 PCB 元件封装文档时，系统会自动建立一个名为"PCBCOMPONENT－1"的空文件。添加新元件封装的操作步骤如下：

（1）首先执行"Tools\New Component"菜单命令，或单击图 7.36 中的"Add"按钮，系统将弹出如图 7.37 所示的对话框。

图 7.37　元件封装向导界面

（2）若单击"Next"按钮，将会使用向导创建新元件封装。若单击"Cancel"按钮，系统将会生成一个名为"PCBCOMPONENT－1"的空文件。用户可以在该空文件中创建新元件封装，结束后再对其重新命名并保存起来。

7.4.3 删除元件封装

如果想从元件库中删除一个元件封装，可以先选中需要删除的元件封装，然后单击"Remove"按钮，系统将会弹出如图 7.38 所示的对话框。如果单击对话框中的"Yes"按钮，系统将会执行删除操作，删除元件列表框中鼠标光标所指的元件封装；如果单击对话框中"No"按钮，则系统取消对该元件封装的删除操作。

7.4.4 放置元件封装

通过元件封装浏览管理器，还可以进行放置元件封装的操作。如果想通过元件封装浏览管理器放置元件封装，可以先选中需要放置的元件封装，然后单击"Place"按钮，系统将会切换到当前打开的 PCB 设计管理器中，用户可以将该元件封装放置在适当的位置。

7.4.5 编辑元件封装引脚焊盘

使用元件封装浏览管理器可以编辑封装引脚焊盘的属性，具体操作过程如下：

（1）先在元件列表框中选中某元件封装，然后在引脚列表框中选中需要编辑的焊盘。

（2）双击选中的对象，或单击"Edit Pad"按钮，系统将弹出如图 7.39 所示的焊盘属性对话框，在该对话框中可以实现焊盘属性的编辑。若单击图 7.36 中的"Jump"按钮，系统将所选焊盘放大显示在设计窗口中，且亮度增加，这便于快速定位某元件封装的某一引脚焊盘。

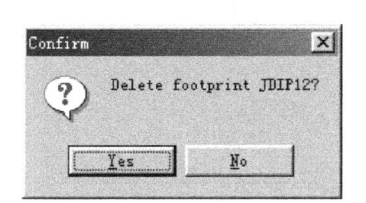

图 7.38　删除元件封装对话框　　图 7.39　焊盘属性对话框

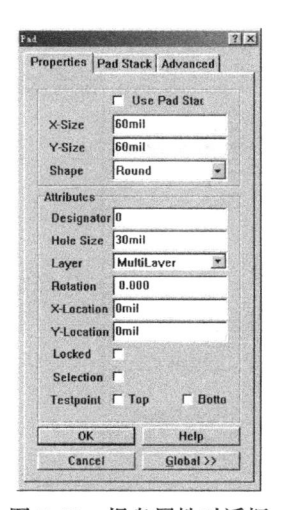

7.4.6　设置信号层的颜色

在"Current Layer"栏中可以设置或修改元件封装的各层颜色，具体操作步骤如下：

(1) 在 Current layer 下拉列表中选取需要修改或设置颜色的层，如图 7.40 所示。

(2) 用鼠标左键双击右边的颜色框，此时系统弹出如图 7.41 所示的颜色设置对话框，通过该对话框可以设置元件封装的各层颜色。

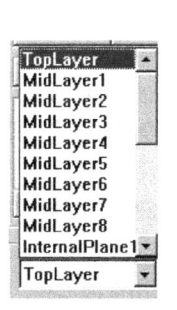

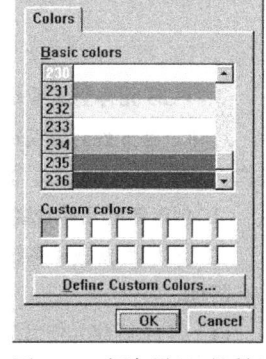

7.5　创建项目元件封装库

图 7.40　层面选择框　　图 7.41　颜色设置对话框

项目元件封装库就是按照某个项目电路图上的元件生成的一个元件封装库。项目元件封装库实际上就是把整个项目中所用到的元件整理并存入一个元件库文件中。

下面以创建的闪光控制器 .pcb 为例，介绍创建项目元件封装库的具体步骤：

(1) 执行菜单命令"File\Open"，打开闪光控制器 .pcb 所属的设计数据库，装入该项目文件，如图 7.42 所示。

图 7.42　选择数据库

(2) 然后在该设计数据库项目中打开闪光控制器 .pcb 文件。

(3) 执行"Design\Made Library"菜单命令。执行该命令后程序会自动切换到元件封装库编辑器，生成相应的项目文件数据库 .lib，如图 7.43 所示。

· 213 ·

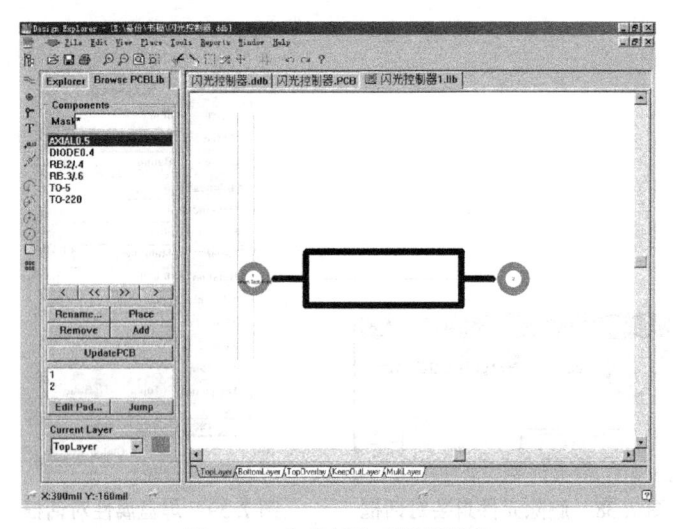

图 7.43　生成新的元件封装库

本 章 小 结

1. PCB 元件封装编辑器的组成及功能

启动 PCB 元件封装编辑器，进入 PCB 元件封装编辑器主窗口。其界面主要由主菜单、主工具栏、绘图工具栏、编辑区、状态栏与命令行等部分组成。元件封装图形的设计、修改等编辑工作均可在这个部分完成。

2. 创建新的元件封装

在工作层面参数和系统参数设置完毕后，即可开始创建新的元件封装。创建 PCB 元件封装图的常用方法有两种。

（1）手工创建元件封装：利用绘图工具，按照实际的尺寸绘制出该元件封装。

（2）向导创建元件封装：按照元件封装创建向导预先定义设计规则，在这些设计规则定义结束后，元件封装库编辑器会自动生成相应的新元件封装。

3. PCB 元件封装管理的内容

（1）浏览元件封装。

（2）添加元件封装。

（3）删除元件封装。

（4）放置元件封装。

（5）创建项目元件封装库。

思考与练习 7

7.1　试说明怎样进入 PCB 元件封装编辑器。

7.2　创建新的 PCB 元件封装前如何设置参数？

7.3　试用手工创建法创建一个 DIP8 的元件封装。

7.4　试用向导法创建一个 DIP8 的元件封装。

7.5　如何创建项目元件封装库？

实训指导 17　创建双列直插式 8 脚元件封装

1. 实训目的

（1）学会用元件封装编辑器创建元件封装。

(2) 熟练掌握手工创建法创建元件封装。

(3) 熟练掌握向导创建法创建元件封装。

2. 实训内容

创建一个双列直插式 8 脚的元件封装，如图 7.44 所示。

3. 实训步骤

(1) 手工创建的步骤。

① 首先执行"Place\Pad"菜单命令，或单击绘图工具栏中 ◉ 按钮。

② 执行该命令后，光标变为十字，中间带有一个焊盘。按"Tab"键编辑焊盘尺寸，具体属性如图 7.45 所示。

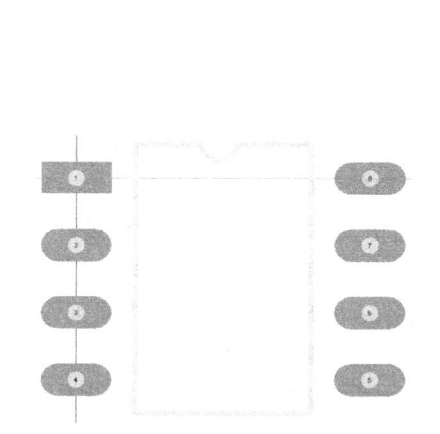

图 7.44 创建完成的元件封装图形　　图 7.45 焊盘属性对话框

③ 单击鼠标左键放置焊盘，横向距离 15.2mm，纵向距离 2.5mm，单击鼠标右键或按键盘上的"Esc"键，即可结束放置焊盘。

④ 设置焊盘的有关参数。

⑤ 绘制元件封装的外形轮廓。在 TopOverlay 标签上将工作层切换到顶层丝印层，即 Top Overlay 层，然后执行菜单命令"Place\Track"，绘制元件的外形轮廓。执行菜单命令"Place\Arc"，或直接单击绘图工具栏上的相应图标，在外形轮廓线上绘制半圆弧。

⑥ 单击设计管理器中的"Rename"按钮，在弹出的对话框中输入新的名称如 DIP8，单击该对话框中"OK"按钮，即完成对新创建元件封装的重命名。

⑦ 执行菜单命令"File\Save"，将新建的元件封装保存。

(2) 利用向导创建元件封装的步骤。

① 启动并进入元件封装编辑器。

② 执行"Tools\New Component"菜单命令，进入元件封装创建向导。

③ 单击"Next"按钮，系统将弹出选择元件封装样式对话框，在该对话框中选择"Dual in-line Package"(DIP 双列直插封装)。

④ 设置完成后依次设置引脚的水平间距、垂直间距和尺寸、轮廓线宽、元件引脚数量。

⑤ 在设置元件封装名称的对话框中，设置为 DIP8。

⑥ 单击"Next"按钮，系统将会弹出完成对话框。单击按钮"Finish"，即可完成对新元件封装设计规则的定义，同时程序将按设计规则自动生成新元件封装。

⑦ 执行菜单命令"File\Save"，将这个新创建的元件封装保存。

第8章 电路仿真

内容提要：

本章主要介绍 SIM 99 仿真库中的主要元件、激励源，还将学习仿真器的设置及如何运行电路仿真等内容。

8.1 概述

在电路设计的开始与结束时，设计者一般要对所设计的电路性能进行推算、判断和验证，单纯的数学和物理方法已不能满足要求，计算机辅助电路仿真分析已成为一种有效工具。

Protel 99 SE 仿真器包含一个数目庞大的仿真库，能很好地满足设计的需要。Protel 99 SE Advanced SIM 99 是一个功能强大的数/模混合信号电路仿真器，运行在 Protel 的 EDA/Client 集成环境下，与 Protel Advanced Schematic 原理图输入程序协同工作，作为 Advanced Schematic 的扩展，为用户提供了一个完整的从设计到验证的仿真设计环境。它具有 Windows 风格的菜单、对话框和工具栏，使得用户可以很方便地对仿真器进行设置、运行，仿真工作更加轻松自如。

在 Protel 99 SE 中执行仿真，需要在仿真用元件库中放置所需的元件，连接好原理图，加上激励源，然后单击"仿真"按钮即可自动开始仿真。作为一个真正的混合信号仿真器，SIM99 集成了连续的模拟信号和离散的数字信号，可以同时观察复杂的模拟信号和数字信号波形，以及得到电路性能的全部波形。仿真可以很容易地在综合菜单、对话框和工具条中设置和运行，也可在设计管理器环境中直接调用和编辑各种仿真文件，这样可以给予设计者更多的仿真控制手段和灵活性。

8.2 SIM 99 仿真库中的主要元件

在 SIM 99 的仿真元件库中，包含了以下一些主要的仿真元器件。

8.2.1 电阻

电阻在 Simulation Symbols.lib 库中，包含以下电阻器。
(1) RES：固定电阻。
(2) RES2：半导体电阻。
(3) POT2：电位器。
(4) RES4：可变电阻。
上述符号代表了一般的电阻类型，如图 8.1 所示。

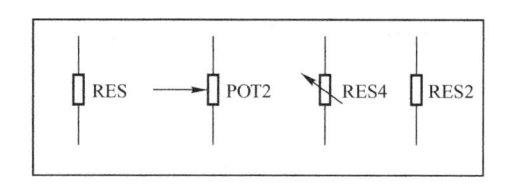

图 8.1 仿真库中的电阻类型

这些元器件有一些特殊的仿真属性域,在放置过程中按"Tab"键或放置完成后双击该元器件即可弹出属性对话框,在此对话框中可以设置以下参数。

(1) Designator：电阻器名称,如 R1。

(2) Part Type：以欧姆为单位的电阻值,如 100kΩ。

(3) L：在"Part Fields"选项卡中设置,以米(m)为单位的电阻长度(仅对半导体电阻有效)。

(4) W：在"Part Fields"选项卡中设置,以米(m)为单位的电阻的宽度(仅对半导体电阻有效)。

(5) Temp：在"Part Fields"选项卡中设置,元件工作温度,以摄氏度为单位,默认值为27℃(仅对半导体电阻有效)。

(6) Set：在"Part Fields"选项卡中设置,仅对电位器和可变电阻有效。

8.2.2 电容

电容包含在 Simulation Symbols.lib 库文件中,该库包含以下电容。

(1) CAP：定值无极性电容。

(2) ELECTRO2：定值有极性电容。

(3) CAPVAR：单连可变电容。

这些符号表示了一般的电容类型,如图 8.2 所示。

在电容的属性对话框中可设置以下参数。

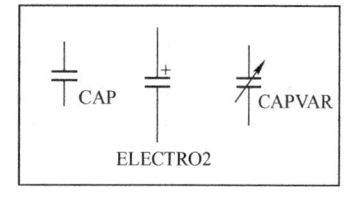

图 8.2 仿真库中的电容类型

(1) Designator：电容名称,如 C1。

(2) Part Type：以法拉(F)为单位的电容值。

(3) L：在"Part Fields"选项卡中设置,以米(m)为单位的电容长度(仅对半导体电容有效)。

(4) W：在"Part Fields"选项卡中设置,以米(m)为单位的电容宽度(仅对半导体电容有效)。

(5) IC：在"Part Fields"选项卡中设置,表示初始条件,即电容的初始电压值。该项仅在仿真分析工具傅里叶变换中的使用初始条件被选中后才有效。

8.2.3 电感

电感包含在 Simulation Symbols.lib 库文件中,该库包含的电感为 INDUCTOR。在电感的属性对话框中可以设置以下参数。

(1) Designator：电感名称,如 L1。

(2) Part Type：以微亨为单位的电感值。

(3) IC：在"Part Fields"选项卡中设置,表示初始条件,即电感的初始电压值。该项仅在仿真分析工具傅里叶变换中的使用初始条件被选中后才有效。

8.2.4 二极管

二极管包含在 Diode.lib 库文件中，该库包含了数目巨大的以工业标准部件数命名的二极管，如图8.3所示，该图简单列出了库中包含的几种二极管。

在二极管属性对话框中可设置以下参数。

（1）Designator：二极管名称，如D1。

（2）Area：在"Part Fields"选项卡中设置，该属性定义了所定义的模型的并行元器件数。

（3）IC：在"Part Fields"选项卡中设置，表示初始条件，即通过二极管的初始电压值。该项仅在仿真分析工具傅里叶变换中的使用初始条件被选中后才有效。

（4）Temp：在"Part Fields"选项卡中设置，元件工作温度，以摄氏度为单位，默认时为27℃。

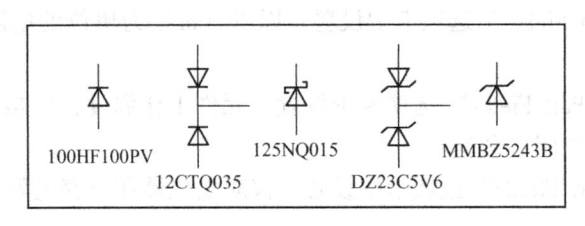

图8.3 仿真库中的二极管类型

8.2.5 三极管

三极管包含在 Bjt.lib 库文件中，该库包含了数目巨大的以工业标准部件数命名的三极管，如图8.4所示，该图简单列出了库中包含的三极管型号。

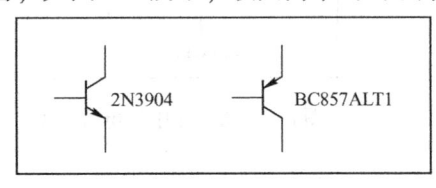

图8.4 仿真库中的三极管类型

在三极管属性对话框中可设置以下参数。

（1）Designator：三极管名称，如Q1。

（2）Area：在"Part Fields"选项卡中设置，该属性定义了所定义的模型的并行元器件数。

（3）IC：在"Part Fields"选项卡中设置，表示初始条件，即通过三极管的初始电压值。该项仅在仿真分析工具傅里叶变换中的使用初始条件被选中后才有效。

（4）Temp：在"Part Fields"选项卡中设置，元件工作温度，以摄氏度为单位，默认时为27℃。

8.2.6 JFET结型场效应晶体管

结型场效应晶体管包含在 Jfet.lib 库文件中，如图8.5所示，该图简单列出了库中包含的结型场效应晶体管。

在结型场效应晶体管的属性对话框中可以设置以下参数。

（1）Designator：结型场效应晶体管名称，如Q1。

（2）Area：在"Part Fields"选项卡中设置，该属性定义了所定义的模型的并行元器件数。

(3) IC：在"Part Fields"选项卡中设置，表示初始条件，即通过三极管的初始电压值，该项仅在仿真分析工具傅里叶变换中的使用初始条件被选中后才有效。

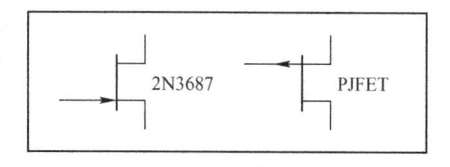

(4) Temp：在"Part Fields"选项卡中设置，元件工作温度，以摄氏度为单位，默认情况下为27℃。

图 8.5 仿真库中的结型场效应管类型

8.2.7 MOS 场效应晶体管

MOS 场效应晶体管是现代集成电路中最常用的元器件。SIM 99 提供了 4 种 MOXFET 模型，它们的伏安特性各不相同，但它们基于的物理模型是相同的。

Mosfet.lib 库文件中包含了数目巨大的以工业标准部件数命名的 MOS 场效应晶体管。如图 8.6 所示，该图简单列出了库中包含的 MOS 场效应晶体管。

在 MOS 场效应晶体管的属性对话框中可以设置以下参数。

(1) Designator：MOS 场效应晶体管的名称，如 Q1。
(2) L：沟道长度。
(3) W：沟道宽度。
(4) AD：漏区面积。
(5) AS：源区面积。
(6) PD：漏区周长。
(7) PS：源区周长。

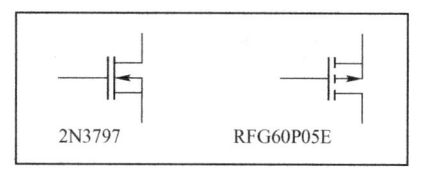

图 8.6 仿真库中的 MOS 场效应管

(8) IC：在"Part Fields"选项卡中设置，表示初始条件，即通过 MOS 场效应晶体管的初始值。该项仅在仿真分析工具傅里叶变换中的作用初始条件被选中后才有效。

(9) Temp：可选项，元件工作温度，以摄氏度为单位，默认情况下为27℃。

8.2.8 电压/电流控制开关

Switch.lib 库文件包含了两种可用于仿真的开关。
(1) CSW：默认电流控制开关。
(2) SW：默认电压控制开关。

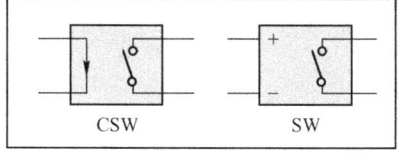

如图 8.7 所示，该图简单列出了库中包含的电压/电流控制开关。在电压/电流控制开关的属性对话框中可设置以下参数：

(1) Designator：电压/电流控制开关名称，如 S1。

(2) ON/OFF：在"Part Fields"选项卡中设置，初始条件选择参数，该选项可为 ON 或 OFF。

图 8.7 仿真库中的电压/电流控制开关

此开关模型描述了一个几乎理想化的开关，但在实际中，开关不可能十分理想；因为电阻值不能在 0～∞ 的范围内变化，而是总有一个有限的正值。通过适当选择开态和关态电阻，可使得这两个电阻与其他电路元件相比较时能看作零和无穷大。

SPICE 仿真器内支持如表 8.1 所示的开关参数。

表8.1 开关模型的参数

模型参数	定义	单位	默认值
VT	阈值电压	V	0.0
IT	阈值电流	A	0.0
VH	滞后电压	V	0.0
IH	滞后电流	A	0.0
RON	开态电阻	Ω	1.0
ROFF	关态电阻	Ω	1/GMIN

8.2.9 熔丝

Fuse.lib 库文件包含了一般的保险丝元器件。在熔丝属性对话框中可设置以下参数。

（1）Designator：熔丝名称，如 F1。

（2）Curent：熔断电流（单位 A），如 1A。

（3）Resistance：在"Part Fields"选项卡中设置，以欧姆（Ω）为单位的串联熔丝阻抗。

8.2.10 继电器（RELAY）

Relay.lib 库文件中包含了大量的继电器，如图 8.8 所示。在继电器的属性对话框中可设置以下参数。

（1）Designator：继电器名称。

（2）Pullin：触点引入电压。

（3）DroPoff：触点偏离电压。

（4）Contar：触点阻抗。

（5）Resignator：线圈阻抗。

（6）Inductor：线圈电感。

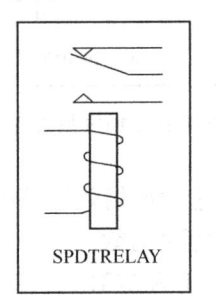

图 8.8 仿真库中的继电器类型

8.2.11 互感（电感耦合器）

Transformer.lib 库文件包含了大量的电感耦合器。在电感耦合器的属性对话框中可设置以下参数。

（1）Designator：电感耦合器名称，如 T1。

（2）Ratio：二次侧/一次侧变压比，这将改变模型的默认值。

（3）RP：可选项，一次侧阻抗。

（4）RS：可选项，二次侧阻抗。

8.2.12 TTL 和 CMOS 数字电路元器件

74XX.lib 库文件包含了 74XX 系列的 TTL 逻辑元件，Cmos.lib 库文件包含了 4000 系列的 CMOS 逻辑元件。设计者可把上述元件库包含的数字电路元器件用到所设计的仿真图中。

在数字电路元器件的属性对话框中可设置以下参数。

（1）Designator：数字电路元器件名称，如 U1。

（2）Propagation：可选项，元件的延时值，可以设置为最大或最小，默认值为典型值。

（3）Drive：可选项，输出驱动特性，可以设置为最大或最小来使用。

(4) Current：可选项，元器件功率的输出，可以设置为最大或最小来使用，默认值为典型值。

(5) PWR Value：可选项，电源支持电压。将改变默认数字元件支持电压值，一旦定义该值，则 GND Value 值也需定义。

(6) GND Value：可选项，地支持电压。将改变默认数字元件支持电压值，一旦定义该值，则 PWR Value 值也需定义。

(7) VIL Value：可选项，低电平输入电压。

(8) VIH Value：可选项，高电平输入电压。

(9) VOL Value：可选项，低电平输出电压。

(10) VOH Value：可选项，高电平输出电压。

8.2.13 模块电路

在 SIM 99 中，复杂元件都被 SPICE 的子电路模型化了，该元件没有需要设计者设置的选项。对于这些元器件，设计者只需简单放置并设置标号。所有的仿真用参数都已在 SPICE 子电路中设定好了。

表 8.2 是 SIM 99 中仿真用数据库中包含的元件库，以及这些元件库的说明。这些元件属性对话框中的"Part Type"域包含了该元器件的 SPICE 模型，如果设计者不愿修改所引用的 SPICE 模型，请不要修改该"Part Type"域，所有标识可选项均有默认值，一般情况下，该默认值适用于大多数仿真，设计者一般无须修改这些值。

表 8.2 集成块所在元件库及说明

库　名	说　明
Tsegdisp.lib	一般显示不同颜色的 7 段 LED
Buffer.lib	按工业标准部件数排序的缓冲器集成块
IGBT.lib	绝缘栅双极晶体管
Math.lib	带有数学传递功能的两端口元器件
Opamp.lib	按工业标准部件数排序的不传热集成块
SCR.lib	晶闸管可控硅整流器
Timer.lib	555 时钟

8.3　SIM 99 中的激励源

在 SIM 99 仿真元件库中，包含了以下主要激励源。

8.3.1　直流源

在 Simulation Symbols.lib 库文件中，包含了以下直流源元器件。
(1) VSRC：电压源。
(2) ISRC：电流源。
仿真库中的电压源/电流源的符号如图 8.9 所示。
这些源提供了用来激励电路的一个不变的电压或电流输出。在仿真库中的电压源/电流源属性对话框中可设置以下参数。

(1) Designator：直流源元器件名称。

(2) Part Type：电压源的电压或电流源的电流的幅值。

(3) AC：如果设计者想在此电源上进行交流小信号分析，可设置此项（典型值为1）。

(4) AC Phase：小信号的电压相位。

8.3.2 正弦仿真源

在 Simulation Symbols.lib 库文件中，包含了以下正弦源元器件。

(1) VSIN：正弦电压源。

(2) ISIN：正弦电流源。

通过这些源可创建正弦电压源和电流源。仿真库中的正弦电压源/电流源符号如图8.10所示。

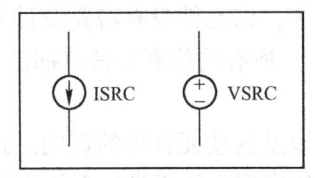

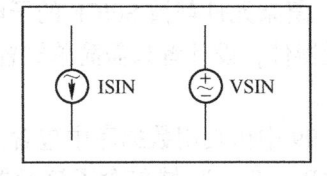

图8.9　电压源/电流源符号　　图8.10　正弦电压源/电流源符号

在正弦仿真源的属性对话框中可设置以下参数。

(1) Designator：设置所需的激励源元器件名称，如 INPUT。

(2) DC：此项不用设置。

(3) AC：如果想在此电源上进行交流小信号分析，可设置此项（典型值为1）。

(4) AC Phase：小信号的电压相位。

(5) Amplitude：正弦曲线的峰值，如100V。

(6) Frequency：正弦波的频率，单位为赫兹（Hz）。

(7) Delay：激励碰撞开始的延时时间，单位为秒（s）。

(8) Dampeng：每秒正弦波幅值上的减少量，设置为正值将使正弦波以指数形式减少，设置为负值使幅值增加。如果为0，则给出一个不变幅值的正弦波。

(9) Phase：时间为0时的正弦波相移。

8.3.3 周期脉冲源

在 Simulation Symbols.lib 库文件中，包含了以下周期脉冲源元器件。

(1) VPULSE：电压脉冲源。

(2) IPULSE：电流脉冲源。

利用这些源可以创建周期性的连续脉冲。仿真库中的周期脉冲源符号如图8.11所示。

在周期脉冲源属性对话框中可设置以下参数。

(1) Designator：设置所需的激励源元器件名称，如 INPUT。

(2) DC：此项不用设置。

(3) AC：如果想在此电源上进行交流小信号分析，可设置此项（典型值为1）。

(4) AC Phase：小信号的电压相位。

(5) Initial Value：电压或电流的起始值。

(6) Pulsed：上升时间时的电压或电流值。

(7) Time Delay：激励源从初始状态到激发时的延时，单位为 s。

(8) Rise Time：上升时间，必须大于 0。

(9) Fall Time：下降时间，必须大于 0。

(10) Pulse Width：脉冲宽度，即脉冲激发状态的时间，单位为 s。

(11) Period：脉冲周期，单位为 s。

8.3.4 指数激励源

在 Simulation Symbols.lib 库文件中，包含了以下指数激励源元器件。

(1) VEXP：指数激励电压源。

(2) IEXP：指数激励电流源。

利用这些源可创建带有指数上升沿或下降沿的脉冲波形。如图 8.12 所示是仿真库中的指数激励源元器件。

在指数激励源程序属性对话框中可设置以下参数。

(1) Designator：设置所需的激励源元器件名称，如 INPUT。

(2) DC：此项将被忽略。

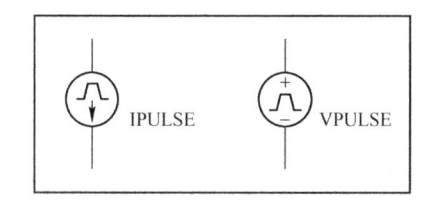

图 8.11　周期脉冲源符号 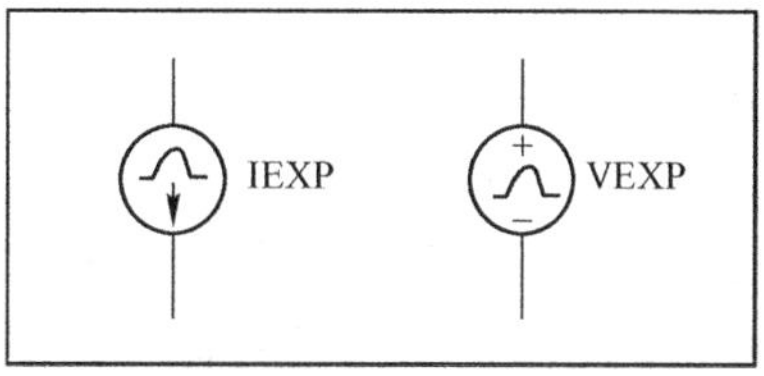　　　图 8.12　指数激励源符号

(3) AC：如果想在此电源上进行交流小信号分析，可设置此项（典型值为 1）。

(4) AC Phase：小信号的电压相位。

(5) Initial Value：时间为 0 时的电压或电流的幅值。

(6) Pulse Value：输出振幅的最大幅值。

(7) Rise Delay：上升延迟时间，即输出值从起始值到峰值间的时间差，单位为 s。

(8) Rise Time：上升时间常数。

(9) Fall Delay：下降延迟时间，即输出值从峰值到起始值间的时间差，单位为 s。

(10) Fall Time：下降时间常数。

8.3.5 单频调频源

在 Simulation Symbols.lib 库文件中，包含了以下单频调频源元器件。

(1) VSFFM：电压源。

(2) ISFFM：电流源。

利用这些源可创建一个单频调频波，如图 8.13 所示是仿真库中的单频调频源元器件符号。在单频调频源的属性对话框中可设置以下参数。

(1) Designator：设置所需的激励源元器件名称，如 INPUT。

(2) DC：此项将被忽略。

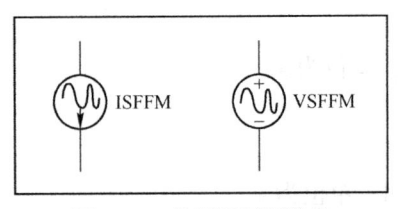

图 8.13　单频调频源符号

（3）AC：如果想在此电源上进行交流小信号分析，可设置此项（典型值为1）。
（4）AC Phase：小信号的电压相位。
（5）OFFSET：偏置。
（6）Amplitude：输出电压或电流的峰值。
（7）Carrier：载频，如100kHz。
（8）Modulation：调制指数，如5。
（9）Signal：调制信号频率，如5kHz。

注意：波形将用如下的公式定义：

$$V(t) = VO + VA * SIN(2 * PI * Fc * t + MDI * SIN(2 * PI * Fs * t))$$

其中，PI 为常数 π；t 为即时时间；VO 为偏置；VA 为峰值；Fc 为载频；DI 为调制指数；Fs 为调制信号频率。

8.3.6　线性受控源

在 Simulation Symbols.lib 库文件中，包含了以下线性受控源元器件。
（1）HSRC：线性电压控制电流源。
（2）GSRC：线性电压控制电压源。
（3）FSRC：线性电流控制电流源。
（4）ESRC：线性电流控制电压源。

仿真器中的线性受控源元器件如图 8.14 所示。

以上是标准的 SPICE 线性受控源，每个线性受控源都有两个输入节点和两个输出节点。输出节点间的电压或电流是输入节点间的电压或电流的线性函数，一般由源的增益、跨导等因素决定。

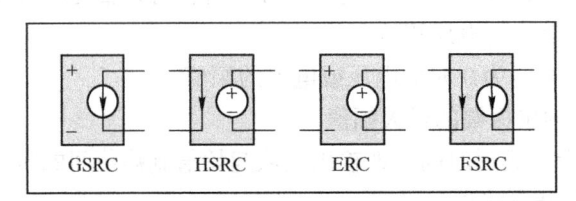

图 8.14　线性受控源元器件

在线性受控源的属性对话框中可以设置以下参数。
（1）Designator：设置所需的激励源元器件名称，如 GSRC1。
（2）Part Type：对于线性电压控制电流源，设置跨导，单位为 S（西门子）。
　　　　　　　　对于线性电压控制电压源，设置电压增益，无量纲。
　　　　　　　　对于线性电流控制电压源，设置互阻，单位为 Ω。
　　　　　　　　对于线性电流控制电流源，设置电流增益，无量纲。

8.3.7　非线性受控源

在 Simulation Symbols.lib 库文件中，包含了以下非线性受控源元器件。
（1）BVSRC：非线性电压源。
（2）BISRC：非线性电流源。

图 8.15 是仿真器中包含的非线性受控源元器件。

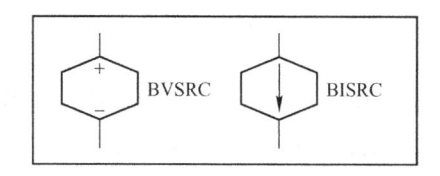

图 8.15 非线性受控源符号

标准的 SPICE 非线性电压源或电流源，有时被称作方程定义源，因为它的输出由设计者的方程定义，并且经常引用电路中其他节点的电压或电流值。

在非线性受控源的属性对话框中可设置以下参数。

（1）Designator：设置所需的激励源元器件名称。

（2）Part Type：定义源波形的表达式，如 V（IN）。

设计中可使用标准函数来创建一个表达式。表达式中也可包含以下一些标准函数：ABS、LN、SQRT、LOG、EXP、SIN、ASINH、SINT、COS、ACOS、ACOSH、COSH、TAN、ATAN、ATANH。

为了在表达式中引用所设计的电路中的节点的电压和电流，设计者必须首先在原理图中为该节点定义一个网络标号，这样，设计者就可以使用以下语法来引用节点了。

V（NET）：节点 NET 处的电压。

I（NET）：节点 NET 处的电流。

假如设计者已在电路图中定义了名为 IN 的网络标号，那么在 Part Type 中输入下列表达式是有效的：

$$V(IN)*3、COS(V(IN))$$

8.3.8 压控振荡（VCO）仿真源

在 Simulation Symbols.lib 库文件中，包含了以下压控振荡源元器件。

（1）SINEVCO：压控正弦振荡器。

（2）SQRVCO：压控方波振荡器。

（3）TRIVEO：压控三角波振荡器。

设计者可利用以上元器件在原理图中创建压控振荡器，图 8.16 是仿真器中包含的压控振荡源元器件。

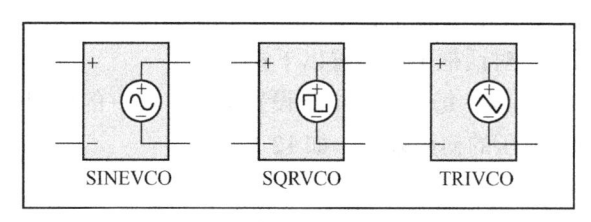

图 8.16 压控振荡源元器件

在压控振荡器的属性对话框中可设置以下参数。

（1）Designator：设置所需的激励源元器件名称，如 SQRVCO1。

（2）LOW：输出最小值，默认值为 0。

(3) HIGH：输出最大值，默认值为5。

(4) CYCLE：频宽比，范围为0~1，默认值为0.5。该参数仅对压控方波振荡器和压控三角波振荡器有效。

(5) FALL：下降时间，默认值为1 μs。该参数仅对压控方波振荡器有效。

(6) RISE：上升时间，默认值为1 μs。该参数仅对压控方波振荡器有效。

(7) C1：输入控制电压点1，默认值为0 V。

(8) C2：输入控制电压点2，默认值为1 V。

(9) C3：输入控制电压点3，默认值为2 V。

(10) C4：输入控制电压点4，默认值为3 V。

(11) C5：输入控制电压点5，默认值为4 V。

(12) F1：输出频率点1，默认值为0kHz。

(13) F2：输出频率点2，默认值为1kHz。

(14) F3：输出频率点3，默认值为2kHz。

(15) F4：输出频率点4，默认值为3kHz。

(16) F5：输出频率点5，默认值为4kHz。

8.4 仿真器设置

8.4.1 设置仿真初始状态

设置初始状态是为计算仿真电路直流偏置点而设定一个或多个电压（或电流）值。在仿真非线性电路、振荡电路及触发器电路的直流或瞬态特性时，常出现解的不收敛现象，而实际电路是收敛的，其原因是偏置点发散或收敛的偏置点不能适应多种情况。通常设置初始值的原因就是在两个或更多的稳定工作点中选择一个，以便于仿真顺利进行。

在Simulation Symbols.lib库文件中，包含了两个特别的初始状态定义符：

(1) NS：NODESET。

(2) IC：Initial Condition。

1. 节点电压设置 NS

该设置使指定的节点固定在给定电压下，仿真器按这些节点电压求得直流或瞬态的初始解。它对双稳态或非稳态电路的计算收敛是必须的，它可使电路摆脱"停顿"状态，而进入所希望的状态。一般情况下，不需要设置。

在节点电压设置的属性对话框中可设置以下参数。

(1) Designator：节点名称，每个节点电压设置必须有唯一的标识符，如NS1。

(2) Part Type：节点电压的初始幅值，如12 V。

2. 初始条件设置 IC

该设置是用来设置瞬态初始条件的，不要把该设置和上述的设置相混淆。NS只是用来帮助直流解的收敛，并不影响最后的工作点（对多稳态电路除外）。IC仅用于设置偏置点的初始条件，不影响DC扫描。

瞬态分析的设置中一旦设置了参数Use Initial Conditions（IC），瞬态分析就先不进行直流工作点的分析（初始瞬态值），因而应在该IC中设定各点的直流电压。如果瞬态分析中的设置项中没有设置参数 Use Initial Conditions，那么在瞬态分析前应计算直流偏置解（初始瞬态）。这时，IC 设置中指定的节点电压仅当作求解直流工作点时相应的节点的初始值。

在初始条件设置的属性对话框中可设置以下参数。

(1) Designator：节点名称，每个初始条件设置必须有唯一的标识符，如 IC1。

(2) Part Type：节点电压的初始幅值，如 5 V。

另外，设计者也可以通过设置每个元器件的属性来定义元器件的初始状态。同时，在每个元器件中规定的初始状态将先于 IC 设置中的值被考虑。

综上所述，初始状态的设置共有 3 种途径：IC 设置、NS 设置和定义元器件属性。在电路模拟中，如果有这 3 种或 2 种途径共同存在时，在分析中优先考虑的次序是定义元器件属性、IC 设置、NS 设置。如果 NS 和 IC 共存时，则 IC 设置将取代 NS 设置。

8.4.2 仿真器设置

在进行仿真前，设计者必须决定对电路进行哪种分析，要收集哪几个变量数据，以及仿真完成后自动显示哪个变量的波形等。

1. 进入分析（Analysis）主菜单

当完成电路的编辑后，设计者可对电路进行分析工作。进入 Protel 99 SE 原理图编辑的主菜单后，单击"Simulate\Setup"命令，进入仿真器的设置，如图 8.17 所示。

单击"Setup"选项，启动"仿真器设置"对话框，如图 8.18 所示。在"General"选项中，设计者可以选择分析类别。

图 8.17 "Simulate\Setup"命令

图 8.18 "仿真器设置"对话框

2. 瞬态特性分析（Transient Analysis）

瞬态特性分析是从时间零开始，到用户规定的时间范围内进入的。设计者可规定输出开始到终止的时间长短和分析的步长，初始值可由直流分析部分自动确定，所有与时间无关的源用它们的直流值，也可以在设计者规定的各元件上的电平值作为初始条件进行瞬态分析。

瞬态分析的输出是在一个类似示波器的窗口中，在设计者定义的时间间隔内计算变量瞬态输出电流或电压值。如果不使用初始条件，则静态工作点分析将在瞬态分析前自动执行，以测得电路的直流偏置。

瞬态分析通常从时间零开始。若不从时间零开始，则在时间零和开始时间（Start Time）之间，瞬态分析照样进行，只是不保存结果。开始时间（Start Time）到终止时间（Stop Time）间隔内的结果将予以保存，并用于显示。

步长（Step Time）通常是指瞬态分析中的时间增量。实际上，该步长不是固定不变的。采用变步长是为了自动完成收敛。最大步长（Maximum Step）限制了分析瞬态数据时的时间变化量，该最大步长在默认情况下等于步长（Step Time）。

仿真时，如设计者并不确定所需输入的值，可选择默认值，从而自动获得瞬态分析参数。开始时间（Start time）置为零。Stop Time、Step Time 和 Maximum Step 将和显示周期（Cyller Displayed）、每周期中的点数以及电路激励源的最低频率有关。若选中 Always set defaults for transient 选项，则每次仿真时将自动计算参数，这将改变手工设置的值。

要在 SIM 99 中设置瞬态分析的参数，可以通过激活"Transien/Fourier"选项得到如图 8.19 所示的设置瞬态分析/傅里叶分析参数对话框。

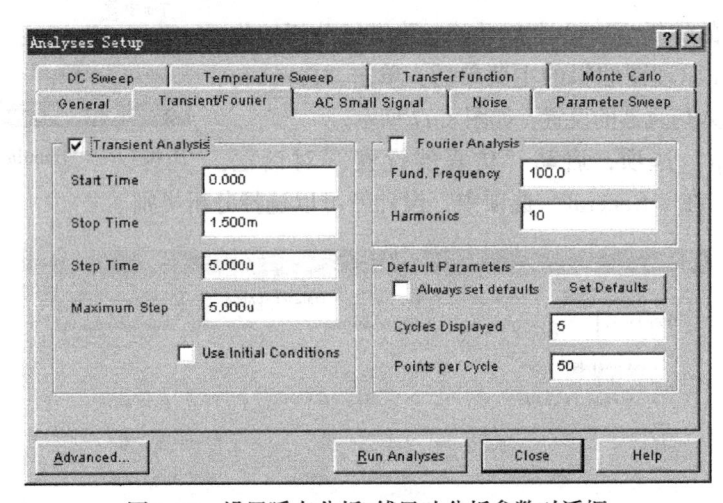

图 8.19 设置瞬态分析/傅里叶分析参数对话框

3. 傅里叶分析（Fourier）

傅里叶分析是计算瞬态分析结果的一部分，得到基频、DC 分量和谐波。不是所有的瞬态结果都要用到，它只用到瞬态分析终止时间之前的基频的一个周期。若 PERIOD 是基频的周期，则 PERIOD = 1/FREQ，也就是说，瞬态分析至少要持续一个基频周期。

要进行傅里叶分析，必须激活图 8.19 中的"Transien/Fourier"选项。在此对话框中，可设置傅里叶分析参数。

（1）Fund. Frequency：傅里叶分析的基频。

（2）Harmonics：所需要的谐波数。

傅里叶分析中的每次谐波的幅值和相位信息将保存在 Filename.sim 文件中。

4. 交流小信号分析（AC Small Signal Analysis）

交流小信号分析将交流输出变量作为频率的函数计算出来。先计算电路的直流工作点，决定电路中所有非线性元器件的线性化小信号模型参数，然后在设计者指定的频率范围内对该线性化电路进行分析。

交流小信号分析所希望的输出通常是一传递函数。SIM 99 中设置交流小信号分析的参数，通过激活"AC Small Signal Analysis"选项可得如图 8.20 所示的交流小信号分析参数设置对话框。

在进行交流小信号分析前，仿真电路原理图必须包括至少一个交流源，且该交流源已适当设置过。该交流源在开始频率到终止频率间扫描。扫描正弦波的幅值和相位在原理图中的激励源的 Part Field 中定义。

5. 直流分析（DC Sweep Analysis）

直流分析产生直流转移曲线。直流分析将执行一系列静态工作点分析，从而改变所定义选择电源的电压。设置中可定义或可选辅助源。通过激活"DC Sweep"选项可得如图 8.21 所示的直流分析参数设置对话框。

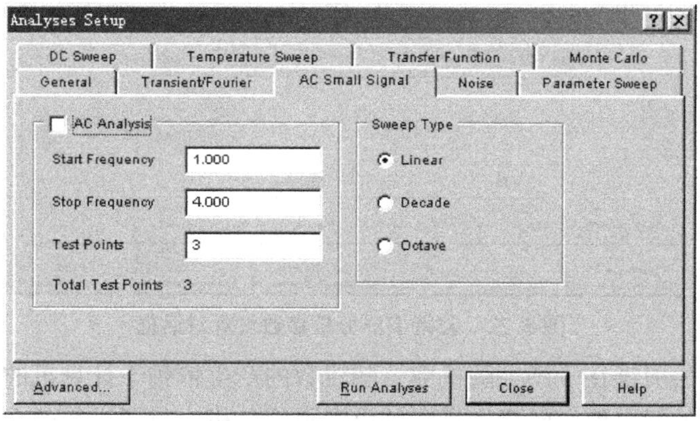

图 8.20　交流小信号分析参数设置对话框

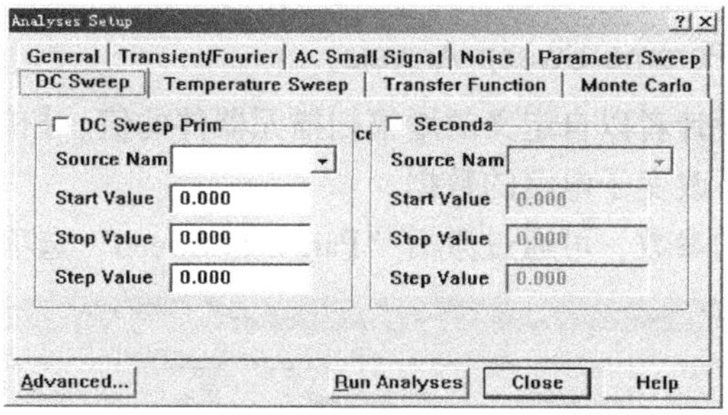

图 8.21　直流分析参数设置对话框

该对话框中的 Source Name 定义了电路中的独立电源；Start Value（起始值）、Stop Value（终止值）和 Step Value（步长值）定义了扫描范围和分辨率。

6. 蒙特卡罗分析（Monte Carlo Analysis）

蒙特卡罗分析是使用随机数发生器按元件值的概率分布来选择元件，然后对电路进行模拟分析。所以蒙特卡罗分析可在元器件模型参数赋给的容差范围内进行各种复杂的分析，包括直流、交流及瞬态特性分析。这些分析结果可以用来预测电路生产时的成品率及成本等。

SIM 99 中通过激活"Monte Carlo"选项可得如图 8.22 所示的蒙特卡罗直流分析参数设置对话框。

蒙特卡罗分析首先获得在给定电路中各元件容差范围内的分布规律，然后用一组组的随机数对各元件取值。

SIM 99 中元件的分布规律如下。

（1）Uniform：平均分布，元器件值在定义的容差范围内统一分布。

（2）Gaussian：高斯曲线分布，以名义值为中心，容差为±3。

图 8.22 所示对话框中的 Runs 选项是设计者定义的仿真数。如果设计者希望用一系列的随机数来仿真，则可设置 Seed 选项，该项的默认值为–1。

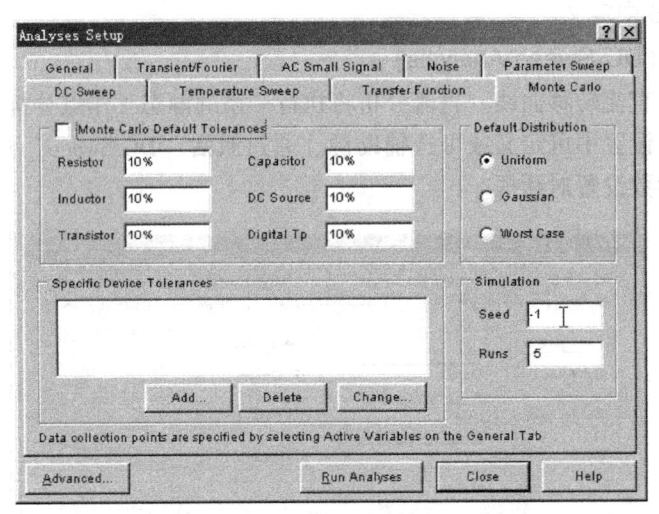

图 8.22 蒙特卡罗分析参数设置对话框

蒙特卡罗分析的关键在于产生随机数。随机数的产生依赖于计算机的具体字长。用一组随机数取出一组新的元件值，然后做指定的电路模拟分析，只要进行的次数足够多，就可得出满足一定分布规律、一定容差的元件在随机取值下的整个电路性能的统计分析。

7. 扫描参数分析（Parame Sweep Anlysis）

扫描参数分析允许设计者以自定义的增幅扫描元器件的值。扫描参数分析可以改变基本的元器件和模式，但并不改变子电路的数据。

设置扫描参数分析的参数，可通过激活"Paramete Sweep"选项进行，如图 8.23 所示。

图 8.23 扫描参数分析设置对话框

在参数域中输入参数。该参数可以是一个单独的标识符，如 C2；也可以是带有元器件参数的标识符，如 U5 [tp-val]。Start Value 和 Stop Values 定义了扫描的范围，Step Value 定义了扫描的步幅。

如果设计者选择了"Use Relative Values"选项，则将设计者输入的值添加到已存在的参数中或作为默认值。

8. 扫描温度分析（Temperature Sweep Analysis）

扫描温度分析是和交流小信号分析、直流分析及瞬态特性分析中的一种或几种相连的。该设置规定了在什么温度下进行模拟。如果设计者给定了几个温度，则对每个温度都要做一遍所有的分析。

设置扫描温度分析的参数，可通过激活"Temperature Sweep"选项，可得图 8.24 所示的扫描温度分析设置对话框。

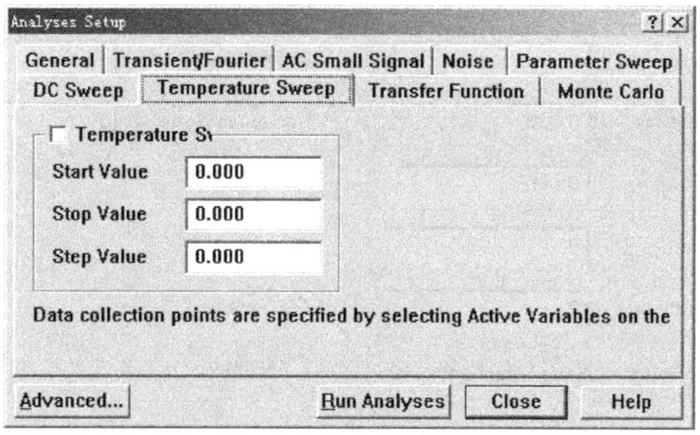

图 8.24　扫描温度分析设置对话框

Start Value 和 Stop Value 定义了扫描的范围，Step Value 定义了扫描的步幅。

在仿真中，如要进行扫描温度分析，则必须定义相关的标准分析。扫描温度分析只能用在激活变量中定义的节点计算里。

9. 传递函数分析

传递函数分析计算直流输入阻抗、输出阻抗以及直流增益。

设置传递函数分析的参数，可通过激活"Transfer Function"选项进行，如图 8.25 所示。"Source Name"对话框定义引用的输入源；"Reference Node"对话框设置了源的参数。

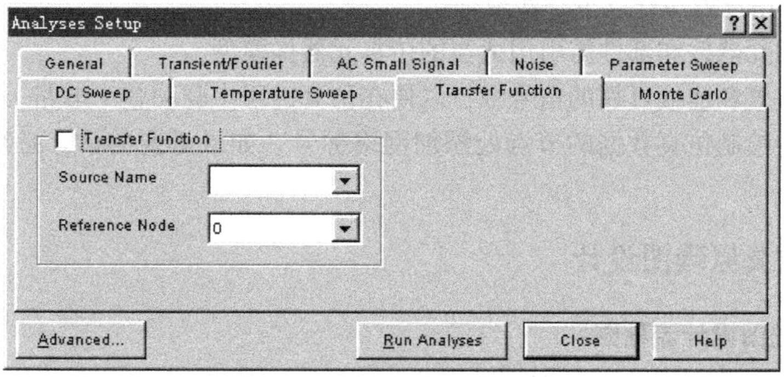

图 8.25　传递函数分析设置对话框

10. 噪声分析（Noise Analysis）

噪声分析是同交流分析一起进行的。电路中产生噪声的元器件有电阻器和半导体元器件，每个元器件的噪声源在交流小信号分析的每个频率计算出相应的噪声，并传送到一个输出节点，所有传送到该节点的噪声进行 RMS（均方根）相加，就得到了指定输出端的等效输出噪声。同时计算出从输入端到输出端的电压（电流）增益，由输出噪声和增益就可得到等效的输入噪声值。

设置噪声分析的参数，可通过激活"Noise"选项，得到如图 8.26 所示的噪声分析设置对话框。

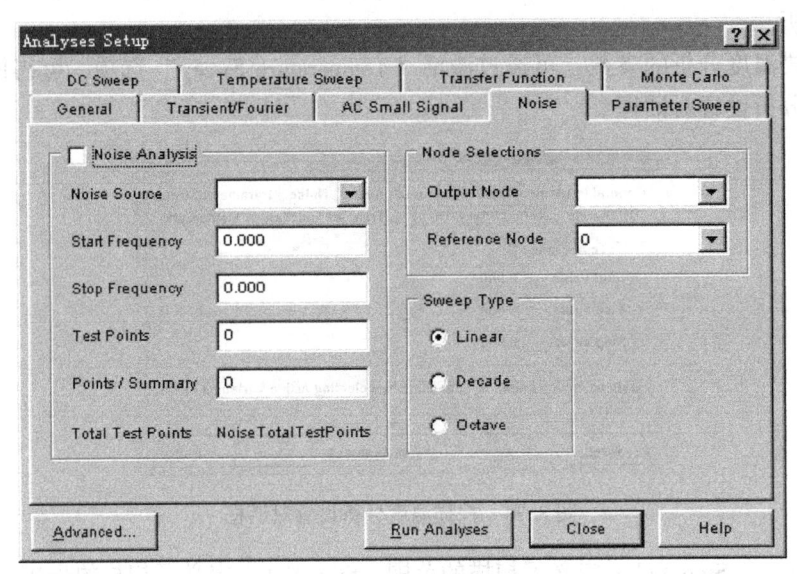

图 8.26　噪声分析设置对话框

8.5　运行电路仿真

8.5.1　仿真总体设计流程图

采用 SIM 99 进行混合信号仿真的总体设计流程图如图 8.27 所示。

对仿真原理图文件进行仿真前，该原理图文件必须包含仿真所需的所有必要信息。为使仿真可靠运行，用户需遵守以下一些规则：

（1）所有的元器件和部件需引用适当的仿真元器件模型。

（2）必须放置和连接可靠的信号源，以便在仿真过程中驱动整个电路。

（3）在需要绘制仿真数据的节点处添加网络标号。如果必要的话，必须定义电路的仿真初始条件。

8.5.2　仿真原理图设计

1. 仿真原理图设计流程图

设计仿真原理图的一般流程图如图 8.28 所示。

图 8.27　电路仿真总体设计流程图　　图 8.28　仿真原理图设计流程

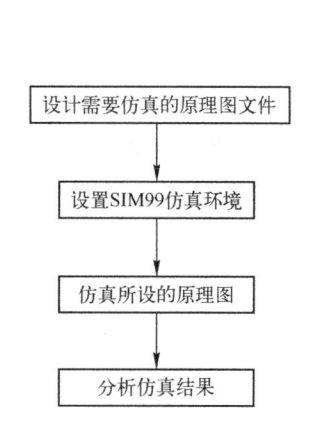

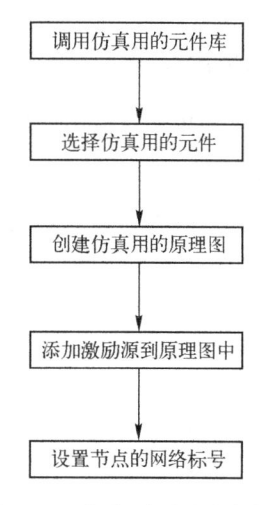

2. 仿真原理图设计步骤

（1）调用元件库。在 Protel 99 SE 中，默认的原理图库包含在一系列的数据库中，每个数据库中有数目不等的原理图库。在设计过程中，一旦加载数据库，则该数据库下的所有库都将列出来。仿真原理图图库在"\Library\SCh\SIM.ddb"数据库中。

在仿真用的数据库 SIM.ddb 加载后，如图 8.29 所示的包含在 SIM.ddb 中的后缀名为 .lib 的仿真原理图库将在 Browse 栏内列出。

（2）选择仿真元件。为了执行仿真分析，原理图中所放置的所有部件都必须包含特别的仿真信息，以便使仿真器正确对待所放置的所有部件。一般情况下，原理图中的部件必须引用适当的 SPICE 元器件模型。

创建仿真用原理图的简便方法是使用 Protel 仿真库中的元器件。Protel 99 SE 包含了 6 400 多个元器件模型，这些模型都是为仿真准备的。只要将它们放在原理图上，该元件将自动连接到相应的仿真

图 8.29　SIM.ddb 中包含的 .lib 库文件

模型文件中。在大多数情况下，设计者只需从如图 8.29 所示的库中选择一元件，设定它的值，连接好线路，就可以进行仿真了。每个元件包含了 SPICE 仿真用的所有信息。

SPICE 支持很多其他的特性，允许设计者更精确地构造元器件，这个额外的信息可以在元件属性对话框中的 Part Fields 中修改。

最常用的仿真元器件如下。

① 激励源：给所设计电路一个合适的激励源，以便仿真器进行仿真。
② 添加网络标号：设计者在需要观测输出波形的节点处定义网络标号，方便仿真器识别。

（3）实施仿真。在设计完原理图后，对该原理图进行 ERC 检查，如有错误，则返回原理图设计。然后设计者就需对该仿真器进行设置，决定对原理图进行何种分析，并确定该分析采用的参数。设置不正确，仿真器可能在仿真前报告警告信息，仿真后将仿真过程中的错误写入 Filename.err 文件中。仿真完成后，系统将输出一系列的文件，供设计者对所设计的电路进行分析。具体的输出文件和步骤详见仿真实例。

8.5.3 模拟电路仿真实例

下面通过对一个简单模拟电路的仿真，具体说明仿真器在 Protel 99 SE 中的使用。

1. 生成原理图文件

这是进行仿真的基础和前提。本例是一个简单的整流稳压电路，如图 8.30 所示。一正弦波信号依次经过 10:1 变压器的变压、全波整流桥的整流以及电容滤波等一系列变化后，得到一个相当稳定的低压直流信号。

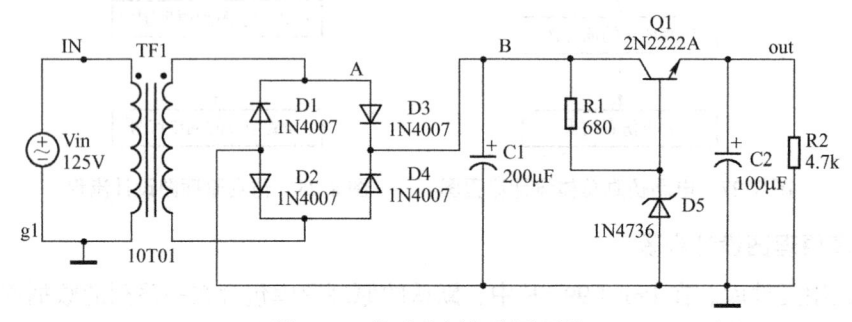

图 8.30 整流稳压电路原理图

在该电路中定义了一个有效值为 125V，频率为 50Hz 的正弦波激励源。同时，在需要显示波形的几处添加了网络标号，用于显示输入波形、输出波形及一些中间波形。

2. 设置仿真器

仿真器的设置要视具体的电路而定。在本次仿真中，采用如图 8.31 所示的仿真设置项，对电路进行瞬态分析。

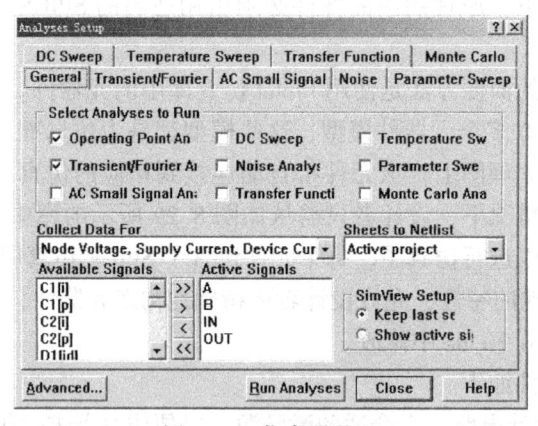

图 8.31 仿真器设置

设置完成后，单击 "Run Analyses" 按钮开始仿真，或单击 "Close" 按钮结束该设置，再通过 "Simulate\Setup\Creat SPICE Netlist" 菜单实现仿真。

在仿真设置后，将生成 .cfg 文件。该文件以文本的方式记录仿真器的设置环境。

3. 仿真器输出仿真结果

仿真器的输出文件为 .nsx 文件和 .sdf 文件。为了更好地完善原理图设计，可以执行 "Simulate\Create\SPICE Netlist" 命令，然后系统将生成一个后缀为 .nsx 的文件，如图 8.32 所示。后缀为 .sdf 的文件为仿真波形显示。

4. 仿真编辑器

仿真完成后，执行"*.sdf"文件，系统将弹出如图 8.33 所示的波形编辑器窗口。波形栏内列出了所能显示的原理图中节点的波形，或某节点信号的多次谐波波形。该栏下的 3 个按钮"Show"、"Hide"和"Color"分别用于显示波形、隐藏波形和改变波形颜色等。波形编辑器中的"View"选项用于选择在编辑器中是显示单一波形，还是显示所有选择了的波形。为更好地观察波形，在此选择显示单一波形。在波形编辑器中可选择波形的时间上的增幅，以适应变化快的信号。

图 8.32 仿真生成的 .nsx 文件　　　　　图 8.33 波形编辑器窗口

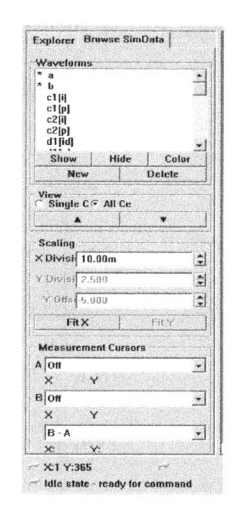

5. 瞬态分析

下面将通过这个波形显示器显示仿真后的一系列的波形。对原理图进行瞬态分析后，可得到以下一些信号波形。

输入信号 in 的波形，如图 8.34 所示，该输入信号是周期约为 20 ms、幅值为 170 V 的正弦波信号。

将该信号变压后可得节点 a 的波形，如图 8.35 所示。

输入波形经过全波整流后可得节点 b 的波形，如图 8.36 所示。该信号再经过稳压等环节后，可得一平稳的直流输出波形，如图 8.37 所示。

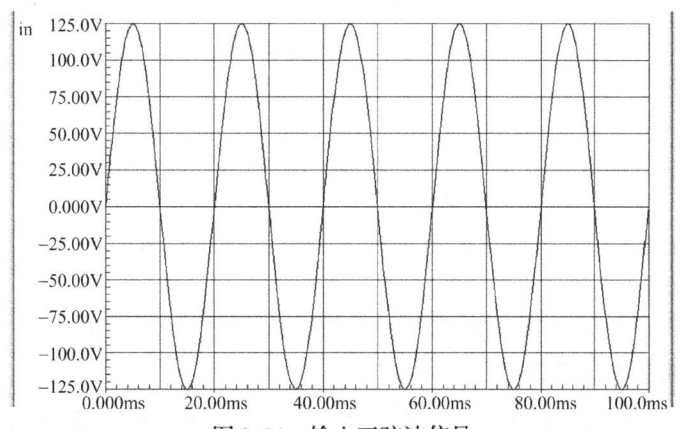

图 8.34 输入正弦波信号

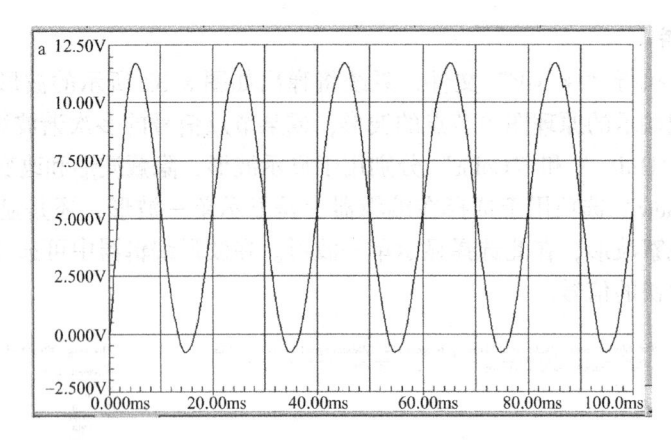

图 8.35　节点 a 处的信号波形

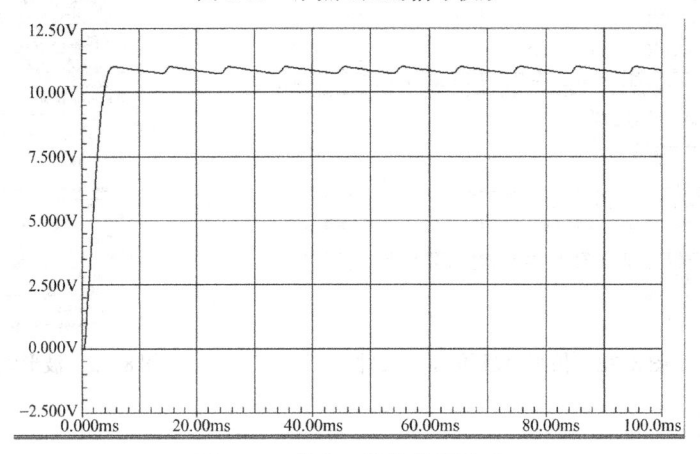

图 8.36　节点 b 处的信号波形

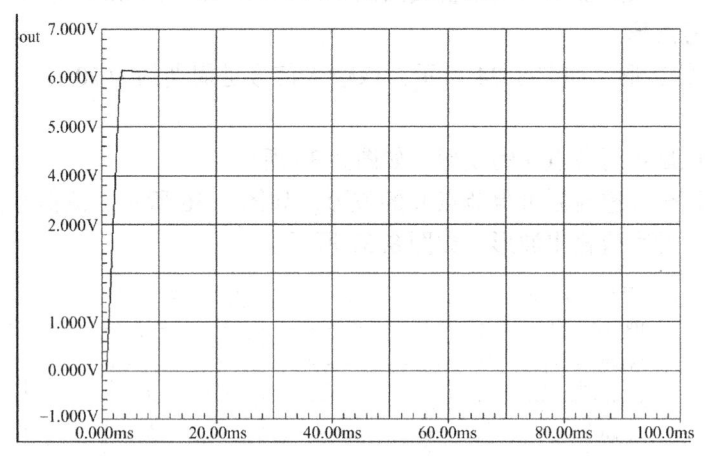

图 8.37　直流输出波形

如果选择多波形显示，则设计者所选择的波形将在同一窗口中显示，如图 8.38 所示，这便于信号间的比较。

关于原理图的其他仿真，在此不再详细介绍，读者可借助于上述的例子自行研究。

6. 通过仿真完善设计原理图

仿真器输出了一系列的波形，设计者借助这些波形，可以很方便地发现设计中的不足和问题。这样，不必经过实际的制版，就可完全了解所设计原理图的电气特性。

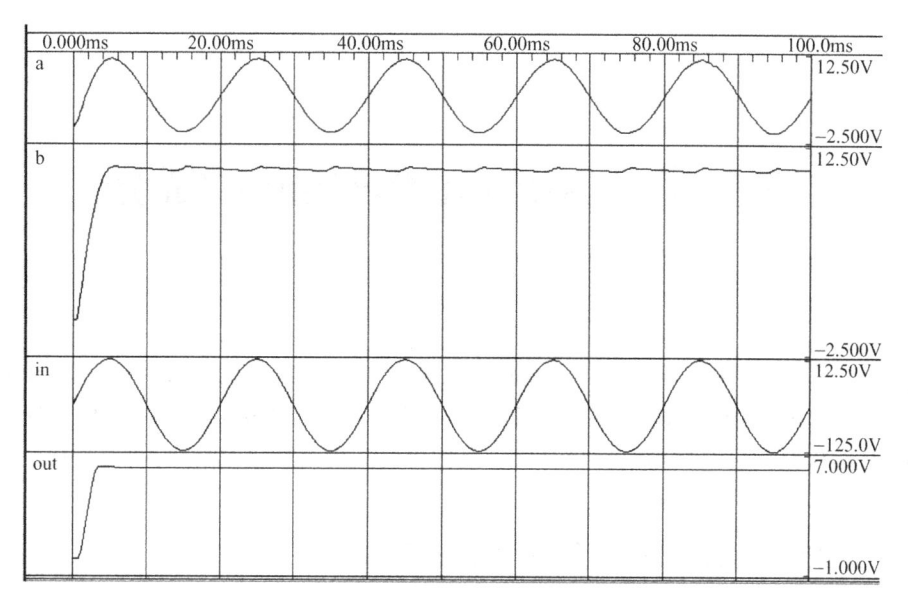

图 8.38 输入、输出和中间节点波形

本 章 小 结

1. SIM 99 仿真库中的主要元件

SIM 99 仿真库中的主要元件有电阻、电容、电感、二极管、三极管、JFET 结型场效应晶体管、MOS 场效应晶体管、电压/电流控制开关、熔丝、继电器、互感、TTL 和 CMOS 数字电路元器件、模块电路等。

2. SIM 99 中的激励源

直流源、正弦仿真源、周期脉冲源、指数激励源、单频调频源、线性受控源、非线性受控源及压控振荡（VCO）仿真源等。

3. 仿真器设置

（1）仿真初始状态的设置：为计算仿真电路直流偏置点而设定的一个或多个电压（或电流）值。

（2）仿真器的设置：对电路进行分析的种类、变量数据设置，以及仿真完成后自动显示的变量的波形设置等。

（3）仿真器的设置菜单命令：Simulate\Setup。

4. 运行电路仿真步骤

（1）调用仿真元件库，选择仿真元件与激励源，生成原理图文件。

（2）设置仿真器，实施仿真。

（3）分析仿真器输出的仿真结果，完善原理图的设计。

思考与练习 8

8.1 什么是电路仿真？叙述生成电路原理图的一般步骤。

8.2 仿真初始状态的设置有什么意义？如何设置？

8.3 Protel SIM 99 仿真器可进行哪几种仿真设置与分析？其中瞬态分析的主要内容是什么？

8.4 采用 SIM 99 进行电路仿真的基本流程是什么？

8.5 设计一个十进制数的 8421BCD 计数器电路，并用 SIM 99 进行仿真。

第 9 章 Altium Designer 简介

内容提要:

本章简单介绍了 Protel 99 SE 升级版软件 Altium Designer 的主要功能和使用方法,包括 Protel 99 SE 与 Altium Designer 主要功能区别以及如何使用 Altium Designer 软件进行原理图与 PCB 图的设计开发等。本章 Altium Designer 软件示例版本选择 Altium Designer Winter 09。

9.1 Altium Designer 与 Protel 99 SE

Protel 国际有限公司由 Nick Martin 于 1985 年始创于澳大利亚的塔斯马尼亚州霍巴特,致力于开发基于 PC 的软件,为印制电路板提供辅助设计。最初的 DOS 环境下的 PCB 设计工具得到了电子业界的广泛接受,随着 PCB 设计软件包的成功,Protel 公司开始扩大其产品范围,包括原理图输入、PCB 自动布线和自动 PCB 器件布局软件,Protel 软件不断发展和完善;特别是 2000 年推出的 Protel 99 SE 性能进一步提高,对设计过程有更大控制力。

2001 年,Protel 国际有限公司改名为 Altium;2002 年,Altium 公司重新设计浏览器(DXP)平台,并发布第一个在新 DXP 平台上使用的产品 Protel DXP;2006 年推出的基于 DXP 平台的 Altium Designer 6.0 集成了更多工具,使用方便,功能更强大,特别在 PCB 设计部分的性能大大提高。Altium 公司相继推出了 Altium Designer 的系列升级产品,并于 2011 年 3 月推出了 Altium Designer 10。

9.1.1 Altium Designer 与 Protel 99 SE 的主要功能区别

Altium Designer 相对于 Protel 增强了许多的功能,其功能的增加主要体现在以下几个大的方面。

1. 在软件架构方面

Altium Designer 与 Protel 不同,仅限用于设计 PCB 电路板的功能。Altium Designer 在传统的设计 PCB 电路板的基础上新增加了 FPGA 以及嵌入式智能设计功能模块,现在的 Altium Designer 不但可以做硬件电路板的设计,也可以做嵌入式软件设计,是集成化的电子产品设计平台。

2. 在 EDA 设计软件兼容性方面

Altium Designer 提供了其他 EDA 设计软件的设计文档的导入向导,通过 import wizard 来进行其他电子设计软件的设计文档以及库文件的导入。

3. 在辅助功能模块接口方面

Altium Designer 提供了与机械设计软件 ECAD 之间的接口,通过 3D 来进行数据的传输。在与制造部门之间,提供了 CAM 功能,使得设计部门与制造部门可以进行良好的沟通。在与采购部门以及装配部门之间，提供了 DBLIB 以及 SVNDBLIB 等功能，使得采购部门与设计部门人员可以共享元件信息，提供与公司 PDM 系统或者 ERP 系统的集成。

4. 在项目管理方面

Altium Designer 采用的是以项目为基础的管理方式，而不是以 DDB 的形式管理的，这样使得项目中的设计文档的复用性更强，文件损坏的风险降低。另外提供了版本控制，装配变量，灵活的设计输出 output jobs 等功能，使得项目管理者可以轻松方便地对整个设计的过程进行监控。

5. 在设计功能方面

Altium Designer 无论是在原理图、库、PCB、FPGA 以及嵌入式智能设计等各方面都增加了很多新的功能，这将大大增强对处理复杂板卡设计和高速数字信号的支持，以及嵌入式软件和其他辅助功能模块的支持。

9.1.2　Altium Designe 与 Protel 99 SE 两种文档格式转换

Altium Designer 对于之前的版本 Protel 99 SE 是向下兼容的，原来 Protel 99 SE 的用户若要转向 Altium Designer 来进行设计，可以将 Protel 99 SE 的设计文件以及库文件导入到 Altium Designer 中来。Altium Designer 包含了特定的 Protel 99 SE 自动转换器。直接将 *.DDB 文件转换成 Altium Designer 下项目管理的文件格式，二者之间的文档格式转换主要有以下几个方面。

（1）Altium Designer 全面兼容 Protel 99 SE 的各种文档。Altium Designer 中设计的文档也可以保存成 Protel 99 SE 格式，方便在 Protel 99 SE 软件中打开，编辑。

（2）在 Altium Designer 中导入 Protel 99 SE 文档。

① 使用菜单"file \ import wizard…"打开导入向导，进入导入界面。

② 选择 Protel 99 SE DDB files，再依次添加 Protel 99 SE 格式文档，系统自动转换成 Altium Designer Project 项目文档。

（3）在 PCB 界面下，使用"save as…"功能，把文件保存成 version 4.0 格式，该格式文档能在 Protel 99 SE 软件中打开。

（4）在 Altium Designer 软件中可以直接打开 Protel 99 SE 原理图文档，在 Altium Designer 软件中同样可以把原理图保存成 version 4.0 的格式，方便在 Protel 99 SE 中打开。

9.2　Altium Designer 系统

Altium Designer 基于一个软件集成平台（DXP 平台），把为电子产品开发提供完整环境所需的工具全部整合在一个应用软件中。Altium Designer 包含所有设计任务所需的工具：原理图和 HDL 设计输入、电路仿真、信号完整性分析、PCB 设计、基于 FPGA 的嵌入式系统设计和开发。另外可对 Altium Designer 工作环境加以定制，以满足用户的各种不同需求。

9.2.1　系统平台介绍

Altium Designer 的设计是面向一个工程项目组的，一个工程项目组可以由多个项目工程文件组成，这样就使通过项目工程组管理进行设计变得更加方便、简洁。用户可以把所有的文件都包含在项目工程文件中，其中主要有印刷电路板文件等，可以建立多层子目录。在以 *.PrjGrp（项目工程组）、*.PrjPCB（PCB 设计工程）、*.PrjFpg（FPGA 设计工程）等为扩展名的项目工程中，所有的电路设计文件都接受项目工程组的管理和组织，用户打开项目工程组后，Altium Designer 会自动识别这些文件。相关的项目工程文件可以存放在一个项目工程组中以便于管理。当然，用户也可以不建立项目工程文件，而直接建立一个原理图文件、PCB 文件或者其他单独的、不属于任何工程文件的自由文件，这在以前版本的 Protel 中是无法实现的。如果愿意，也可以将那些自由文件添加到期望的项目工程文件中，从而使得文件管理更加灵活、便捷。在 Altium Designer 中支持的部分文件所表示的含义如表 9.1 所示。

表 9.1 Altium Designer 部分文件所表示的含义

扩 展 名	文 件 类 型	扩 展 名	文 件 类 型
SchDoc	电路原理图文件	PrjPCB	PCB 工程文件
PcbDoc	印刷电路板文件	PrjFpg	FPGA 工程文件
SchLib	原理图库文件	THG	跟踪结果文件
PcbLib	PCB 元器件库文件	HTML	网页格式文件
IntLib	系统提供集成式元器件库文件	XLS	Excel 表格式文件
NET	网络表文件	CSV	字符串形式文件
REP	网络表比较结果文件	SDF	仿真输出波形文件
XRP	元器件交叉参考表文件	NSX	原理图 SPICE 模式表示文件

图 9.1 所示为一个完整的项目结构图，一个项目可以包含多个设计文件，包括原理图设计文件、PCB 设计文件等，同时还包含项目输出文件，以及设计中所用到的库文件。

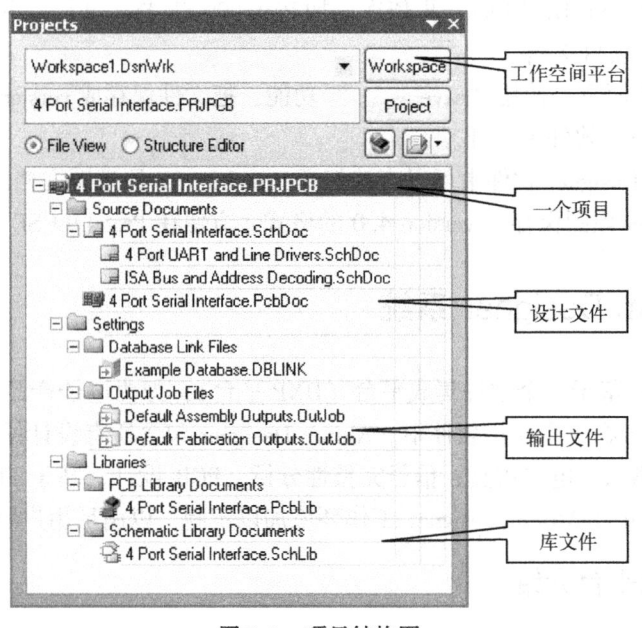

图 9.1 项目结构图

项目是每项电子产品设计的基础，项目将设计元素链接起来，包括原理图、PCB、网表和欲保留在项目中的所有库或模型。项目还能存储项目级选项设置，例如错误检查设置、多层连接模式和多通道标注方案。项目共有 6 种类型：PCB 项目、FPGA 项目、内核项目、嵌入式项目、脚本项目和库封装项目（集成库的源）。其中 PCB 项目设计应用最为成熟、广泛，原理图与 PCB 图设计均在此项目中进行，本章着重介绍 PCB 项目设计。Altium Designer 允许通过 Projects 面板访问与项目相关的所有文档，还可在通用的 Workspace（工作空间）中链接相关项目，轻松访问与正在开发的某种产品相关的所有文档。在将如原理图图纸之类的文档添加到项目时，项目文件中将会加入每个文档的链接，这些文档可以储存在网络的任何位置，无须与项目文件放置于同一文件夹。若这些文档的确存在于项目文件所在目录或子目录之外，则在 Projects 面板中，这些文档图标上会显示小箭头标记。

9.2.2　Altium Designer 操作环境

Altium Designer 操作环境由两个主要部分组成：

（1）Altium Designer 主要文档编辑区域，如图 9.2 右边所示。

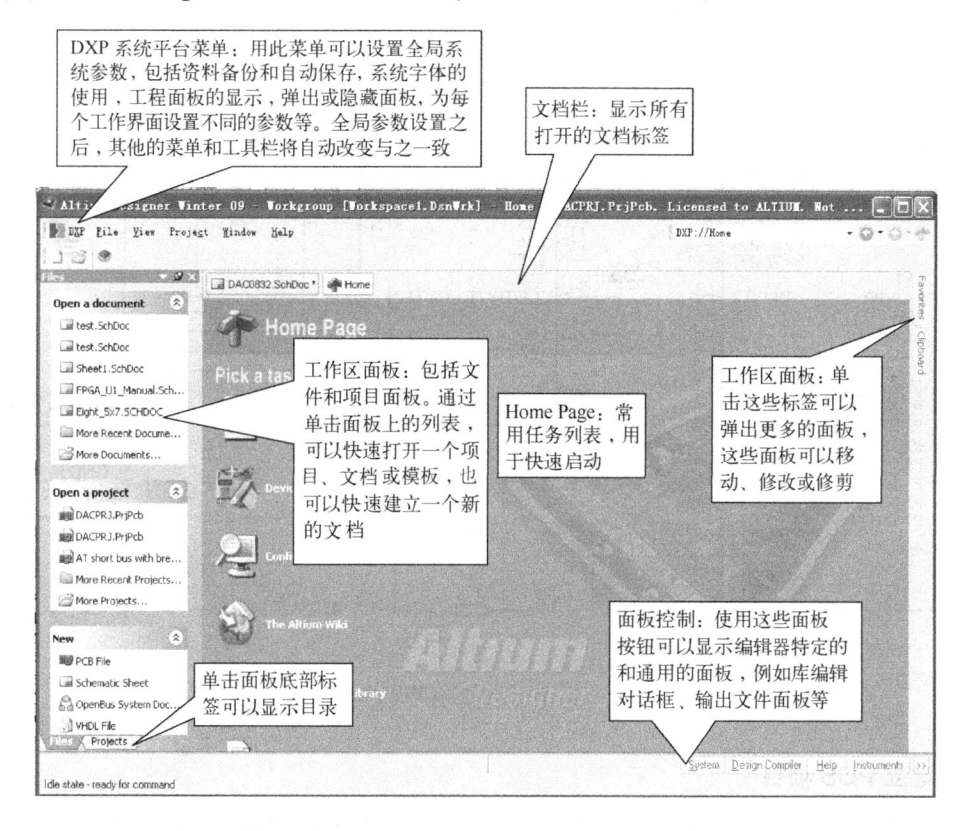

图 9.2　Altium Designer，DXP Home Page 已打开

（2）Workspace 面板。Altium Designer 有很多操作面板，默认设置为一些面板放置在应用程序的左边，一些面板可以弹出的方式在右边打开，一些面板呈浮动状态，另外一些面板则为隐藏状态。

打开 Altium Designer 时，最常见的初始任务显示在特殊视图 Home Page 中，以方便选用。

9.3 用 Altium Designer 设计原理图

用 Altium Designer 设计原理图的工作流程如图 9.3 所示。

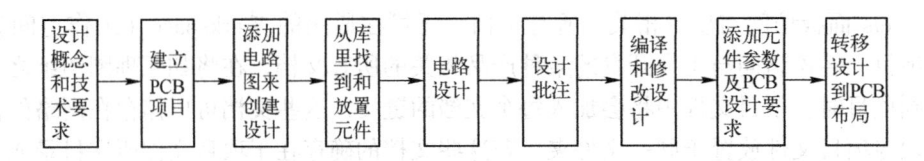

设计概念和技术要求 → 建立 PCB 项目 → 添加电路图来创建设计 → 从库里找到和放置元件 → 电路设计 → 设计批注 → 编译和修改设计 → 添加元件参数及 PCB 设计要求 → 转移设计到 PCB 布局

图 9.3 Altium Designer 原理图设计流程

为了更直观地说明 Altium Designer 电路原理图的设计方法和步骤，下面以图 9.4 DAC0832 电路原理图为例详细介绍。

本章不涉及库的编辑部分，所选元件均属 Altium Designer 开发环境提供的标准库。

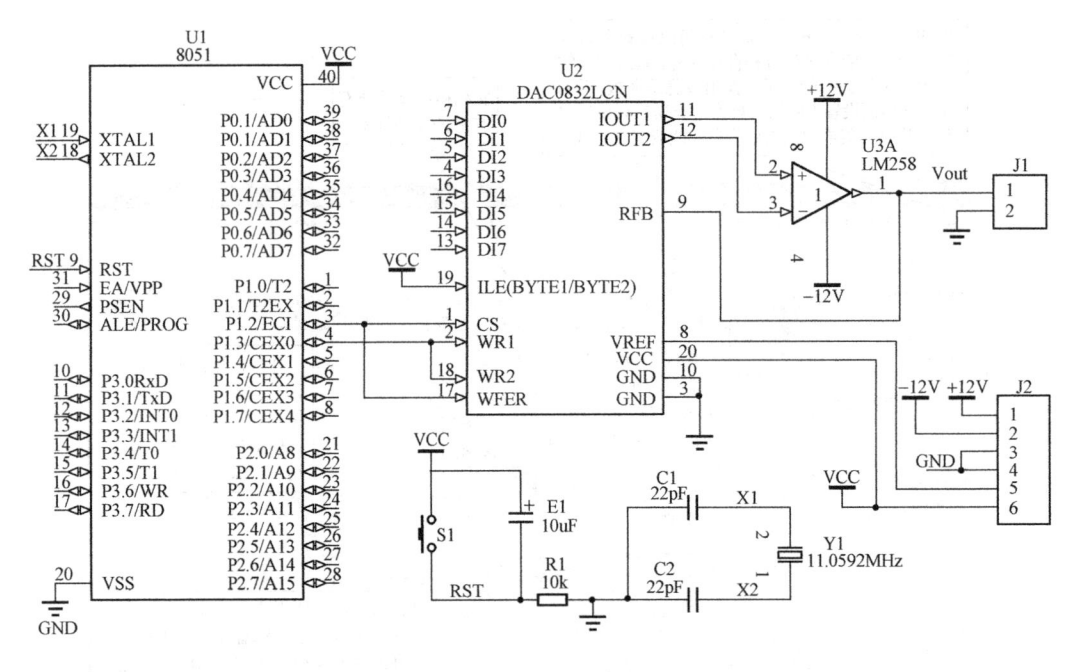

图 9.4 DAC0832 电路原理图

1. 建立 PCB 项目

（1）在设计原理图之前，必须根据产品功能和性能的要求构思电路，明确电路设计思路，之后再进行原理图绘制。原理图文件是包含在 PCB 项目中的。首先，新建一个 PCB 项目，执行菜单命令"File\New\Project\PCB Project"，弹出一个新建 PCB 项目设计的工作面板，项目文件名默认为"PCB_Project1.PrjPcb"。

（2）新建项目文件的更名保存。选中"PCB_Project1.PrjPcb"，单击鼠标右键，在弹出的快捷菜单中选择"Save Project As.."选项，将弹出当前项目文件另存的对话框，用户可以更改设计项目的名称、所保存的文件路径等，文件默认类型为 PCB Projects，后缀名为".PrjPCB"。选择好路径后，将PCB项目文件更名为"DACPRJ.PrjPCB"保存。

2. 添加原理图文件及保存

执行菜单命令"File\New\Schematic"，在当前项目DACPRJ.PrjPCB下建立SCH电路原理图，默认文件名为"Sheetl.SchDoc"，同时在文档编辑区域中打开Sheetl.SchDoc的电路原理图设计接口。执行菜单命令"File\Save As.."出现原理图另存的对话框，选择好路径后，将原理图文件更名为"DAC0832.SchDoc"保存。

3. 原理图环境设置

原理图设计之前首先进行原理图环境设置，原理图环境设置主要指图纸和游标设置。绘制原理图首先要设置图纸，如设置纸张大小、标题框、设计文件信息等，确定图纸文档的有关参数。图纸上的游标为放置组件、连接线路带来很多方便。

（1）图纸大小的设置。打开图纸设置对话框的方式有以下两种：

① 在SCH电路原理图编辑接口下，执行菜单命令"Design\Document Options.."，将弹出Document Options（图纸属性设置）对话框，选项同Protel类似。

② 在当前原理图上单击鼠标右键，弹出快捷菜单，从弹出的菜单中选择"Options\Document Options"选项，同样可以弹出Document Options（图纸属性设置）对话框。

如果用户要更改图纸大小，将游标移动到图纸属性设置对话框中的Standard Style（标准图纸样式），用鼠标单击下拉按钮启动该项，再用游标选中图纸样式，单击"OK"按钮确认。

（2）格点和游标的设置。Altium Designer提供了两种格点，即Lines（线状格点）和Dots（点状格点）。在SCH原理图图纸上右击，在弹出的快捷菜单中选择"Options\Schematic Preferences"选项，将弹出Preference对话框。或者执行菜单命令"Tool\Schematic Preferences"，也可以弹出Preferences对话框。在对话框中设置格点形状、颜色和游标移动的间距。

4. 添加库文件

Altium Designer库提供了大量元件的原理图符号，在绘制DAC0832电路原理图之前，必须知道每个元件对应的库。利用Altium Designer提供的搜索功能来完成查找元件，操作步骤如下：

（1）SCH设计接口的下方有一排按钮，单击"System\Libraries（库）"按钮，弹出如图9.5所示的库浏览对话框。也可以通过执行菜单命令"Design\Browse Libraries.."选项进入库浏览对话框。

（2）单击图9.5所示对话框中的"Search"按钮，弹出如图9.6所示的库搜索对话框，利用此对话框可以找到元件"DAC8032"在哪个库中。

（3）在"Scope"选项区域中确认设置为"Libraries on Path"，单击Path右边的打开图标按钮，找到安装的Altium Designer库的文件夹路径，如C:\Program Files\Altium\Library，同时确认"Include subdirectories"复选项被选定。在Operator选项

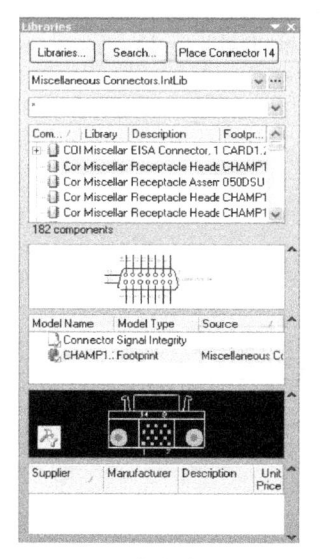

图9.5 库浏览对话框

区域，选择"contains（包含）"，搜索时会查找所有"Value"里包含"dac0832"的库，"Value"里的过滤条件描述少一些，搜索的范围会加大。能否找到所需要的元件，关键在于输入的规则设置是否正确，一般尽量使用通配符以扩大搜索范围。

(4) 单击"Search"按钮开始搜索，查找结果会显示在 Result 对话框中，如图 9.7 所示，可以看到 2 个匹配搜索标准的芯片型号，选择一款适合的元件原理图符号和封装。这里选择元件 DAC0832LCN，双列直插封装，属于 NSC DAC．IntLib 库。在完成了对一个元件的查找后，可以按照 DAC0832 电路原理图的要求，依次找到其他元件所属元件库并添加，如表 9.2 所示。库的添加可以直接在图 9.7 所示库搜索结果对话框中单击"Place DAC0832LCN"，如果元件所属库没有添加会有提示，依照提示添加元件所在库；另外一种库添加的方式是执行菜单命令"Design"中的"Add/Remove library"。

(5) 在原理图中放置元件和电源、接地符号。在当前项目中添加了元件库后，在原理图中放置所有元件、电源和接地符号。方法同 Protel 类似。

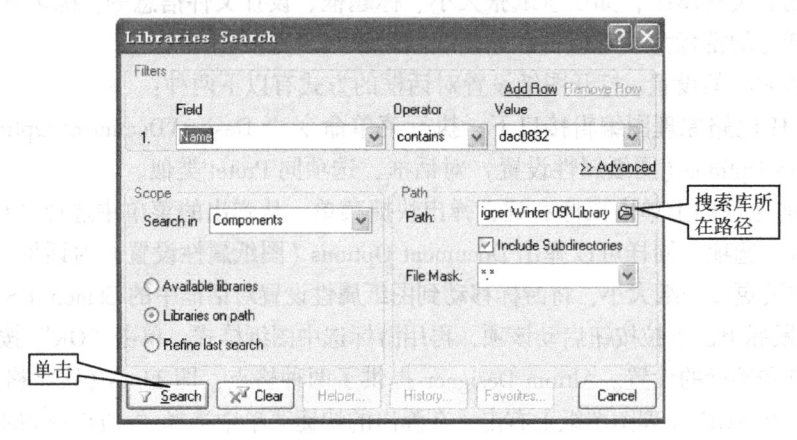

图 9.6　库搜索对话框

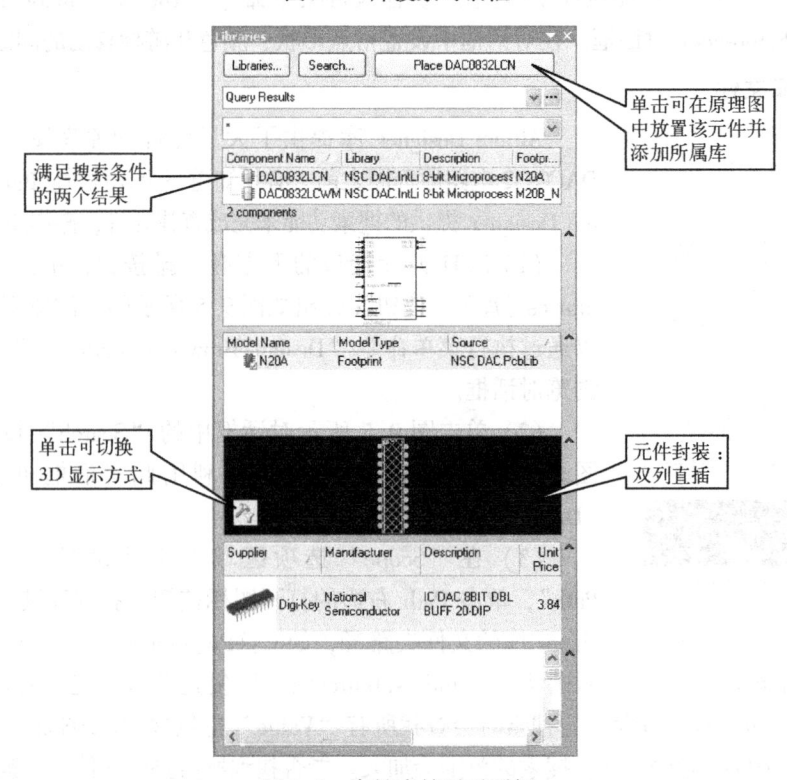

图 9.7　库搜索结果对话框

表9.2 DAC0832电路原理图元件属性（11个元件）

元件符号	元件名称	元件参数	元件封装	元件所属原理图库
C1、C2	Cap	22PF	AD－0.3	Miscellaneous Devices.IntLib
S1	SW－PB		SPST－2	Miscellaneous Devices.IntLib
R1	RES2	10K	AXIAL－0.4	Miscellaneous Devices.IntLib
E1	Cap Pol2	10UF	POLAR0.8	Miscellaneous Devices.IntLib
Y1	XTAL	11.0592M	R38	Miscellaneous Devices.IntLib
J1	Header 2		HDR1X2	Miscellaneous Devices.IntLib
J2	Header 6		HDR1X6	Miscellaneous Devices.IntLib
U1	P80C51FA－JN		SOT129－1	Philips Microcontroller 8－Bit.IntLib
U2	DAC0832LCN		N20A	NSC DAC.IntLib
U3	LM258J		693－02	Motorola Amplifier Operational Amplifier.IntLib

5. 绘制原理图

元件放置在工作面板上并调整好各个元件的位置后，接下来的工作是对原理图进行布线。选择放置电气连接线工具按钮或执行菜单命令"Place\Wire"，方法同Protel完全相同。最后放置网络标号，一副完整的DAC0832电路原理图就完成了，执行菜单命令"File\Save"保存文件。

6. 规则检查及验证

原理图完成以后设置项目选项。项目选项包括错误检查规则、连接矩阵、比较设置、ECO启动、输出路径和网络选项以及用户指定的任何项目规则。当项目被编译时，详尽的设计和电气规则将应用于设计验证。例如一个PCB文件，项目比较器允许用户找出源文件和目标文件之间的差别，并在相互之间进行更新。

所有与项目相关的操作，如错误检查、比较文档和ECO启动均在Options For Project对话框中设置。

所有的项目输出，如网络名称、仿真器、文件打印、集合和输出报表均在Outputs For Projects对话框中设置。

由于本章篇幅所限，具体项目选项设置不做详细介绍。项目选项设置完毕进行编译项目，编译项目就是在设计文件中检查原理图的电气规则错误，这相当于Protel里的ERC检查。执行菜单命令"Project\Compile PCB Project"，系统开始编译DACPRJ.PrjPCB。当项目被编译时，在项目选项中设置的错误检查都会被启动，同时弹出Message窗口显示错误信息。如果原理图绘制正确，将不会弹出Message窗口。

下面以DACPRJ.PrjPCB的DAC0832原理图为例，将组件E1的标号改为C1，将与另一个电容的标号重复，来说明如何编译项目，其步骤如下：

（1）如果正确绘制了DAC0832原理图，执行菜单命令"Project\Compile PCB Project"，将不会弹出Message窗口。

（2）将组件E1的标号改为C1。

（3）然后执行菜单命令"Project\Compile PCB Project"，将弹出错误检查报告，如图9.8所示。

图 9.8　错误检查报告

（4）通过错误报告中叙述的错误类型可以修改在原理图中的错误。在"Message"对话框中单击一个错误，打开"Compile Error"对话框，如图 9.9 所示，同时在"Compile Error"对话框中显示错误的详细信息。从"Compile Error"对话框中单击错误跳转到原理图的违反对象，进行检查或修改，此时修改对象高亮显示，电路图上的其他元件和导线模糊。修改完成后，可以单击图纸有下方的"Clear"按钮，清除图纸的模糊状态。

（5）修改完成后，重新编译项目，直至不再显示错误为止。保存项目档，为 PCB 设计做好准备。

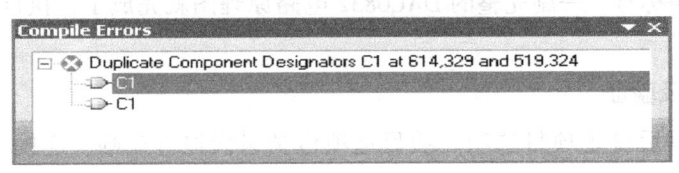

图 9.9　Compile Error 对话框

9.4　用 Altium Designer 设计 PCB

PCB 设计流程如图 9.10 所示。

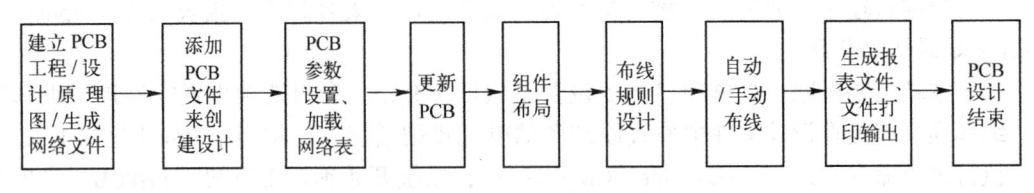

图 9.10　PCB 设计流程图

1. 创建新 PCB

Altium Designer 以一个设计项目文档来管理 PCB 的设计，在这个设计项目中，包含了单个的设计文档和它们之间的有关设置，便于文件的管理和文件的同步。一般情况下 PCB 文件总是和原理图设计文件放在同一个设计项目文档中。我们仍然采用 DACPRJ. PRJPCB 项目开始设计 PCB 文档。有下述三种方法创建一个新的 PCB：

（1）执行菜单命令"File\New\PCB"，这样可以创建一张 6in×4in 的 PCB 文件。

（2）单击"Files"面板"New from Template"栏的"PCB Templates"，会出现"Choose Existing Document"对话框，有很多模板供选择，模板的名字反映了图纸的大小，每一个模板文件都有一个默认的版型,通常是 6in×4in。

(3) 使用向导"Board Wizard",系统已经为用户提供了一些标准电路板的标准配置文件,也可以产生简单的 PCB 板外形。

系统自动把该 PCB 图纸加人当前的设计项目文档中,文件名为 PCB1.PcbDoc,新建空白图纸后,可以手动设置图纸的尺寸大小、栅格大小、图纸颜色等。参照原理图,将文件另存为"DAC0832.PcbDoc"。

2. PCB 文档参数设置

(1) 定义 PCB 的外形和边界。

① PCB 的外形可以通过执行菜单命令"Design\Board Shape"中的命令手工定义,也可以通过选择相应的对象由软件自动定义,例如,可以导入 CAD 文件,根据导入的文件定义。

② 布线和放置元件的边界由 Keep out layer 层上的闭合的、连续的线来确定,任何放置在 Keep out layer 层上的对象对信号层都起到约束作用。

(2) 设置 PCB 层结构。各个工作层的序号和顺序在"Layer Stack Manager(执行菜单命令"Design\Layer Stack Manager")"对话框中进行定义,增减层和设置层属性的方法与 Protel 相同。

3. 加载网络表

加载网络表的步骤如下:

(1) 在 PCB 编辑器下选择菜单命令"Design\Import Changes from DACPRJ.PrjPcb",弹出 ECO 对话框,如图 9.11,对话框中显示出 PCB 必须与原理图匹配的变化信息。请注意这时候并不需要打开原理图,因为这个过程是自动处理的。

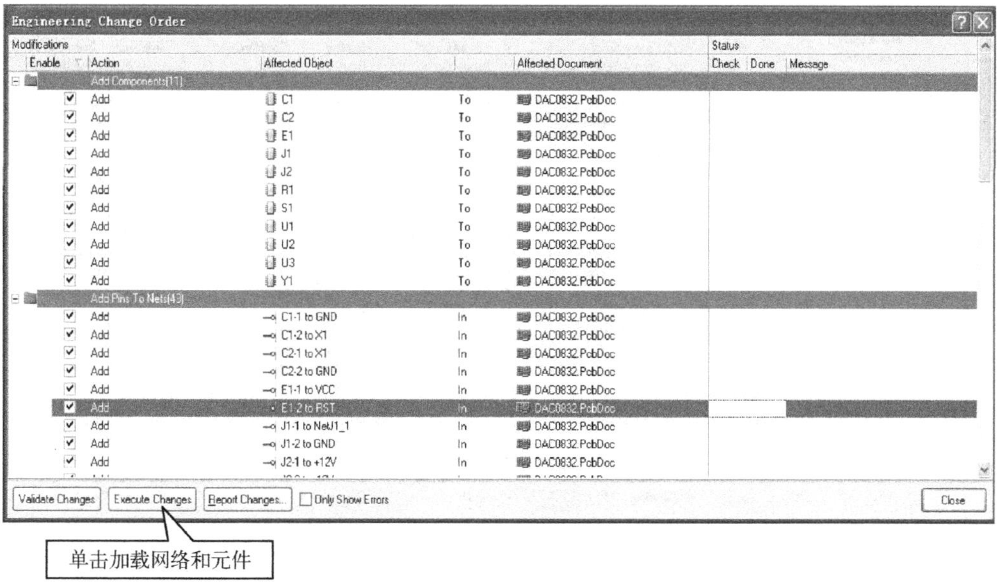

图 9.11 ECO 对话框

(2) 向下滚动变化信息列表,信息中包含添加的 11 个器件。单击"Validate Changes",检查变化的信息是否有效。

(3) 单击"Execute Changes",更新设计数据。关闭 ECO 对话框,器件将被放置到新建的 PCB 板框的右边，这时可以看到 11 个元件已经完全调入，相同的网络以预拉线的形式连接起来，与 Protel 相同。

（4）保存设计。

4. 元件布局和布线规则设置

（1）元件布局。在上述步骤中，所有元件已经更新到 PCB 上，但是元件布局不合理。合理的布局要考虑很多因素，比如电路的抗干扰等，在很大程度上取决于用户的设计经验。

Altium Designer 提供了两种元件布局的方法，一种是自动布局，另一种是手动布局。这两种方法各有优劣，用户应根据不同的电路设计需要选择合适的布局方法。DAC0832 电路原理图元件很少，可手动布局。

（2）布线规则设置。Altium Designer 提供了 10 种不同的设计规则，包括导线放置、导线布线方法、元件放置、布线规则、元件移动和信号完整性等。电路可以根据需要采用不同的设计规则，如果设计双面板，其很多规则可以采用系统默认值，这是因为系统默认值就是针对双面板布线而设置的。

进入设计规则设置对话框的方法是在 PCB 编辑环境下，执行主菜单命令 "Design\Rules…"，弹出如图 9.12 所示的 "PCB Rules and Constraints Editor（PCB 设置规则和约束）" 对话框，可以根据需要设置规则和约束。

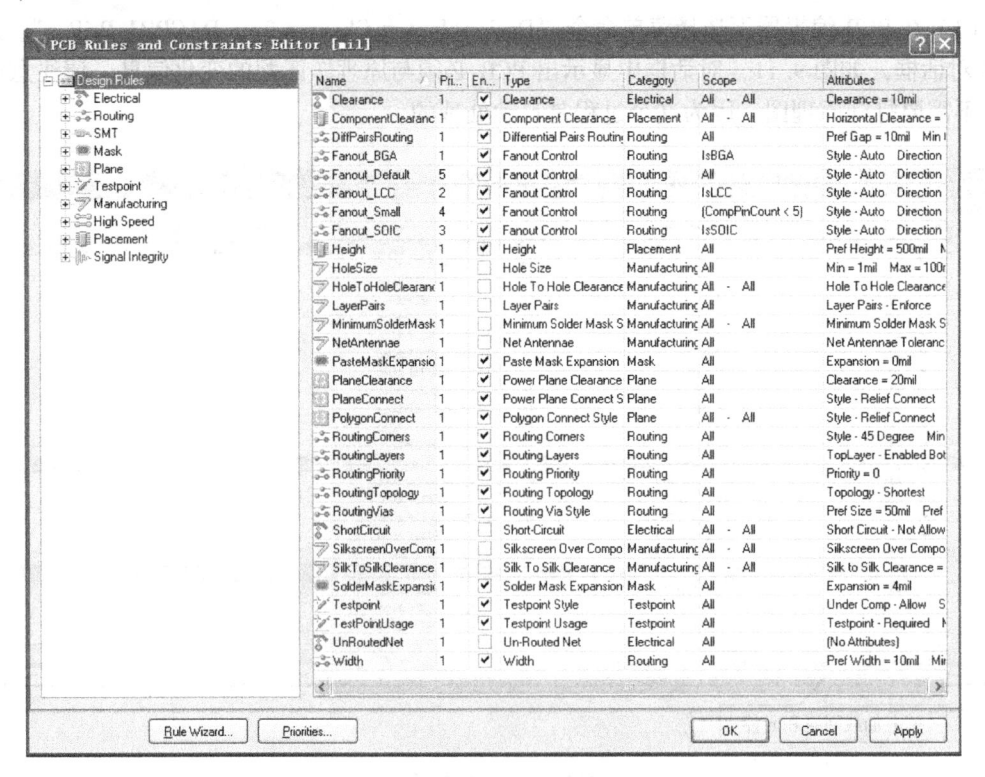

图 9.12　PCB Rules and Constraints Editor（PCB 设置规则和约束）对话框

5. 线路板布线

规则正确设置以后，在 PCB 上组件数量不多、联机不复杂的情况下，或者在使用自动布线后需要对组件进行布线的更改时，都可以采用手动布线方式。具体步骤如下：

（1）手动布线使用 Interactive Routing 命令绘制导线，同时在导线上标注网络名。选择工具栏按钮或菜单命令"Place\Interactive Routing（PT）"可以开始画导线。单击已确定导线的起始端，然后就可以开始布线，同时可选择不同的布线模式。

（2）在布线的同时按"Tab"键会弹出交互式布线对话框，可以设置诸如线宽、尺寸和相关的规则等参数。

（3）可以通过键盘的＊快捷键切换布线层，同时会自动添加一个过孔。

（4）按照网络预连线的提示完成整个电路板导线的连接，预连线自动隐藏，见图9.13所示。

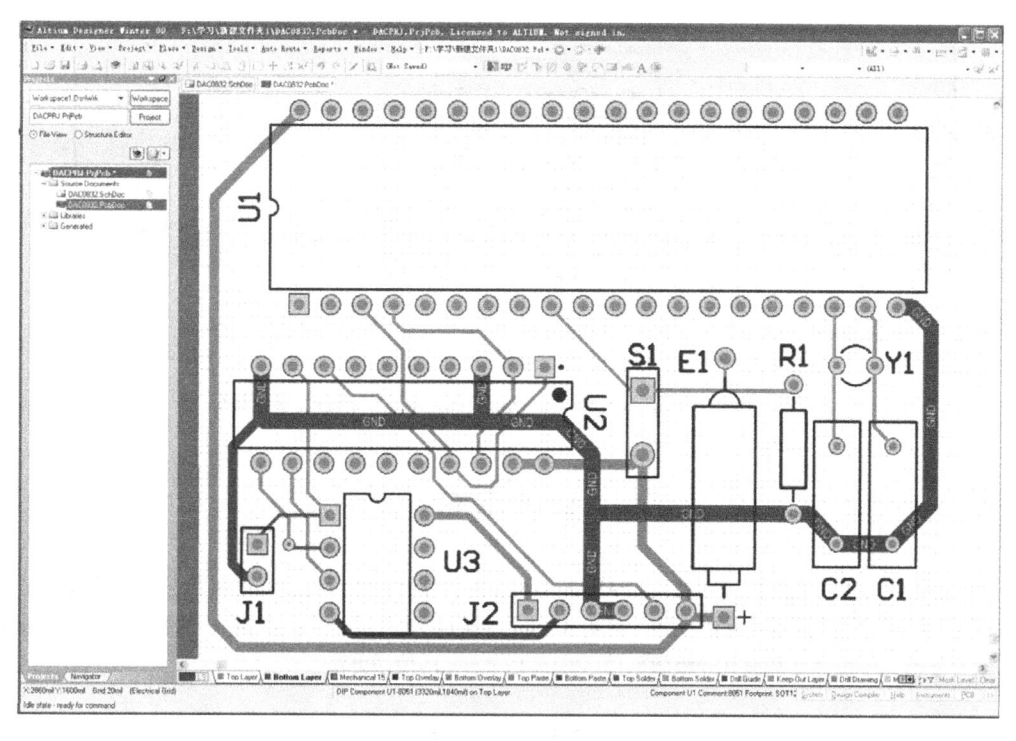

图9.13　DAD0832电路的PCB完成

6. PCB 验证和错误检查

电路板设计完成之后，为了保证所进行的设计工作，比如元件的布局、布线等符合所定义的设计规则，Altium Designer 提供了设计规则检查功能 DRC（Design Rule Check），对 PCB 板的完整性进行检查。启动设置规则检查 DRC 的方法是：执行主菜单命令"Tools\Design Rule Check …"，将弹出"Design Rule Checker"（设计规则检查）对话框，如图9.14所示。对要进行检查的规则设置完成之后，在"Design Rule Checker"（设计规则检查）中单击"Run Design Rule Check …"按钮，进入规则检查，系统将弹出 Messages 信息框，在这里列出了所有违反规则的信息项，包括所违反的设计规则的种类、所在文件、错误信息、序号等，同时在 PCB 电路图中以绿色标志标出不符合设计规则的位置，用户可以回到 PCB 编辑状态下相应位置对错误的设计进行修改，之后再重新运行 DRC 检查，直到没有错误为止。

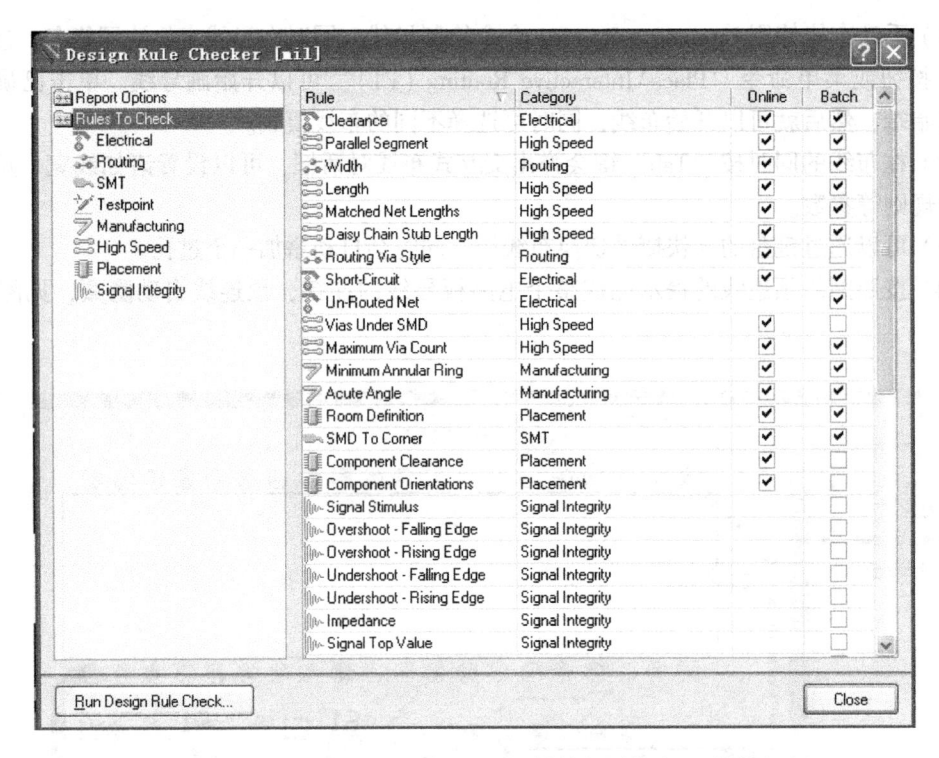

图 9.14 "Design Rule Checker"（设计规则检查）对话框

本 章 小 结

本章围绕 DAC0832 电路原理图展开对 Altium Designer 软件升级版设计流程的具体分析，使读者了解了原理图设计和 PCB 设计的具体操作步骤。其实 Altium Designer 软件同 Protel 99 SE 一脉相承，有了 Protel 99 SE 的学习基础，可很容易掌握其升级版软件 Altium Designer 的使用方法。

思考与练习 9

9.1 Protel 99 SE 与 Altium Designer 的主要功能区别有哪些？

9.2 Altium Designer 的项目共有哪几种类型？

9.3 怎样用 Altium Designer 软件建立一个 PCB 项目文件，怎样在 PCB 项目文件中添加原理图文件和 PCB 文件？PCB 项目文件、原理图文件、PCB 文件、原理图库文件、PCB 元件库文件和网络文件的扩展名分别是什么？

附录 A 原理图中的常用元件

(Miscellaneous Devices 元件库部分元件)

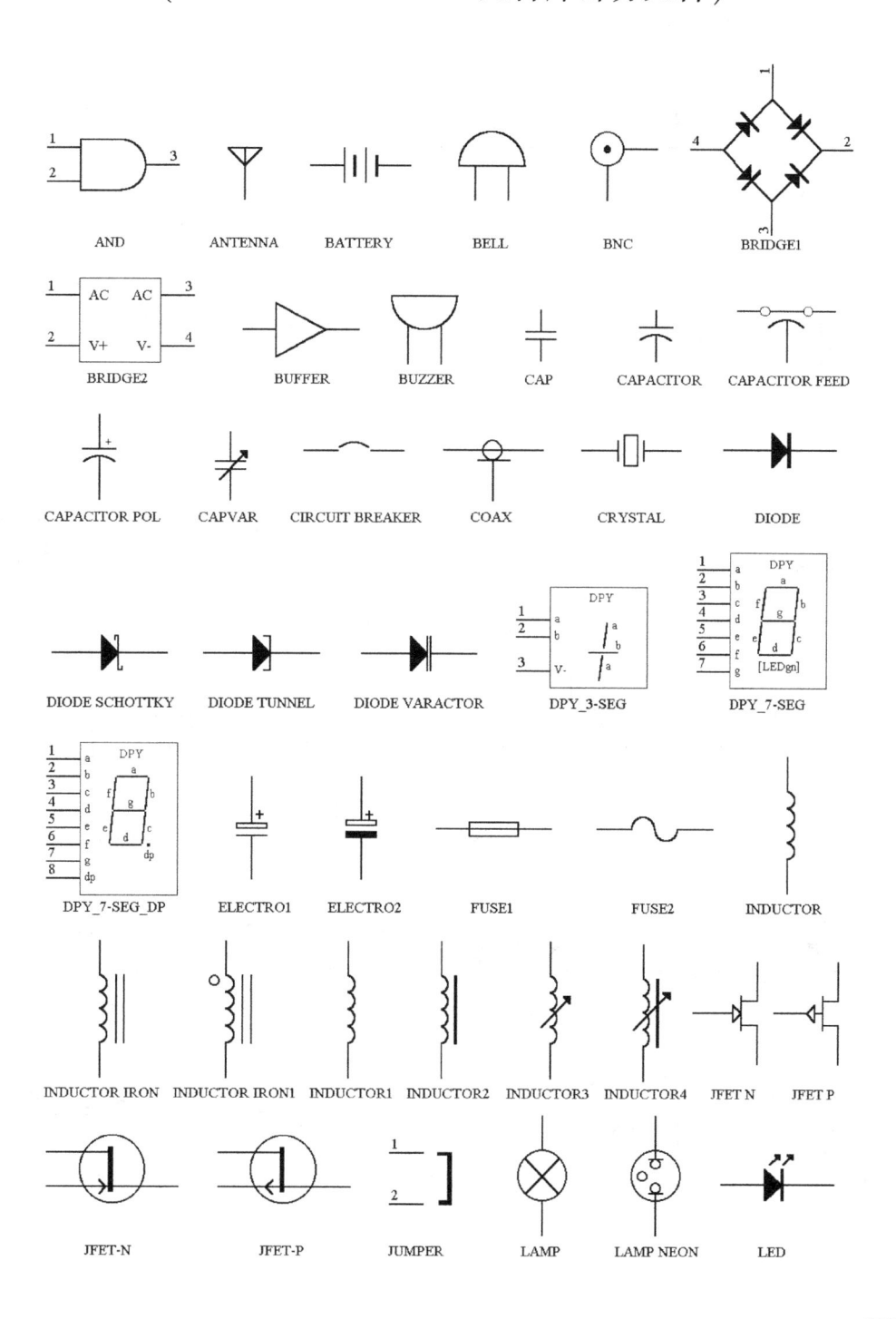

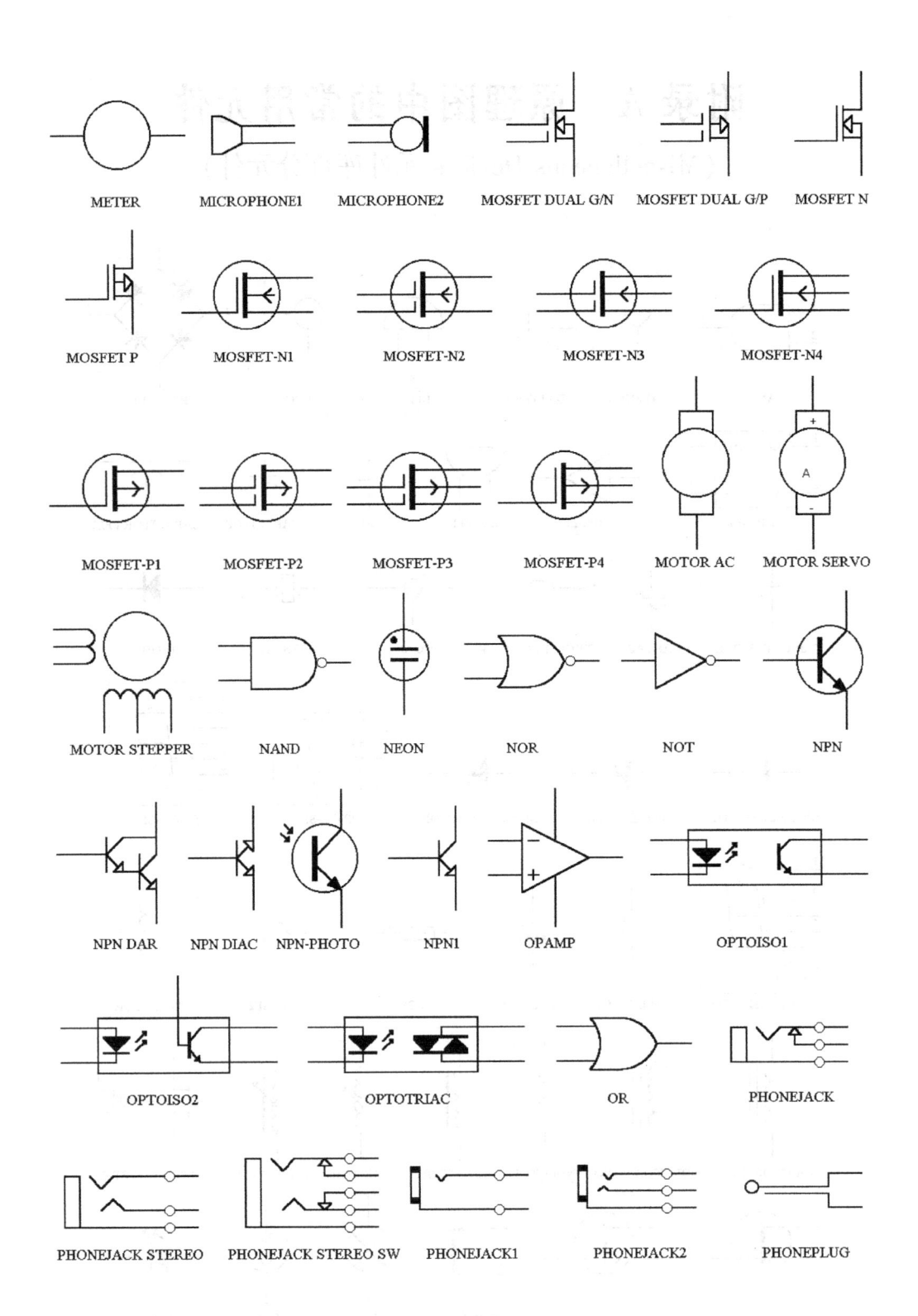

METER	MICROPHONE1	MICROPHONE2	MOSFET DUAL G/N	MOSFET DUAL G/P	MOSFET N
MOSFET P	MOSFET-N1	MOSFET-N2	MOSFET-N3	MOSFET-N4	
MOSFET-P1	MOSFET-P2	MOSFET-P3	MOSFET-P4	MOTOR AC	MOTOR SERVO
MOTOR STEPPER	NAND	NEON	NOR	NOT	NPN
NPN DAR	NPN DIAC	NPN-PHOTO	NPN1	OPAMP	OPTOISO1
OPTOISO2	OPTOTRIAC		OR		PHONEJACK
PHONEJACK STEREO	PHONEJACK STEREO SW	PHONEJACK1	PHONEJACK2	PHONEPLUG	

· 252 ·

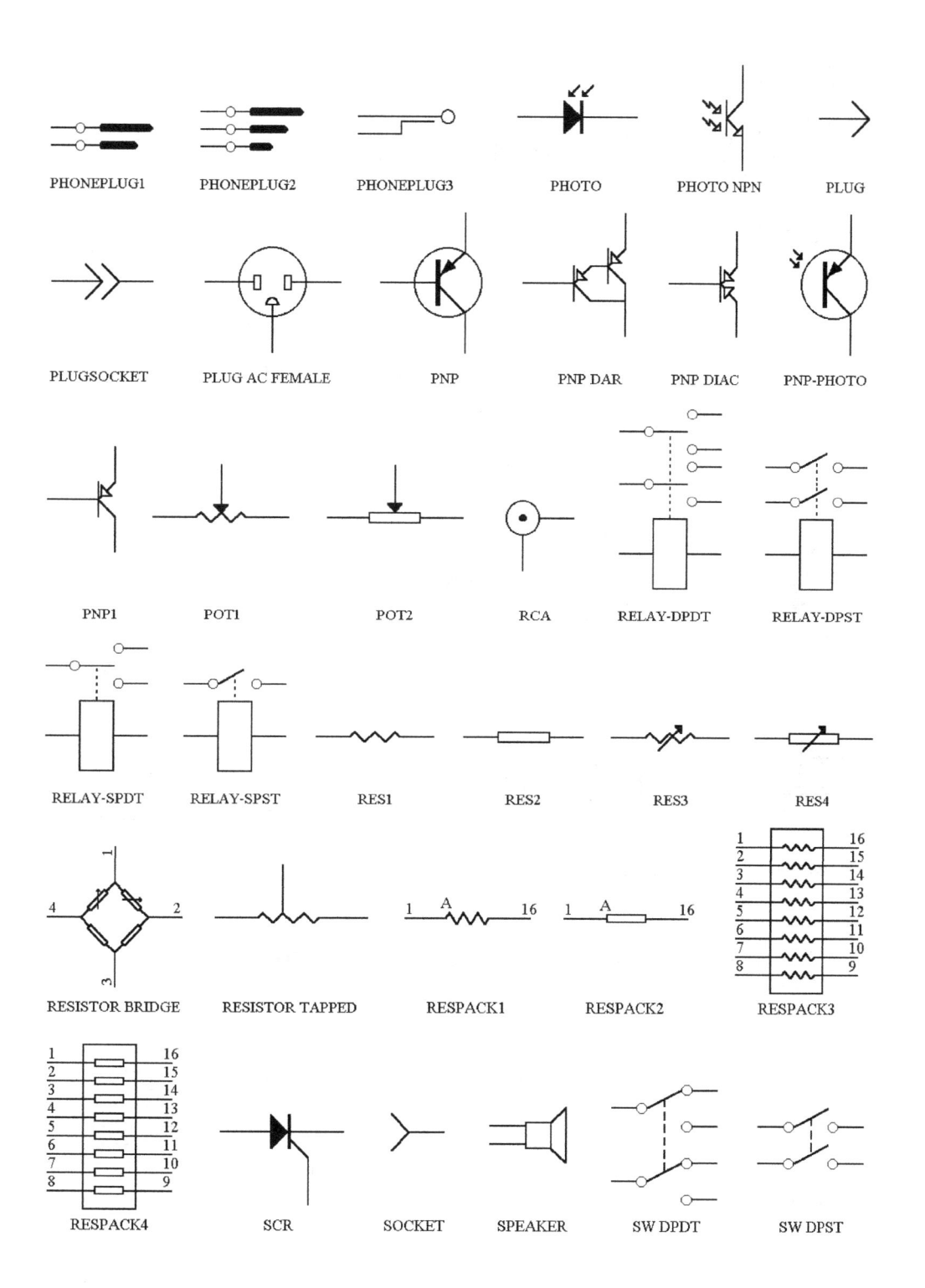

PHONEPLUG1	PHONEPLUG2	PHONEPLUG3	PHOTO	PHOTO NPN	PLUG
PLUGSOCKET	PLUG AC FEMALE	PNP	PNP DAR	PNP DIAC	PNP-PHOTO
PNP1	POT1	POT2	RCA	RELAY-DPDT	RELAY-DPST
RELAY-SPDT	RELAY-SPST	RES1	RES2	RES3	RES4
RESISTOR BRIDGE	RESISTOR TAPPED	RESPACK1	RESPACK2	RESPACK3	
RESPACK4	SCR	SOCKET	SPEAKER	SW DPDT	SW DPST

· 253 ·

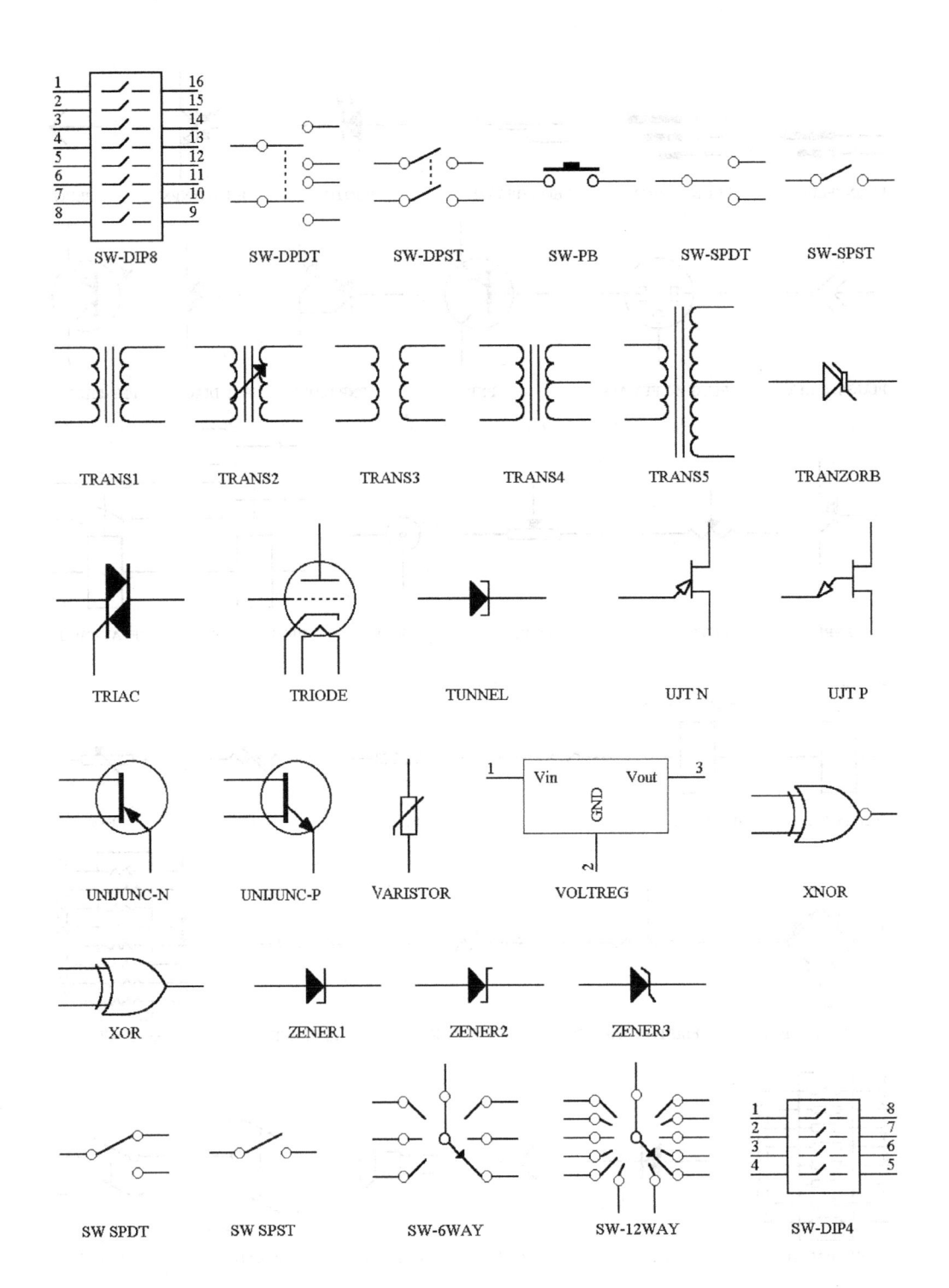

SW-DIP8	SW-DPDT	SW-DPST	SW-PB	SW-SPDT	SW-SPST
TRANS1	TRANS2	TRANS3	TRANS4	TRANS5	TRANZORB
TRIAC	TRIODE	TUNNEL		UJT N	UJT P
UNIJUNC-N	UNIJUNC-P	VARISTOR	VOLTREG		XNOR
XOR	ZENER1	ZENER2	ZENER3		
SW SPDT	SW SPST	SW-6WAY	SW-12WAY		SW-DIP4

· 254 ·

附录 B 元件封装图形

（PCB. Footprints. lib 部分元件）

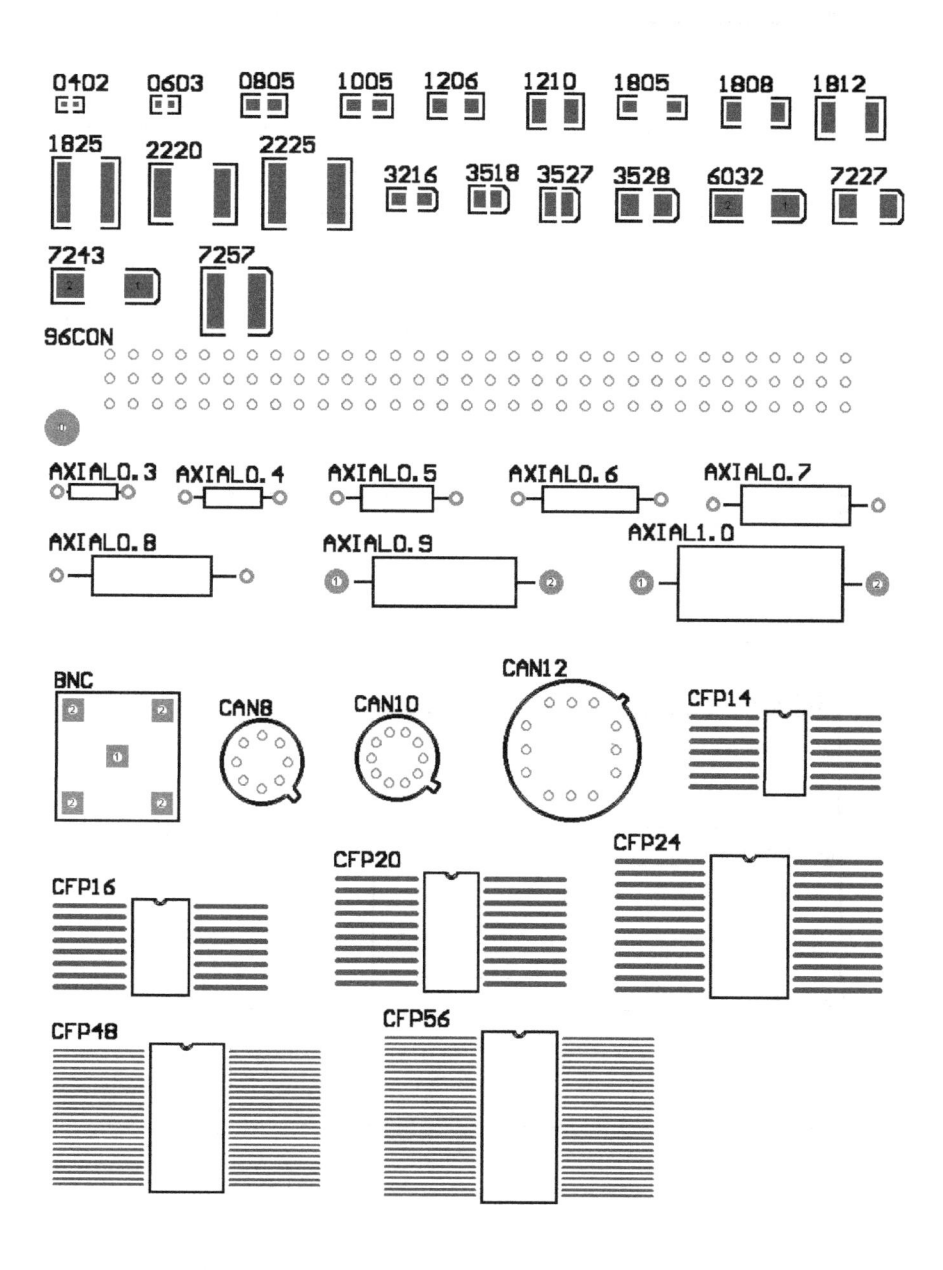

· 255 ·

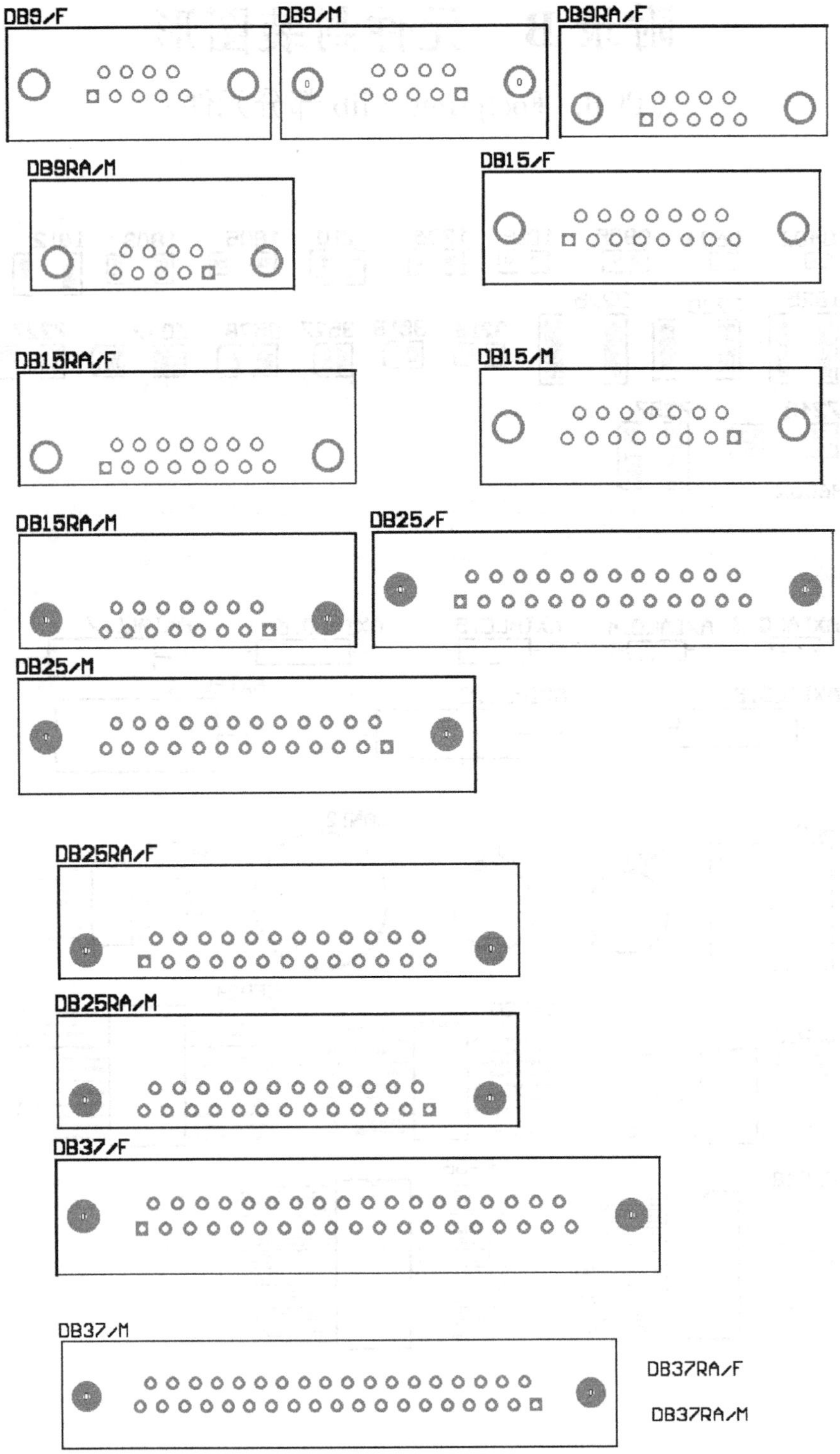
DB9/F
DB9/M
DB9RA/F
DB9RA/M
DB15/F
DB15RA/F
DB15/M
DB15RA/M
DB25/F
DB25/M
DB25RA/F
DB25RA/M
DB37/F
DB37/M
DB37RA/F
DB37RA/M

DIN96

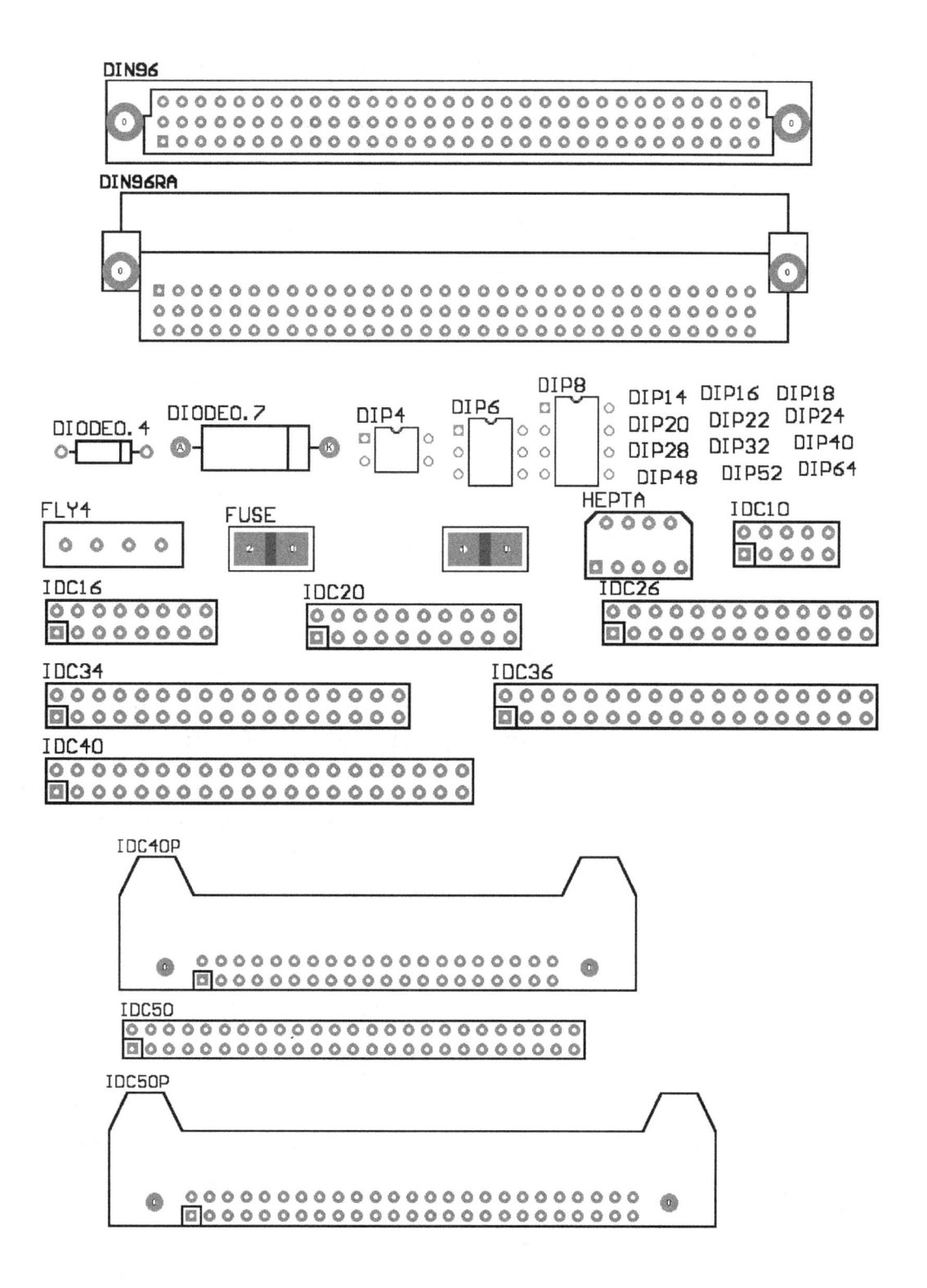

DIN96RA

DIODE0.4 DIODE0.7 DIP4 DIP6 DIP8 DIP14 DIP16 DIP18
                                         DIP20 DIP22 DIP24
                                         DIP28 DIP32 DIP40
                                         DIP48 DIP52 DIP64

FLY4 FUSE   HEPTA IDC10

IDC16   IDC20   IDC26

IDC34   IDC36

IDC40

IDC40P

IDC50

IDC50P

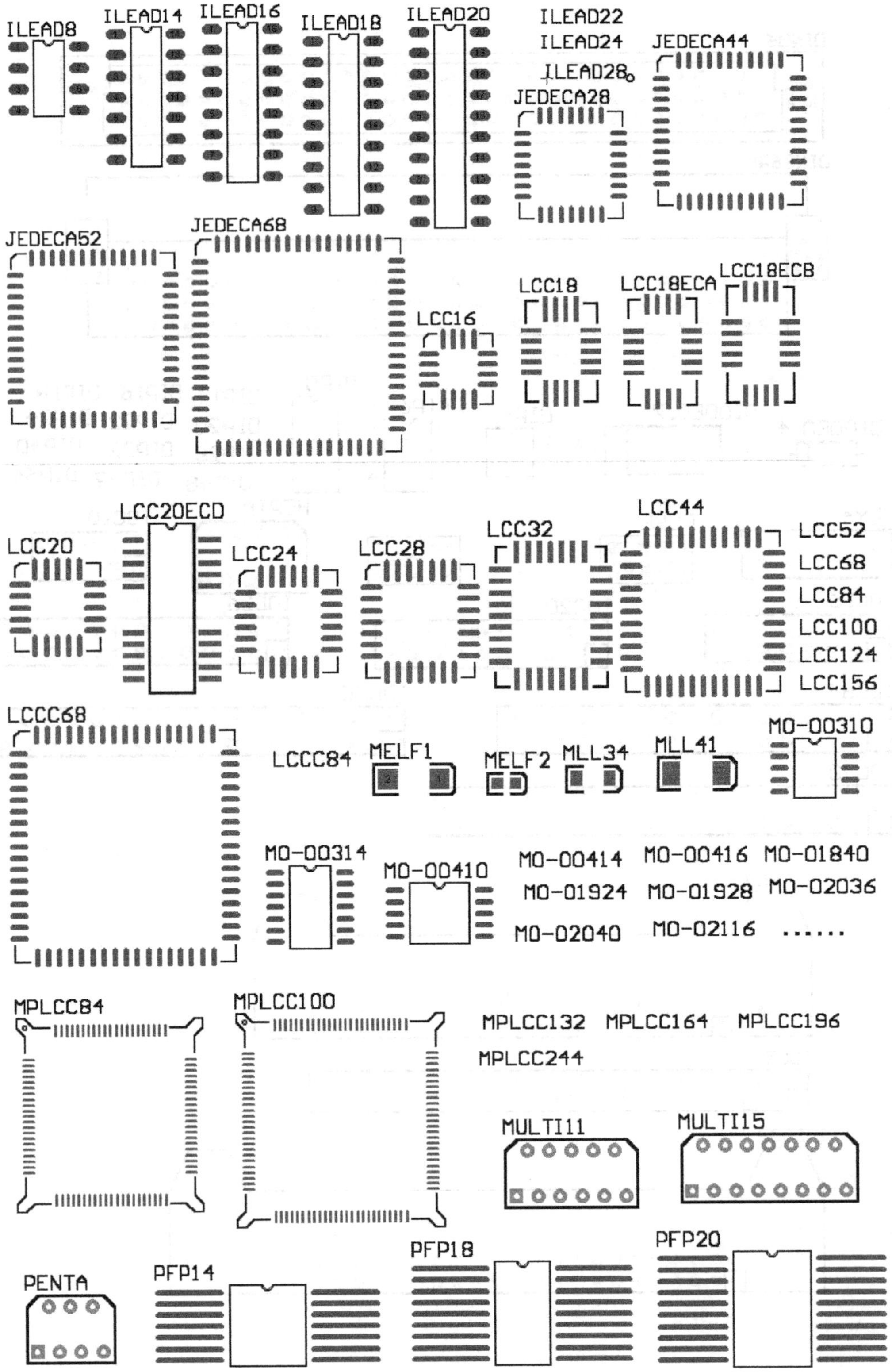
ILEAD8
ILEAD14
ILEAD16
ILEAD18
ILEAD20
ILEAD22
ILEAD24
ILEAD28
JEDECA28
JEDECA44
JEDECA52
JEDECA68
LCC16
LCC18
LCC18ECA
LCC18ECB
LCC20
LCC20ECD
LCC24
LCC28
LCC32
LCC44
LCC52
LCC68
LCC84
LCC100
LCC124
LCC156
LCCC68
LCCC84
MELF1
MELF2
MLL34
MLL41
MO-00310
MO-00314
MO-00410
MO-00414
MO-00416
MO-01840
MO-01924
MO-01928
MO-02036
MO-02040
MO-02116
......
MPLCC84
MPLCC100
MPLCC132
MPLCC164
MPLCC196
MPLCC244
MULTI11
MULTI15
PENTA
PFP14
PFP18
PFP20

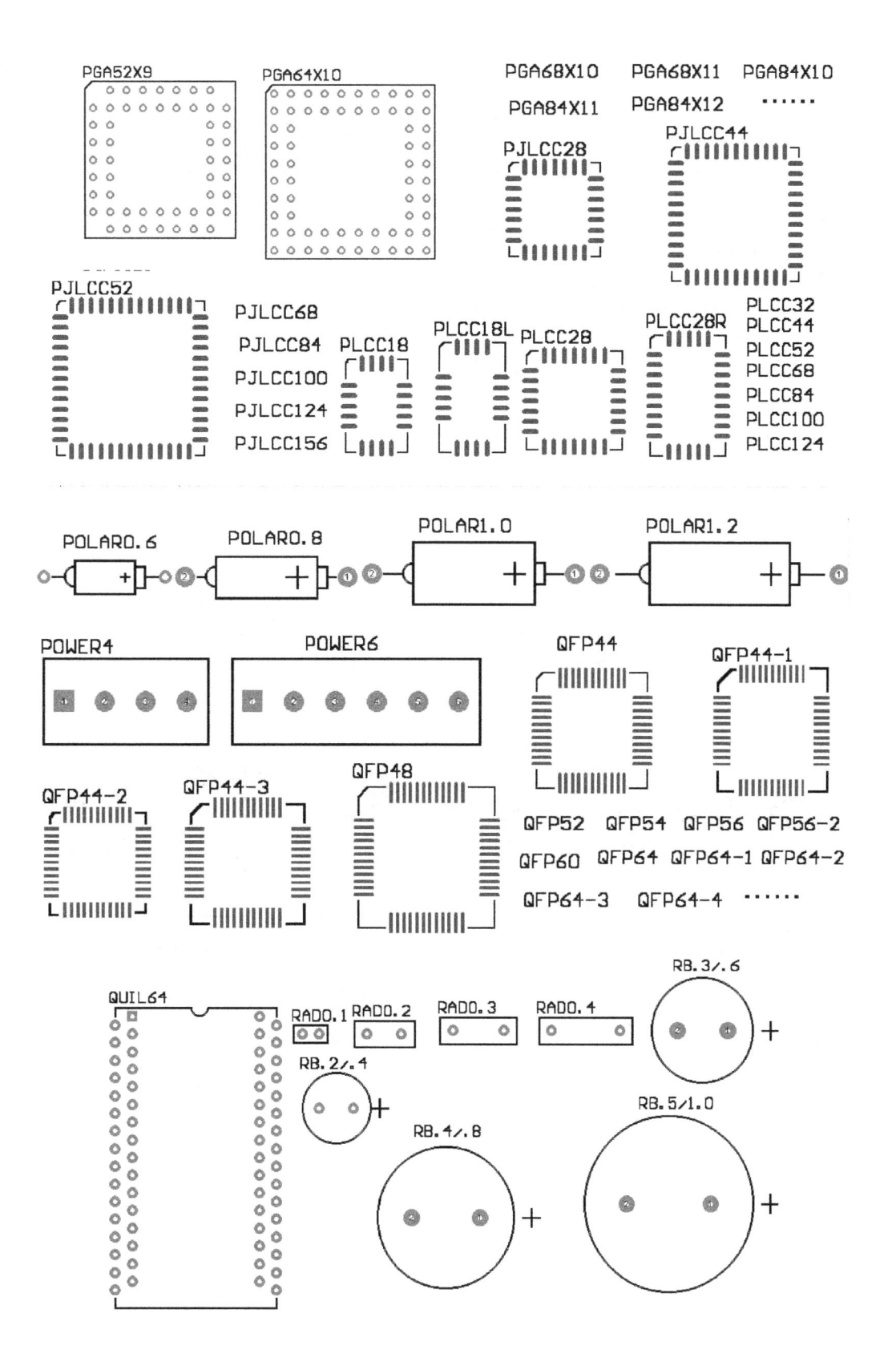

| PGA52X9 | PGA64X10 | PGA68X10 PGA68X11 PGA84X10 |
| | | PGA84X11 PGA84X12 ...... |

PJLCC28 PJLCC44

PJLCC52 PJLCC68 PLCC18 PLCC18L PLCC28 PLCC28R PLCC32 PLCC44
PJLCC84   PLCC52
PJLCC100   PLCC68
PJLCC124   PLCC84
PJLCC156   PLCC100
                                                           PLCC124

POLAR0.6   POLAR0.8   POLAR1.0   POLAR1.2

POWER4   POWER6   QFP44   QFP44-1

QFP44-2 QFP44-3 QFP48

QFP52 QFP54 QFP56 QFP56-2
QFP60 QFP64 QFP64-1 QFP64-2
QFP64-3 QFP64-4 ......

QUIL64   RAD0.1 RAD0.2 RAD0.3 RAD0.4   RB.3/.6
RB.2/.4
RB.4/.8   RB.5/1.0

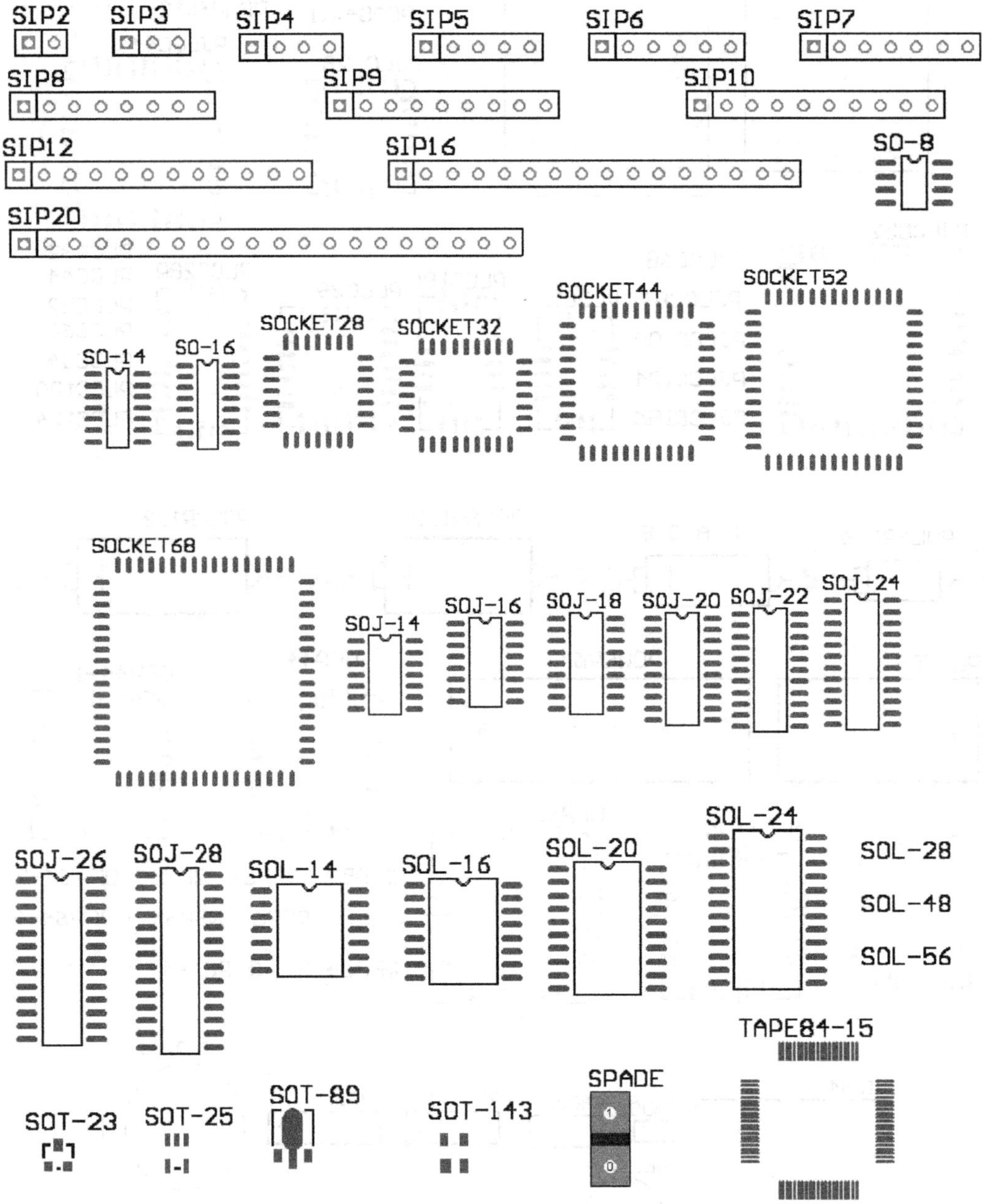
SIP2
SIP3
SIP4
SIP5
SIP6
SIP7
SIP8
SIP9
SIP10
SIP12
SIP16
SO-8
SIP20
SOCKET28
SOCKET32
SOCKET44
SOCKET52
SO-14
SO-16
SOCKET68
SOJ-14
SOJ-16
SOJ-18
SOJ-20
SOJ-22
SOJ-24
SOJ-26
SOJ-28
SOL-14
SOL-16
SOL-20
SOL-24
SOL-28
SOL-48
SOL-56
TAPE84-15
SOT-23
SOT-25
SOT-89
SOT-143
SPADE

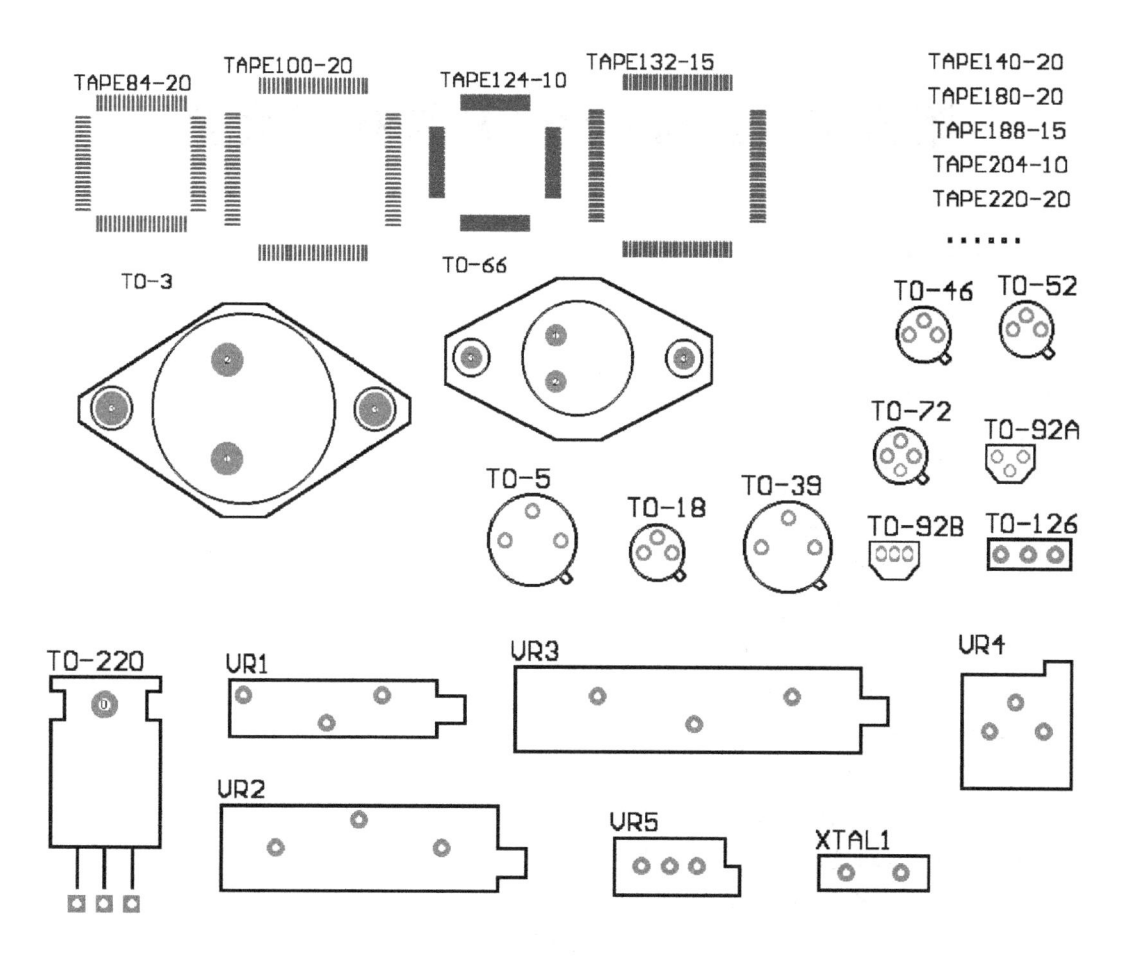

TAPE84-20 TAPE100-20 TAPE124-10 TAPE132-15 TAPE140-20
TAPE180-20
TAPE188-15
TAPE204-10
TAPE220-20
……

TO-3 TO-66 TO-46 TO-52

TO-72 TO-92A

TO-5 TO-18 TO-39 TO-92B TO-126

TO-220 VR1 VR3 VR4

VR2 VR5 XTAL1

附录 C　Protel 99 SE 快捷键大全

一、常用键

Enter——选取或启动
Esc——放弃或取消
F1——启动在线帮助窗
Tab——启动浮动图件的属性窗口
Page Up——放大窗口显示比例
Page Down——缩小窗口显示比例
End——刷新屏幕
Del——删除点取的元件（1 个）
Ctrl + Del——删除选取的元件（2 个或 2 个以上）
X + A——取消所有被选取图件的选取状态
X——将浮动图件左右翻转
Y——将浮动图件上下翻转
Space——将浮动图件旋转 90 度
Ctrl + Ins——将选取图件复制到编辑区里
Shift + Ins——将剪贴板里的图件粘贴到编辑区里
Shift + Del——将选取图件剪切放入剪贴板里
Alt + Backspace——恢复前一次的操作
Ctrl + Backspace——取消前一次的恢复
Ctrl + G——跳转到指定的位置
Ctrl + F——寻找指定的文字
Alt + F4——关闭 Protel
Spacebar——绘制导线，直线或总线时，改变走线模式
V + D——缩放视图，以显示整张电路图
V + F——缩放视图，以显示所有电路部件
P + P——放置焊盘（PCB）
P + W——放置导线（原理图）
P + T——放置网络导线（PCB）
Home——以光标位置为中心，刷新屏幕
Esc——终止当前正在进行的操作，返回待命状态
Backspace——放置导线或多边形时，删除最末一个顶点
Delete——放置导线或多边形时，删除最末一个顶点
Ctrl + Tab——在打开的各个设计文件文档之间切换

Alt + Tab——在打开的各个应用程序之间切换

A——弹出 Edit/Align 子菜单

B——弹出 View/Toolbars 子菜单

E——弹出 Edit 菜单

F——弹出 File 菜单

H——弹出 Help 菜单

J——弹出 Edit/Jump 菜单

L——弹出 Edit/Set Location Makers 子菜单

M——弹出 Edit/Move 子菜单

O——弹出 Options 菜单

P——弹出 Place 菜单

R——弹出 Reports 菜单

S——弹出 Edit/Select 子菜单

T——弹出 Tools 菜单

V——弹出 View 菜单

W——弹出 Window 菜单

X——弹出 Edit/Deselect 菜单

Z——弹出 Zoom 菜单

左箭头——光标左移 1 个电气栅格

Shift + 左箭头——光标左移 10 个电气栅格

右箭头——光标右移 1 个电气栅格

Shift + 右箭头——光标右移 10 个电气栅格

上箭头——光标上移 1 个电气栅格

Shift + 上箭头——光标上移 10 个电气栅格

下箭头——光标下移 1 个电气栅格

Shift + 下箭头——光标下移 10 个电气栅格

Ctrl + 1——以零件原来的尺寸的大小显示图纸

Ctrl + 2——以零件原来的尺寸的 200% 显示图纸

Ctrl + 4——以零件原来的尺寸的 400% 显示图纸

Ctrl + 5——以零件原来的尺寸的 50% 显示图纸

Ctrl + F——查找指定字符

Ctrl + G——查找替换字符

Ctrl + B——将选定对象以下边缘为基准，底部对齐

Ctrl + T——将选定对象以上边缘为基准，顶部对齐

Ctrl + L——将选定对象以左边缘为基准，靠左对齐

Ctrl + R——将选定对象以右边缘为基准，靠右对齐

Ctrl + H——将选定对象以左右边缘的中心线为基准，水平居中排列

Ctrl + V——将选定对象以上下边缘的中心线为基准，垂直居中排列

Ctrl + Shift + H——将选定对象在左右边缘之间，水平均布

Ctrl + Shift + V——将选定对象在上下边缘之间，垂直均布

F3——查找下一个匹配字符

F1——打开帮助文件

Shift + F4——将打开的所有文档窗口平铺显示

Shift + F5——将打开的所有文档窗口层叠显示

Shift + 单击鼠标左键——选定单个对象,Ctrl + 单击鼠标左键,再释放

Ctrl——拖动单个对象

Shift + Ctrl + 左鼠标键——移动单个对象

按 Ctrl 后移动或拖动——移动对象时,不受电气格点限制

按 Alt 后移动或拖动——移动对象时,保持垂直方向

按 Shift + Alt 后移动或拖动——移动对象时,保持水平方向

Left_Click——改变图件的焦点位置(按住鼠标左键移动)

Left_Dbl_Click——改变对象属性(双击鼠标左键)

Ctrl + C——复制

二、原理图绘制常用快捷键

Ctrl + B/H/T——使一组图件按底端、水平中心线或顶端对齐

Ctrl + L 或 Ctrl + R——使一组图件向左或右对齐

Shift + Ctrl + H/V——使一组图件水平或垂直靠中对齐

Left_Hold_Down——改变图件位置(按住鼠标左键进行移动)

F2——改变图件的焦点信息(先选中图形后再按 F2 键)

Ctrl + Left_Click——移动图件的信号线(按住 Ctrl 键的同时用鼠标左键单击信号线,然后进行移动)

Ctrl + Left_Hold_Down——移动图件的信号线(按住 Ctrl 键,单击信号线,同时按住鼠标不放)

Ctrl + G——查找和替换

F3——查找下一个项目

Ctrl + F——查找项目

Ctrl + Home——使光标回到文档的原点上

Shift + Ctrl + Left_Click——移动单个图件(同时按住 Shift 键和 Ctrl 键,用鼠标左键单击图件然后对图件进行移动)

Ctrl + 5/1/2/4——按一定比例显示

P/P——放置组件

P/W——画连线

P/B——画总线

P/U——画总线分支线

P/J——放置电路接点

P/O——放置电源或地

P/N——放置网络标号

三、PCB 常用快捷键

Left_Hold_Down——改变图件位置（按住鼠标左键进行移动）

Ctrl + Left_Hold_Down——改变图件位置（按住 Ctrl 键，同时按住鼠标左键进行移动）

Ctrl + Enter——改变图件位置（同时按住 Ctrl 键和回车键）

Shift + Ctrl + Left_Click——改变图件的焦点位置（同时按住 Shift 和 Ctrl 键，然后单击鼠标左键）

Ctrl + Left_Click——改变图件的焦点位置（按住 Ctrl 键，同时按住鼠标左键不放进行调整）

Return/Shift + Ctrl + Left_Click——改变图件的焦点位置

Left_Dbl_Click——改变单个图件（双击鼠标左键）

Ctrl + Left_Dbl_Click——改变单个图件（按住 Ctrl 键，同时单击鼠标左键）

Shift + E——文档的参数选择

L——文件的参数选择（打开 Document Options 对话框中的 Layers 标签）

Q——文档的参数选择（公制/英制尺寸单位切换）

G——锁定栅格大小的选择设置

Alt + Insert——粘贴

Ctrl + Home 或 Ctrl + End——使光标回到文档或自定义的原点上

Ctrl + M——测量距离

Ctrl + H——选择图件

Ctrl + D——参数选择设置（选择显示或隐藏绘制电路工具）

Ctrl + O——参数选择设置

Shift + S——参数选择设置（同时按住 Shift 和 S 键，能显示单个工作层的图件，再按一次即可恢复）

Shift + R——参数选择设置（可改变交互式路径的模式）

Ctrl + G——锁定栅格大小的输入设置

Ctrl + U——取消上一次操作

Ctrl + Z——对图形进行区域放大

End——刷新工作区

Ctrl + PageUp 或 Ctrl + PageDown——图面最大化或最小化

Shift + PageUp 或 Shift + PageDown——以 10% 为步距进行图面缩放

*——切换工作层面

+ 或 - ——切换到后一个或前一个工作层

P/A——放置圆心弧

P/C——放置组件

P/D——放置尺寸标注

P/E——放置边沿弧

P/F——进行填充

P/G——放置多边形覆铜

P/O——放置坐标

P/P——放置焊盘

P/S——放置字符串

P/T——放置线段

P/V——放置过孔

四、原理图常用快捷键

P/A——画圆心弧

P/L——画直线

P/P——画组件引脚

P/R——画矩形

T/C——创建一个新组件

T/E——为原理图组件库浏览器窗口中选中的元器件重新命名

T/R——删除原理图组件浏览器窗口中选中的元器件

T/T——删除原理图组件浏览器窗口中选中的元器件的子件

T/W——为原理图组件浏览器窗口中选中的元器件创建一个新的子件

五、PCB 组件库常用快捷键

P/A——放置弧线

P/F——进行填充

P/P——放置焊盘

P/S——放置字符串

P/T——放置线段

P/V——放置过孔

T/C——创建一个新组件

T/E——为浏览器窗口中选中的元器件重新命名

T/R——删除浏览器窗口中选中的元器件

VF——显示整块 PCB 图

L——PCB 层面属性

TT——添加泪滴

TD——设计规则检查，按 Alt + R 组合键完成设计规则检查

TP——整块 PCB 参数设定

DS——PCB 更新原理图

DR——布线前参数设定

PG——覆铜

DE——添加网络

DM——选择机械层

RM——测量距离

AS——自动布线

EME——拖动线

EMV——修改覆铜

UN——撤销一条网络走线

TM——清除错误

XT——连续选中元件

DK——增加层面

SA——全选

UA——撤销所有网络走线

Q——公/英制的转换

XA——取消选中

TP——工具选项

SP——选择连接的铜层

ZA——显示整个 PCB

JL——X、Y 轴命令

ED——删除

Ctrl + C——复制

Ctrl + V——粘贴

Ctrl + Delete——清除

点住元件或图层按 X 键——可以水平翻转

点住元件或图层按 Y 键——可以垂直翻转

+ 或 – ——可切换层面

DR——布线规则设置

点住元件不放，按 L 键可改变元件的层面

走线时按下"*"键可以添加过孔

参 考 文 献

1 杜吉祥，喻波编著. 电路设计与制作——Protel 99. 北京：中国对外翻译出版公司，1999
2 清源计算机工作室编著. Protel 99 原理图与 PCB 设计. 北京：机械工业出版社，2000
3 江思敏，姚鹏翼，胡荣等编著. Protel 电路设计教程. 北京：清华大学出版社，2002
4 谢淑如，郑光钦，杨渝生编著. Protel 99 SE 电路板设计. 北京：清华大学出版社，2001
5 高鹏，安涛，寇怀成编著. 电路设计与制作——Protel 99 入门与提高. 北京：机械工业出版社，2000
6 张义和编著. Protel PCB 99 设计与应用技巧. 北京：科学出版社，2000
7 李东生，张永，胡四毛编著. Protel 99 SE 电路设计技术与应用. 北京：电子工业出版社，2002
8 老虎工作室. 电路设计与制版——Protel 99 入门与提高. 北京：人民邮电出版社，2001